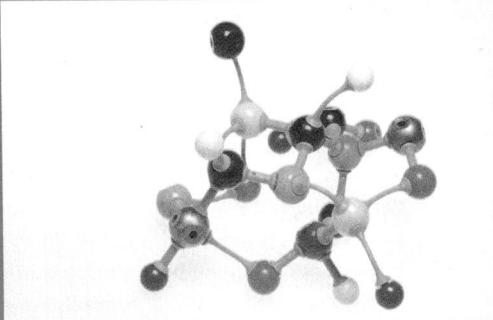

Allgemeine Grundlagen und chemische Bindung

Freibad statt Radtour

Sauerstoff ist vielleicht das wichtigste Element. Die Elemente sind im Periodensystem zusammengestellt, über das Sie im nächsten Kapitel mehr erfahren werden. Ohne Sauerstoff wäre ein Leben auf der Erde nicht vorstellbar. Die meisten Elemente des Periodensystems sind für den Organismus wichtig oder sogar unersetzlich, beispielsweise Phosphor gebunden als Phosphat als Bestandteil der Knochen oder Iod als Baustein der Schilddrüsenhormone. Doch viele Elemente, die in niedriger Konzentration vom Körper benötigt werden, sind in größeren Mengen giftig, beispielsweise Arsen oder Quecksilber. O_3, Ozon, kann in hoher Konzentration die Atemwege schädigen. Die 16-jährige Petra gehört zu den Menschen, die im Sommer unter ozonbedingten Atemwegsproblemen leiden.

Brustschmerzen, Husten und Kurzatmigkeit

Petra kann nicht mehr. Sie hat Schmerzen in der Brust und bekommt kaum noch Luft. Ständig muss sie husten. Die 16-Jährige flucht innerlich darüber, dass sie mit ihren beiden Brüdern diese Radtour macht. Bei dem tollen Wetter hätte sie auch prima im Freibad faulenzen können. Stattdessen tritt sie hier auf dem Feldweg in die Pedale. Bei der nächsten Rast bemerken ihre Brüder, dass es Petra nicht gut geht. Obwohl sie nun im Gras liegt, ist sie kurzatmig. Wenn sie versucht, tiefer einzuatmen, tut ihr der ganze Brustkorb weh. Erst am Abend geht es Petra besser.

Viel Sonnenschein, viel Ozon

Zwei Wochen später hilft Petra ihren Großeltern bei der Gartenarbeit. Als sie wieder Atemprobleme bekommt, bringt ihre Oma sie zum Arzt. Dieser untersucht das Mädchen gründlich. Er kann nichts Auffälliges finden. Dennoch hat er eine Vermutung, woher Petras Beschwerden kommen könnten: Möglicherwei-

se ist sie besonders ozonempfindlich. Bei schönem Wetter ist die Ozonkonzentration besonders hoch: Die UV-Strahlung wandelt das hauptsächlich aus Autoabgasen stammende NO_2 (Stickstoffdioxid) in NO (Stickstoffmonoxid) und 1 Sauerstoffatom um. Letzteres verbindet sich dann mit O_2 zu O_3, dem Ozon. So kann die Ozonbelastung der Luft auf bis zu 80 ppb (ppb = parts pro billion) ansteigen. Normalerweise liegt sie bei etwa 20 ppb. In der Nacht wird das Ozon wieder abgebaut.

Obstruktion durch Ozon

Manche Menschen sind gegenüber Ozon besonders empfindlich und leiden an Thoraxschmerzen, Kurzatmigkeit und Hustenreiz. Die Ursache der erhöhten Ozonempfindlichkeit ist nicht geklärt. Sicher ist jedoch, dass es beim Einatmen von Ozon zu einer Entzündung der Atemwege kommt. Dadurch steigt der Atemwegswiderstand, d.h., die Betroffenen haben – ähnlich wie Asthmatiker – Probleme, die eingeatmete Luft wieder auszuatmen. Diese sog. Bronchialobstruktion kann man auch in einer Lungenfunktionsprüfung ermitteln: Die Patienten müssen tief einatmen und dann die Luft so schnell wie möglich in ein Messgerät ausatmen. Je stärker die Obstruktion, desto weniger Luft kann in einer Sekunde ausgeatmet werden. Bei manchen Menschen ist diese sog. Einsekundenkapazität bei hohen Ozonwerten verringert. Lässt die Ozonbelastung jedoch nach, sind die Atemwege wieder voll funktionsfähig.

Welche Konsequenzen hat dies für Petra? An Tagen mit hoher Ozonkonzentration sollte sie körperliche Anstrengung meiden. Denn die Menge des aufgenommenen Ozons hängt nicht nur von der Konzentration in der Luft, sondern auch vom Atemminutenvolumen ab, dem Luftvolumen, das in einer Minute eingeatmet wird. Und das ist bei Belastung natürlich höher. Petra hat also allen Grund, im Freibad zu faulenzen, wenn ihre Brüder anstrengende Fahrradtouren unternehmen.

1 Allgemeine Grundlagen und chemische Bindung

Was ist Chemie?

Die Chemie ist eine Naturwissenschaft und befasst sich mit der Zusammensetzung, der Charakterisierung und der Umwandlung von stofflicher Materie. Der Ursprung des Wortes „Chemie" ist bis heute nicht zweifelsfrei geklärt. Es kann sowohl vom ägyptischen Wort „chmi" für schwarz als auch vom arabischen Begriff „chemi" abgeleitet sein, der den schwarzen, fruchtbaren Humusboden des Nildeltas beschreibt. Auch ein Zusammenhang mit dem griechischen „chyma" für Metallguss ist möglich.

Diese verschiedenen Deutungen zeigen sehr anschaulich den Einfluss der Chemie auf das Leben des Menschen: Alles, was uns umgibt, jegliche Materie, die unser Auge sehen oder die mithilfe von Geräten sichtbar gemacht werden kann, ist Chemie.

Jeden Tag führen wir – größtenteils unbewusst – chemische Reaktionen durch. Chemische Verbindungen sind in Benzin ebenso vorhanden wie in Milch, Waschmittel oder Zahnpasta. Trotzdem ist die Chemie eine eher unbeliebte Naturwissenschaft, über die in der Bevölkerung relativ wenig bekannt ist. Dies mag mit der ungeheuren Komplexität chemischer Prozesse zusammenhängen: Chemische Reaktionen wie Milch säuern, Bier brauen oder die Herstellung von Metall aus Erz sind schon seit der Urzeit bekannt, konnten aber nicht erklärt werden, da das entsprechende Instrumentarium fehlte. Auch Heilpflanzen werden seit der Antike eingesetzt, die Inhaltsstoffe und deren Wirkungen konnten jedoch erst in der heutigen Zeit analysiert werden.

Erst Ende des 18. Jahrhunderts gelang es, ein wissenschaftliches Fundament für die Chemie aufzubauen und so deren außerordentliche Entwicklung zu ermöglichen. Das Verständnis für Chemie hat sich jedoch nicht im erwünschten Maß entwickelt, was sicher auch damit zusammenhängt, dass die Erklärungen für chemische Vorgänge auf atomarer Ebene erfolgen und dadurch sehr abstrakt sind.

1.1 Die Einteilung der Materie

Lerncoach

Dieses erste Kapitel ist vielleicht etwas mühsam zu lernen, denn es enthält viele Definitionen, die Sie verstehen und richtig anwenden können sollten. Im Laufe des Lernens werden Sie häufiger auf diese Definitionen zurückgreifen müssen – verschaffen Sie sich also hier zumindest einen Überblick über den Inhalt, damit Sie später wissen, wo Sie nachlesen können.

1.1.1 Elemente, Verbindungen und Stoffe

Die Elemente

Die griechischen Naturphilosophen vermuteten schon im 6. Jh. v. Chr., dass die Materie aus unveränderlichen, einfachsten Grundstoffen besteht. Diese Grundstoffe bezeichneten sie als **Elemente**. Nach Lavoisier ist ein Element ganz pragmatisch und anwendungsorientiert ein Stoff, der durch chemische Mittel nicht weiter zerlegt werden kann (s. a. S. 107).

Dalton konkretisierte den Elementbegriff und bezog ihn auf den atomaren Aufbau: Chemische Elemente bestehen aus kleinen, elektrisch neutralen, mit chemischen Mitteln nicht weiter zerlegbaren Teilchen, den **Atomen** (atomos griech. unteilbar).

Tabelle 1.1 Wichtige Elemente im menschlichen Körper

Element	Symbol	Massenanteil in %
Sauerstoff	O	63
Kohlenstoff	C	20
Wasserstoff	H	10
Stickstoff	N	3
Calcium	Ca	1,5
Phosphor	P	1,0
Schwefel	S	0,2
Kalium	K	0,25
Natrium	Na	0,15
Chlor	Cl	0,15
Magnesium	Mg	0,04
weitere Spurenelemente (z. B. Mangan, Zink)		0,71

Alle Atome eines Elementes sind einander gleich, besitzen also gleiche Masse und gleiche Gestalt. Atome verschiedener Elemente haben unterschiedliche Eigenschaften. Heute sind mehr als 115 Elemente bekannt, 88 kommen in fassbarer Menge in der Natur vor. **Tab. 1.1** zeigt einige für den menschlichen Körper wichtige Elemente.

Sowohl die Definition von Lavoisier als auch die von Dalton werden heute noch verwendet, obwohl mit besseren Kenntnissen des Atombaus eine moderne Elementdefinition eingeführt wurde. Dabei wird der Begriff Element synonym mit der durch die Protonenzahl gekennzeichneten Atomart benutzt (s. S. 7). Stoffe, die aus nur einer Atomart bestehen, nennt man auch **Elementsubstanzen** (z. B. H_2, S_8).

Die Symbole

Die Elemente erhielten schon immer Symbole, die heute gebräuchlichen gehen auf Berzelius zurück, der den Anfangsbuchstaben des lateinischen Elementnamens verwendete. Bei gleichen Anfangsbuchstaben der Elementenamen fügte er bei einem der beiden Elemente den zweiten Buchstaben hinzu. Waren diese ebenfalls gleich, wurde der erste nicht gemeinsame Konsonant angefügt **(Tab. 1.2)**. Oft gehen die Bezeichnungen auf mythologische Ausdrücke oder das Heimatland des Entdeckers zurück.

Tabelle 1.2 Beispiele für Elementsymbole

deutscher Name des Elements	lateinischer Name des Elements	Symbol
Eisen	Ferrum	Fe
Schwefel	Sulfur	S
Kohlenstoff	Carbon	C
Kupfer	Cuprum	Cu
Zinn	Stannum	Sn
Antimon	Stibium	Sb

Heute haben diese Symbole eine dreifache Bedeutung: Sie bezeichnen das **einzelne Atom**, eine **definierte Anzahl dieser Atome** und den **Stoff**. So steht z. B. Fe nicht nur für das fassbare Metallstück Eisen (= Stoff), sondern auch für ein Atom Eisen und für $6 \cdot 10^{23}$ Eisenatome (s. S. 7).

Die Verbindungen

Chemische Verbindungen sind aus verschiedenen Atomarten aufgebaut und lassen sich chemisch in Elementsubstanzen zerlegen. Man unterscheidet Molekül- und Ionenverbindungen.

- Die kleinste Baueinheit der **Molekülverbindungen** ist das Molekül, ein Teilchen, in dem zwei oder mehrere Atome fest verknüpft sind (z. B. H_2O, C_2H_5OH).
- **Ionenverbindungen** bestehen aus Ionen (ion gr. wandernd) (z. B. NaCl, KBr). Ionen entstehen durch Elektronenaufnahme oder Elektronenabgabe aus den Atomen. **Positiv geladene Ionen** sind **Kationen**, weil sie zur Kathode (−) wandern (kathodos griech. Hinabweg, nach der Vorstellung, dass Elektronen am Minuspol der Stromquelle austreten). **Negativ geladene Ionen** werden als **Anionen** bezeichnet, weil sie zur Anode (+) (anodos griech. Eingang) wandern.

▮▮▮ Merke

Der Begriff Element wird sowohl auf makroskopischer als auch atomarer Ebene verwendet. Der Begriff Stoff bezieht sich immer auf die makroskopische Ebene.

Die Stoffe

Der Aggregatzustand

Man unterscheidet zwischen dem **festen**, dem **flüssigen** und dem **gasförmigen** Zustand der Materie.

- Im **festen Aggregatzustand** (f = fest oder s = solid) hat die Materie den höchsten Ordnungszustand. Feste Stoffe zeichnen sich durch eine stabile äußere Form und ein definiertes Volumen aus.
- **Flüssigkeiten** besitzen keine stabile Form, aber ein definiertes Volumen. Der flüssige Aggregatzustand von Stoffen wird häufig durch fl (flüssig) oder l (liquid) als Fußnote an der Formel vermerkt.
- **Gase** (g) füllen den zur Verfügung stehenden Raum immer vollständig aus, sie haben also kein stabiles Volumen und keine stabile Form. Für die Ableitung vieler Gesetzmäßigkeiten ist die Annahme eines Idealzustandes wichtig. Unter einem **idealen Gas** versteht man Gasmoleküle oder Atome, die sich völlig regellos bewegen und keine Wechselwirkung aufeinander

ausüben. Die Stöße der Teilchen sind völlig elastisch und das Eigenvolumen der Gasteilchen ist vernachlässigbar klein. Unter physiologischen Bedingungen handelt es sich tatsächlich jedoch immer um **reale Gase**, bei denen zwischen den Teilchen eine Wechselwirkung auftritt. Bei realen Gasen muss auch das Eigenvolumen berücksichtigt werden. Durch Einfügen von Korrekturgliedern können die Gesetzmäßigkeiten idealer Gase jedoch auch auf reale angewendet werden. Zwischen den einzelnen Aggregatzuständen sind Übergänge (Phasenumwandlungen) in Abhängigkeit von Temperatur und Druck möglich **(Abb. 1.1)**. Wichtige Charakteristika der Stoffe sind ihre **Schmelz- und Siedepunkte**.

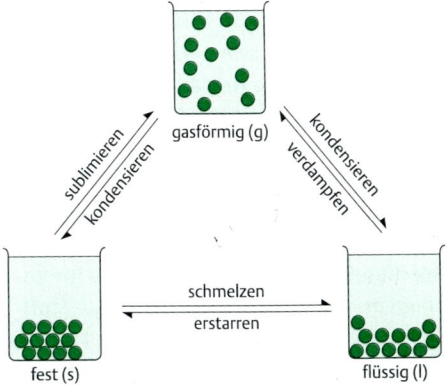

Abb. 1.1   Die Änderungen des Aggregatzustands

Die reinen Stoffe und die Stoffgemische
Sowohl Elemente (Elementsubstanzen) als auch Molekül- und Ionenverbindungen sind **reine Stoffe,** d. h. sie besitzen eine definierte Zusammensetzung und konstante physikalische Eigenschaften. Reine Stoffe können durch physikalische Methoden getrennt werden (zur quantitativen Angabe s. S. 35, zu Trennverfahren s. S. 107).
Alle anderen Stoffe sind sog. **Gemische,** die aus mehreren reinen Stoffen in unterschiedlichen Verhältnissen bestehen. Gemische werden unterteilt in
- **homogene Systeme** (homogene Gemische) (homos griech. gleichartig): Sie erscheinen einheitlich. Homogene Systeme sind also reine Stoffe in nur einem Aggregatzustand, Gasmischungen, Lösungen und Legierungen. So ist die uns umgebende *Luft homogen*, da wir die unterschiedlichen Luftbestandteile nicht wahrnehmen. Bei Anwesenheit eines Rauchers wird das uns umgebende System jedoch heterogen, da wir die Rauchschwaden sehen.
- **heterogene Systeme** (heterogene Gemische) (heteros griech. verschiedenartig, genea griech. Abstammung): Sie bestehen erkennbar aus unterschiedlichen Teilen. Heterogene Systeme sind entweder reine Stoffe, die in verschiedenen Aggregatzuständen nebeneinander bestehen oder mehrere reine Stoffe, die sich nicht ineinander lösen. Es handelt sich also bei stillem Wasser, das durch ein Stück Eis gekühlt wird, um ein heterogenes System.

Eine **Phase** ist ein Stoffsystem, das nach außen einheitlich aussieht und in genau einem Aggregatzustand vorliegt. Ein homogenes System besteht aus einer, ein heterogenes System aus mehreren Phasen.
Für einige heterogene Systeme haben sich spezielle Bezeichnungen eingebürgert **(Tab. 1.3)**.

Tabelle 1.3 Einteilung der heterogenen Systeme

Aggregat-zustände	Name	Beispiele
fest-fest	Gemenge, Konglomerat	Terrazzo-Platten, Ostseesand[1]
fest-flüssig	Aufschlämmung, Suspension	Penicillin-Suspensionen
flüssig-flüssig	Emulsion	Cremes
fest-gasförmig	Aerosol	Rauch, Inhalations-präparate
flüssig-gasförmig	Aerosol	Nebel, Inhalations-präparate

[1]Ostseesand enthält neben Siliciumdioxid noch andere anorganische und organische Bestandteile.

▮▮▮I Merke
Ob ein System als homogen oder heterogen zu charakterisieren ist, hängt auch davon ab, ob man es mit dem bloßen Auge, dem Licht- oder dem Elektronenmikroskop betrachtet.

Eine Lösung ist ein einheitliches Gemisch mehrerer homogener Stoffe. Folgende Arten von Lösungen werden unterschieden:
- Von **echten Lösungen** spricht man, wenn der gelöste Stoff niedermolekular ist (d. h. Teilchengröße < 3 nm). In diesem Fall liegt eindeutig ein

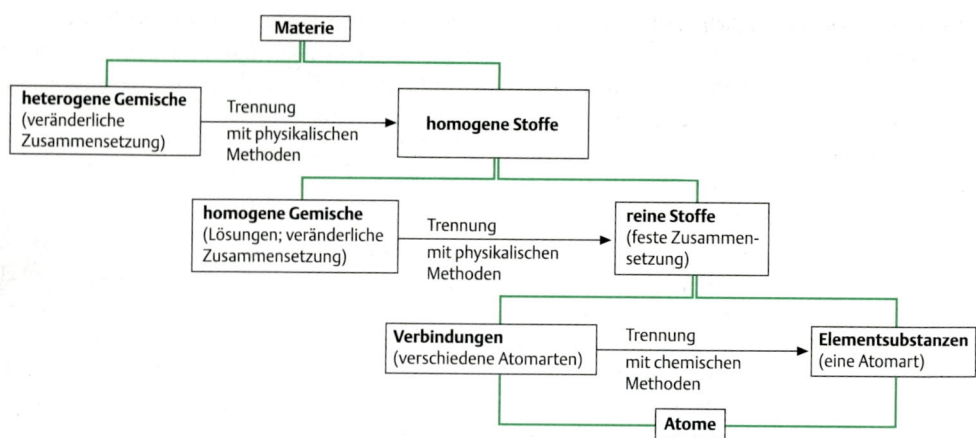

Abb. 1.2   Einteilung der stofflichen Materie

homogenes oder auch **molekular-disperses** System vor (dispergo lat. zerstreuen, ausbreiten).

- Makromoleküle in der Größenordnung 3–200 nm bilden **kolloidale Lösungen** (kollao gr. leimartig), deren Zuordnung zum Begriff **homogen** oder **heterogen** umstritten ist. Das System wird auch als **kolloidal-dispers** bezeichnet.
- Eine Flüssigkeit, bei der die Teilchen mit dem Lichtmikroskop zu erkennen sind, wird als **heterogen** eingestuft. Das System ist **grobdispers**.

Abb. 1.2 fasst die Einteilung der stofflichen Materie zusammen.

1.1.2 Klinische Bezüge

Aerosole werden zur Inhalationstherapie verwendet, z. B. bei Asthma bronchiale oder Angina pectoris. Unter anderem kommen Dosieraerosole (Medikament in Treibgas gelöst) oder Trockenaerosole (Medikament in Pulverform) zur Anwendung. Diese besondere Therapieform bezweckt eine direkte Deposition von Medikamenten am Zielorgan, d. h. in den tiefen Atemwegen. Sie eignet sich daher in erster Linie zur Behandlung von Erkrankungen im Oropharynx, bei Bronchialerkrankungen und von Erkrankungen der Alveolen. Der Vorteil der Inhalation eines Medikamentes anstelle seiner Verabreichung als Tablette oder mittels einer Spritze besteht darin, dass die Substanz rasch den Wirkungsort erreicht und an anderen Organen keine nennenswerte Wirkung bzw. Nebenwirkung entfaltet.

 Check-up

✔ Verdeutlichen Sie sich noch einmal, was unter dem Begriff Aggregatzustand zu verstehen ist und welche Aggregatzustände vorliegen können.

✔ Wiederholen Sie Beispiele für Molekül- und Ionenverbindungen sowie Elementsubstanzen.

✔ Machen Sie sich die Charakteristika für homogene und heterogene Stoffe bzw. Stoffgemische und Reinstoffe nochmals klar! Sie können auch nach weiteren Beispielen aus Ihrem täglichen Umfeld suchen; die Entscheidung wird aber nicht immer leicht sein.

1.2 Der Atombau

 Lerncoach

Die Kenntnis der nachfolgenden Fakten über die atomaren Dimensionen, die Stoffmenge und die Bausteine der Atome sind wichtige Voraussetzungen für das Verständnis aller weiteren Kapitel. So wird Ihnen z. B. die Avogadro-Zahl immer wieder bei verschiedenen Berechnungen begegnen.

1.2.1 Die atomaren Dimensionen

Bestimmte Geräte erlauben Einblicke in die atomaren Dimensionen (z. B. Elektronenmikroskope in manchen Fällen), eine Veranschaulichung ist jedoch außerordentlich schwer möglich, da die Größenangaben für uns nicht fassbar sind.

So ist z. B. die Anzahl der Atome in einem Stecknadelkopf nicht vorstellbar – tatsächlich handelt es sich um etwa 10^{20} Atome!

Vielleicht hilft Ihnen bei der Vorstellung atomarer Dimensionen auch der folgende Vergleich: Sie feiern Ihren 20. Geburtstag. Bis zu diesem Tag haben Sie 630 720 000 Sekunden (Schaltjahre nicht berücksichtigt) gelebt. Für jede Sekunde wünschen Sie sich ein Goldatom. Das sind aber nur $2 \cdot 10^{-13}$ g, was kein Juwelier abwiegen kann. Und selbst wenn Sie eine Milliarde Goldatome für jede Sekunde erhalten, haben Sie nur ein Stückchen Blattgold (0,2 mg) in der Hand, aber vielleicht ein Gefühl dafür bekommen, in welchen Dimensionen wir uns bewegen, wenn wir uns um das atomare Verständnis bemühen.

1.2.2 Die Avogadro-Zahl und die Stoffmenge

12 g des Kohlenstoff-Isotops $^{12}_{6}C$ enthalten gerade $6,02 \cdot 10^{23}$ Atome. Diese Zahl wird auch als **Avogadro-Zahl** N_0 bezeichnet. Früher wurde sie auch oft Loschmidt-Zahl genannt. Um den Umgang mit diesen großen Teilchenanzahlen zu vereinfachen, wurde eine Einheit eingeführt: Man fasst diese $6,02 \cdot 10^{23}$ Teilchen zu einer Zähleinheit zusammen und bezeichnet sie als Stoffmenge **Mol** mit der SI-Einheit **mol** (SI = Système International d'Unités). Als Teilchen kommen infrage: Atome, Ionen, Moleküle oder sog. Formeleinheiten, die bei Ionenverbindungen verwendet werden und die kleinste, aber chemisch sinnvolle Kombinationsmöglichkeit von Ionen beschreiben.

Die Avogadro-Konstante N_A ermöglicht die Berechnung von absoluten Atommassen M_a. M_r ist die molare Masse, also die Masse, die $6,02 \cdot 10^{23}$ der betrachteten Teilchen haben.

$$N_A = N_0 \ mol^{-1}$$

$$M_a = \frac{M_r}{N_a} \ \frac{g \cdot mol^{-1}}{mol^{-1}}$$

1.2.3 Die Atombausteine

Die Existenz von Atomen ist heute gesichert. Ende des 19. und zu Beginn des 20. Jahrhunderts erkannte man, dass eine weitere, wenn auch physikalische Aufspaltung der Atome in **Elementarteilchen**

Tabelle 1.4 Eigenschaften von Elementarteilchen

Elemen-tarteil-chen	Elektron	Proton	Neutron
Symbol	e	p	n
Ort	Atomhülle	Atomkern	Atomkern
Masse (in kg)	$0,91095 \cdot 10^{-30}$ kg	$1,67265 \cdot 10^{-27}$ kg	$1,67495 \cdot 10^{-27}$ kg
(in u)	$5,4877 \cdot 10^{-4}$ u	1,00727 u	1,00866 u
Ladung	$-e$	$+e$	keine

möglich ist. Heute sind einige Hundert Elementarteilchen bekannt, von denen uns aber nur die drei wichtigsten Bestandteile des annähernd kugelförmigen Atoms interessieren **(Tab. 1.4)**:

- **Protonen** und **Neutronen** als Kernbausteine
- **Elektronen** in der Atomhülle.

Das **Neutron** ist ein ungeladenes, also elektrisch neutrales Teilchen, das **Proton** trägt die positive (+e), das **Elektron** die negative Elementarladung (−e). Diese bislang kleinste bekannte elektrische Ladung beträgt:

$$e = 1,6022 \cdot 10^{-19} \ As$$

Protonen und Neutronen besitzen annähernd die gleiche Masse, das Elektron nur ca. 1/1800 davon. Im atomaren Bereich gibt man Massen in atomaren Masseneinheiten an. Eine **atomare Masseneinheit** ist als 1/12 der Masse eines Atoms des Kohlenstoffnuklids $^{12}_{6}C$ definiert (zum Begriff Nuklid s. S. 8) und beträgt:

$$1u = 1,66057 \cdot 10^{-27} \ kg$$

Die Masse eines Atoms $^{12}_{6}C$ muss also 12 u betragen!

Das Atom hat einen ungefähren Durchmesser von 10^{-10} m, der Atomkern von 10^{-15} m. Wenn also ein Stecknadelkopf (1 mm Durchmesser) dem Atomkern entspricht, müsste er sich in einem dem Atom entsprechenden Ball von etwa 100 m Durchmesser befinden. Bedenken Sie dabei, dass die Masse des Atoms aber fast vollständig durch die Masse des Kerns bestimmt wird.

Die **Summe der Protonen im Atomkern** ergibt die **Kernladungszahl** (KLZ). Im Periodensystem der Elemente sind die Elemente nach dieser KLZ geordnet. Sie entspricht dort der **Ordnungszahl** (OZ) der Elemente (s. S. 16).

Da Atome nach außen hin neutral sind, muss die Ladung des Atomkerns durch die Ladung der Elektronen in der Atomhülle ausgeglichen werden, die Zahl der Protonen muss folglich mit der Zahl der Elektronen übereinstimmen. Wenn die Elektronenzahl von der Protonenzahl abweicht, liegen **Ionen** vor.

■■I Merke

Für ein Atom gilt: Kernladungszahl = Ordnungszahl = Zahl der Protonen im Atomkern = Zahl der Elektronen in der Atomhülle.

Protonen und Neutronen zusammen werden als **Nukleonen** (nucleus lat. Kern) bezeichnet. Die **Masse des Atoms** ergibt sich aus der **Masse der Nukleonen**, d. h. die Nukleonen- oder Massenzahl ist die Summe aus der Anzahl der Protonen und Neutronen. Die **Nukleonenzahl** und die **Ordnungszahl** werden häufig vor dem Elementsymbol mit angegeben, denn ein Atom ist erst durch diese vollständig charakterisiert **(Abb. 1.3)**. Ein so eindeutig charakterisiertes Atom wird auch als **Nuklid** bezeichnet.

$$^{1}_{1}\text{H} \qquad ^{18}_{8}\text{O} \qquad ^{23}_{11}\text{Na} \qquad ^{\text{Nukleonenzahl}}_{\text{Ordnungszahl}}\text{Elementsymbol}$$

Abb. 1.3   Eindeutig charakterisiertes Atom (= Nuklid)

1.2.4 Die moderne Elementdefinition

Da sich Atome trotz gleicher Ordnungs- und Protonenzahl in ihrer Neutronenzahl unterscheiden können, hat man die Definition des Elements noch einmal konkretisiert: Ein chemisches Element besteht aus Atomen mit gleicher Protonenzahl, die Neutronenzahl kann aber unterschiedlich sein.

Damit ist der Begriff „Element" auf atomarer und nicht mehr auf stofflicher Ebene definiert. Es wird aber wie gesagt nicht streng zwischen diesen Auffassungen unterschieden. Nuklide des gleichen chemischen Elements mit gleicher Kernladungszahl und unterschiedlicher Neutronenzahl bezeichnet man als **Isotope** (isos griech. gleich, topos griech. Ort, Stelle). $^{1}_{1}\text{H}$, $^{2}_{1}\text{H}$ (Deuterium) und $^{3}_{1}\text{H}$ (Tritium) sind z. B. Isotope des Elements Wasserstoff. Die Isotope eines Elements besitzen gleiche chemische Eigenschaften.

Die meisten Elemente sind **Mischelemente**, die aus mehreren Isotopen bestehen. Diese kommen in unterschiedlicher Häufigkeit vor. **Reinelemente** bestehen dagegen in ihrem natürlichen Vorkommen nur aus einer Nuklidsorte **(Tab. 1.5)**.

Die **Atommasse eines Elements** ergibt sich aus den Atommassen der Isotope unter Berücksichtigung der natürlichen Isotopenhäufigkeit. Da es sich um sehr kleine Zahlen handelt, bezieht man sich wiederum auf 1/12 der Masse des Nuklids $^{12}_{6}\text{C}$ und spricht deshalb von der **relativen Atommasse**. Die Zahlenwerte sind folglich identisch mit den in atomaren Masseneinheiten angegeben Massen.

Für die Anzahl auftretender Isotope gibt es keine Gesetzmäßigkeit. Jedoch wächst mit steigender Ordnungszahl die Anzahl der Isotope und bei Elementen mit gerader Ordnungszahl treten mehr Isotope auf. Das Verhältnis Neutronenzahl zu Protonenzahl wächst mit steigender Ordnungszahl von 1 auf etwa 1,5 an.

Isotope sind nicht nur natürlichen Ursprungs, sie können auch künstlich hergestellt werden. Sie sind entweder stabil oder instabil.

1.2.5 Die Radioisotope

Instabile Atomkerne versuchen, sich durch die **Abgabe von Strahlung** zu stabilisieren. Sie werden als **Radioisotope** oder **Radionuklide** bezeichnet. 1896 beobachtete Becquerel, dass Uranverbindungen spontan Strahlung aussenden, Marie Curie untersuchte dieses Phänomen bei Uranverbindungen. Die Eigenschaft der Eigenstrahlung wurde als **Radioaktivität** (radio lat. strahlen) bezeichnet.

Die Strahlungsarten

Der Atomkern von natürlichen radioaktiven Nukliden kann drei Strahlungsarten emittieren:

- **α-Strahlen:** positiv geladene $^{4}_{2}\text{He}$-Kerne
- **β–Strahlen:** Elektronen, die im Atomkern durch den Zerfall eines Neutrons in ein Proton und ein Elektron entstehen (auch β⁻-Strahlen)
- **γ-Strahlen:** energiereiche elektromagnetische Strahlung mit kurzer Wellenlänge.

Inzwischen gewinnt auch der Einsatz von Positronenstrahlern (β⁺) in der Nuklearmedizin an Bedeutung (z. B. Positronenemissionstomographie [PET] zum Nachweis von Stoffwechselstörungen des Ge-

Tabelle 1.5 Nuklide der ersten 5 Elemente

OZ[1] = KLZ[2]	Element	Nuklidsymbol	Protonenzahl	Neutronenzahl	Nukleonenzahl	Nuklidmasse in u	natürliche Häufigkeit in %	mittlere Atommasse in u
1	Wasserstoff	$_1^1H$	1	0	1	1,007825	99,985	1,0080
		$_1^2H$	1	1	2	2,01410	0,015	
		$_1^3H$	1	2	3		Spuren	
2	Helium	$_2^3He$	2	1	3	3,01603	0,00013	4,0026
		$_2^4He$	2	2	4	4,00260	99,99987	
3	Lithium	$_3^6Li$	3	3	6	6,01512	7,42	6,941
		$_3^7Li$	3	4	7	7,0160	92,58	
4	Beryllium	$_4^9Be$	4	5	9	9,01218	100	9,01218
5	Bor	$_5^{10}B$	5	5	10	10,01294	19,78	10,81
		$_5^{11}B$	5	6	11	11,00931	80,22	

[1]OZ = Ordnungszahl; [2]KLZ = Kernladungszahl

hirns). **Positronen** sind Teilchen mit der Masse eines Elektrons, die jedoch eine positive Elementarladung besitzen (β+).

■■I Merke
Reichweite und Durchdringungsfähigkeit der Strahlungen nehmen in der Reihenfolge α, β, γ stark zu.

Z. B. können α-Strahlen durch eine 0,05 mm dicke Aluminiumfolie oder durch ein Blatt Papier zurückgehalten werden. Zum Schutz vor β-Strahlen ist eine 0,5 mm dicke Aluminiumfolie nötig. Vor γ-Strahlen schützen nur dicke Bleiplatten.
α-Strahlen und β^--Strahlen werden von Luft absorbiert. Deshalb beträgt ihre Reichweite auch nur 2,5 bis 9 cm (α-Strahlen) bzw. 8,5 m (β^--Strahlen). γ-Strahlen werden hingegen von Luft nicht absorbiert.
Kernprozesse können mithilfe von Kernreaktionsgleichungen formuliert werden:

α-Zerfall: $_{88}^{226}Ra \rightarrow {_{86}^{222}Rn} + {_2^4He}$

β-Zerfall: $_{19}^{40}K \rightarrow {_{20}^{40}Ca} + {_{-1}^0e}$

Die Summe der Nukleonenzahlen und die Summe der Kernladungszahlen müssen auf beiden Seiten einer Kernreaktionsgleichung gleich sein.

Kontrollieren Sie, ob Sie die exakte Kennzeichnung von Nukliden verstanden haben und machen Sie sich klar, was die Zahlen vor den Elementsymbolen bedeuten.

Die beim β^--Zerfall emittierten Elektronen stammen nicht aus der Elektronenhülle, sondern aus dem Kern. Im Kern wird ein Neutron in ein Proton und ein Elektron umgewandelt, das Elektron wird aus dem Kern herausgeschleudert, während das Proton im Kern verbleibt. Dadurch erhöht sich die Kernladungszahl um 1.

Die Halbwertszeit
Radioaktive Elemente haben eine begrenzte Lebensdauer. Man definiert die **Halbwertszeit ($t_{1/2}$)** als diejenige Zeit, in der gerade die Hälfte einer bestimmten Zahl radioaktiver Isotope zerfallen ist. Das in der Balneologie eingesetzte natürliche Isotop $_{86}^{222}Rn$ hat beispielsweise eine Halbwertszeit von 3,8 Tagen. Von 1000 Atomen dieses Elements wären also nach 3,8 Tagen noch 500, nach weiteren 3,8 Tagen noch 250 Atome vorhanden. Die andere Hälfte zerfällt unter Abgabe von Strahlung letztlich in das stabile $_{82}^{206}Pb$. $_{86}^{222}Rn$ wird ebenso wie $_{88}^{226}Ra$ ($t_{1/2}$=1622 a) durch den Zerfall des langlebigen $_{92}^{238}U$ ($t_{1/2}$=4,5 · 10^9 a) nachgebildet.

Die Messung der Radioaktivität

Menschliche Sinnesorgane können radioaktive Strahlung nicht registrieren. Zum Feststellen oder Messen werden fotografische Techniken (Filmschwärzung) verwendet, die aber nicht sehr genau sind und vor allem für die strahlenhygienische Dokumentation (Dosimeter) eingesetzt werden. Szintillationszähler (scintilla lat. Funke) enthalten Stoffe wie Zinksulfid oder Natriumiodid/Thallium, die die radioaktive Strahlung in sichtbare Strahlung (Lichtblitze) umwandeln. Diese werden dann photoelektrisch registriert, z. B. in der Nuklearmedizin mithilfe von Gammakameras. Weitere Messgeräte sind die Wilson'sche Nebelkammer und das Geiger-Müller-Zählrohr, die Sie in der Physik kennen lernen.

Für **quantitative Angaben** wird die Aktivität A oder die Zerfallsrate, die die Zahl der Kernumwandlungen pro Sekunde in s^{-1} oder **Becquerel (Bq)** angibt, verwendet. Um die biologische Wirksamkeit, also das Ionisationsvermögen zu beschreiben, benutzt man die Ionendosis I. Das ist der Quotient aus Ionenladung und Masse der Luft in einem festgelegten Messvolumen, die Angabe erfolgt in $C \cdot kg^{-1}$. In der Strahlenbiologie wird die einwirkende Energiedosis in **Gray (Gy)** gemessen. Darunter versteht man die Energiemenge, die pro Masseneinheit des Körpers absorbiert wird. Im Strahlenschutz ist die Äquivalentdosis $D \cdot q$ gebräuchlich, ein Faktor aus der Energiedosis D (Quotient aus Energie W und Masse m mit der Einheit $J \cdot kg^{-1}$) und einem dimensionslosen Bewertungsfaktor, als Einheit ergibt sich ebenfalls $J \cdot kg^{-1}$, hier wird aber **meist Sievert (Sv)** benutzt.

Natürliche und künstliche Isotope spielen in der biochemischen und medizinischen Forschung eine große Rolle **(Tab. 1.6)**. In der Tumordiagnostik wird das kurzlebige $^{18}_{9}F$ (Halbwertszeit 100 min.) als Positronstrahler verwendet.

1.2.6 Klinische Bezüge

Forschung und Diagnostik

In der **Forschung** werden Radionuklide vor allem verwendet, um den Abbau von Molekülen im Stoffwechsel verfolgen zu können. Bei diesen so genannten Tracer-Methoden (tracer engl. Spur) ersetzt man in den zu untersuchenden Molekülen stabile Isotope durch radioaktive und kann so den

Tabelle 1.6 Beispiele für medizinisch relevante Isotope

Isotop	Halbwertszeit	Strahlung	Anwendung
$^{14}_{6}C$	5730 a	β	Altersbestimmung
$^{32}_{15}P$	14,4 d	β	Strahlentherapie (metabolisch)
$^{60}_{27}Co$	6,2 a	β, γ	Strahlentherapie (extern)
$^{99m}_{43}Tc$	6 h	γ	Szintigraphie
$^{123}_{53}I$	13 h	γ	Szintigraphie
$^{131}_{53}I$	8,4 d	β, γ	Diagnostik und Therapie der Schilddrüse (metabolisch)
$^{153}_{62}Sm$	1,9 d	β, γ	Strahlentherapie (metabolisch)
$^{192}_{77}Ir$	74 d	β	Strahlentherapie
$^{222}_{86}Rn$	3,8 d	α	Bade- und Trinkkuren
$^{226}_{88}Ra$	1662 a inzwischen auch 1600 a gefunden	α	Strahlentherapie

Weg der Moleküle in den Organen durch Messung der Radioaktivität verfolgen.

In der **medizinischen Diagnostik** wird die Tatsache ausgenutzt, dass sich radioaktiv markierte Wirkstoffe in bestimmten Organen und Geweben anreichern. Aus der von außen gemessenen Strahlung können so Rückschlüsse auf Störungen der Morphologie und der Funktion von Organen gezogen werden. So können z. B. Stoffwechselstörungen der Schilddrüse festgestellt werden. **Abb. 1.4** zeigt ein Szintigramm der Schilddrüse nach Injektion von 80 MBq $^{99m}_{43}Tc$. Im linken Schilddrüsenlappen ist ein autonomes Adenom (knotige, gutartige Geschwulst der Schilddrüse, die autonom Iod speichert und Schilddrüsenhormone synthetisiert und sezerniert) zu erkennen. In der Diagnostik wird das metastabile **Technetium** $^{99m}_{43}Tc$ am häufigsten eingesetzt. Es geht in relativ kurzer Zeit durch γ-Strahlung in $^{99}_{43}Tc$ über, das als weicher β-Strahler nicht mehr gefährlich ist und eine längere Halbwertszeit hat.

Strahlentherapie

Die **Strahlentherapie** wird hauptsächlich zur Behandlung maligner Erkrankungen eingesetzt. Mit der **externen** Strahlentherapie wird von außen versucht, eine maximale Schädigung des Tumorgewe-

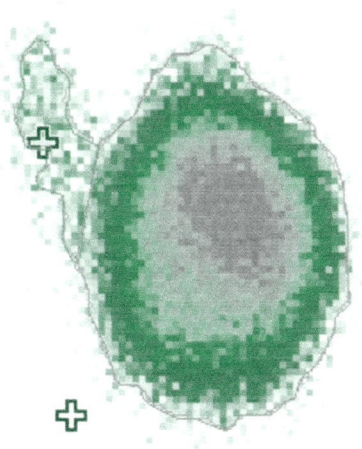

Abb. 1.4 Szintigramm der Schilddrüse nach Injektion von $^{99m}_{43}$Tc (Adenom linksseitig)

bes zu erreichen. Um jedoch das gesunde Gewebe zu erhalten, müssen dabei Einstrahlwinkel und Eindringtiefe optimiert werden.

Bei der **interstitiellen Radiotherapie** werden Radionuklide direkt in das Tumorgewebe eingebracht.

Bei der **metabolischen** Strahlentherapie werden Radionuklide wie z. B. $^{131}_{53}$I meistens intravenös verabreicht und so in den Metabolismus eingebracht. Sie konzentrieren sich dann im Tumorgewebe (also z. B. in der Schilddrüse, wo der Iod-Stoffwechsel stattfindet).

Strahlenbelastung

Der Mensch ist ständig einer geringen natürlichen Radioaktivität durch kosmische und terrestrische Strahlung ausgesetzt. Auch der menschliche Körper selbst besitzt eine Eigenstrahlung. Durch den Einsatz von Radionukliden in der Medizin, kerntechnische Anlagen, PC, TV, Flugverkehr und Tabakrauch tritt eine radioaktive Belastung auf, an die sich der menschliche Organismus jedoch gewöhnt hat. Erst stärkere Belastung wird kritisch.

Durch unkontrollierte Reaktionen in Atomreaktoren oder durch eine Atombombe können große Energiemengen freigesetzt werden. Dadurch entstehen Radioisotope, die wichtige Elemente im Körper ersetzen. So ersetzt $^{137}_{55}$Cs Kalium und $^{90}_{38}$Sr Calcium (beide Radioisotope haben eine sehr lange Halbwertszeit). Diese Isotope haben sich 1986 nach dem Unglück in

Tschernobyl z. B. sehr stark in Maronen (Pilzsorte) angereichert, weshalb man auch heute noch von einem übermäßigen Genuss absehen sollte.

Check-up

✔ Machen Sie sich nochmals klar, aus welchen Elementarteilchen ein Atom besteht.

✔ Wiederholen Sie, welche wichtigen Eigenschaften die Elementarteilchen besitzen. Lernen Sie hierfür keine Zahlen auswendig, aber denken Sie an die Verhältnisse von Masse und Ausdehnung.

✔ Rekapitulieren Sie nochmals die Definitionen der Begriffe Kernladungszahl und Nukleonenzahl sowie die Symbolschreibweise.

✔ Wiederholen Sie die natürlichen radioaktiven Strahlungsarten und deren Charakteristika.

1.3 Die Elektronenhülle

Lerncoach

▪ Im folgenden Kapitel lernen Sie Vorstellungen vom Bau der Elektronenhülle kennen. Um z. B. das wellenmechanische Atommodell im Detail zu verstehen, muss man sich mit den mathematischen und physikalischen Zusammenhängen beschäftigen. Für Sie ist es ausreichend, wenn Sie sich die grundlegenden Begriffe wie Orbital und Quantenzahlen und deren Aussagen merken (s. u.).

▪ Für das Verständnis der nachfolgenden Kapitel (z. B. die Anordnung der Elemente im Periodensystem) ist es wichtig, dass Sie die Elektronenkonfiguration angeben können.

1.3.1 Vorbemerkung

Für das Verständnis chemischer Reaktionen interessieren uns weniger die Vorgänge im Kern als vielmehr die Veränderungen in der Elektronenhülle. Die Elektronen, die sich in der Atomhülle befinden, sind für chemische Bindungen, chemische Reaktionen und Strahlungsabsorption maßgebend.

1.3.2 Das Bohr'sche Atommodell

Mit der Erkenntnis, dass Atome Elektronen enthalten, mussten Vorstellungen entwickelt werden, wie diese Elektronen angeordnet sind. Während Thomson noch annahm, dass die Atome Masseteilchen darstellen, bei denen negativ geladene Elektronen in eine positiv geladene Grundmaterie eingebettet sind, schloss Rutherford aus seinen Versuchen zur Streuung von α-Teilchen an einer dünnen Goldfolie, dass ein Atom ein positives Massezentrum und eine negativ geladene Atomhülle besitzen muss, in der die Elektronen auf Bahnen ähnlich den Planeten den Kern umkreisen. Vom Standpunkt der klassischen Physik aus ist diese Anordnung instabil, denn auf gekrümmten Bahnen kreisende Teilchen geben ihre Energie als elektromagnetische Strahlung ab. Schließlich müssten sie in den Kern fallen. Dieses Modell wurde 1913 durch Bohr anhand von Ergebnissen aus der Analyse von Spektrallinien weiterentwickelt. Er verwendete ebenfalls die Vorstellung von Kreisbahnen, vertrat aber die Meinung, dass sich die Elektronen nicht auf beliebigen, sondern nur ganz bestimmten, diskreten (discretus lat. abgesondert, getrennt) Bahnen strahlungsfrei bewegen. Der Energieunterschied ΔE zwischen zwei solchen Bahnen beträgt:

$$E_2 - E_1 = \Delta E = h \cdot \nu.$$

(h ist das Planck'sche Wirkungsquantum, ν die Frequenz).

Durch die Festlegung auf konkrete Bahnen, die man auch als „Quantelung" bezeichnet, konnte das Auftreten diskreter Atomspektren erklärt werden. Sie entstehen durch Anregung von Valenzelektronen, die dadurch auf höhere Bahnen gelangen. Unter Energieabgabe erfolgt der Übergang in die ursprünglichen Bahnen. Mithilfe des Bohr'schen Modells wurde die Linienfolge des Wasserstoffspektrums physikalisch interpretiert. Auch die Entstehung der kurzwelligen Röntgenstrahlung kann durch dieses Modell als Folge von Elektronenübergängen in inneren Bahnen verstanden werden.

Wie jedes Modell hat auch dieses seine Grenzen. Es versagte bei der Interpretation von Spektren der Atome, die mehr als ein Elektron haben.

1.3.3 Das wellenmechanische Atommodell
Der Welle-Teilchen-Dualismus

Elektronen weisen zum einen Welleneigenschaften auf und zum anderen verhalten sie sich wie kleine Partikel. Damit erreichen wir die Grenze unseres an die Gesetze der klassischen Physik gewöhnten Vorstellungsvermögens. Wenn nicht zwangsläufig erforderlich, werden wir daher auf der Vorstellung vom **Elektron als Teilchen**, das sich auf einer Bahn bewegt, aufbauen. Aber an dieser Stelle müssen wir auch über das **Elektron als Welle** sprechen: Das Elektron ist dann stabil, wenn sich die Elektronenwelle nicht verändert, d. h. wenn es sich also um eine stehende Welle handelt.

Solche stehenden Wellen kennen Sie aus der Musik. Wenn eine Saite auf beiden Seiten fest eingespannt ist, können Sie für kurze Zeit stabile Schwingungen mit einer ortsfesten Schwingungsphase erzeugen. Sie stellen nichts anderes dar als reine Töne. Stellen wir uns den Umlauf eines Elektrons auf einer ebenen Bahn vor, muss der Wellenzug am Anfang wieder richtig anschließen, da sonst keine zeitliche Stabilität erreicht wird **(Abb. 1.5)**.

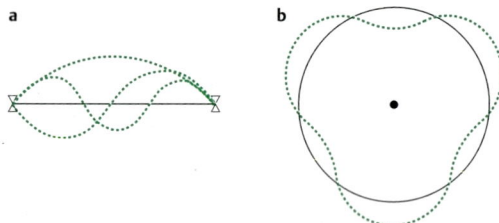

Abb. 1.5 Die Eigenschwingungen einer Saite (a) und die schematisierte Eigenschwingung einer Elektronenwelle auf einer Kreisbahn (b)

In der Quantentheorie verwendet man zur Beschreibung der Elektronenbewegungen daher auf Vorschlag von Schrödinger bestimmte Differenzialgleichungen und sucht als erlaubte Elektronenzustände diejenigen Lösungen heraus, die zu zeitlich unveränderlichen Schwingungen führen, den so genannten Eigenwerten. Hierzu zählen ganz bestimmte Funktionen, die als Eigenfunktionen bezeichnet werden. Natürlich sind die tatsächlichen Verhältnisse und deren mathematische Beschreibung sehr viel komplizierter, denn die Elektronen schwingen nicht längs einer eindimensionalen Bahn, sondern in den drei Dimensionen des Raumes.

Die Unbestimmtheitsbeziehung

Nach Heisenberg ist es überdies unmöglich, den Impuls $p = m \cdot v$ (m = Masse, v = Geschwindigkeit) und den Ort eines Elektrons gleichzeitig zu bestimmen.

Um ein Elektron zu orten, benötigt man sehr kurzwelliges Licht. Dieses hat jedoch eine hohe Frequenz und ist sehr energiereich. Wenn es das Elektron trifft, wird seine Geschwindigkeit verändert, und das wirkt sich wegen der kleinen Masse atomarer Objekte sofort auf den Impuls aus. Für gewöhnliche Objekte gilt diese Unbestimmtheitsbeziehung zwar auch, aber wegen der vergleichsweise großen Masse hat die Einwirkung von energiereichem Licht auf den Impuls dieser Objekte keine Bedeutung.

■■I Merke
Für Elektronen können wir folglich nur mit einer bestimmten Wahrscheinlichkeit einen bestimmten Ort angeben, an dem es im Atom anzutreffen ist.

Die Orbitale

Die wellenmechanische Beschreibung des Elektrons entspricht der Vorstellung einer über das Atom verteilten **Elektronenwolke**. Die Gestalt der Elektronenwolke gibt den Raum an, in dem sich das Elektron mit größter Wahrscheinlichkeit aufhält. **Abb. 1.6** zeigt die Elektronenwolke des Wasserstoffatoms im Grundzustand: Sie ist kugelsymmetrisch. An den Stellen mit großer Aufenthaltswahrscheinlichkeit hat die Ladungswolke eine größere Dichte, die Sie anhand der größeren Punktdichte erkennen können. Die Ladungswolke hat nach außen keine scharfen Grenzen. Man wählt willkürliche Grenzflächen (z. B. eine Kugel, die mit 90%iger Wahrscheinlichkeit die Ladung des Elektrons enthält). Mit einer gewissen, wenn auch geringen Wahrscheinlichkeit, kann sich das Elektron auch außerhalb der Kugel aufhalten.

Stellen Sie sich einfach vor, dass die Verteilungswolke einer Fotografie des sich bewegenden Elektrons entspricht, das mit großer Belichtungsdauer aufgenommen wurde.

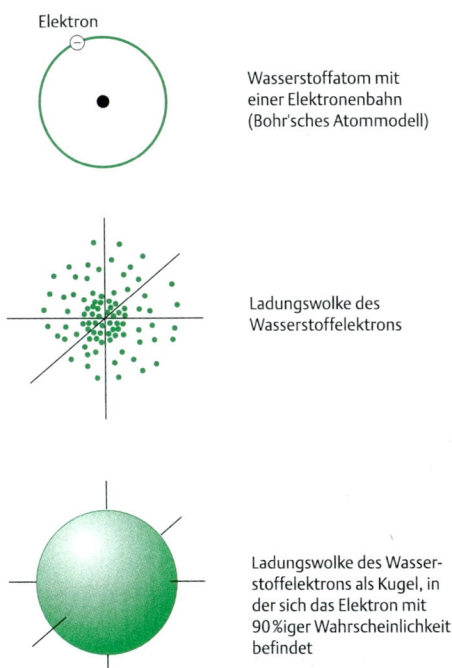

Elektron

Wasserstoffatom mit einer Elektronenbahn (Bohr'sches Atommodell)

Ladungswolke des Wasserstoffelektrons

Ladungswolke des Wasserstoffelektrons als Kugel, in der sich das Elektron mit 90%iger Wahrscheinlichkeit befindet

Abb. 1.6   Verschiedene Darstellungen des Elektrons eines Wasserstoffatoms im Grundzustand

Diese räumliche Ladungsverteilung kann natürlich auch rechnerisch ermittelt werden, es ist aber ausreichend sich zu merken, dass das Elektron durch eine mathematische Funktion, die Wellenfunktion, beschrieben werden kann.

Das Quadrat der Wellenfunktion ist ein Maß der oben besprochenen Aufenthaltswahrscheinlichkeit eines Elektrons in einem bestimmten Volumenelement. Anstelle von Wellenfunktion ist auch der Begriff **Orbital** (orbis lat. Kreislinie, Kugel) üblich, der rein sprachlich die Verbindung zu den Bahnen der vorhergehenden Modelle aufrechterhält.

■■I Merke
Orbitale sind Wellenfunktionen. Das Quadrat dieser Wellenfunktionen gibt die Räume an, in denen sich das Elektron mit größter Wahrscheinlichkeit aufhält.

Bei der oben dargestellten kugelsymmetrischen Ladungsverteilung spricht man von **s-Orbitalen** (s = sharp). Es gibt auch andere Zustände des Elektrons im Wasserstoffatom, **p-, d- und f-Orbitale** (p = prin-

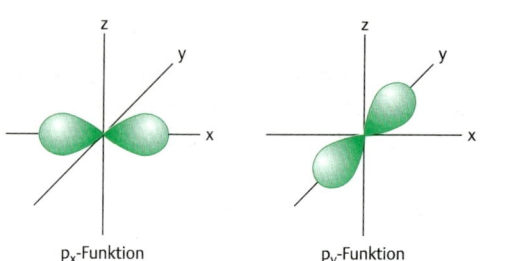

Abb. 1.7 Die räumliche Darstellung der p-Orbitale

cipal, d = diffus, f = fundamental; die Bezeichnungen s, p, d, f stammen aus der Spektroskopie). Die räumliche Darstellung der p-Orbitale, genauer gesagt, die Bereiche, in denen die Aufenthaltswahrscheinlichkeit größer als 90 % ist, sehen Sie in **Abb. 1.7**.

Die Quantenzahlen

Es sind also immer nur bestimmte Elektronenzustände erlaubt. Diese Quantelung ist an bestimmte Zahlen gebunden, die **Quantenzahlen**.

- **Hauptquantenzahl:** Die Hauptquantenzahl n bestimmt die möglichen **Energieniveaus**. Dafür verwendet man auch den Begriff „Schale", die mit den großen Buchstaben **K, L, M, N** bezeichnet werden. Die Energiewerte nehmen in dieser Reihenfolge zu. Durch die Hauptquantenzahl können immer $2n^2$ Elektronen beschrieben werden.

- **Nebenquantenzahl:** Die Nebenquantenzahl l nimmt Werte zwischen $(n-1)$ und 0 an, sie beschreibt die **Gestalt der Orbitale**. Wenn $l = 0$ ist, handelt es sich um ein **kugelsymmetrisches s-Orbital**. p-Orbitale sind durch $l = 1$ charakterisiert. Man bezeichnet gelegentlich die energetisch äquivalenten Sätze der s-, p- und d-Orbitale als Unterschalen.

- **Magnetquantenzahl:** Auch die **räumliche Orientierung** der Orbitale ist gequantelt. Sie wird durch die Magnetquantenzahl m beschrieben, die die ganzzahligen Werte von -1 über 0 bis $+1$ annehmen kann.

- **Spinquantenzahl:** Die Spinquantenzahl (spin engl. drehen) kann die Werte $+1/2$ und $-1/2$ annehmen, sie beschreibt die **Eigenrotation des Elektrons**.

Zu den Beziehungen zwischen den Quantenzahlen s. **Tab. 1.7**.

Tabelle 1.7 Die Beziehung zwischen den Quantenzahlen

Hauptquanten- zahl n (Schale)	Nebenquanten- zahl l	Magnetquan- tenzahl m	Elektronen- konfiguration	Spinquanten- zahl	Elektronen pro Orbital	Elektronen pro Schale ($2n^2$)
1 (K)	0 (s)	0	1 s	$\pm 1/2$	2	2
2 (L)	0 (s)	0	2 s	$\pm 1/2$	2	8
	1 (p)	-1	$2p_x$	$\pm 1/2$	2	
		0	$2p_y$	$\pm 1/2$	2	
		$+1$	$2p_z$	$\pm 1/2$	2	
3 (M)	0 (s)	0	3 s	$\pm 1/2$	2	18
	1 (p)	-1	$3p_x$	$\pm 1/2$	2	
		0	$3p_y$	$\pm 1/2$	2	
		$+1$	$3p_z$	$\pm 1/2$	2	
	2 (d)	-2	$3d_{xy}$	$\pm 1/2$	2	
		-1	$3d_{xz}$	$\pm 1/2$	2	
		0	$3d_{yz}$	$\pm 1/2$	2	
		$+1$	$3d_{x^2-y^2}$	$\pm 1/2$	2	
		$+2$	$3d_{z^2}$	$\pm 1/2$	2	

Die Elektronenkonfiguration

Wir wollen nun versuchen, diesen Orbitalen Elektronen zuzuordnen. Dabei muss das **Pauli-Prinzip** beachtet werden, nach dem Elektronen niemals in allen vier Quantenzahlen übereinstimmen dürfen. Verständlicherweise beginnt man immer mit Zuständen niedrigster Energie. Diese Aufteilung gelingt leichter bei Verwendung einer schematischen Darstellung der erlaubten Elektronenzustände **(Abb. 1.8)**.

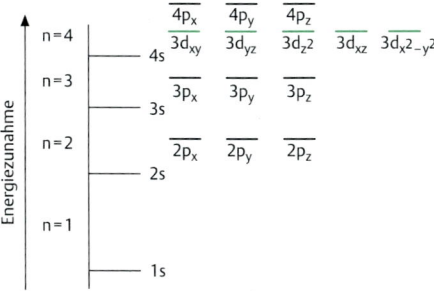

Abb. 1.8 Die verschiedenen Energieniveaus

Für ein Atom mit 5 Elektronen (= Boratom) ergibt sich folgende Verteilung: Durch das 1s-Orbital können zwei Elektronen mit entgegengesetztem Spin beschrieben werden, so auch durch das 2s-Orbital. Für das fünfte Elektron müssen wir ein 2p-Orbital zur Beschreibung heranziehen. Vereinfachend wird oft gesagt, 2 Elektronen besetzen das 1s-Orbital, 2 Elektronen das 2s- und 1 Elektron besetzt das $2p_x$-Orbital.

Kurz können wir diese Verteilung oder **Elektronenkonfiguration** so darstellen:

$1s^2\,2s^2\,2p^1$ oder genauer $1s^2\,2s^2\,2p_x^1$.

Die hochgestellten Zahlen geben an, wie viele Elektronen jeweils das angegebene Orbital besetzen, wobei sie sich in ihrer Spinquantenzahl unterscheiden müssen.

Wenn wir nun die 6 Elektronen des Kohlenstoffatoms verteilen möchten, zeigt **Abb. 1.9**, dass nicht klar ist, wo das 6. Elektron eingeordnet wird. Der **Hund'schen Regel** folgend müssen bei energetisch gleichen Orbitalen diese zuerst mit je einem Elektron besetzt werden. Erst dann erfolgt die Auffüllung mit einem zweiten Elektron.

Die Elektronenkonfiguration ist also:

$1s^2\,2s^2\,2p^2$ oder genauer $1s^2\,2s^2\,2p_x^1 2p_y^1$.

Vergleichen Sie dies mit der schematischen Darstellung **(Abb. 1.9)**. Die Pfeile symbolisieren Elektronen mit unterschiedlichem Spin.

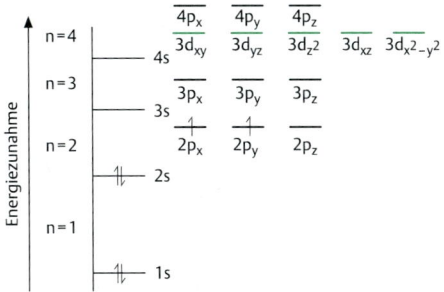

Abb. 1.9 Energieniveauschema für ein System mit 6 Elektronen

Wie Sie sehen ist es nicht so schwierig, Elektronenkonfigurationen bei gegebener Elektronenanzahl aufzuschreiben. Da solche Konfigurationen weniger im Physikum, sondern eher in Klausuren abgefragt werden, formulieren Sie am besten gleich noch die Elektronenverteilung für 16 und für 20 Elektronen (Lösung s. S. 193). Seien Sie aufmerksam und schauen Sie die Darstellung der Energieniveaus genau an. Sie werden feststellen, dass das 4s-Orbital energetisch günstiger ist als die 3d-Orbitale. Vergleichen Sie Ihr Ergebnis.

Die Elektronenkonfiguration lautet also für 20 Elektronen (Calciumatom):

$1s^2\,2s^2\,2p^6\,3s^2\,3p^6\,4s^2$.

Erst bei 21 Elektronen (Scandiumatom) werden die 3d-Orbitale benötigt:

$1s^2\,2s^2\,2p^6\,3s^2\,3p^6\,4s^2\,3d^1$ oder $1s^2\,2s^2\,2p^6\,3s^2\,3p^6\,3d^1\,4s^2$.

Die erste Darstellung beschreibt die Auffüllungsfolge, die zweite den nach dem Auffüllen erreichten Zustand, bei dem dann das 4s-Orbital sozusagen nach außen „rutscht". Als Außenelektronen werden in solchen Systemen, bei denen d-Orbitale aufgefüllt werden, gewöhnlich die äußeren s-Elektronen angesehen.

Check-up

✔ Erklären Sie nochmals die Begriffe Orbital und Quantenzahl und machen Sie sich die räumliche Darstellung der Orbitale klar.

✔ Wenn noch nicht geschehen, üben Sie die Angabe der Elektronenkonfiguration anhand einiger Beispiele (s. o.).

1.4 Das Periodensystem der Elemente (PSE)

Lerncoach

Die Kenntnis der Gesetzmäßigkeiten im Periodensystem ist eine wichtige Voraussetzung um die Eigenschaften und Reaktionen von Elementen bzw. Stoffen zu verstehen. Diese Gesetzmäßigkeiten erschließen sich Ihnen am besten, wenn Sie die Elektronenkonfiguration gut beherrschen.

1.4.1 Die Einteilung im Periodensystem

(Eine Abbildung des heute verwendeten Periodensystems finden Sie auf der Umschlagseite.)
Elemente, deren Atome analoge Elektronenkonfigurationen besitzen, haben auch ähnliche Eigenschaften. Sie werden zu Gruppen zusammengefasst und bilden die senkrechten Spalten des PSE. Wegen der vergleichbaren Eigenschaften hat man den Gruppen auch Namen gegeben (Chalkogene, Halogene etc).
Die waagrechten Reihen nennt man Perioden, sie entsprechen den auf S. 14 besprochenen Schalen.
Zur Nummerierung der Gruppen sind mehrere Bezeichnungen im Gebrauch. Die Durchnummerierung von 1 bis 18 wird von der IUPAC (International Union of Pure and Applied Chemistry) empfohlen, dabei geht der Zusammenhang zwischen der mit römischer Ziffer gekennzeichneten Gruppennummer in der alten Kennzeichnung und der Anzahl der Valenzelektronen allerdings verloren. Die alte Kennzeichnung nummerierte von I bis VIII und trennte durch die Buchstaben A und B die Haupt- von den Nebengruppenelementen.
Die Nebengruppenelemente können wir aber anhand der Elektronenkonfiguration gut einordnen. Wenn Sie nämlich beim Verteilen der Elektronen

zuletzt d-Orbitale benötigen, handelt es sich um ein Nebengruppen- oder Übergangselement (z. B. Scandium).
Bei höheren Ordnungszahlen treten f-Orbitale auf. Wenn diese zuletzt besetzt werden, spricht man ebenfalls von Nebengruppenelementen. Zu ihnen gehören die Lanthanoide und Actinoide. Da diese jedoch medizinisch von untergeordneter Bedeutung sind, sollen sie hier nicht weiter besprochen werden.

▮ Merke

Bei den Hauptgruppenelementen werden die s- und p-Orbitale besetzt. Die übrigen Orbitale sind leer oder vollständig gefüllt.
Bei den Atomen von Nebengruppenelementen erfolgt die Auffüllung von d- und f-Orbitalen.

Die chemische Ähnlichkeit der Elemente einer Hauptgruppe ist eine Folge der identischen Valenzelektronenkonfiguration, d. h., die Anzahl der Elektronen auf der äußersten Schale ist gleich.

1.4.2 Die Periodizität der Eigenschaften

Der Atomradius innerhalb einer Periode (= waagrechte Reihen) nimmt ab. Das hängt mit der Zunahme der positiven und negativen Ladungen zusammen, die zu einer stärkeren elektrostatischen Wechselwirkung zwischen Elektronen und Protonen führt. Innerhalb einer Gruppe (= senkrechte Spalten) nimmt der Atomradius zu, denn mit jeder neuen Periode muss eine neue „Schale" berücksichtigt werden.
Die Elektronenaffinität ist die Energie, die frei wird, wenn ein Elektron aus dem Unendlichen in das tiefste freie Orbital eingebaut wird. Dabei entsteht ein Anion. Diese Energie ist bei Atomen auf der rechten Seite des Periodensystems am größten. Deshalb nimmt die Elektronenaffinität von links nach rechts zu. Innerhalb einer Gruppe sinkt mit der Zunahme der Größe der Atome die Elektronenaffinität. Die Elektronenaffinität darf nicht mit der Elektronegativität verwechselt werden, die im Zusammenhang mit Verschiebungen der Elektronendichte in kovalenten Bindungen definiert wird (s. S. 25). Diese Größe ist nicht elementspezifisch. Sie hängt vom Bindungszustand und vom Bindungspartner ab. Die im PSE angegebenen Elektronegati-

vitätswerte beziehen sich auch auf bestimmte kovalente Bindungen. Auch für diese Werte gilt, dass sie innerhalb einer Periode von links nach rechts zunehmen und innerhalb einer Gruppe abnehmen. Die **Ionisierungsenergie** ist die Energie, die man benötigt, um ein Elektron aus dem höchsten besetzten Orbital eines Atoms zu entreißen. Dabei bildet sich ein Kation. Die Ionisierungsenergie ist in der 1. und 2. Hauptgruppe sehr klein und nimmt innerhalb einer Periode zu. Dies kann man sich anhand der Elektronenkonfiguration gut verdeutlichen: Atome der 1. und 2. Gruppe erreichen durch die Abgabe von einem Elektron oder zwei Elektronen die Konfiguration des vorhergehenden Edelgases. Edelgase haben eine vollständig besetzte äußere Schale, was energetisch sehr günstig ist (s. S. 22). Analoge Überlegungen gelten für die Elektronenaffinität. Innerhalb einer Gruppe nimmt die Ionisierungsenergie ab, da durch den zunehmenden Atomradius die Valenzelektronen immer weiter

vom Kern entfernt und damit weniger stark gebunden sind.

Aus diesen Zusammenhängen leitet man Aussagen zur höchstmöglichen Oxidationszahl (s. S. 65) und zum Metall- und Nichtmetallcharakter ab (**Abb. 1.10**).

1.4.3 Klinische Bezüge und Kurzinformationen zu wichtigen Gruppen mit ihren Elementen

Nachfolgend sind in tabellarischer Form einige Informationen zu den Hauptgruppenelementen, zu ausgewählten Nebengruppenelementen und deren Verbindungen aufgeführt. Elemente, die in lebenswichtigen Naturstoffen vorhanden sind und/oder von biochemischen, pharmakologischen oder toxikologischem Interesse sind, wurden hervorgehoben.

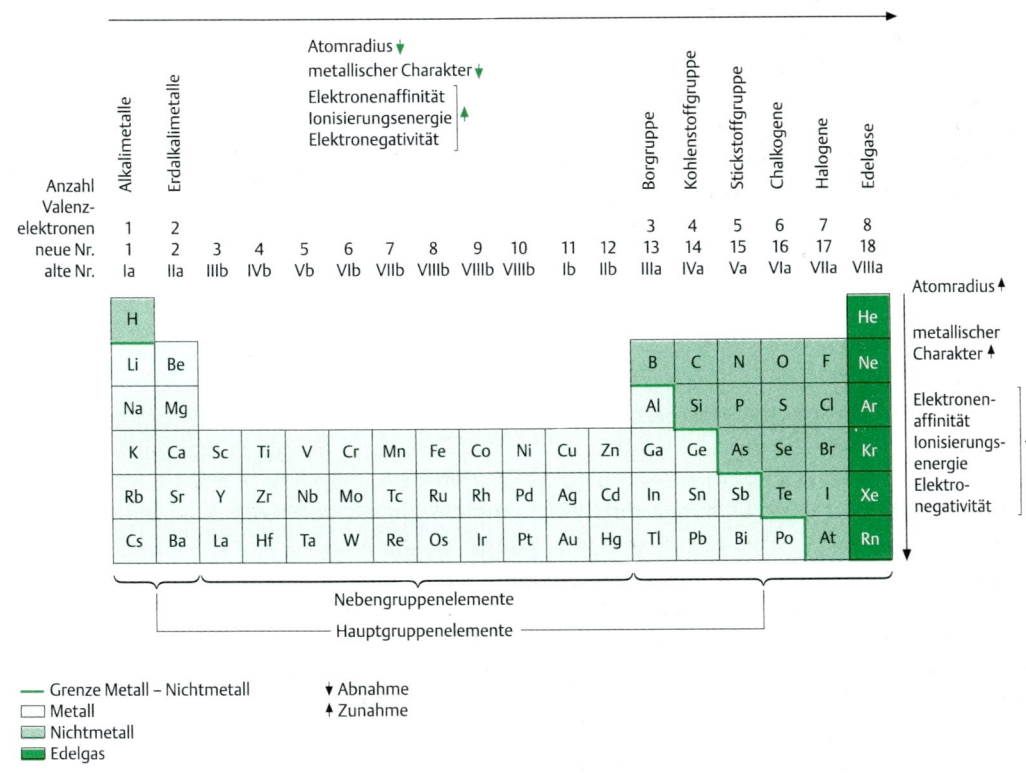

Abb. 1.10 Der Aufbau und die Gesetzmäßigkeiten im PSE

Bitte lernen Sie die folgenden Tabellen nicht auswendig. Sie sollen Ihnen lediglich die Bedeutung der Chemie für die Medizin verdeutlichen. Bei medizinisch bedeutsamen Elementen merken Sie sich bitte das entsprechende Symbol (= fett hervorgehoben).

Beachten Sie bitte, dass sich die Angaben zum Vorkommen immer auf die Atomart beziehen. Wenn der menschliche Organismus also 1,4 g Silicium enthält, bedeutet das nicht etwa den reinen Stoff Silicium, sondern nur die Atomart Si, die in Verbindungen mit anderen Elementen vorliegt.

Die Alkalimetalle

Name	Symbol	Vorkommen	Bedeutung
Lithium	**Li**	kommt in Verbindungen zu 0,006 % in der oberen Erdkruste vor	Einige Verbindungen besitzen antidepressive Wirkung
Natrium	**Na**	kommt in gebundener Form zu 2,63 % in der oberen Erdkruste vor	Natriumionen sind die wichtigsten Kationen des Extrazellularraums. Sie sind wichtig für den Aufbau des osmotischen Drucks, Aktivierung von Enzymen, Nervenleitung und Muskelerregung
Kalium	**K**	kommt in gebundener Form zu 2,41 % in der Erdkruste vor	Kaliumionen sind die wichtigsten Ionen des Intrazellularraumes und die Antagonisten der Natriumionen. Besondere Bedeutung haben Kaliumverbindungen als Dünger
Rubidium	Rb	kommt in gebundener Form zu 0,03 % in der Erdkruste vor	Der menschliche Organismus enthält ca. 0,32 g Rubidium, dessen physiologische Funktion nicht ausreichend geklärt ist
Cäsium	Cs	kommt in gebundener Form zu 0,0007 % in der Erdkruste vor	$^{137}_{55}$Cs spielt in der Strahlentherapie eine Rolle
Francium	Fr	Vorkommen nur als radioaktive Isotope mit kurzer Halbwertszeit	

Die Erdalkalimetalle

Name	Symbol	Vorkommen	Bedeutung
Beryllium	Be	nur in Verbindungen zu etwa 0,006 % in der Erdkruste	Beryllium und seine Verbindungen sind stark toxisch. Bei der Berylliose kommt es durch chronische Inhalation von Beryllium und seinen Verbindungen zu einer Lungenfibrose
Magnesium	**Mg**	nur in Verbindungen zu etwa 1,95 % in der Erdkruste, ein erwachsener Mensch hat etwa 30 g chemisch gebundenes Magnesium	Magnesium ist das zweitwichtigste intrazelluläre Kation und ein wichtiger Katalysator vieler Reaktionen. Es ist außerdem Bestandteil des Chlorophylls. Magnesiumverbindungen kommen u. a. bei bestimmten Herzrhythmusstörungen, zur Wehenhemmung, bei Sodbrennen und Obstipation zum Einsatz
Calcium	**Ca**	nur in Verbindungen zu etwa 3,63 % in der Erdkruste	Calcium ist für die Pflanzen- und Tierwelt von großer Bedeutung. Es wird für Knochen, Gehäuse und Schalen genauso benötigt wie für die Zellwandbildung, die Zellteilung, die Muskelkontraktion und die Blutgerinnung
Strontium	Sr	nur in Verbindungen zu etwa 0,03 % in der Erdkruste	Strontiumverbindungen sind ungiftig, sie reichern sich aber in Knochen und Zähnen an. Das radioaktive Isotop $^{90}_{38}$Sr führt zu Knochensarkomen
Barium	**Ba**	nur in Verbindungen zu 0,04 % in der Erdkruste	Bariumsulfat dient als Röntgen-Kontrastmittel, da es sehr schwer löslich ist. Leichtlösliche Verbindungen sind sehr giftig
Radium	Ra	Vorkommen nur als radioaktive Isotope, Anteil in der Erdkruste nur $7 \cdot 10^{-12}$ %	Ra wird in der Strahlentherapie eingesetzt

Die Borgruppe (Erdmetalle)

Name	Symbol	Vorkommen	Bedeutung
Bor (Halbmetall)	**B**	nur in Sauerstoffverbindungen zu 0,001 % in der Erdkruste	Bor ist für Pflanzen ein wichtiges Spurenelement, für Tiere und Mikroorganismen scheint es entbehrlich zu sein
Aluminium (Metall)	Al	nur in Verbindungen zu 8,13 % in der Erdkruste, der menschliche Körper enthält 50–150 mg gebundenes Aluminium	Wichtiges Gebrauchsmetall, hohe Aluminiumgehalte in der Nahrung können Arteriosklerose fördern und den Phosphatstoffwechsel stören. Eine Lösung von essigsaurer Tonerde (Aluminumacetat) spielte früher eine Rolle für adstringierende, kühlende Umschläge, für Spülungen und zum Gurgeln
Gallium (Metall)	Ga	nur in Verbindungen zu 0,0015 % in der Erdkruste	Gallium spielt in der Technik eine Rolle als Halb- und Supraleiter
Indium (Metall)	In	nur in Verbindungen zu etwa 0,00001 % in der Erdkruste	Indium wird für Dentallegierungen verwendet
Thallium (Metall)	Tl	nur in Verbindungen zu etwa 0,00001 % in der Erdkruste	Tl und Tl-Verbindungen sind stark toxisch (früher in Enthaarungspräparaten enthalten)

Die Kohlenstoffgruppe

Name	Symbol	Vorkommen	Bedeutung
Kohlenstoff	**C**	ungebunden Vorkommen als Graphit, Diamant oder Kohle, zu 0,087 % in der Erdkruste enthalten, die Atmosphäre enthält in gebundener Form $720 \cdot 10^9$ t, die lebende pflanzliche Biomasse $830 \cdot 10^9$ t Kohlenstoff	Kohlenstoff und seine Verbindungen sind die Träger aller Lebenserscheinungen auf der Erde
Silicium (Halbmetall)	**Si**	zu 25,8 % in der Erdkruste enthalten, ist das zweithäufigste Element, der menschliche Organismus enthält ca. 1,4 g Silicium (Erwachsener)	Silicium spielt wahrscheinlich als Spurenelement für die Bildung von Knochen und Bindegewebe eine große Rolle. Siliciumorganische Verbindungen werden als Pharmaka eingesetzt. In der Halbleitertechnik und für Solarzellen ist es von großer Bedeutung
Germanium (Metall)	Ge	zu 0,00056 % in der Erdkruste enthalten	Germanium wird für die Produktion von Leuchtdioden und Solarzellen benötigt
Zinn (Metall)	Sn	zu 0,0035 % in der Erdkruste enthalten	Metallisches Zinn gilt als ungiftig. Es scheint ein essenzielles Spurenelement zu sein, denn bei einem Mangel werden u. a. Appetitlosigkeit, Haarausfall und Akne beobachtet. Einige zinnorganische Verbindungen werden als Fungizide und Desinfektionsmittel verwendet
Blei (Metall)	**Pb**	zu 0,0018 % in der Erdkruste enthalten	Blei und seine Verbindungen sind giftig. Eine Bleivergiftung äußert sich u. a. durch Müdigkeit, Appetitlosigkeit, Koliken, Ablagerungen von Bleisulfid am Zahnrand

Die Stickstoffgruppe

Name	Symbol	Vorkommen	Bedeutung
Stickstoff	**N**	Stickstoff ist zu 0,03 % in der Erdkruste, der weitaus größte Teil jedoch in der Lufthülle enthalten. 3 % des Körpergewichts des Menschen sind gebundener Stickstoff.	Elementarer Stickstoff hat keine physiologische Wirkung. Das Ersticken in einer Stickstoffatmosphäre beruht auf Sauerstoffmangel. Aufgrund seiner geringen Reaktivität wird es als Inert- und Schutzgas und als Treibmittel für Sprays eingesetzt. Es ist Bestandteil von Eiweißen, Nukleinsäuren und Coenzymen. Stickstoffverbindungen sind wichtige Düngemittel
Phosphor	**P**	zu 0,1 % in der Erdkruste enthalten, der menschliche Organismus enthält ca. 700 g P (Erwachsener), wobei 600 g davon in der Knochensubstanz gebunden sind	Phosphor ist als Phosphat in Knochen, als Ester in der DNA und in den Phospholipiden gebunden. Weißer Phosphor führt aufgrund seiner hohen Reaktivität bei oraler Einnahme zu schweren Vergiftungserscheinungen. Er entzündet sich an der Luft selbst und kann zu schweren Verbrennungen führen

Name	Symbol	Vorkommen	Bedeutung
Arsen (Halbmetall)	As	zu $5,5 \cdot 10^{-4}$% gediegen und gebunden in der Erdkruste enthalten	Arsen ist in allen organischen Geweben enthalten, wobei seine Rolle als Spurenelement nicht bis ins letzte Detail geklärt ist. Viele Arsenverbindungen sind giftig und spielten bei Mordfällen eine große Rolle
Antimon (Metall)	Sb	zu 0,0001 % in der Erdkruste enthalten, gelegentlich gediegen	Antimonverbindungen sind giftig, rufen aber oft einen Brechreiz hervor. Zu diesem Zweck wurde früher Brechweinstein, eine Antimonverbindung der Weinsäure, verwendet. Gelegentlich werden Antimonpräparate zur Therapie von Protozoen-Erkrankungen eingesetzt, Nebenwirkungen begrenzen jedoch den Einsatz
Bismut (Metall)	Bi	zu 0,00002 % in der Erdkruste gediegen und gebunden enthalten	Bismutverbindungen haben eine adstringierende, antiseptische und diuretische Wirkung, die seit dem Altertum bekannt ist. Nebenwirkungen haben die Verwendung aber stark eingeschränkt

Die Chalkogene

Name	Symbol	Vorkommen	Bedeutung
Sauerstoff	O	zu 49,5 % in der Erdkruste gebunden enthalten, außerdem in der Erdatmosphäre und in der Wasserhülle	Sauerstoff ist für die Mehrzahl der Organismen zur Aufrechterhaltung energieliefernder Umsätze wie der Atmung lebensnotwendig. Der Mensch kann sauerstoffarme Gemische mit 8 % Sauerstoff gerade noch verwerten, bei nur 7 % tritt Bewusstlosigkeit ein, bei 3 % Ersticken. Reiner Sauerstoff kann nur bei Unterdruck ohne Schaden aufgenommen werden. Ozon, eine dreiatomige Sauerstoffverbindung, hat desinfizierende Wirkung, bei zu hohen Konzentrationen schädigt es die Atemwege.
Schwefel	S	zu 0,05 % in der Erdkruste elementar und in gebundener Form enthalten, der menschliche Organismus enthält ca. 175 g gebundenen Schwefel.	Schwefel ist ein wichtiges in Aminosäuren, Coenzymen und Vitaminen enthaltenes Element. Schwefelpulver und -salbe haben desinfizierende Wirkung
Selen	Se	zu $9 \cdot 10^{-6}$% in der Erdkruste enthalten	Selen ist ein essenzielles Spurenelement, es schützt Proteine vor Oxidation. Mit Selenmangel könnten Rheumatismus und grauer Star in Verbindung stehen
Tellur (Halbmetall)	Te	zu 10^{-7}% in der Erdkruste enthalten	Tellur wird für Legierungen als Glas-Keramik-Farbstoff benötigt. Tellurpräparate spielen in der Homöopathie eine Rolle.
Polonium (Metall)	Po	kommt nur in Form radioaktiver Isotope vor	

Die Halogene

Name	Symbol	Vorkommen	Bedeutung
Fluor	F	zu 0,065 % nur gebunden in der Erdkruste enthalten, im menschlichen Organismus etwa 800 mg in Zahnschmelz und Dentin, in Knochen, Blut, Magensaft, Schweiß	Die kontrollierte Fluorzufuhr ist ein wirksamer Schutz vor Karies. Die Knochenverfestigung durch Fluor nutzt man in der Therapie von Osteoporose aus, Überdosierungen führen aber zu Verdickung und Versteifung der Gelenke. Fluororganische Verbindungen können O_2 und CO_2 transportieren und spielen deshalb eine Rolle als Blutersatzmittel.
Chlor	Cl	zu 0,03 % chemisch gebunden in der Erdkruste enthalten	Chlorgas zerstört tierisches und pflanzliches Gewebe durch Oxidation, Substitution von Wasserstoff oder Chloraddition an Doppelbindungen. Darauf beruht auch die desinfizierende Wirkung von Chlorwasser. Chloridionen sind lebensnotwendig für die im Organismus bestehenden Säure-/Base-Gleichgewichte, den Wasserhaushalt und die Nieren- und Magensekretion. Salzsäure (die wässrige HCl-Lösung) ist zu 0,3 bis 0,5 % im Magensekret enthalten

Name	Symbol	Vorkommen	Bedeutung
Brom	**Br**	zu 0,0003 % chemisch gebunden in der Erdkruste enthalten	Elementares Brom ist extrem ätzend. Brompräparate spielen als Sedativa eine Rolle. Silberbromid findet als lichtempfindliche Substanz auf Filmen und Fotopapier Verwendung
Iod	**I**	kommt in der Natur nur in Spuren vor	Iodtinktur ist eine alkoholisch-wässrige Lösung von I_2 und KI (Kaliumjodid) und wird als Desinfektionsmittel eingesetzt. Das mit der Nahrung aufgenommene Iod wird in der Schilddrüse gespeichert und dort zur Synthese des Schilddrüsenhormons Thyroxin benutzt. Bei Iodmangel kommt es zu Störungen der Schilddrüsenfunktion (evtl. mit Kropfbildung)
Astat	**At**	kommt nur in Form radioaktiver Isotope vor	Astatisotope werden zur lokalen Bestrahlung und in Form markierter Präparate als Radiopharmaka benutzt

Die Edelgase

Edelgase sind außerordentlich reaktionsträge. Edelgasverbindungen sind erst seit den 60er Jahren des 20. Jahrhunderts bekannt.

Name	Symbol	Vorkommen[1]	Bedeutung
Helium	**He**	kommt am häufigsten in Erdgasen vor	Helium wird als Füllung für Luftschiffe und Ballons, aber auch als Taucherluft verwendet
Neon	Ne	zu 0,0012 % in der Luft	Füllgas für Leuchtstoffröhren
Argon	Ar	zu 1,286 % in der Luft	Füllgas für Glühlampen, Schutzgas bei Reaktionen, die unter Sauerstoffausschluss ablaufen
Krypton	Kr	zu $3 \cdot 10^{-4}$ % in der Luft	Füllgas für Glühlampen
Xenon	**Xe**	zu $4 \cdot 10^{-5}$ % in der Luft	wichtiges Narkosegas, Füllgas für Glühlampen
Radon	**Rn**	eines der seltensten Elemente der Erdrinde	Bade- und Trinkkuren mit radonhaltigem Heilwasser gegen Schmerzen und Entzündungen

[1] Die Prozentangaben sind Masseprozent.

Ausgewählte Nebengruppenelemente

Name	Symbol	Vorkommen	Bedeutung
Chrom	**Cr**	zu 0,02 % in der Erdkruste gebunden enthalten	Chrom ist ein wichtiges Spurenelement für den Glucosestoffwechsel. Chrom in Verbindung mit der Oxidationsstufe 6 ist ein starkes Oxidationsmittel und sehr giftig
Mangan	**Mn**	zu 0,1 % in der Erdkruste gebunden enthalten, im menschlichen Organismus etwa 20 mg in den Mitochondrien, im Zellkern und in den Knochen	Mangan ist ein Spurenelement, das die Biosynthese von Cholesterin stimuliert sowie für Blutgerinnung und Atmungskette von Bedeutung ist. Besonders manganreich sind z. B. Vollkornprodukte
Eisen	**Fe**	zu 5 % in der Erdkruste enthalten, im gesamten Erdball wahrscheinlich zu 37 %, damit wäre es das häufigste Element des Erdballs	Eisen ist nicht nur das wichtigste Gebrauchsmetall, es ist auch ein wichtiges Spurenelement. Es ist im roten Blut- und Muskelfarbstoff und in den Redoxsystemen der Enzymkomplexe der Atmungskette enthalten
Cobalt	**Co**	zu 0,002 % in der Erdkruste enthalten	Cobalt ist ein wichtiges Spurenelement. Es ist z. B. im Vitamin B12 gebunden, das für die Bildung der roten Blutkörperchen von großer Bedeutung ist
Nickel	**Ni**	zu 0,015 % in der Erdkruste enthalten	Nickel hat wahrscheinlich als Spurenelement für den Kohlenhydratstoffwechsel Bedeutung. Für zahlreiche Nickelverbindungen ist ein toxisches, allergenes und/oder mutagenes Potenzial nachgewiesen worden
Kupfer	**Cu**	zu 0,007 % in der Erdkruste enthalten, gelegentlich auch gediegen	Kupfer ist ein Spurenelement. Lösliche Kupfersalze sind starke Emetika, die aber wegen des vermuteten mutagenen und karzinogenen Potenzials nicht mehr benutzt werden.
Zink	**Zn**	zu 0,012 % in der Erdkruste nur gebunden enthalten	Zink ist ein Spurenelement und spielt beim Alkoholabbau und bei der Genregulation eine Rolle.

Name	Symbol	Vorkommen	Bedeutung
Silber	**Ag**	zu 10^{-6}% in der Erdkruste gebunden und gediegen enthalten	Silber und seine Verbindungen besitzen eine stark antiseptische und antimykotische Wirkung
Cadmium	**Cd**	zu $5 \cdot 10^{-5}$% in der Erdkruste enthalten	Cadmium und seine Verbindungen sind vermutlich kanzerogen. Eine erhebliche Belastung tritt durch Zigarettenrauch auf. Es kann eine entzündliche Schleimhautdegeneration entstehen
Gold	**Au**	zu $4 \cdot 10^{-7}$% in der Erdkruste enthalten	Goldlegierungen spielen in der zahnärztlichen Praxis eine Rolle
Quecksilber	**Hg**	zu $5 \cdot 10^{-5}$% in der Erdkruste enthalten	Quecksilberdämpfe und viele Verbindungen sind stark toxisch. Aufgrund der bakteriziden und antiseptischen Wirkung wurden schwerlösliche Quecksilberverbindungen gegen Hauterkrankungen und Syphilis eingesetzt
Vanadium	**V**	zu 0,014 % in der Erdkruste enthalten	Vanadium ist ein essenzielles Spurenelement für Pflanzen und Tiere, es stimuliert die Photosynthese und das Wachstum von Jungtieren. Vanadiumverbindungen sind als Zytostatika bei Leukämie wirksam
Technetium	**Tc**		Nur künstlich herstellbares Schwermetall, Einsatz als Radiopharmazeutikum, Korrosionsinhibitor für Eisen und Stahl, bemerkenswerter Katalysator
Platin	**Pt**	zu $5 \cdot 10^{-7}$% in der Erdkruste enthalten	Metallisches Platin wird für medizinische Geräte und Dentalwerkstoffe verwendet. Die Platinverbindung cis-Platin findet Einsatz als Zytostatikum z. B. bei bösartigen Hoden- oder Eierstocktumoren

Check-up

✔ Machen Sie sich nochmals die Ordnungsprinzipien des Periodensystems klar. Suchen Sie z. B. verschiedene Elemente heraus und vergleichen Sie den Atomradius oder die Elektronegativität anhand der Position im PSE.

1.5 Die chemische Bindung

Lerncoach

In diesem Kapitel werden Sie lernen, mit welchen Modellen man die Verknüpfung von Atomen zu chemischen Verbindungen erklären kann. Häufig kann man dieses Zusammenhalten der Atome relativ einfach mit der Oktettregel begründen, die Sie gleich kennen lernen werden. Für genauere Betrachtungen benötigen wir aber, vor allem bei der Besprechung der Atombindung, quantenmechanische Ansätze, inklusive der Vorstellung von den Orbitalen (s. S. 13).

1.5.1 Der Überblick

Wechselwirkungen zwischen den Atomen können zu chemischen Bindungen führen. Die unterschied-lichen Arten chemischer Bindung bedingen differierende Stoffeigenschaften. Es gibt folgende Bindungsarten:

- metallische Bindung.
- Ionenbindung.
- Atombindung.
- koordinative Bindung.
- Wasserstoffbrückenbindung.
- van-der-Waals-Wechselwirkung.
- hydrophobe Wechselwirkung.

1.5.2 Die Oktettregel

Besonders stabil ist die Konfiguration der Edelgase, die 2 (Helium) oder 8 Außenelektronen aufweisen. Deshalb haben Edelgase ein sehr geringes Bestreben, chemische Verbindungen zu bilden. Unter der **Oktettregel** (Oktettprinzip) versteht man das Bestreben der Atome und Ionen, durch Aufnahme oder Abgabe von Elektronen bzw. durch Bindungsbildung diese Edelgaskonfiguration zu erreichen. Dieses Prinzip wird allerdings nur bei den Atomen der 2. Periode des PSE einigermaßen streng befolgt.

1.5.3 Die metallische Bindung

Mehr als 75 % aller bekannten Elemente sind Metalle. Die Stufenlinie im Periodensystem (s. S. 17) markiert die Grenze zwischen Metallen und Nicht-

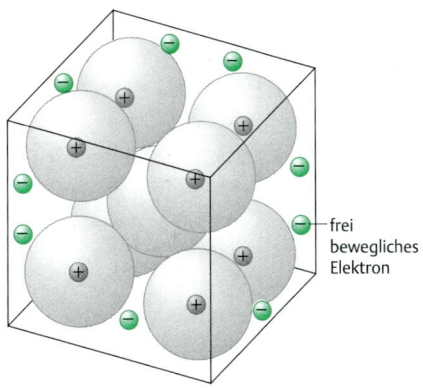

— frei
bewegliches
Elektron

Abb. 1.11   Das Elektronengasmodell

tallische Glanz ist für sie charakteristisch. Unter Krafteinwirkung sind sie verformbar.

Das Bindungsmodell

Bei Metallen handelt es sich um Elementsubstanzen (s. S. 4). Wie also halten gleiche Atome zusammen und machen so die Eigenschaften der Metalle aus? Für unsere Zwecke genügt ein sehr einfaches Modell, das **Elektronengasmodell:** Da Metallatome eine niedrige Ionisierungsenergie (s. S. 17) besitzen, geht man davon aus, dass sich ein Gitter aus positiv geladenen Atomrümpfen bildet. Wie eine Gaswolke bewegen sich die Valenzelektronen zwischen den Atomrümpfen frei hin und her **(Abb. 1.11)**.

Diese **frei beweglichen Elektronen** erklären die gute elektrische Leitfähigkeit der Metalle. Die gute Verformbarkeit hängt damit zusammen, dass die Metallionen bei mechanischer Belastung in der Elektronenwolke eingebettet bleiben.

metallen (Metalle stehen in der unteren linken Ecke des PSE). Die Grenze ist aber fließend, da in Grenznähe die Elemente weder typische Metalle noch typische Nichtmetalle sind. In der Medizin sind reine Metalle von eher geringer Bedeutung. Tantal (Ta) wird für chirurgische Instrumente verwendet, Gold (Au) sowie die aus Zinn (Sn), Silber (Ag) und Quecksilber (Hg) bestehenden Amalgame spielen als Zahnfüllungen eine Rolle.

Die Eigenschaften von Metallen

Metalle haben eine hohe **elektrische Leitfähigkeit** und eine ausgeprägte **Wärmeleitfähigkeit**. Der me-

1.5.4 Die Ionenbindung

Natriumchlorid (NaCl, Kochsalz), Natriumcarbonat (Na_2CO_3, Soda) und Magnesiumsulfat ($MgSO_4$, Bittersalz) sind Stoffe, denen Sie auch in der Medizin begegnen werden. Sie werden als **Ionenverbindungen** oder **Salze** bezeichnet **(Tab. 1.8)**.

Die Salze der Nahrung dissoziieren im Magen-Darm-Trakt in Ionen und erfüllen viele Aufgaben

Tabelle 1.8 Formeln und Namen wichtiger Salze

Formel	Name	Bedeutung/Anwendung
NaF	Natriumfluorid	in Zahnputzmitteln
NH_4F	Ammoniumfluorid (Aminfluorid, Olaflur)	Bestandteil von Zahnspülungen
$NaHCO_3$	Natriumhydrogencarbonat (Natron, Natriumbikarbonat)	gegen Magenübersäuerung
$FeSO_4$	Eisen(II)-sulfat	zur Eisentherapie bei Anämie
KNO_3	Kaliumnitrat (Salpeter, Kalisalpeter)	für Kältemischungen, war für Schwarzpulver begehrt
$NaNO_2$	Natriumnitrit	neben NaCl Bestandteil des Pökelsalzes
Hg_2Cl_2	Quecksilber(I)-chlorid (Kalomel)	früher als Diuretikum, Laxans, auch als Mittel bei Syphilis
$HgCl_2$	Quecksilber(II)-chlorid (Sublimat)	früher als Desinfektions- und Konservierungsmittel[1]
$BaSO_4$	Bariumsulfat	Röntgenkontrastmittel
$(NH_4)_2SO_4$	Ammoniumsulfat	Düngemittel
$AgNO_3$	Silbernitrat (Höllenstein)	Antiseptikum, Adstringens, Ätzmittel
$FeCl_3$	Eisen(III)-chlorid	Ätzmittel, zur Blutstillung
NaH_2PO_4	Natriumdihydrogenphosphat	wichtiger Pufferbestandteil
CH_3COONa	Natriumacetat	wichtiger Pufferbestandteil, früher als Diuretikum verwendet

[1]hat eine sehr geringe elektrische Leitfähigkeit, die Bindungsverhältnisse sind eher kovalent (s. S. 25) als ionisch

Tabelle 1.9 Die Namen wichtiger Kationen und Anionen

Ion	Name	Ion	Name	Ion	Name
Na^+	Natrium-	OH^-	-hydroxid	PO_4^{3-}	-phosphat
Cu^+	Kupfer(I)-	CN^-	-cyanid	CO_3^{2-}	-carbonat
Cu^{2+}	Kupfer(II)-	OCl^-	-hypochlorit	HCO_3^-	-hydrogencarbonat
NH_4^+	Ammonium-	ClO_3^-	-chlorat	CH_3COO^-	-acetat
PH_4^+	Phosphonium-	ClO_4^-	-perchlorat	$C_2O_4^{2-}$	-oxalat
OH_3^+	Oxonium- (Hydronium)-	SO_3^{2-}	-sulfit	CrO_4^{2-}	-chromat
Cl^-	-chlorid	SO_4^{2-}	-sulfat	$Cr_2O_7^{2-}$	-dichromat
O^{2-}	-oxid	NO_2^-	-nitrit	MnO_4^{2-}	-manganat
S^{2-}	-sulfid	NO_3^-	-nitrat	MnO_4^-	-permanganat

(z. B. Aufrechterhaltung der Elektroneutralität und eines definierten osmotischen Drucks, Potenzialbildung an Membranen, Nervenerregung). Beispiele für medizinisch relevante Salze s. **Tab. 1.9.**

Die Nomenklatur von Ionenverbindungen

Grundsätzlich wird **zuerst der Name des Kations** und **dann der Name des Anions** genannt.
Die Namen der meisten einatomigen **Kationen** werden vom deutschen Namen des entsprechenden Metalls abgeleitet. Falls mehrere Kationen eines Elementes möglich sind, wird die Ladung durch eine römische Zahl angegeben. Bei mehratomigen Kationen sind die Regeln nicht so einfach: Wenn mindestens eines der kovalent verknüpften Atome Wasserstoff ist, endet der Name des Kations auf **-onium** (vgl. **Tab. 1.9**).
Die Namen der **Anionen** leiten sich von der lateinischen Bezeichnung des Nichtmetalls ab, manchmal verkürzt sich der Name hierdurch. Bei einatomigen Anionen endet der Name auf **–id**. Bei mehratomigen Anionen, die Sauerstoffatome enthalten, sind die Endungen **–at** und **–it** üblich **(Tab. 1.9)**.

Die Eigenschaften von Ionenverbindungen

Diese Stoffe weisen völlig andere Eigenschaften als die Metalle auf. In festem Zustand leiten sie den elektrischen Strom nicht, aber in Schmelze und in Lösung. Wasserfreie Salze haben relativ hohe Schmelzpunkte und bilden spröde Kristalle.
Kristalle sind einheitlich zusammengesetzte Festkörper, deren Bausteine (Atome, Moleküle, Ionen) zu einem periodischen, dreidimensionalen Gitter angeordnet sind. Den Energiebetrag, der aufgewandt werden müsste, um das Gitter in seine Bausteine zu zerlegen, bezeichnet man als **Gitterenergie** (s. S. 40).

Die Bildung von Ionenverbindungen

Ionenverbindungen entstehen zwischen zwei Elementen, wenn sich deren Atome folgendermaßen charakterisieren lassen:
Die Atome des einen Elements haben eine **geringe Ionisierungsenergie** und geben leicht Elektronen ab. Dadurch erreichen sie eine Elektronenkonfiguration, bei der sich auf der äußersten Schale gerade 8 Elektronen befinden. Da dies für Edelgasatome charakteristisch ist, spricht man auch von der Oktettregel bzw. Edelgaskonfiguration (s. S. 22). Solche Atome finden Sie vor allem in der 1. und 2. Gruppe des Periodensystems, aber auch bei Nebengruppenelementen (3. bis 12. Gruppe).
- Die Atome des anderen Elements haben eine **hohe Elektronenaffinität**, sie nehmen also leicht Elektronen auf. Dies gilt vor allem für Atome der 6. (16.) und 7. (17.) Gruppe, die also 6 oder 7 Außenelektronen haben. Durch die Aufnahme von zwei oder einem Elektron(en) erreichen auch diese Atome das **Elektronenoktett**.

Als einfachstes Beispiel dient die Reaktion von Natrium mit Chlor **(Abb. 1.12)**.

$$Na\cdot + \cdot\overline{\underline{C}}l \longrightarrow Na^{\oplus} + |\overline{\underline{C}}l|^{\ominus}$$

Abb. 1.12 Reaktion von Natrium mit Chlor

Die Ionen ordnen sich im festen Zustand als **Ionenkristall** an **(Abb. 1.13)**. Jedes Natriumion ist von 6 Chloridionen und jedes Chloridion von 6 Natriumionen umgeben. Die nächsten Nachbarionen haben immer die entgegengesetzte Ladung, deren Netto-

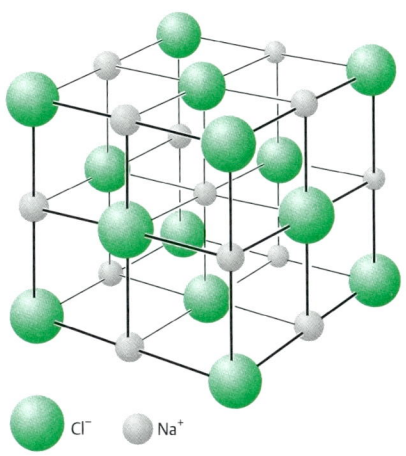

Cl⁻ Na⁺

Abb. 1.13 Schematische Darstellung des Natriumchloridgitters

Anziehung den Kristall zusammenhält. Die **elektrostatische Wechselwirkung** erfolgt in alle Richtungen des Raumes, sie ist **ungerichtet**.

In der Formelschreibweise der Ionenverbindungen wird die kleinste mögliche Kombination von Kationen und Anionen verwendet. Um einen elektrisch neutralen Stoff zu erhalten, kommt auf ein einfach positiv geladenes Natriumkation immer ein einfach negativ geladenes Anion. Also ist formal die kleinste Einheit NaCl, man spricht auch von **Formeleinheit**. Diese kleinsten Einheiten existieren natürlich nur gedanklich. Im Fall von Calciumchlorid wäre

$CaCl_2$ die kleinste Einheit, da auf das zweifach positiv geladene Calciumion Ca^{2+} aus Gründen der Elektroneutralität immer zwei einfach negativ geladene Chloridionen kommen müssen.

Die Ionenradien

Durch die Aufnahme bzw. Abgabe von Elektronen ändert sich die Größe der Teilchen **(Tab. 1.10)**. Kationen sind immer kleiner als die entsprechenden Atome, da formal die äußerste Schale nicht mehr besetzt ist. Anionen sind immer größer als die jeweiligen Atome, da zusätzliche Elektronen auch Raum beanspruchen. Natürlich bleiben aber die Relationen hinsichtlich der Änderung der Radien innerhalb einer Gruppe bestehen. Diese Aussage gilt nicht für Ionen in Lösung! Denn in Lösung lagern sich die polaren Wassermoleküle an die Ionen an, man spricht auch von einer Hydrathülle. Diese ist bei kleinen Kationen sehr groß. Deshalb ist ein hydratisiertes Natriumion größer als ein hydratisiertes Kaliumion. Dies hat Auswirkungen auf die elektrische Leitfähigkeit.

1.5.5 Die kovalente Bindung (= Atombindung)

Chlor, Sauerstoff, aber auch Wasser oder Ethanol bestehen aus Molekülen. Die in diesen Stoffen vertretenen Atomarten (Elemente) besitzen oft eine große Elektronenaffinität, wobei gleich- und verschiedenartige Atome verknüpft sein können. Nachfolgend ist aufgeführt, wie die an der Bindung beteiligten Atome Edelgaskonfiguration erreichen.

Tabelle 1.10 Atomradien und Ionenradien

Periode	HG-Nr.	Symbol	Atomradius in 10^{-12} m	Ionenradius in 10^{-12} m (in Klammern die Ionenladung)
2	1 (I A)	Li	152	60 (+1)
3	1 (I A)	Na	186	95 (+1)
4	1 (I A)	K	231	133 (+1)
2	2 (II A)	Be	112	31 (+2)
3	2 (II A)	Mg	160	65 (+2)
4	2 (II A)	Ca	197	97 (+2)
2	16 (VI A)	O	66	140 (−2)
3	16 (VI A)	S	104	184 (−2)
2	17 (VII A)	F	64	136 (−1)
3	17 (VII A)	Cl	99	181 (−1)
4	17 (VII A)	Br	114	195 (−1)
5	17 (VII A)	I	133	216 (−1)

Das Modell von Lewis

Nach dem Modell von Lewis beruht die Bindung zwischen den Atomen auf gemeinsamen Elektronenpaaren (**Elektronenpaarbindung**).

In den Formeln nach Lewis **symbolisiert** ein **Punkt ein Elektron** und ein **Strich ein Elektronenpaar**. Jeder Partner stellt ein oder mehrere Valenzelektron(en) zur Paarbildung zur Verfügung. Die verbleibenden Elektronen fasst man paarweise zusammen und bezeichnet sie als **nichtbindende** oder **freie Elektronenpaare**. „Ungepaarte" Elektronen werden als Punkt angegeben. Ein Atom darf immer nur über 4 gemeinsame Elektronenpaare verfügen. Ausnahmen sind lediglich ab der dritten Periode möglich. Atome, Ionen oder Moleküle mit mindestens einem „ungepaarten" oder „einsamen" Elektron werden als **Radikale** bezeichnet.

▉▉▍ Merke

Die Bindigkeit oder Bindungswertigkeit eines Atoms hängt davon ab, wie viele Elektronen ihm noch fehlen, um die Edelgaskonfiguration zu erreichen.

So ist Wasserstoff einbindig, Sauerstoff zweibindig, Stickstoff dreibindig und Kohlenstoff vierbindig (**Abb. 1.14**).

Wasserstoff verfügt über ein Valenzelektron, zwischen zwei Wasserstoffatomen kann sich also gerade ein Elektronenpaar ausbilden. So erreicht je-

des einzelne Atom die Konfiguration des Edelgases Helium, d. h. zwei Elektronen (**Abb. 1.14 a**).

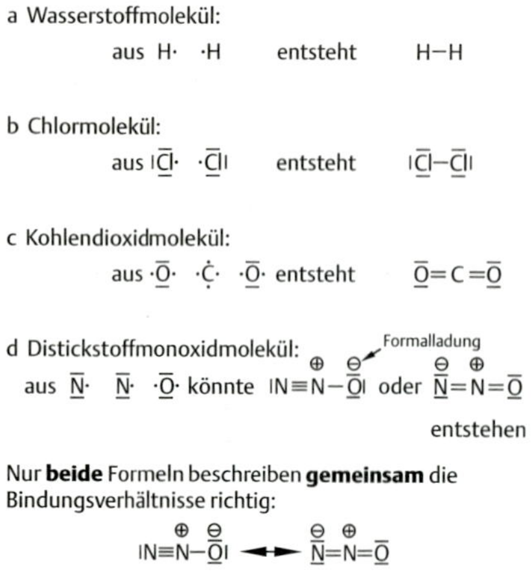

Chlor besitzt 7 Valenzelektronen. Jeweils 6 Valenzelektronen können 3 freie Elektronenpaare bilden, das 7. Elektron steht für die Elektronenpaarbildung zur Verfügung. Da die Bindungselektronen immer beiden Atomen zugerechnet werden, erreichen beide Chloratome die nächste Edelgaskonfiguration, die einem Elektronenoktett entspricht. Dieses Elektronenoktett darf wie gesagt bei Elementen bis zur 3. Periode keinesfalls überschritten werden. Deshalb können auch nicht etwa zwei Bindungselektronenpaare zwischen den Chloratomen ausgebildet werden (**Abb. 1.14 b**).

Die Lewisfomel für **Kohlendioxid CO$_2$** ergibt sich folgendermaßen: C hat 4 Valenzelektronen, O hat 6 Valenzelektronen. Also stehen im Molekül 2 · 6 + 4 Valenzelektronen zur Verfügung, die 8 Elektronenpaare bilden können. Unter Berücksichtigung des Elektronenoktetts ergibt sich die in **Abb. 1.14 c** gezeigte Lewisformel.

Problematisch ist die Tatsache, dass sich für einige Teilchen verschiedene Lewisformeln aufstellen lassen (z. B. für **Distickstoffmonoxid N$_2$O** [Lachgas], **Abb. 1.14 d**). Keine dieser Grenzformeln beschreibt die Bindungsverhältnisse richtig. Die tatsächliche Elektronenverteilung liegt zwischen den beiden Möglichkeiten. Man spricht in diesem Fall von **Mesomerie** oder einem **mesomeren System.** Der Mesomeriepfeil ↔ bringt zum Ausdruck, dass beide Formeln nur Grenzfälle darstellen. Beachten Sie, dass alle mesomeren Grenzformeln die gleiche räumliche Anordnung der Atomkerne aufweisen müssen. Unterschiede dürfen nur in der Elektronenverteilung auftreten. Die in **Abb. 1.14 d** angegebenen Ladungen sind Formalladungen und haben nichts mit Ionenladungen zu tun. Man erhält die Formalladung eines Atoms, indem man von der Anzahl der Valenzelektronen des freien Atoms die freien Elektronen und die Hälfte der Bindungselektronen des Atoms im Molekül abzieht. Zwei aneinander gebundene Atome sollten keine Formalladungen gleichen Vorzeichens haben. Solche mesomeren Grenzstrukturen werden nicht berücksichtigt. Am günstigsten ist es, wenn keine Formalladungen auftreten.

a Wasserstoffmolekül:

aus H· ·H   entsteht   H—H

b Chlormolekül:

aus |C̄l· ·C̄l| entsteht |C̄l—C̄l|

c Kohlendioxidmolekül:

aus ·Ō· ·C̈· ·Ō· entsteht   Ō=C=Ō

d Distickstoffmonoxidmolekül: Formalladung

aus N̄· N̄· ·Ō· könnte I N≡N—Ōl oder N̄=N=Ō entstehen

Nur **beide** Formeln beschreiben **gemeinsam** die Bindungsverhältnisse richtig:

I N≡N—Ōl ↔ N̄=N=Ō

Abb. 1.14   Lewisformeln

■I Merke

Mesomere Grenzstrukturen werden uns noch oft begegnen. Es handelt sich immer um fiktive Grenzfälle. Der mesomere Zustand liegt zwischen den möglichen Grenzstrukturen, die einzeln nicht vorliegen. Diesen Zwischenzustand kann man sich als Überlagerung mehrerer Grenzstrukturen vorstellen.

Üben Sie das Aufstellen von Lewis-Formeln anhand folgender Beispiele: Stickstoff, Chlorwasserstoff, Sulfation (Lösung s. S. 193).

Das Elektronenpaarabstoßungsmodell

Lewis-Formeln lassen sich zwar recht einfach aufstellen, sind aber rein formal, da sie keine Aussage über den räumlichen Bau der Moleküle zulassen. Deshalb wurde das **Elektronenpaarabstoßungsmodell** (VSEPR = valence-shell electron-pair repulsion) entwickelt: Sich bindende und freie Elektronenpaare stoßen sich gegenseitig ab und nehmen deshalb eine Anordnung ein, bei der die Abstoßung möglichst gering ist.

In der Lewisformel für das Molekül CH_4 (Methan) steht das C-Atom im Zentrum. Vier Bindungselektronenpaare verbinden es mit den vier Wasserstoffatomen. Durch gegenseitige Abstoßung ordnen sich diese so an, dass sie einen möglichst großen Abstand voneinander haben. Dadurch ergibt sich für das Molekül die Raumstruktur eines Tetraeders, was experimentell bestätigt wurde.

Freie Elektronenpaare am zentralen Atom haben etwa den gleichen Einfluss auf den Bau des Moleküls wie Bindungselektronenpaare, sie beanspruchen aber einen etwas größeren Raum. Als Folge verringern sich die Winkel zwischen den Bindungselektronenpaaren etwas. Das kann man an den Darstellungen für Wasser und Ammoniak im Vergleich zum Methan erkennen (**Tab. 1.12**).

Dieses Modell hat sich in der Chemie sehr stark durchgesetzt, weil es viele qualitative Aussagen er-

Tabelle 1.12 Die Lewis-Formeln und die Anwendung des VSEPR-Modells

Lewis-Formel	bindende Elektronenpaare am zentralen Atom	freie Elektronenpaare am zentralen Atom	Struktur
H H–C–H H	4	0	regelmäßiges Tetraeder Bindungswinkel H-C-H = 109,5°
H–N̄–H H	3	1	verzerrtes Tetraeder Bindungswinkel H-N-H = 107 °
H–O̱–H	2	2	verzerrtes Tetraeder Bindungswinkel H-O-H = 104,5 °

laubt. Quantitative Abschätzungen sind hingegen deutlich schwieriger.

Die quantenchemischen Bindungsmodelle

Im Gegensatz zur Ionenbindung kann die Atombindung nur quantenchemisch hinreichend erklärt werden. Es gibt zwei unterschiedliche Näherungsverfahren, die im Wesentlichen zu den gleichen Ergebnissen kommen: die **Valenzbindungstheorie** (VB-Theorie) und die **Molekülorbitaltheorie** (MO-Theorie).

So wie man für einzelne Atome ein Energieniveauschema der einzelnen Atomorbitale aufstellt, formuliert man in der MO-Theorie für das Molekül als Ganzes ein Energieniveauschema der Molekülorbitale. Diese Molekülorbitale ergeben sich durch eine Linearkombination der Atomorbitale der an der Bindung beteiligten Atome. Zwei Atomorbitale kombinieren zu zwei Molekülorbitalen, von denen das eine als bindend, das andere als antibindend bezeichnet wird. Unter Berücksichtigung des Pauli-Verbots (s. S. 15) und der Hund'schen Regel (s. S. 15) werden die Molekülorbitale mit den Elektronen des Moleküls besetzt.

In der VB-Theorie geht man hingegen von den einzelnen Atomen aus und betrachtet die Wechselwirkung der Atome bei ihrer gegenseitigen Annäherung.

Die Überlappung von Orbitalen

Wir beschränken uns hier auf die Beschreibung der Atombindung als **Überlappung von Orbitalen** (**Abb. 1.15**). Überlappung bedeutet, dass ein zu beiden Atomen gehörendes, gemeinsames Orbital entsteht, das aufgrund des Pauli-Verbots mit nur einem Elektronenpaar besetzbar ist und dessen beide Elektronen einen entgegengesetzten Spin aufweisen müssen. Die beiden Elektronen gehören nun nicht mehr zu den Atomen, von denen sie ur-

sprünglich stammen, sondern sie sind ununterscheidbar, können gegenseitig die Plätze wechseln und sich im gesamten Raum der überlappenden Orbitale aufhalten. Das Elektronenpaar gehört also beiden Atomen gleichzeitig. Diese Aussage stimmt mit dem Lewis-Konzept überein.

Durch die **Bildung eines gemeinsamen Elektronenpaares** kommt es zu einer Konzentration der Elektronendichte im Gebiet zwischen den Kernen. Hingegen ist außerhalb des Gebiets die Ladungsdichte im Molekül geringer als die Summe der Ladungsdichten, die von den einzelnen ungebundenen Atomen stammen (s. **Abb. 1.15**). Die Bindung kommt durch die Anziehung zwischen den positiv geladenen Kernen und der negativ geladenen Elektronenwolke zustande. Die Anziehung ist umso größer, je größer die Elektronendichte zwischen den Kernen ist. Je stärker zwei Atomorbitale überlappen, umso stärker ist die Elektronenpaarbindung. Es existieren verschiedene Kombinationsmöglichkeiten von Atomorbitalen, wobei wir uns hier auf bindende Wechselwirkungen beschränken.

Die Überlappung von zwei s-Orbitalen haben Sie in **Abb. 1.15** bereits gesehen. Es können aber auch ein s- und ein p-Orbital oder zwei p-Orbitale kombiniert werden (**Tab. 1.12**). Das Ausmaß der Durchdringung ist für die **Stärke einer Bindung** wichtig. Man unterscheidet außerdem die Bindungen danach, ob bei der Überlappung die Zone höchster Elektronendichte zwischen den Atomkernen auf der fiktiven Kernverbindungslinie am größten ist oder nicht, entsprechend unterscheidet man σ- und π-Bindungen (s. S. 84).

Vereinfacht können wir sagen: Da für eine Atombindung ein gemeinsames Elektronenpaar gebildet werden soll, müssen Orbitale überlappen, die jeweils mit 1 Elektron besetzt sind. Es tritt also bei HCl eine Wechselwirkung zwischen dem 1 s-Orbital

a

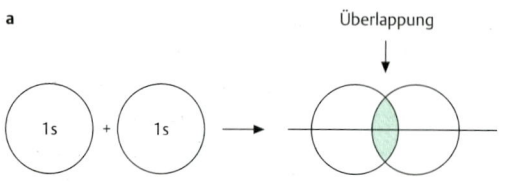

b

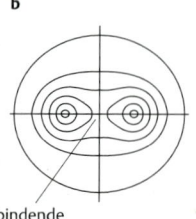

bindende
Elektronendichte

Abb. 1.15 Die Überlappung der s-Orbitale zweier Wasserstoffatome (a) und die Darstellung der Elektronendichte im Wasserstoffmolekül (b)

Tabelle 1.12 Die verschiedenen Überlappungsmöglichkeiten der Atomorbitale

überlappende Atomorbitale	grafische Darstellung	Bindungstyp	Beispiel
s, s		σ	H_2
p, s		σ	HCl
p, p		σ	Cl_2
p, p		π	N_2

des H und dem einfach besetzten p-Orbital von Cl, bei Cl_2 zwischen zwei einfach besetzten p-Orbitalen auf **(Tab. 1.12)**.

👁
Wiederholen Sie an dieser Stelle die Angabe der Elektronenkonfiguration von Cl und N (Lösung s. S. 193).

Bei der Bildung des Stickstoffmoleküls können je drei der einfach besetzten p-Orbitale überlappen. Wie Sie in **Abb. 1.16** sehen, kommt es zur Ausbildung von σ- und π-Bindungen (s. S. 84).

Die polare Atombindung
Die Bindungselektronen gehören beiden Atomen nur dann zu gleichen Teilen an bzw. die Elektronenwolke des bindenden Elektronenpaares ist nur dann völlig gleichmäßig zwischen den beiden Atomen verteilt, wenn die Bindung zwischen gleichen Atomen besteht (z. B. H_2 oder Cl_2).
Bei Molekülen mit verschiedenen Atomen (z. B. HCl) werden die bindenden Elektronen von den beiden Atomen unterschiedlich stark angezogen.

Man spricht deshalb von einer **polaren Atombindung.** Die Elektronendichte ist z. B. am Chloratom größer als am Wasserstoffatom. Es entstehen sog. **Partialladungen**, die im Gegensatz zu den Formalladungen tatsächlich auftretende Ladungen sind. Moleküle, in denen die Ladungsschwerpunkte der positiven und der negativen Ladung nicht zusammenfallen, stellen einen **Dipol** dar **(Abb. 1.17)**. Diese Ladungsauftrennung kann man über das Dipolmoment messen. Symmetrische Moleküle wie z. B. CO_2 sind trotz polarer Bindungen keine Dipole, da die Ladungsschwerpunkte zusammenfallen.

Die Elektronegativität
Die Elektronegativität ist ein Maß für die Fähigkeit eines Atoms, in einer Atombindung das bindende Elektronenpaar an sich zu ziehen.
Im PSE nimmt die Elektronegativität mit wachsender Ordnungszahl in den Hauptgruppen (1, 2, 13–17) ab, in den Perioden zu. Das elektronegativste Element ist Fluor. Die am wenigsten elektronegativen Elemente sind die Metalle in der linken unteren Ecke des PSE. Die von Pauling berechneten

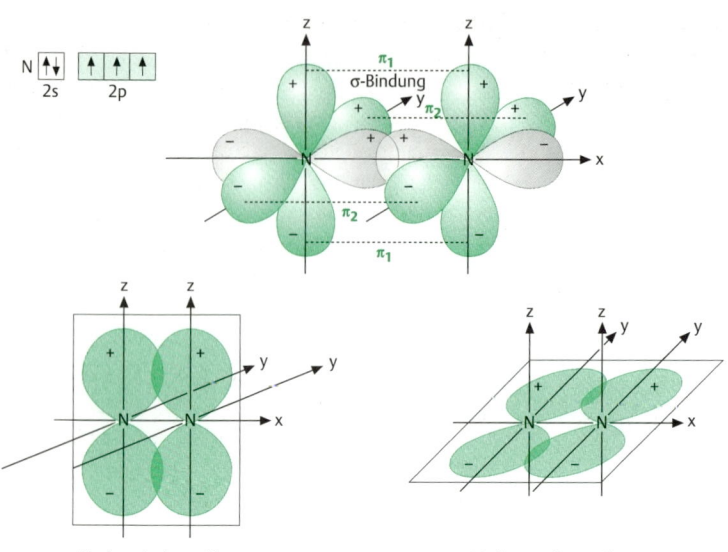

Abb. 1.16 Die Elektronenkonfiguration des Stickstoffatoms und die Überlappung der p-Orbitale des Stickstoffmoleküls

π-Bindung in der xz-Ebene   π-Bindung in der xy-Ebene

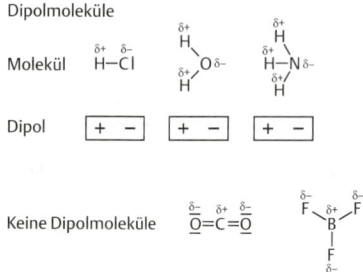

Abb. 1.17 Beispiele für polare Atombindungen

Elektronegativitätswerte finden Sie im beiliegenden Periodensystem. Aus der Differenz der Elektronegativitäten der Bindungspartner kann man die **Polarität einer Bindung** abschätzen.

■■■ Merke
Die Elektronegativität ist nur im Zusammenhang mit Atombindungen definiert und darf nicht mit der Elektronenaffinität verwechselt werden, die experimentell messbar ist und auf einer wirklichen Elektronenübertragung beruht (s. S. 16). Die Elektronegativitätswerte können aber aus der Elektronenaffinität und der Ionisierungsenergie berechnet werden.

1.5.6 Die koordinative Bindung

Zahlreiche Ionen bilden mit Molekülen oder Molekül-Ionen Verbindungen, die Atome mit freien Elektronenpaaren besitzen. Sie unterscheiden sich dann in ihren Eigenschaften deutlich von Salzen: Sie sind relativ leicht löslich, häufig sehr farbig und es können außerdem nicht alle in der Verbindung enthaltenen Ionen nachgewiesen werden. Die in diesem Fall auftretende Bindungsart wird als **koordinative** oder **dative** Bindung bezeichnet und ist der Atombindung ähnlich.

■■■ Merke
Die Besonderheit dieses Bindungstyps besteht darin, dass im Vergleich zur Atombindung ein Bindungspartner dem anderen Partner beide Bindungselektronen in Form eines freien Elektronenpaares zur Verfügung stellt.

Den **Elektronenlieferanten** bezeichnet man als **Liganden**, den **Empfänger** als **Zentralion** oder **Zentralatom**. Die Zahl der Elektronenpaare, die vom Zentralion aufgenommen werden können, hängt von dessen Elektronenkonfiguration ab und wird als **Koordinationszahl** bezeichnet. Die häufigsten Koordinationszahlen sind 4 und 6. Die Bindungsstärke ist mit derjenigen von ionischen Bindungen und Atombindungen vergleichbar. Die koordinative Bindung spielt in Komplexverbindungen eine große

Rolle (s. S. 63). Beispiele für komplexe Teilchen sind das Tetramminkupfer(II)-Ion $[Cu(NH_3)_4]^{2+}$ oder das Hexacyanoferrat (II)-Anion $[Fe(CN)_6]^{4-}$. Neben diesen geladenen Komplexteilchen gibt es auch Neutralkomplexe. Um die Anlagerung von Liganden an die Zentral-Ionen zu verstehen, kann man sich in einigen Fällen der Oktettregel bedienen. Betrachten wir z. B. das Hexacyanoferrat(II)-Anion:

Das Zentral-Ion Fe^{2+} hat folgende Elektronenkonfiguration: $1s^2\ 2s^2\ 2p^6\ 3s^2\ 3p^6\ 3d^4\ 4s^2$. Die nächste Edelgaskonfiguration ist: $1s^2\ 2s^2\ 2p^6\ 3s^2\ 3p^6\ 3d^{10}\ 4s^2\ 4p^6$. Dem Eisen(II)-Ion fehlen also noch 12 Elektronen, um die Konfiguration des Kryptons zu erreichen. Diese werden von den 6 Cyanid-Ionen geliefert.

■■I Merke
Als Liganden können neutrale und geladene Teilchen dienen. Voraussetzung ist die Verfügbarkeit freier Elektronenpaare!

1.5.7 Die Wasserstoffbrückenbindungen
Wasserstoffbrückenbindungen treten innerhalb eines Moleküls (**intramolekulare Bindung**) oder zwischen Molekülen auf (**intermolekulare Bindung**). Voraussetzung für die Ausbildung von Wasserstoffbrückenbindungen sind Wasserstoffatome, die kovalent an ein elektronegatives Atom gebunden sind. Diese Bindung ist polarisiert. Das bindende Elektronenpaar wird vom elektronegativeren Atom angezogen. Dadurch erhält das Wasserstoffatom eine positive Partialladung. Es tritt mit dem benachbarten, negativ polarisierten Partner in Wechselwirkung, der über freie Elektronenpaare verfügt **(Abb. 1.18)**.
Die Wasserstoffbrückenbindung ist durch eine relativ niedrige Bindungsenergie gekennzeichnet. Mit 4 bis 40 kJ/mol beträgt sie etwa 1/10 der Bindungsenergie kovalenter oder ionischer Bindungen. Sie ist aber von großer Bedeutung für die räumliche Anordnung vieler Moleküle. Daher werden solche Anordnungen bevorzugt, bei denen es zur Ausbildung von Wasserstoffbrücken kommen kann (siehe z. B. Keto-Enol-Tautomerie, S. 142).
Intermolekulare Wasserstoffbrücken führen zu Molekülassoziaten. So kommt es, dass z. B. der Siedepunkt von Wasser (Kp = 100 °C) im Vergleich zum Schwefelwasserstoff (H_2S) (Kp = –60 °C) sehr hoch ist.

Im Eis werden die Wassermoleküle ebenfalls über Wasserstoffbrückenbindungen zusammengehalten. Jedes Sauerstoffatom ist tetraedrisch von vier Wasserstoffatomen umgeben, wodurch relativ große Hohlräume entstehen. Deshalb hat Eis eine kleinere Dichte als flüssiges Wasser und schwimmt auf Wasser. Beim Schmelzen fallen diese Hohlräume zusammen, die Dichte nimmt zu.
Wasserstoffbrücken sind von zentraler Bedeutung für die Struktur von Molekülen in der belebten Natur. Beispiele sind Proteine und Nukleinsäuren (s. S. 185). Das Öffnen und Neuknüpfen von Wasserstoffbrückenbindungen ist für die Zellteilung und für die Proteinsynthese wichtig.

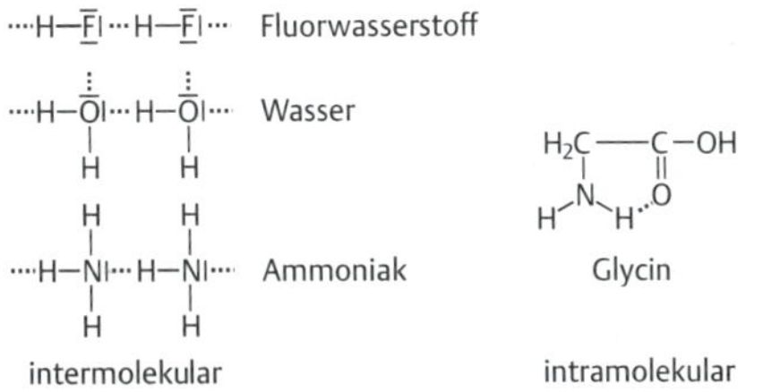

Abb. 1.18   Wasserstoffbrückenbindungen

1.5.8 Die Van-der-Waals-Wechselwirkungen
Auch zwischen neutralen Molekülen gibt es Wechselwirkungen. Obwohl keine polaren Atombindungen vorhanden sind, kommt es zur zeitweiligen **Ausbildung von Dipolen**. Es bilden sich Regionen erhöhter und erniedrigter Elektronendichte. Diese „momentanen" Dipole werden durch die Elektronenbewegungen in den Atomen hervorgerufen. Befindet sich in Nachbarschaft eines Dipolmoleküls ein weiteres, so wird in ihm auch ein Dipol erzeugt oder induziert. Diese beiden Moleküle mit Dipoleigenschaften ziehen sich gegenseitig an. Die Wechselwirkung ist allerdings sehr gering, hat keine große Reichweite und liegt unter 40 kJ/mol. Nur mithilfe dieser Wechselwirkung kann man z. B. die Unterschiede in den Schmelz- und Siedepunkten langkettiger und verzweigter Alkane verstehen.

Tabelle 1.13 Typen chemischer Bindungen

Bindungstyp	Ionenbindung	Metallbindung	Atombindung
Wodurch wird die chemische Bindung bewirkt?	elektrostatische Anziehung zwischen entgegengesetzt geladenen Ionen	elektrostatische Anziehung zwischen positiv geladenen Atomrümpfen und nahezu frei beweglichen Elektronen	gemeinsame Elektronenpaare/ Überlappung von Atomorbitalen
Welche Teilchen treten in Wechselwirkung?	Ionen	Ionen u. Elektronen	Atome
Für welche Atomarten ist die Bindung charakteristisch?	Atome stark unterschiedlicher Elektronegativität	Metallatome	Nichtmetallatome
räumliche Orientierung	ungerichtet	ungerichtet	gerichtet
Stoffbeispiel	Natriumchlorid	Eisen	Stickstoff

1.5.9 Die hydrophoben Wechselwirkungen

Hydrophobe Wechselwirkungen spielen eine Rolle, wenn unpolare Moleküle bzw. Molekülgruppen in Wasser gelangen. Dabei wird die durch Wasserstoffbrückenbindungen gekennzeichnete Struktur des Wassers gestört. Die verdrängten Wassermoleküle orientieren sich neu, um die maximal mögliche Anzahl an Wasserstoffbrücken aufzubauen. Wenn sich mehrere der unpolaren Moleküle oder Molekülgruppen sehr eng zusammenlagern, ist die Störung vergleichsweise gering. Diesen Effekt können Sie beobachten, wenn sich in Wasser viele kleine Öltröpfchen zu einem Tropfen vereinigen. Die hydrophoben Wechselwirkungen sind keine chemische Bindung im eigentlichen Sinn, sie haben aber eine vergleichbare Funktion und sind am Zusammenhalt der Phospholipide und Proteine in biologischen Membranen beteiligt (s. S. 182).

1.5.10 Zusammenfassung

Die Typen chemischer Bindungen sind in **Tab. 1.13** noch einmal zusammengefasst.
Bei diesen Typen handelt es sich immer um Grenzfälle, die tatsächlichen Bindungsverhältnisse sind häufig kompliziert zu beschreiben. So ist auch in Abhängigkeit von der Polarität einer Bindung ein Übergang von der Atombindung über die polarische Atombindung zur Ionenbindung zu beobachten, d. h., die ionischen Anteile nehmen zu.
Die Stärke „echter" chemischer Bindungen ist weitaus größer als 40 kJ/mol.
Zu den schwächeren Wechselwirkungen, die man oft als zwischenmolekulare Wechselwirkungen zusammenfasst, gehören u. a. die Wasserstoffbrückenbindungen zwischen Molekülen mit polaren H-X-Bindungen (z. B. H_2O, C_2H_5OH) und die van-der-Waals-Kräfte, eine elektrostatische Wechselwirkung kurzzeitig induzierter Dipole.
Hydrophobe Wechselwirkungen sind keine Bindungen im eigentlichen Sinne, es handelt sich um die Tendenz unpolarer Gruppen, in wässriger Lösung zu assoziieren.

Check-up

✔ Wiederholen Sie noch einmal die Charakteristika der einzelnen Bindungsarten und einige Stoffbeispiele.

✔ Machen Sie sich klar, welche Stoffeigenschaften Sie mit den jeweiligen Bindungsmodellen erklären können.

Kapitel 2

Chemische Reaktionen und chemisches Gleichgewicht

Schwindelerregende Höhen

Georg taumelt, sein Atem geht immer schneller. Jeder seiner Atemzüge ist Ausdruck chemischer Reaktionen: Sauerstoff bindet sich an Hämoglobin, das Trägermolekül im roten Blutkörperchen, und wird in den Körper transportiert. CO_2 (Kohlendioxid), das „Abfallprodukt" des Atemstoffwechsels, wird über die Lunge abgeatmet. Kohlendioxid ist aber auch das wichtigste Puffersystem bei der Regulation des pH-Wertes im Blut.

Im folgenden Kapitel werden Sie verschiedene Arten von chemischen Reaktionen kennen lernen. Einige davon helfen Ihnen zu verstehen, was in Georgs Körper abläuft. Die Bindung von Sauerstoff an Hämoglobin wird in der Chemie so dargestellt: $O_2 + Hb \rightarrow HbO_2$. Und der Kohlensäure-Hydrogencarbonat-Puffer beruht auf der Gleichung $CO_2 + 2\ H_2O \rightleftharpoons HCO_3^- + H_3O^+$. Bei Georg wird dieses Puffersystem schwer beansprucht. Durch Sauerstoffmangel und den dadurch verstärkten Atemantrieb ist sein Blut alkalisch geworden, und um wieder den normalen Blut-pH-Wert von 7,4 zu erreichen, muss der Körper Hydrogencarbonat (HCO_3^-) ausscheiden.

Mit Kopfschmerzen und Atemnot zum Gipfel

Der Berg ruft! Da Sigrid und Georg vom Strand im Süden Teneriffas ständig den Pico del Teide vor Augen haben, beschließen sie, den mit 3715 m höchsten Berg der Insel zu erklimmen. Mit dem Auto fahren die beiden bis auf die etwa 2500 Höhenmeter hoch gelegene Ebene Canadas del Teide. Ab da geht es zu Fuß weiter. Ihr Tagesziel ist die 3270 m hoch gelegene Refugio Altavista, eine Berghütte. Sie übernachten – und am nächsten Morgen geht es weiter.

Als er und Sigrid aufbrechen, hat er dumpfe, klopfende Schmerzen in seinem Hinterkopf. Georg hat schon am Vorabend leichte Kopfschmerzen gehabt, nun ist es noch schlimmer geworden. Er fühlt sich schwach, ihm ist ein wenig übel und sein Herz klopft bis zum Hals. Die beiden kommen nur langsam voran. Georg keucht immer mehr, taumelt und hat Schwierigkeiten, geradeaus zu gehen. Dennoch zwingt er sich, bis zum Gipfel weiterzugehen. Dann schleppt er sich unter großen Strapazen wieder hinunter. Am nächsten Tag geht es ihm wieder rundum gut.

Sauerstoff sinkt, pH steigt

Wie kann das sein? Georg litt an der Höhenkrankheit, einer Erkrankung, die schon ab Höhenlagen von 2500 m über dem Meeresspiegel auftreten kann. Ursache ist der geringere Sauerstoffpartialdruck. In einer Höhe von 3000 m ist er etwa 30 % niedriger als auf Meeresniveau. Die Chemorezeptoren des Gehirns reagieren auf den O_2-Mangel, indem sie die Atmung ankurbeln: Das Atemminutenvolumen steigt (sog. Hyperventilation). Dadurch wird verstärkt CO_2 abgeatmet und es entsteht eine respiratorische Alkalose, d. h. der pH-Wert des Blutes steigt an. Der Körper versucht, sich an die veränderten Bedingungen anzupassen, z. B. scheidet die Niere vermehrt Hydrogenkarbonat (HCO_3^-) aus. Aber nicht immer gelingt diese Anpassung.

Tod durch Hirn- und Lungenödem

Wenn man zu schnell in hohe Lagen aufsteigt, kann es innerhalb von wenigen Stunden zur Höhenkrankheit kommen. Der Sauerstoffmangel im Gehirn führt zu Kopfschmerzen, Schwäche, Schwindel und anderen neurologischen Veränderungen bis hin zum Koma. Ursache ist ein Hirnödem, d. h. es lagert sich Wasser im Gehirn ein. Darüber hinaus kann sich ein Lungenödem entwickeln. Die Betroffenen klagen über Luftnot (Dyspnoe), manche husten blutigen Schaum. Die Höhenkrankheit kann innerhalb von wenigen Stunden zum Tode führen, wenn man nicht rasch in normale Höhen absteigt. Georg hat also Glück gehabt, dass er rechtzeitig wieder vom Pico del Teide heruntergekommen ist. Die restlichen Urlaubstage verbringt er am Strand. Von Ausflügen in die Berge hat er erst einmal genug.

2 Chemische Reaktionen und chemisches Gleichgewicht

2.1 Die Stöchiometrie chemischer Reaktionen

 Lerncoach

Die Stöchiometrie beschäftigt sich mit den quantitativen Beziehungen zwischen den an chemischen Reaktionen beteiligten Verbindungen oder Elementen. Sie müssen in diesem Kapitel viel rechnen. Die dazu notwendigen Atommassen können Sie dem Periodensystem entnehmen. Die Zahlenbeispiele wurden so gewählt, dass Sie meistens keinen Taschenrechner benötigen.

2.1.1 Der Überblick

Chemische Reaktionen werden durch chemische Gleichungen beschrieben. Die Ausgangsstoffe werden als **Reaktanten** oder nicht ganz exakt als **Edukte** bezeichnet, als Ergebnis der Reaktion entstehen die **Produkte.** Bei jeder chemischen Reaktion erfolgt nur eine Umgruppierung der Atome, die Gesamtzahl der Atome jeder Atomsorte bleibt konstant. In einer chemischen Gleichung muss daher die Zahl der Atome jeder Sorte auf beiden Seiten der Gleichung gleich groß sein. Diese quantitativen Beziehungen zwischen den an chemischen Reaktionen beteiligten Verbindungen oder Elementen sowie die Mengenverhältnisse der Elemente in Verbindungen sind Gegenstand der **Stöchiometrie** (stoicheon griech. Element, metron griech. messen).

2.1.2 Die grundlegenden Gesetze für chemische Reaktionen

Gesetz von der Erhaltung der Masse: Bei allen chemischen Vorgängen bleibt die Gesamtmasse der an der Reaktion beteiligten Stoffe konstant.
Bsp.: 1 g Kohlenstoff reagiert mit 2,666 g Sauerstoff zu 3,666 g Kohlenstoffdioxid.
Gesetz der konstanten Proportionen: Eine chemische Verbindung bildet sich immer aus konstanten Massenverhältnissen der Elementsubstanzen.

Bsp.: 1 g Kohlenstoff reagiert mit 2,666 g Sauerstoff und nicht etwa mit 2,5 oder 2,7 g zu Kohlenstoffdioxid.
Gesetz der multiplen Proportionen: Bilden zwei Elemente mehrere Verbindungen miteinander, dann stehen die Massen desselben Elements zueinander im Verhältnis kleiner ganzer Zahlen.
Bsp.: 1 g Kohlenstoff reagiert mit $1 \cdot 1{,}333$ g Sauerstoff zu Kohlenstoffmonoxid, mit $2 \cdot 1{,}333$ g Sauerstoff zu Kohlenstoffdioxid.

2.1.3 Die chemische Gleichung

Die aufgeführten Gesetze müssen beim Aufstellen chemischer Gleichungen berücksichtigt werden. Oft werden neben den Massen auch die Teilchenanzahlen verwendet. Üblich ist aber auch die Angabe der Stoffmenge n in mol (1 Mol $= 6{,}02 \cdot 10^{23}$ Teilchen). Die Angabe $n(CO_2) = 3$ mol bedeutet also: Die Stoffmenge beträgt 3 mol bzw. es liegen $18{,}066 \cdot 10^{23}$ Moleküle Kohlenstoffdioxid vor.
Die folgende Reaktionsgleichung

$$2Cu + O_2 \rightarrow 2CuO$$

zeigt, dass die Stoffe Kupfer und Sauerstoff miteinander zu Kupfer(II)-oxid reagiert haben. Anhand der Zahlen vor den Elementsymbolen bzw. den Summenformeln (sog. stöchiometrische Faktoren) lässt sich Folgendes ablesen:

- 2 Atome Kupfer und 1 Molekül Sauerstoff reagieren zu 2 Formeleinheiten Kupfer(II)-oxid.
- 2 mol Kupfer und 1 mol Sauerstoff reagieren zu 2 mol Kupfer(II)-oxid.

Also reagieren $12{,}04 \cdot 10^{23}$ Kupferatome und $6{,}02 \cdot 10^{23}$ Sauerstoffmoleküle zu $12{,}04 \cdot 10^{23}$ Formeleinheiten Kupfer(II)-oxid.

■◗ Merke

Denken Sie daran, dass die Anzahl der Sauerstoffatome im Sauerstoffmolekül 2 beträgt. Bei chemischen Reaktionen geht es nicht um eine simple Addition der Teilchen, sondern um eine veränderte Anordnung der Bindungen nach der Reaktion!

Die molaren Größen

Für die im Labor notwendigen Berechnungen benötigt man jedoch weniger Stoffmengenangaben oder

Teilchenanzahlen. Es wird mit Massen- und Volumenangaben gearbeitet. Eine Verknüpfung zwischen der Stoffmenge und der Masse bzw. dem Volumen ist aber leicht möglich.

Die molare Masse
Unter der **molaren Masse M** versteht man den Quotienten aus der Masse m und der Stoffmenge n (Einheit: g/mol).

$$M = \frac{m}{n}$$

Die molaren Massen sind leicht zugänglich, da die tabellierten relativen Atommassen und die relativen Molekülmassen eines Stoffes in Gramm (g) gerade 1 mol sind. Die relative Molekülmasse ist gleich der Summe der relativen Atommassen der im Molekül enthaltenen Atome. Besteht die Verbindung nicht aus Molekülen, sondern aus Ionen, spricht man anstelle von relativer Molekülmasse auch von der Formelmasse.
Durch Vergleich mit den Angaben im PSE können Sie also sofort feststellen, dass die molare Masse von Natrium (Na) 22,99 g/mol, die molare Masse von Sauerstoff (molekular, d.h. O_2) 31,998 g/mol und von Kohlenstoffdioxid (CO_2) 44,01 g/mol betragen muss.
Durch Umstellen der o.g. Gleichung für die molare Masse M kann man auch bei gegebener Masse sehr schnell die Stoffmenge ermitteln:

$$n = \frac{m}{M}$$

73 g Chlorwasserstoff sind also gerade 2 mol oder $12,04 \cdot 10^{23}$ Teilchen, da die molare Masse von HCl 36,5 g/mol beträgt.

▆▎ Merke
Bei der Bestimmung der molaren Masse muss exakt darauf geachtet werden, ob es sich um 1 mol Atome oder 1 mol Moleküle handelt. Die Masse von 1 mol H (Wasserstoffatome) beträgt 1,008 g, die Masse von 1 mol H_2 (Wasserstoffmoleküle) 2,016 g.

Das molare Volumen
Da Chlorwasserstoff (HCl) ein Gas ist (Salzsäure ist die wässrige Lösung des Chlorwasserstoffs), nützen oft Massenangaben weniger als Volumenangaben.

Hier hilft die Annahme weiter, dass sich die Gase ideal verhalten (s. S. 4). Unter diesen idealen Bedingungen haben alle Gase bei gleicher Temperatur und gleichem Druck in gleichen Volumina die gleiche Anzahl Teilchen. $6,02 \cdot 10^{23}$ Gasteilchen, also 1 mol eines Gases nehmen gerade 22,4 l ein. 73 g Chlorwasserstoff, d. h. 2 mol, haben also ein Volumen von 44,8 l. Die Definitionsgleichung für das molare Volumen V_M lautet:

$$V_M = \frac{V}{n} = 22,4 \, l/mol \qquad \text{(0 °C, 1,01325 bar)}$$

Das Aufstellen von Reaktionsgleichungen
Das Aufstellen der Reaktionsgleichungen beginnt mit dem Aufschreiben der chemischen Formeln für die Edukte und die Produkte. Unter Berücksichtigung des Gesetzes von der Erhaltung der Massen (s. o.) muss die Gleichung so ausgeglichen werden, dass die Anzahl der einzelnen Atome auf beiden Seiten der Gleichung übereinstimmt. Anschließend können dann Berechnungen durchgeführt werden.
Dies soll am Beispiel der Verbrennung von Glucose ($C_6H_{12}O_6$) mit Sauerstoff (O_2) gezeigt werden. Bei dieser Reaktion entsteht Wasser (H_2O) und Kohlenstoffdioxid (CO_2).

1. Angabe der Formeln:
Reaktanten: $C_6H_{12}O_6$ und O_2

Produkte: H_2O und CO_2

2. Aufstellen eines Ansatzes für die Gleichung:
a $C_6H_{12}O_6$ + **b** O_2 → **c** H_2O + **d** CO_2

3. Ermitteln der richtigen stöchiometrischen Faktoren a, b, c und d:
- Auf der linken Seite gibt es 6 Kohlenstoffatome, 12 Wasserstoffatome und 8 Sauerstoffatome.
- Auf der rechten Seite sind es 1 Kohlenstoffatom, 2 Wasserstoffatome und 3 Sauerstoffatome.

Deshalb muss für a=1 dann c=6 und d=6 sein. Die Bilanz stimmt aber nur, wenn b=6 ist.
Die Gleichung lautet also stöchiometrisch richtig:

$C_6H_{12}O_6$ + 6 O_2 → 6 H_2O + 6 CO_2

Bei vielen Reaktionen ist das Ausgleichen der Bilanz jedoch nicht so leicht möglich. Besonders bei der Besprechung von Redoxreaktionen werden wir

auf das Aufstellen von Redoxgleichungen zurückkommen (s. S. 65).

Die Berechnung von Massen oder Volumina der Reaktionsteilnehmer

Es soll nun berechnet werden, welche Masse bzw.
welches Volumen Sauerstoff zur vollständigen Verbrennung von 18 g Glucose benötigt wird. Die o. g.
Reaktionsgleichung macht deutlich, dass das Mol-
verhältnis Glucose : Sauerstoff 1:6 beträgt. 1 mol
Glucose entspricht 180 g. Für die Verbrennung werden 6 mol Sauerstoff, also 6 mol · 32 g/mol = 192 g
benötigt. Wegen des Gesetzes der konstanten Proportionen (s. o.) muss dieses Verhältnis von
180 : 192 immer gelten. Wenn z. B. nur 18 g Glucose vorliegen, werden 19,2 g Sauerstoff benötigt.
Um das Volumen angeben zu können, berechnet
man erst die Stoffmenge (s. S. 7) und kann dann unter Berücksichtigung des molaren Volumens das
Volumen angeben.

$$n = \frac{m}{M} = \frac{19,2\,g}{32\,g/mol} = 0,6\,mol$$

$$V = V_M \cdot n = 22,4\,l/mol \cdot 0,6\,mol = 13,4\,l$$

Auf gleiche Weise ist die Berechnung der Massen
bzw. Volumina der Produkte möglich. Die meisten
Reaktionen verlaufen aber stöchiometrisch nicht
vollständig. Der Quotient aus tatsächlich erhaltener
und theoretisch erwarteter Masse an Reaktionsprodukt wird als **Ausbeute** einer Reaktion bezeichnet.

2.1.4 Die Gehalts- und Konzentrationsgrößen

Sie werden es nur selten tatsächlich mit Reinstof-
fen zu tun haben. Schon auf den meisten Beipack-
zetteln von Medikamenten fällt ins Auge, dass es
sich um Stoffgemische handelt, wobei in der Regel
nur eine Komponente interessiert. Zur quantitativen Beschreibung dienen Angaben zum Anteil und
zur Konzentration dieser Komponente.

Der Massenanteil

Der **Massenanteil w** eines Stoffes x ist die Masse
des Stoffes in Bezug auf die Gesamtmasse des
Stoffgemisches. Sie können diesen Anteil auch prozentual (d. h. pro Hundert), als Promille (pro Tau-
send), als ppm (**p**arts **p**ro **m**illion) oder ppb (**p**arts
pro **b**illion) ausdrücken.

$$w(x) = \frac{m(x)}{m_{ges.}}$$

Der Massenanteil von 10 g Natriumchlorid in 200 g
Lösung beträgt w (NaCl) = 0,05 (oder 5 %).

**Seien Sie aufmerksam, wenn die Aufgabe
z. B. lautet: Berechnen Sie den Massenanteil von
10 g Natriumchlorid, die in 190 g Wasser gelöst
werden. Hier müssen Sie zuerst die Gesamtmasse
berechnen (190 g + 10 g = 200 g).**

Der Volumenanteil

Analog berechnet sich der Volumenanteil φ des
Stoffes x:

$$\phi(x) = \frac{V(x)}{V_{ges.}}$$

Achten Sie immer genau darauf, ob es sich um eine
Volumenangabe oder um eine Massenangabe handelt.

Die Konzentrationsangaben
Die Stoffmengenkonzentration
Sehr häufig werden Ihnen im chemischen Praktikum die Angaben c (HCl) = 0,1 mol/l oder
c (H₂SO₄) = 0,5 mol/l begegnen. Es handelt sich um
die Angabe der **Stoffmengenkonzentration c**, d. h.
den Quotienten aus der Stoffmenge n des betrachteten Stoffes und dem Volumen V der Lösung.

$$c(x) = \frac{n(x)}{V_{Lösung}}$$

Konzentrationen können wie folgt symbolisiert
werden: c (HCl) oder c_{HCl} oder [HCl]. Wir werden
die beiden erstgenannten Schreibweisen verwenden. Die Bezeichnungen 0,1 molare Lösung oder
0,1 M HCl für c (HCl) = 0,1 mol/l sind wie der Begriff Molarität in der Literatur anzutreffen. Gelegentlich werden auch noch die Begriffe Äquivalentkonzentration oder Normalität benutzt. Darunter
versteht man die Stoffmenge fiktiver Bruchteile eines Moleküls in einem bestimmten Volumen.
Berechnungen von Stoffmengenkonzentrationen
spielen in den Aufgaben des Physikums eine eher
untergeordnete Rolle. Diese Aufgaben können Sie

aber in Klausuren und Testaten erwarten. Deshalb hier ein ausführliches **Rechenbeispiel**:

In 500 ml Phosphorsäurelösung befinden sich 9,8 g Phosphorsäure. Berechnen Sie die Stoffmengenkonzentration $c(H_3PO_4)$.

Nachfolgend ein möglicher Lösungsweg:

1. Berechnung der Stoffmenge H_3PO_4:

$$n = \frac{m}{M} = \frac{9,8\,g}{98\,g/mol} = 0,1\,mol$$

(die molare Masse von H_3PO_4 berechnen Sie aus den relativen Atommassen: H 1, O 16, P 32)

2. Berechnung der Stoffmengenkonzentration $c(H_3PO_4)$:

$$c(H_3PO_4) = \frac{0,1\,mol}{0,5\,l} = 0,2\,mol/l$$

■■▌ Merke

Vergessen Sie nicht, das Volumen von ml in l umzurechnen!

Die Massenkonzentration

Gelegentlich wird auch die **Massenkonzentration** ρ aufgeführt. Sie ist definiert als der Quotient aus der Masse m des Stoffes und dem Volumen der Lösung V (Einheit g/l).

$$\rho = \frac{m}{V}$$

2.1.5 Klinische Bezüge

Die Angabe von Anteils- und Konzentrationsgrößen ist für die Dosierung von Medikamenten wichtig und man muss sehr genau darauf achten, was sich hinter den Angaben verbirgt. So ist die Angabe auf den Inhalationslösungen des Sekretolytikums Mucosolvan (Wirkstoff: Ambroxol) 15 mg/2 ml eine Massenkonzentration. Wenn das Antitussivum Tryasol (Wirkstoff: Codein) 24 Vol.-% Ethanol enthält, handelt es sich um einen Volumenanteil: 100 ml Lösung beinhalten 24 ml Ethanol. Die Angabe auf dem Nasenspray Olynth 0,1 % (Wirkstoff: Xylometazolin) ist dagegen unklar. Aus dem Beipackzettel erfährt man, dass es sich bei den 0,1 % nicht um einen Volumen- oder Massenanteil handelt, sondern dass 1 mg Wirkstoff in 1 ml enthalten sind. Es handelt sich also um eine Massenkonzent-

ration. Sie stimmt nur unter der Voraussetzung, dass die Dichte $\rho = 1\,g/ml$ ist, mit dem Massen- und Volumenanteil überein.

Check-up

✔ Wiederholen Sie noch einmal die Formeln zur Berechnung der Stoffmenge und der Stoffmengenkonzentration.

✔ Für den Massen- und Volumenanteil müssen Sie keine Formeln wiederholen. Merken Sie sich einfach, dass es nur darum geht, den Anteil der Masse (oder des Volumens) an der Gesamtmasse (oder dem Gesamtvolumen) zu ermitteln. Und damit haben Sie schon den Rechenweg!

✔ Sie können das Umrechnen von Stoffmengen in Massen bzw. Volumina und umgekehrt trainieren, indem Sie folgende Aufgaben lösen: a) Geben Sie an, welcher Stoffmenge 60 mg Ethanol (C_2H_5OH) bzw. 24,5 g Schwefelsäure (H_2SO_4) entsprechen. b) Welche Masse haben 2 mol Natriumchlorid (NaCl) bzw. 3 mmol Phosphorsäure (H_3PO_4)? c) Welches Volumen nehmen 1,7 g Ammoniakgas (NH_3) bzw. 24 g Ozon (O_3) ein? (Lösung s. S. 193)

2.2 Die Thermodynamik chemischer Reaktionen

Lerncoach

▬ Die in diesem Kapitel aufgeführten Grundlagen sind eine wichtige Voraussetzung, um zu verstehen, ob eine Reaktion ablaufen kann oder nicht.

▬ Sie finden im folgenden Abschnitt Grundbegriffe zu den energetischen Änderungen bei chemischen Reaktionen, auf die noch oft zurückgegriffen wird und die in Klausuren und im Physikum gern geprüft werden.

2.2.1 Der Überblick

Bei einer chemischen Reaktion findet eine Umverteilung von Atomen statt. Neben der stofflichen Veränderung erfolgt auch ein Energieumsatz. Mit diesen energetischen Effekten beschäftigt sich die chemische Thermodynamik (thermos griech. warm, dynamis griech. Kraft).

2.2.2 Abgeschlossene, geschlossene und offene Systeme

Thermodynamische Angaben beziehen sich gewöhnlich auf einen bestimmten Reaktionsraum, der von der Umgebung durch reale oder gedachte Wände abgegrenzt ist und über den eine Aussage zu den Einflüssen aus der Umgebung möglich ist. Diesen Raum bezeichnet man als **System (Tab. 2.1)**.

Tabelle 2.1 Die verschiedenen Systemtypen

Systemtyp	Charakteristik	Beispiel
abgeschlossen	weder Stoff- noch Energieaustausch mit der Umgebung	verschlossene, ideale Thermoskanne
geschlossen	kein Stoff-, aber Energieaustausch mit der Umgebung	Pflanze in einem geschlossenen Glasgefäß
offen	Stoff- und Energieaustausch mit der Umgebung	Menschen, Pflanzen, Tiere

2.2.3 Die innere Energie und die Enthalpie

Ein System hat eine bestimmte Energie, die man als **innere Energie U** bezeichnet und die die Summe aller möglichen Energieformen darstellt. Zur inneren Energie tragen Anziehungs- und Abstoßungskräfte zwischen den Atomen, Molekülen oder Ionen und deren kinetische Energie bei.

Der 1. Hauptsatz der Thermodynamik

Die innere Energie ändert sich, wenn vom System **Wärme Q aufgenommen oder abgegeben** wird und wenn vom System oder am System **Arbeit W geleistet** wird. Diesen Zusammenhang beschreibt die folgende Gleichung, wobei U_1 die innere Energie des Anfangszustandes und U_2 die innere Energie des Endzustandes darstellt. $\Delta_R U$ ist die während der Reaktion aufgetretene Änderung der inneren Energie.

$$\Delta_R U = U_2 - U_1 = Q + W$$

$\Delta_R U > 0$ Energie wird aufgenommen
$\Delta_R U < 0$ Energie wird abgegeben

Diese Gleichung entspricht dem **1. Hauptsatz der Thermodynamik (Energieerhaltungssatz)**: Energie wird von einer Form in eine andere überführt,

kann aber weder erzeugt noch vernichtet werden. Für ein abgeschlossenes System muss $\Delta_R U = 0$ sein. Ein Prozess, der bei konstantem Volumen abläuft, leistet keine mechanische Arbeit. Die Änderung der inneren Energie muss durch Aufnahme oder Abgabe anderer Energiearten erfolgen, bei chemischen Reaktionen ist das meistens die Wärme.

Die Reaktionsenthalpie

Die meisten biochemischen Reaktionen laufen bei konstantem Druck (p) und bei konstantem Volumen (V) ab. Die Änderung der inneren Energie erfolgt dann durch Aufnahme oder Abgabe von Wärme. Den **als Wärmeenergie erhältlichen Energieanteil** bezeichnet man als **Reaktionsenthalpie** $\Delta_R H$ (en griech. in, darin, thalpos griech. Wärme).

$$\Delta_R H = \Delta_R U \quad \text{für p = const. und V = const.}$$

- Reaktionen, bei denen Wärmeenergie freigesetzt wird, nennt man **exotherm** ($\Delta H < 0$).
- Bei **endothermen** Reaktionen wird Wärmeenergie zugeführt ($\Delta H > 0$).

◼◼I Merke

Wenn das System Energie abgibt, kennzeichnet man das mit einem negativen Vorzeichen. Energiezufuhr erkennt man am positiven Vorzeichen.

Anhand von Enthalpiediagrammen lässt sich sehr schnell ablesen, ob eine Reaktion exo- oder endotherm abläuft **(Abb. 2.1)**.
Die Enthalpie chemischer Substanzen hängt von der Temperatur und dem Druck ab. Deshalb bezieht man sich meist auf Normbedingungen: 25 °C und 101,3 kPa, was durch eine hochgestellte Null am Symbol deutlich gemacht wird: $\Delta_R H°$.

Der Satz von Hess

Eine Verbindung kann auf verschiedenen Wegen entstehen. Die Reaktionsenthalpie ist jedoch vom Reaktionsweg unabhängig (Satz von Hess), sie ist konstant. So ergibt sich z. B. für die Verbrennung von Kohlenstoff (in Form von Graphit) unabhängig davon, ob man den direkten Weg (Weg 1) oder Zwischenstufen wählt (Weg 2), immer die Reaktionsenthalpie $\Delta_R H° = -393, 8$ kJ/mol.

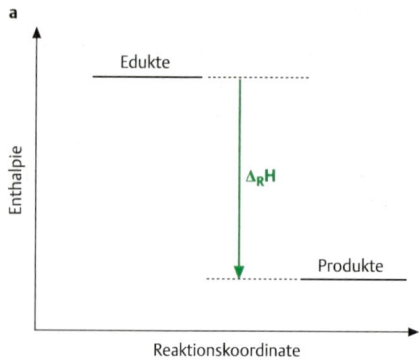

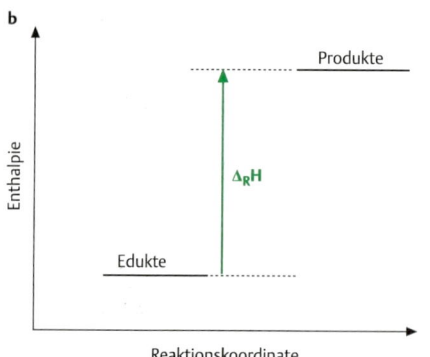

Abb. 2.1 Die Enthalpieänderung bei einer exothermen (a) und einer endothermen (b) Reaktion

Weg 1: $C + O_2 \rightarrow CO_2$ $\Delta_R H^0 = -393{,}8$ kJ/mol
Weg 2:
– 1. Schritt: $C + \frac{1}{2} O_2 \rightarrow CO$ $\Delta_R H^0 = -110{,}6$ kJ/mol

– 2. Schritt: $CO + \frac{1}{2} O_2 \rightarrow CO_2$ $\Delta_R H^0 = -283{,}2$ kJ/mol

Die Reaktionsenthalpien kann man anhand tabellierter Standard-Bildungsenthalpien $\Delta_f H^0$ (f = formation) bequem nach der folgenden Gleichung berechnen:

$$\Delta_R H^0 = \Sigma\ \Delta_f H^0 \text{ (Produkte)} - \Sigma\ \Delta_f H^0 \text{ (Edukte)}$$

Die Standard-Bildungsenthalpie

Die **Standard-Bildungsenthalpien** $\Delta_f H^\circ$ erhält man aus der Reaktionswärme, die bei der Bildung der betrachteten Verbindungen aus den Elementen auftritt.

Für die stabilste Form der Elemente wird die Bildungsenthalpie gleich Null gesetzt. So hat Kohlenstoff als Graphit zwar die Bildungsenthalpie Null,

als Diamant hingegen $\Delta_f H^0 = +1{,}9$ kJ/mol. Aus Standard-Bildungsenthalpien können auch Bindungsenergien bestimmt werden (s. S. 86).

Die Lösungsenthalpie

Auch das Lösen von Stoffen ist mit Energieänderungen verbunden. Vielleicht haben Sie schon einmal bemerkt, dass beim Lösen größerer Mengen von Calciumchlorid ($CaCl_2$) eine Erwärmung, und beim Lösen von Ammoniumnitrat (NH_4NO_3) eine Abkühlung eintritt. Deshalb wird es auch in Kühlkompressen genutzt. Diese mit dem Lösen verbundene Reaktionswärme bezeichnet man als **Lösungsenthalpie** $\Delta_L H$ oder Lösungswärme. Sie setzt sich zusammen aus der Energie, die zum Trennen der fest im Gitter eingebundenen Ionen aufgebracht werden muss (Gitterenergie $\Delta_G U$), und der Energie, die bei der Bildung einer Hydrathülle um die Kationen und die Anionen freigesetzt wird (Hydratationsenthalpie $\Delta_{Hydr.} H$). Die Lösungsenthalpie $\Delta_L H$ ist also die Summe dieser Beträge:

$$\Delta_L H = \Delta_G U + \Delta_{Hydr.} H(\text{Kation}) + \Delta_{Hydr.} H(\text{Anion})$$

■■I Merke
Wird durch die Hydratation der Ionen mehr Energie frei (negatives Vorzeichen), als für die Trennung des Gitters benötigt wird (positives Vorzeichen), ist der Lösevorgang exotherm. Wenn die Gitterenergie jedoch sehr groß ist und die freiwerdende Hydratationsenthalpie nicht ausreicht, ist der Lösevorgang endotherm.

2.2.4 Der freiwillige Ablauf von Reaktionen
In der Chemie ist es eine wichtige Frage, ob eine Reaktion freiwillig abläuft oder nicht. Zuerst nahm man an, dass die Reaktionsenthalpie hierüber Aufschluss gibt. Aber das Lösen von Kaliumnitrat (KNO_3) in Wasser läuft freiwillig ab, obwohl die Lösungsenthalpie $+35$ kJ/mol beträgt. Was passiert beim Lösen des Kaliumnitrats? Aus einem wohlgeordneten Kristall gehen die hydratisierten Ionen in die wässrige Phase über, deren Ordnungszustand wesentlich geringer ist. Tatsächlich sind sowohl die Änderung der Energie (Enthalpie) eines Systems als auch die Zunahme der Unordnung im System (Entropie) Faktoren, die über die Freiwilligkeit einer Reaktion (Freie Enthalpie) entscheiden.

Die Entropie

Zur Beschreibung des **Ordnungszustandes** bzw. der **Zustandswahrscheinlichkeit** eines Systems verwendet man den Begriff **Entropie S** (en griech. in, tropos griech. Wendung, Richtung).

Folgendes System soll betrachtet werden: Ein evakuierter (luftleerer) Glaskolben und ein mit Luft gefüllter Glaskolben werden miteinander verbunden. Es wird immer eine Expansion der Luft in den evakuierten Glaskolben erfolgen. Niemals wird in einem der jetzt verbundenen Kolben spontan ein Vakuum entstehen. Deshalb spricht man auch von einem irreversiblen Prozess.

Dieses **Richtungsprinzip** wurde im Hinblick auf Wärme wie folgt formuliert: Wärme kann niemals spontan von einem Körper niedriger Energie auf einen Körper höherer Energie übergehen. Das ist der **2. Hauptsatz der Thermodynamik**. Er gilt streng für abgeschlossene Systeme. Für ein offenes System wie den Menschen sind die Verhältnisse wesentlich komplexer.

Die freie Enthalpie

Die Enthalpie und die Entropie können durch die **Gibbs-Helmholtz-Gleichung** verknüpft werden. Dadurch ergibt sich eine neue Größe, die eine Aussage über die Freiwilligkeit des Ablaufs von Reaktionen macht.

$$\Delta_R G = \Delta_R H - T\Delta_R S$$

Die neue Größe G ist die freie Enthalpie (auch: Gibbs-Energie oder freie Energie). Die Änderung der **freien Enthalpie** $\Delta_R G$ beschreibt (Temperatur und Druck konstant) die Fähigkeit eines Systems, bei Reaktionen Arbeit zu vollbringen.

Die Kenntnis der $\Delta_R G$-Werte erlaubt eine Voraussage über die Möglichkeit chemischer Reaktionen. Für geschlossene Systeme gilt:

- Eine Reaktion, bei der $\Delta_R G$ einen **negativen Wert** aufweist, läuft freiwillig ab. Sie ist **exergon.**
- Eine Reaktion, bei der $\Delta_R G$ einen **positiven Wert** aufweist, läuft unter den gegebenen Bedingungen nicht freiwillig ab. Sie ist **endergon.**
- Wenn $\Delta_R G$ bei einer Reaktion den **Wert 0** annimmt, liegt ein **chemisches Gleichgewicht** vor (s. S. 42).

Nun können wir erklären, warum endotherme Reaktionen freiwillig ablaufen: Wenn die Entropieänderung nämlich sehr groß ist, kann der Term $T\Delta_R S$ größer als $\Delta_R H$ werden. $\Delta_R G$ hat dann einen negativen Wert, d. h. die Reaktion ist exergon. Auch Änderungen der freien Enthalpie werden in Diagrammen dargestellt (**Abb. 2.2**).

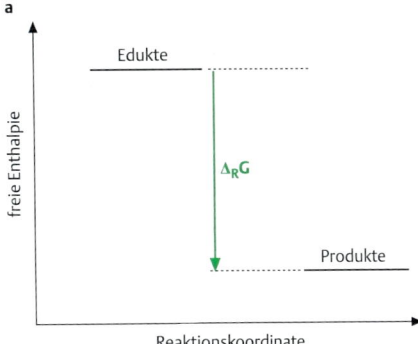

a

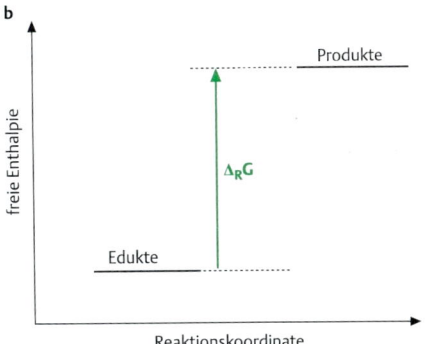

b

Abb. 2.2 Die Änderung der freien Enthalpie bei einer exergonen (a) und einer endergonen (b) Reaktion

Anhand der Enthalpie- und Entropieänderungen kann also immer entschieden werden, ob eine Reaktion freiwillig abläuft oder nicht.

Biochemische Vorgänge sind mit geringen Entropieänderungen verbunden, deshalb können näherungsweise ΔG und ΔH gleichgesetzt werden. In der Biochemie ist es zudem üblich, die freie Enthalpie auf pH = 7 zu beziehen. Dann wird die freie Enthalpie folgendermaßen symbolisiert: $\Delta_R G^{0'}$. Es ist zu beachten, dass die Thermodynamik immer vorhersagen kann, ob eine Reaktion ablaufen kann. Aussagen zum zeitlichen Verlauf einer Reaktion sind jedoch nicht möglich. Das ist Gegenstand der

Kinetik (s. S. 45). Zum Beispiel ist die Zerfallsreaktion von Wasserstoffperoxid (H_2O_2) eine exergone Reaktion:

$$2\ H_2O_2 \rightarrow 2\ H_2O + O_2 \qquad \Delta G^0 = -109\ kJ/mol$$

Diese Reaktion verläuft aber sehr langsam. Man bezeichnet sie deshalb als thermodynamisch instabil, Wasserstoffperoxid als metastabil. Als **metastabil** bezeichnet man also eine Verbindung, die aus energetischen Gesichtspunkten reagieren müsste. Die Reaktion verläuft aber langsam.

Die gekoppelten Reaktionen

Es gibt viele Beispiele für Reaktionen, bei denen Reaktionsfolgen auftreten: Aus A entsteht B, dieses reagiert dann gleich weiter zu C. Solche Reaktionen sind miteinander gekoppelt.

- Teilreaktion 1: $A \rightarrow B$ $\Delta_R G^0_1$
- Teilreaktion 2: $B \rightarrow C$ $\Delta_R G^0_2$
- Gesamtreaktion: $A \rightarrow C$ $\Delta_R G^0 = \Delta_R G^0_1 + \Delta_R G^0_2$

Durch diese Kopplung kann auch eine eigentlich endergone Teilreaktion ablaufen. Wenn die eine Teilreaktion endergon, die andere aber stark exergon ist, können die Werte $\Delta_R G^0_n$ addiert werden. Für die Gesamtreaktion ergibt sich ein negativer Wert für $\Delta_R G^0$.

Die **Kopplung von Reaktionen** ist für den **Stoffwechsel der Zelle** von großer Bedeutung, z. B. bei der Übertragung von Phosphatgruppen. So überträgt Acetylphosphat die Phosphatgruppe auf ADP (Adenosindiphosphat) in zwei Teilschritten:

- Teilreaktion 1:
  Acetylphosphat $\rightarrow$ Acetat + Phosphat
  $\Delta_R G^0_1{}' = -42\ kJ/mol$
- Teilreaktion 2:
  ADP + Phosphat $\rightarrow$ ATP
  $\Delta_R G^0_2{}' = +30\ kJ/mol$
- Gesamtreaktion:
  Acetylphosphat + ADP $\rightarrow$ Acetat + ATP
  $\Delta_R G^{0'} = -12\ kJ/mol$

Eine Addition der $\Delta G^{0'}$-Werte liefert einen negativen Wert für die Gesamtreaktion. Man sagt auch, dass die Energie, die im Acetylphosphat gesteckt hat, nun im ATP gespeichert ist.

2.2.5 Das thermodynamische Gleichgewicht

Bei vielen Reaktionen werden die Edukte nicht vollständig umgesetzt, obwohl das Stoffmengenverhältnis genau der Reaktionsgleichung entspricht. Beispiel: Bei der Reaktion von Essigsäure mit Ethanol zu Essigsäureethylester und Wasser bei 25 °C stellt man fest, dass trotz des korrekten Einsatzes von 1 mol Essigsäure und 1 mol Ethanol nur 0,667 mol Ester und 0,667 mol Wasser entstehen. 0,333 mol Essigsäure und 0,333 mol Ethanol reagieren nicht (**Abb. 2.3**).

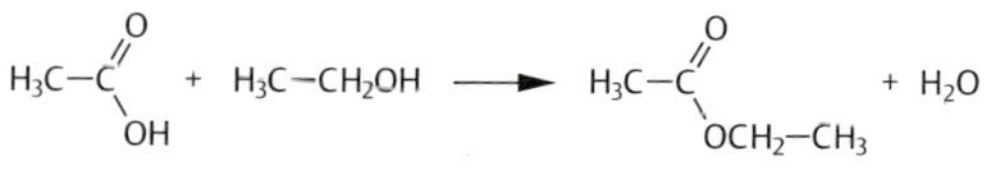

Abb. 2.3 Reaktion von Essigsäure mit Ethanol

Auch die Rückreaktion (**Hydrolyse**) ist möglich (**Abb. 2.4**). Die Spaltung einer Atombindung mit Wasser bezeichnet man als Hydrolyse.

Abb. 2.4 Rückreaktion (Hydrolyse)

1 mol Essigsäureethylester hydrolysiert mit 1 mol Wasser nicht vollständig, man erhält das gleiche Gemisch: 0,333 mol Essigsäure, 0,333 mol Ethanol, 0,667 mol Ester und 0,667 mol Wasser. Es erfolgt keine weitere Änderung der Zusammensetzung des Reaktionsgemisches. Ein **chemisches Gleichgewicht** hat sich eingestellt.

Dieser Gleichgewichtszustand ist kein Ruhezustand, denn es bilden sich ständig Ester- und Wassermoleküle, wie sie auch ständig zu Ethanol und Essigsäure wieder zurück reagieren.

Der Zerfall und die Bildung verlaufen gleich schnell. Dieses Gleichgewicht wird in der Reaktionsgleichung durch einen Doppelpfeil markiert (**Abb. 2.5**). Im Gleichgewicht überwiegt oft eine Komponente (Edukte oder Produkte). Dies wird durch einen etwas dickeren Pfeil charakterisiert.

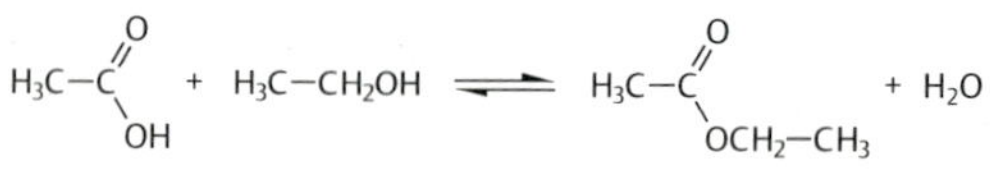

Abb. 2.5 Einstellung des chemischen Gleichgewichts

■I Merke

Im Hinblick auf die freie Enthalpie kann man sich merken, dass eine Reaktion abläuft, so lange $\Delta_R G < 0$ gilt. Wenn $\Delta_R G = 0$ ist, hat die Reaktion keine Triebkraft mehr: der Gleichgewichtszustand hat sich eingestellt.

Das Massenwirkungsgesetz

Eine quantitative Beschreibung des Gleichgewichts ist durch das **Massenwirkungsgesetz** (MWG) möglich. Es lautet für die eben besprochene Reaktion von Essigsäure mit Ethanol:

$$K_c = \frac{c_{Ester} \cdot c_{H_2O}}{c_{Essigsäure} \cdot c_{Ethanol}}$$

Die Stoffmengenkonzentrationen sind die für den Gleichgewichtszustand gültigen. K_c wird **Gleichgewichts- oder Massenwirkungskonstante** genannt. Für eine allgemein geschriebene Reaktion:

$$aA + bB \rightleftarrows cC + dD$$

lautet das Massenwirkungsgesetz:

$$K_c = \frac{c_C^c \cdot c_D^d}{c_A^a \cdot c_B^b}$$

Die stöchiometrischen Faktoren a, b, c und d treten als Exponenten der Konzentrationen auf. K_c deutet an, dass man die im Gleichgewicht vorhandenen Konzentrationen (c) nutzt. Diese Konzentrationen beziehen sich natürlich auf das Volumen des sich im Gleichgewicht befindenden Reaktionsgemisches. Für Gasreaktionen verwendet man bei der Aufstellung des Massenwirkungsgesetzes gewöhnlich die Partialdrücke und kennzeichnet die Gleichgewichtskonstante mit K_p. Ganz allgemein schreibt man einfach K.

- Ist **K wesentlich größer als 1**, läuft die Reaktion nahezu vollständig in Richtung der Endprodukte ab.
- Ist **K annähernd 1**, liegen im Gleichgewichtszustand alle Reaktionsteilnehmer in ähnlichen Konzentrationen vor.
- Wenn **K sehr viel kleiner als 1** ist, läuft die Reaktion praktisch nicht ab.

Wenn keine Standardbedingungen vorliegen, kann man die freie Reaktionsenthalpie mithilfe folgender Gleichung berechnen:

$$\Delta G = \Delta G^0 + RT \ln \frac{c_C^c \cdot c_D^d}{c_A^a \cdot c_B^b} = \Delta G^0 + RT \ln K$$

(R = Gaskonstante [8,3145 J mol^{-1} K^{-1}]; T = Temperatur in Kelvin)

Wenn sich das Gleichgewicht eingestellt hat, gilt: $\Delta G = 0$. Dadurch vereinfacht sich die Gleichung so, dass man die freie Standardreaktionsenthalpie aus der Gleichgewichtskonstanten ermitteln kann:
$\Delta G^0 = - RT \ln K$
Je nachdem, ob alle Partner in der gleichen Phase oder in mehreren Phasen vorliegen, unterscheidet man **homogene und heterogene Gleichgewichte.**

👁
🔭 **Vielleicht verstehen Sie die Problematik des chemischen Gleichgewichts anhand einer Aufgabe besser: Wie viel mol Essigsäure müssen zu 9 mol Ethanol gegeben werden, damit im Gleichgewichtszustand 6 mol Essigsäureethylester vorliegen? Die Gleichgewichtskonstante K beträgt 4,5. Zu Beginn liegen weder Ester noch Wasser vor (Tab. 2.2).**

Schreiben Sie zuerst die Reaktionsgleichung auf! Sie steht übrigens auf S. 42. Dann überlegen Sie sich, welche Stoffmengen vor der Reaktion vorhanden sind und was im Gleichgewicht erreicht werden soll. Da sich alle Konzentrationen auf das Volumen des Reaktionsgemisches beziehen, dürfen Sie mit Stoffmengen arbeiten.

Tabelle 2.2 Übungsaufgabe: Chemisches Gleichgewicht

	Stoffmenge Essigsäure	Stoffmenge Ethanol	Stoffmenge Ester	Stoffmenge Wasser
vor der Reaktion	X mol	9 mol	0 mol	0 mol
im Gleichgewicht	(x–6) mol	(9–6) mol	6 mol	6 mol

Es ist besonders schwierig zu verstehen, warum auch 6 mol Wasser im Gleichgewicht vorliegen und warum man die Gleichgewichtsstoffmengen an Essigsäure und Ethanol aus der Differenz der Ausgangsstoffmenge und der Gleichgewichtsstoffmenge Ester erhält. Aber der Ester entsteht aus Ethanol und Essigsäure, 1 mol Ester kann nur aus 1 mol

Säure und 1 mol Ethanol entstehen, 6 mol Ester eben entsprechend aus 6 mol Säure und 6 mol Ethanol. Das Problem des Gleichgewichts besteht aber eben darin, dass 9 mol Ethanol nicht auch 9 mol Ester liefern, sondern ein Teil des eingesetzten Ethanols auch im Gleichgewicht vorliegt, nämlich 3 mol!

Die im Gleichgewicht vorliegenden Stoffmengen können Sie in das Massenwirkungsgesetz einsetzen und dann nach x auflösen.

$$K_c = \frac{n_{Ester} \cdot n_{H_2O}}{n_{Essigsäure} \cdot n_{Ethanol}} = \frac{6\,mol \cdot 6\,mol}{(x-6)mol \cdot 3\,mol} = 4,5$$

$$x = \frac{12}{4,5} + 6 = 2,67 + 6 = 8,67$$

Es müssen also 8,67 mol Essigsäure eingesetzt werden, damit im Gleichgewicht 6 mol Ester vorliegen. Im Gleichgewicht liegen dann noch 2,67 mol Essigsäure nicht umgesetzt vor.

Das Prinzip des kleinsten Zwangs

Es ist natürlich nicht sehr effektiv, Reaktionen durchzuführen, wenn die Gleichgewichtslage sehr ungünstig ist, also die Konzentration der gesuchten Reaktionsprodukte im Gleichgewicht sehr niedrig ist. Die Gleichgewichtslage kann aber beeinflusst werden durch

- Änderungen der Konzentrationen bzw. der Partialdrücke der Reaktionsteilnehmer
- Temperaturänderungen
- Druckänderungen bei Reaktionen, in denen sich die Stoffmenge der gasförmigen Reaktionspartner ändert.

Das Gleichgewicht verschiebt sich immer derart, dass sich ein neues Gleichgewicht einstellt. So wird der äußere Zwang vermindert.

Durch Konzentrationserhöhung eines Ausgangsstoffes erhöht sich die Konzentration des Endproduktes. Das Gleichgewicht verschiebt sich auch auf die Seite der Endprodukte, wenn ein Endprodukt ständig aus dem Gleichgewicht entfernt wird.

Temperaturveränderungen beeinflussen den Wert der temperaturabhängigen Gleichgewichtskonstanten. Eine Erhöhung führt bei exothermen chemischen Reaktionen zu einer Verschiebung des Gleichgewichts in Richtung der Ausgangsstoffe, bei endothermen Reaktionen in Richtung der Endpro-

dukte. Bei Reaktionen mit Stoffmengenänderung der gasförmigen Komponente verschiebt sich durch Druckerhöhung das Gleichgewicht in Richtung der Seite mit der kleineren Stoffmenge.

Das Fließgleichgewicht

Das Massenwirkungsgesetz und der damit verbundene ΔG^0-Wert gelten nur für geschlossene Systeme und bei eingestelltem Gleichgewicht. Diese Voraussetzungen liegen aber bei Lebewesen nicht vor, da die Systeme des Stoffwechsels offen sind.

Zum Beispiel wird Stoff A aufgenommen und zu B umgesetzt. Dann reagiert B zu C und wird als solches ausgeschieden. Die Konzentration von B ist konstant, wenn die Teilreaktionen gleich schnell ablaufen. Es handelt sich hierbei auch um ein dynamisches Gleichgewicht. Es hat aber nichts mit dem eben besprochenen thermodynamischen Gleichgewicht im geschlossenen System zu tun! Es findet ständig eine Reaktion von A nach C statt, es „fließt" also Substanz durch das System. Deshalb spricht man von einem **Fließgleichgewicht.** Da die Konzentration von B konstant ist, hat es einen stationären Zustand (steady state).

▇▇I Merke
Ein stationärer Zustand kann sich nur in einem offenen System ausbilden.

Das Fließgleichgewicht können Sie sich besser anhand eines Waschbeckens vorstellen. Der Wasserstand im Becken ist immer dann gleich, wenn die Zufluss- und die Abflussgeschwindigkeit des Wassers gleich sind.

So darf auch die Glucose-Konzentration im Blut nur in ganz geringen Grenzen schwanken, wenn dieser konstante Pegel nicht geregelt werden kann, kommt es zu Stoffwechselstörungen (Diabetes mellitus).

2.2.6 Klinische Bezüge

Der Mensch deckt seinen **Energiebedarf** durch Nahrungsaufnahme. Der notwendige Energieumsatz beträgt pro Tag etwa 10 000 kJ und kann bei schwerer körperlicher Arbeit auf 17 000 kJ ansteigen (Joule = SI-Einheit für Arbeit, Wärme, Energie; $1\,J = 1\,N \cdot m = 1\,kg \cdot m^2/s^2$) . Der Grundumsatz (6650 kJ pro Tag) ist der Anteil, der zur Erhaltung der Körperfunktionen bei völliger körperlicher Ruhe benötigt wird. Der Energiegehalt von Nährstoffen kann durch Verbrennung experimentell bestimmt werden. Dieser physikalische Brennwert beschreibt eine vollständige Verbrennung, die aber im Körper so nicht abläuft. Deshalb werden bei Nahrungsmitteln auch physiologische Brennwerte angegeben, die den Bedingungen im Körper entsprechen.

In Höhen ab 4000 m macht sich die **Höhenkrankheit** durch Kopfschmerzen, Herzklopfen, Übelkeit und Atemnot bemerkbar. Ursache ist eine mangelhafte Versorgung des Körpers mit Sauerstoff infolge einer nicht ausreichenden Bindung des Sauerstoffs an Hämoglobin (Hb). Das Gleichgewicht

$$O_2 + Hb \rightleftharpoons HbO_2$$

hat sich aufgrund des geringen Sauerstoff-Partialdrucks auf die linke Seite verschoben, d.h. es wird weniger HbO_2 gebildet (vgl. klinischer Fall am Kapitelbeginn). Als Folge ist der Organismus schlechter mit Sauerstoff versorgt. Der Körper stellt sich jedoch nach einiger Zeit auf das geringe Sauerstoffangebot ein, der Hämoglobin-Gehalt im Blut steigt dann an. Auch zu hohe Sauerstoffpartialdrücke, die z.B. beim Tauchen auftreten können, sind gefährlich und können u.a. zu Lungenschädigungen führen.

 Check-up

✔ Die allgemeine Formulierung des Massenwirkungsgesetzes sollten Sie nochmals wiederholen, um dieses bei vorgegebenen Reaktionen richtig aufstellen zu können.

✔ Sie sollten auch die Möglichkeiten zur Beeinflussung der Gleichgewichtslage angeben können.

✔ Rekapitulieren Sie die Begriffe exotherm, endotherm, exergon sowie endergon und wie die Enthalpie und die Entropie miteinander verknüpft sind.

2.3 Die Kinetik chemischer Reaktionen

 Lerncoach

Die chemische Kinetik beschäftigt sich mit der Geschwindigkeit chemischer Reaktionen. Falls Ihnen die Begriffe Geschwindigkeit, Durchschnitts- und Momentangeschwindigkeit nicht mehr bekannt sind, lesen Sie in einem Physikbuch nach, denn in variierter Form werden sie hier verwendet.

2.3.1 Der Überblick

Bis jetzt standen der Ausgangs- und der Endzustand einer Reaktion im Mittelpunkt. In diesem Kapitel ist der zeitliche Ablauf der Reaktion das Thema. Sie bekommen Informationen darüber, von welchen Parametern die Geschwindigkeit des Ablaufs einer Reaktion abhängt und wie man sie beeinflussen kann.

2.3.2 Die Reaktionsgeschwindigkeit
Definition der Reaktionsgeschwindigkeit
In der Reaktion A → B wird A verbraucht, seine Konzentration nimmt also ab. Es entsteht B, dessen Konzentration zunimmt **(Abb. 2.6)**.
Ein Maß für diese Konzentrationsänderungen ist die **Reaktionsgeschwindigkeit v.** Man definiert sie als Konzentrationsänderung Δc der Ausgangsstoffe oder Produkte in einem bestimmten Zeitintervall Δt:

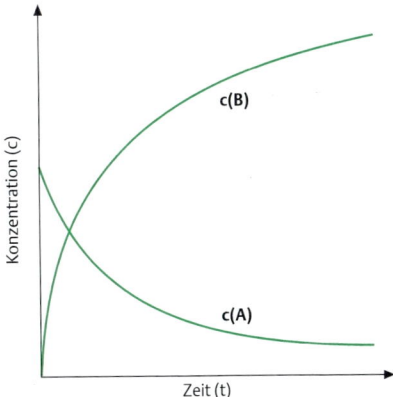

Abb. 2.6 Die Veränderung der Konzentration (c) in Abhängigkeit von der Zeit (t)

$$\bar{v} = \frac{\Delta c_B}{\Delta t} = -\frac{\Delta c_A}{\Delta t}$$

Da die Konzentration des Ausgangsstoffes abnimmt, muss man mit (–1) multiplizieren, um einen positiven Wert für die Reaktionsgeschwindigkeit zu erhalten. Mit Hilfe der o. g. Gleichung wird die **Durchschnittsgeschwindigkeit** $\bar{v}$ für das Zeitintervall Δt berechnet. Sie entspricht dem Anstieg der Sekanten in **Abb. 2.7**. Da sich die Geschwindigkeit aber ständig ändert, muss dieses Zeitintervall möglichst klein gewählt werden. Man bildet den Grenzwert:

$$\lim_{\Delta t \to 0} \frac{\Delta c}{\Delta t} = \frac{dc}{dt}$$

und berechnet die **Momentangeschwindigkeit** aus den differenziellen Änderungen:

$$v = \frac{dc_B}{dt} = -\frac{dc_A}{dt}$$

Die Momentangeschwindigkeit entspricht dem Anstieg der Tangenten in **Abb. 2.7**. Die **Anfangsgeschwindigkeit** erhält man aus dem Anstieg der Tangente zur Zeit t = 0.

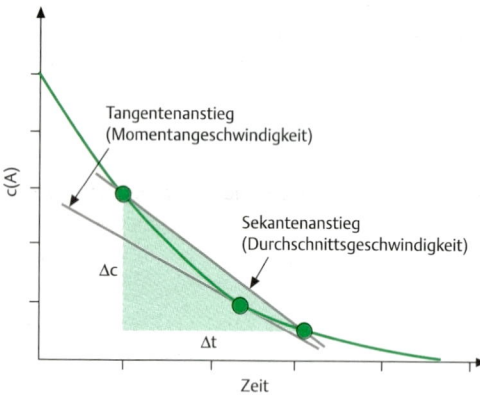

Abb. 2.7 Die Momentan- und die Durchschnittsgeschwindigkeit

Die Konzentrationsabhängigkeit der Reaktionsgeschwindigkeit

Der Verlauf von heterogenen Reaktionen, bei denen Gase entstehen, lässt sich experimentell recht gut verfolgen. Bei homogenen Reaktionen helfen z. B. Photometer (s. S. 110) bei der Ermittlung der Konzentrationsänderungen. Homogene Reaktionen laufen in einer Phase, heterogene Reaktionen zwischen zwei (oder mehr) Phasen ab.

Oft nutzt man aber auch die Tatsache aus, dass sich zu Beginn der Reaktion die Konzentration annähernd linear ändert. Dann stimmen Tangenten- und Sekantenanstieg überein, und der Differenzenquotient $\Delta c / \Delta t$ liefert die Momentangeschwindigkeit für t = 0. Man lässt die Reaktion bis zu einem bestimmten Zeitpunkt ablaufen und ermittelt diese Zeitspanne. Werden diese Reaktionen mit verschiedenen Konzentrationen der Ausgangsstoffe durchgeführt, stellt man fest, dass sich die Reaktionsgeschwindigkeit proportional zur Konzentration des Eduktes ändert.

Die Geschwindigkeitsgleichung

Man kann also folgende **Geschwindigkeitsgleichung** formulieren:

$$v = -\frac{dc_A}{dt} = k \cdot c_A$$

Diese Beziehung wird auch als **Zeitgesetz** bezeichnet. Den Proportionalitätsfaktor k nennt man Geschwindigkeitskonstante. k ist von der Temperatur abhängig. Es handelt sich um eine für jede Reaktion charakteristische Größe, durch die im Wesentlichen die Reaktionsgeschwindigkeit bestimmt wird.

Für eine Reaktion zwischen zwei Stoffen A und B hat die Geschwindigkeitsgleichung die folgende allgemeine Form:

$$v = k \cdot c_A^m \cdot c_B^n$$

Die Reaktionsordnung

Die Summe der Exponenten m und n gibt die **Reaktionsordnung** an. Sie lässt sich grundsätzlich nicht aus der Reaktionsgleichung ermitteln und kann nur experimentell bestimmt werden. Welche Konzentrationen mit welchen Exponenten in die Geschwindigkeitsgleichung eingehen, hängt von den einzelnen nacheinander ablaufenden Reaktionsschritten oder Elementarreaktionen ab. Die langsamste Elementarreaktion bestimmt die Geschwindigkeit der Gesamtreaktion.

Reaktionen 1. Ordnung sind nur von der Konzentration des Ausgangsstoffes A abhängig. Die Halbwertszeit dieser Reaktionen, also die Zeitspanne bis zur Verminderung der Konzentration des Ausgangstoffes auf die Hälfte, ist konstant und berechnet sich aus der Geschwindigkeitskonstanten wie in der folgenden Gleichung angegeben (z. B. radioaktiver Zerfall, s. S. 8).

$t_{1/2} = \ln2/k = 0{,}693/k$

Reaktionen 2. Ordnung können von der Konzentration eines Stoffes in der zweiten Potenz oder von der Konzentration der Stoffe A und B in der 1. Potenz abhängen.
Reaktionen 0. Ordnung sind unabhängig von der Konzentration. Sie spielen bei Gasreaktionen an Festkörperoberflächen eine Rolle, die Geschwindigkeit wird zeitlich durch nicht chemische Prozesse bestimmt.
Wenn bei einer Reaktion eine Komponente in so großem Überschuss vorliegt, dass sich deren Konzentration nur unmerklich ändert, ergeben sich **Pseudo-Ordnungen**.

▰▰▮ Merke
- **Reaktion 0. Ordnung:** $v = k$
- **Reaktion 1. Ordnung:** $v = k \cdot c_A$
- **Reaktion 2. Ordnung:** $v = k \cdot c_A^2$
  oder $v = k \cdot c_A \cdot c_B$
(k = Geschwindigkeitskonstante, v = Reaktionsgeschwindigkeit, c = Konzentration)

Die Kinetik und das chemische Gleichgewicht
Chemische Reaktionen verlaufen nicht vollständig, es kommt zur Einstellung eines chemischen Gleichgewichts. In diesem Stadium verlaufen Hin- und Rückreaktion gleich schnell, am Konzentrationsverhältnis ändert sich aber nichts mehr.
Für eine einfache Reaktion von A zu B können wir die Geschwindigkeitsgleichungen für die Hin- und für die Rückreaktion aufschreiben:

$v_{hin} = k_1 \cdot c_A$
(k_1 Geschwindigkeitskonstante der Hinreaktion)

$v_{rück} = k_{-1} \cdot c_B$
(k_{-1} Geschwindigkeitskonstante der Rückreaktion)

Da die Geschwindigkeiten gleich sind, können die beiden Zahlenwerte gleichgesetzt werden:

$k_1 \cdot c_A = k_{-1} \cdot c_B$

Durch Umstellen erhält man dann die folgende Gleichung:

$\dfrac{k_1}{k_{-1}} = \dfrac{c_B}{c_A} = K$

Sie zeigt, dass nicht nur das Verhältnis der Konzentrationen, sondern auch das Verhältnis der Geschwindigkeitskonstanten für die Hin- und für die Rückreaktion eine Berechnung der Gleichgewichtskonstanten K zulassen.

Die Parallel- und Folgereaktionen
Häufig geht ein Edukt mehrere Reaktionen ein, die parallel zueinander ablaufen und zu verschiedenen Endprodukten führen. Die schnellste Reaktion ist am Umsatz am stärksten beteiligt. Folgereaktionen sind dadurch gekennzeichnet, dass aus den Edukten ein Produkt entsteht, welches dann in einer sich anschließenden Reaktion gleich weiter umgesetzt wird. Für solch eine Reaktionsfolge gilt, dass die langsamste Reaktion die Geschwindigkeit der Gesamtreaktion bestimmt (geschwindigkeitsbestimmender Schritt).

Die Temperaturabhängigkeit der Reaktionsgeschwindigkeit
Die Reaktionsgeschwindigkeit hängt auch von der Temperatur ab.

▰▰▮ Merke
Für viele Reaktionen gilt die Faustregel: Die Reaktionsgeschwindigkeit verdoppelt sich bei einer Temperaturerhöhung um 10 K (K = Grad Kelvin).

Um diese Regel (Reaktionsgeschwindigkeits-Temperatur-Regel RGT) zu verstehen, muss man die Energie der reagierenden Teilchen berücksichtigen. Gleiche Teilchen verfügen auch bei gleicher Temperatur über sehr verschiedene Geschwindigkeiten, haben also auch unterschiedliche Werte für die kinetische Energie. Die Häufigkeitsverteilung der Energie von Gasmolekülen für verschiedene Temperaturen zeigt die Boltzmann-Verteilung (**Abb. 2.8**). Die Energieverteilungskurven steigen vom Nullpunkt aus stark an und fallen dann mit zunehmender Temperatur umso langsamer ab. Bei niedrigen Temperaturen haben also nur wenige Teilchen eine hohe kinetische Energie.

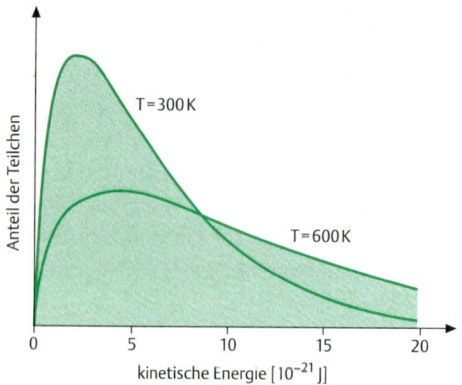

Abb. 2.8 Die Energieverteilung der Teilchen nach Boltzmann für verschiedene Temperaturen (T = Temperatur)

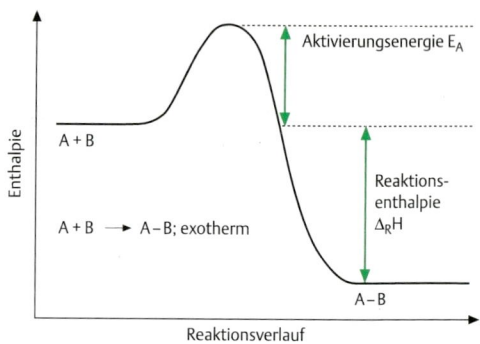

Abb. 2.9 Die Aktivierungsenergie und die Änderung der Reaktionsenthalpie im Reaktionsverlauf

Die Aktivierungsenergie

Wenn Teilchen zusammenstoßen, kommt es erst dann zu einer Bindungsumverteilung, wenn sie eine bestimmte Mindestenergie besitzen. Über diese verfügt üblicherweise nur ein sehr kleiner Anteil der Teilchen. Dieser Teilchenanteil wächst jedoch exponentiell mit der Temperatur. Die notwendige Mindestenergie ist die Aktivierungsenergie E_A einer Reaktion und stellt eine reaktionsspezifische Größe dar.

Den Zusammenhang zwischen Aktivierungsenergie und Reaktionsgeschwindigkeitskonstante beschreibt die von Arrhenius aufgestellte Beziehung:

$$k = A \cdot e^{\frac{E_A}{R \cdot T}}$$

R ist die allgemeine Gaskonstante ($8{,}314 \, \text{J mol}^{-1} \, \text{K}^{-1}$). Der Proportionalitätsfaktor A berücksichtigt die räumliche Orientierung der zusammenstoßenden Teilchen.

Die Aktivierungsenergie kann man sich als einen Berg vorstellen, den die Teilchen vor der eigentlichen Reaktion erklimmen müssen, bevor sie in das Energietal „stürzen". Dabei wird Energie frei (freie Reaktionsenthalpie, Abb. 2.9).

Merke

Das Zuführen von Aktivierungsenergie sagt nichts darüber aus, ob eine Reaktion exergon oder endergon, exotherm oder endotherm verläuft. Hierbei handelt es sich um thermodynamische Aussagen! Die Aktivierungsenergie führt einer ausreichenden Anzahl Teilchen die notwendige Mindestenergie zu, damit die Reaktion überhaupt erst ablaufen kann.

Diese Energiebarriere kann also nur von genügend energiereichen Teilchen überwunden werden. Reaktionen mit hoher Aktivierungsenergie laufen normalerweise sehr langsam ab. Schnell ablaufende Reaktionen benötigen eine niedrige Aktivierungsenergie. Den Punkt höchster Energie im Reaktionsverlauf bezeichnet man als **Übergangszustand** oder **aktivierten Komplex**. Im Übergangszustand haben sich die reagierenden Teilchen, die die notwendige Mindestenergie besitzen, optimal genähert. Auf diese Weise tritt eine Wechselwirkung zwischen ihnen ein, die zu neuen Bindungen führt.

2.3.3 Die Katalyse

Durch den Zusatz bestimmter Stoffe nimmt die Reaktionsgeschwindigkeit vieler chemischer Reaktionen deutlich zu (z. B. Verwendung von Sauerteig beim Brotbacken, Wirkung von Hefe für die Zubereitung alkoholischer Getränke). Berzelius prägte für solche Stoffe den Begriff **Katalysator** (kata griech. gänzlich, völlig; lysis griech. Auflösung, Trennung, Erlösung). Die Katalysatoren greifen in das Reaktionsgeschehen ein, wodurch die Aktivie-

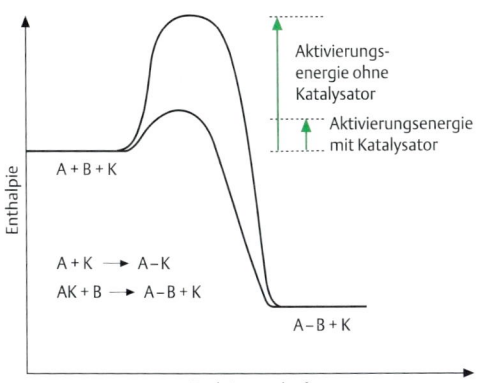

Abb. 2.10 Vergleich der Energiediagramme einer Reaktion mit und einer Reaktion ohne Katalysator

rungsenergie erniedrigt wird **(Abb. 2.10)**. Der Katalysator wird während der Reaktion nicht verbraucht.

◼◼◼ Merke

Der Katalysator beeinflusst die Reaktionsgeschwindigkeit, aber nicht die Lage des chemischen Gleichgewichts, denn die Aktivierungsenergie der Hin- *und* der Rückreaktion werden beeinflusst. Dadurch ändern sich beide Geschwindigkeiten, nicht aber ihr Verhältnis zueinander.

Die homogene und die heterogene Katalyse

Bei der **heterogenen Katalyse** hat der Katalysator einen anderen Aggregatzustand als die Edukte. Die Katalysatorwirkung beruht auf der Adsorption der Edukte an der Katalysatoroberfläche. Heterogene Katalysatoren spielen in der technischen Chemie eine ganz erhebliche Rolle (z. B. Hydrierungen [s. S. 113] an Nickel-Katalysatoren für die Fetthärtung). Von besonderem Interesse sind natürlich solche Katalysatoren, die den Ablauf chemischer Reaktionen selektiv beeinflussen und so die Ausbeute an gewünschtem Produkt erhöhen sowie die Bildung von Nebenprodukten möglichst gering halten.

Liegen Katalysator und Edukt in gleicher Phase vor, handelt es sich um eine **homogene Katalyse.**

Die Enzyme

Die erstaunlichsten Katalysatoren sind die an allen Lebensvorgängen beteiligten **Enzyme** (enzyme griech. im Sauerteig). Enzyme können die Geschwindigkeit biochemischer Prozesse spezifisch

z. T. bis auf das Millionenfache erhöhen. Da enzymatisch katalysierte Reaktionen in mehreren Einzelschritten ablaufen, kann jeder Teilschritt kinetisch beschrieben werden. Der langsamste Teilschritt bestimmt die Reaktionsgeschwindigkeit. Die Theorie von Michaelis und Menten besagt, dass das **Substrat S** und das **Enzym E** einen **Komplex** bilden, der dann in das oder die Produkt(e) zerfällt. Dabei wird das Enzym regeneriert.

$$S + E \rightleftharpoons ES \rightarrow P + E$$

Die Kinetik dieser Enzym-Reaktion kann im Fall einfacher Systeme nach der **Michaelis-Menten-Gleichung** beschrieben werden:

$$v = v_{max} \cdot \frac{c_S}{K_M + c_S}$$

v_{max} steht für die maximal mögliche Geschwindigkeit, die dann erreicht ist, wenn alle Enzymmoleküle mit Substrat beladen sind. K_M ist die Michaelis-Konstante und setzt sich aus den Geschwindigkeitskonstanten der Reaktionen für die Bildung und den Zerfall des Enzym-Substrat-Komplexes zusammen. Bei Ermittlung und grafischer Darstellung der Reaktionsgeschwindigkeit für verschiedene Substratkonzentrationen bei konstanter Enzymkonzentration, erhält man einen Hyperbelbogen, der sich asymptotisch dem Grenzwert v_{max} nähert **(Abb. 2.11)**.

Die halbe Maximalgeschwindigkeit ist dann erreicht, wenn die Hälfte des Enzyms als **Enzym-Substrat-Komplex ES** vorliegt. An diesem Punkt entspricht die Substratkonzentration gerade der

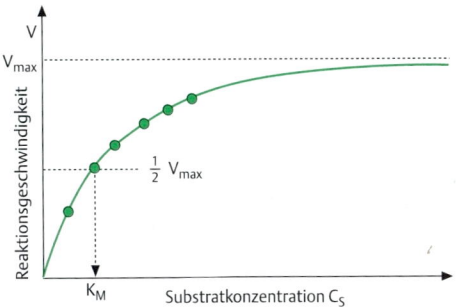

Abb. 2.11 Die Abhängigkeit der Reaktionsgeschwindigkeit einer enzymkatalysierten Reaktion von der Substratkonzentration

Michaeliskonstanten K_M. Die Werte für K_M liegen im Bereich 10^{-2} bis 10^{-5} mol/l.

▉▉▌ Merke

Ein großer Wert der Michaeliskonstanten bedeutet, dass eine hohe Substratkonzentration erforderlich ist, um die halbe Sättigung des Enzyms zu erreichen. Das Enzym hat zu dem betreffenden Substrat keine hohe Affinität. Es wird sich bevorzugt an ein anderes Substrat mit einem kleineren K_M-Wert binden.

K_M ist für jedes Enzym eine charakteristische Konstante. v_{max} hängt von der jeweiligen Enzymkonzentration ab.

Enzyme ermöglichen durch das Herabsetzen der Aktivierungsenergie den Ablauf biochemisch wichtiger Reaktionen bei Körpertemperatur. Die außerordentlich hohe Substratspezifität der Enzyme versuchte man durch verschiedene Modelle zu erklären. Man nahm an, dass ein bestimmter Bezirk im Enzym als aktives Zentrum oder als katalytisches Zentrum wirkt. Enzym und Substrat seien konfigurativ-strukturell aufeinander abgestimmt. Dieses Schlüssel-Schloss-Prinzip geht von einer starren räumlich präformierten Matrix des Enzyms aus, in die nur ganz bestimmte Substrate hineinpassen. Gemäß der Anpassungstheorie beeinflussen sich Enzym und Substrat gegenseitig so stark und können ihre Konformationen so verändern, dass sie zueinander passen (**Abb. 2.12**).

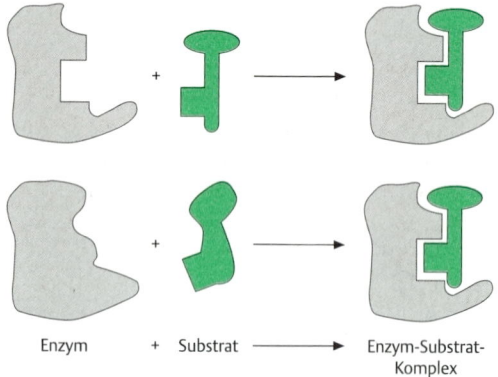

| Enzym | + | Substrat | ⟶ | Enzym-Substrat-Komplex |

Abb. 2.12 Schlüssel-Schloss-Prinzip (a) und Anpassungstheorie (b) zur Spezifität der Enzyme

Die Aktivität der Enzyme kann durch äußere Faktoren beeinflusst werden. So kann ein Molekül vergleichbarer Struktur mit dem Substratmolekül um die Bindung am aktiven Zentrum konkurrieren (kompetitive Hemmung). Der Hemmstoff kann bei genügend hoher Konzentration das Substrat praktisch verdrängen und so die Reaktion blockieren. Umgekehrt kann durch Erhöhung der Substratkonzentration die Wirkung des Hemmstoffs erniedrigt werden.

Eine nichtkompetitive Hemmung liegt vor, wenn für eine Reaktion weitere Stoffe oder Ionen benötigt werden, diese aber durch Nebenreaktionen nicht verfügbar sind (z.B. Komplexierung durch EDTA, s.S. 64). So ist für die ATP umsetzenden Enzyme die Anwesenheit von Ca^{2+}- oder Mg^{2+}-Ionen notwendig.

Irreversible Inhibitoren verändern die reaktiven Gruppen des Enzyms, das aktive Zentrum wird irreparabel zerstört.

2.3.4 Klinische Bezüge

Die Enzymkinetik ist eine wichtige Grundlage biochemischer Vorgänge. Reaktionsgeschwindigkeiten sind aber auch in der Pharmazie von Bedeutung. So beschäftigt sich die Pharmakokinetik beispielsweise speziell mit dem Verhalten von Arzneimitteln und Giften im Organismus und trägt so u.a. zur Entwicklung von Retard- und Depotarzneimitteln bei. Bei diesen Arzneiformen wird der Wirkstoff möglichst konstant über einen längeren Zeitabschnitt freigesetzt. Die Depotwirkung wird erzielt durch zunächst unwirksame, erst im Körper aktivierte Vorstufen des Mittels oder durch bestimmte Bindungsformen der Wirkstoffe oder – bei oral verabreichten Präparaten – z.B. durch verschieden lösliche Überzüge.

Check-up

✔ **Ganz wichtig ist es, zwischen den Aussagen der (chemischen) Thermodynamik und der (chemischen) Kinetik zu unterscheiden. Wiederholen Sie, was man unter Reaktionsgeschwindigkeit versteht und wie man sie beeinflussen kann.**

✔ **Rekapitulieren Sie die Definitionen anhand folgender Fragen: Wie ist die Reaktionsord-**

nung definiert? Was versteht man unter Halbwertszeit? Wie lautet das Zeitgesetz einer Reaktion 1. Ordnung? Was versteht man unter Aktivierungsenergie?

✔ Das Prinzip der Wirkung von Enzymen ist von großer Bedeutung, v. a. für das Verständnis biochemischer Prozesse. Wiederholen Sie daher die in diesem Kapitel aufgeführten Grundlagen zur Enzymkinetik (z. B. Michaelis-Menten-Gleichung, Schlüssel-Schloss-Prinzip).

2.4 Die Lösungen und Elektrolyte

Lerncoach
In diesem Kapitel wird auf folgende Grundlagen bzw. vorher besprochenene Inhalte zurückgegriffen: Lösung, Massenwirkungsgesetz, polare Atombindung, Wasserstoffbrückenbindung, Ionenbindung und Ionengitter. Wenn Sie unsicher sind, wiederholen Sie bitte, was man unter einer Lösung versteht und welche die wichtigsten Charakteristika der genannten Bindungen sind.

2.4.1 Der Überblick
Viele Reaktionen laufen im wässrigen Milieu ab, d. h. die Stoffe liegen gelöst vor. Wir werden uns daher mit Lösungen und sog. Elektrolyten genauer beschäftigen.

2.4.2 Die Lösungen und Elektrolyte
Lösungen hatten wir auf S. 5 als homogene Stoffgemische kennen gelernt. Der Stoff, der im Überschuss vorliegt, wird als Lösungsmittel bezeichnet. Uns interessieren im Folgenden ausschließlich Lösungen, bei denen Wasser das Lösungsmittel darstellt (wässrige Lösungen). Da die Wassermoleküle stark polarisiert sind, handelt es sich um ein polares Lösungsmittel mit einem großen Dipolmoment.
Wegen der Assoziation der Wassermoleküle durch Wasserstoffbrücken ist Wasser bei Raumtemperatur flüssig. Aus diesem Grund hat Wasser auch bei 4 °C seine größte Dichte.
Häufig charakterisiert man die in Wasser gelösten Stoffe im Hinblick auf die elektrische Leitfähigkeit der entstandenen Lösung.

■ Verbindungen, deren wässrige Lösungen den elektrischen Strom nicht leiten, werden als **Nichtelektrolyte** bezeichnet (z. B. Zucker oder Ethanol).

Eine minimale Leitfähigkeit ist auf die durch Autoprotolyse des Wassers entstehenden Hydronium- und Hydroxidionen zurückzuführen.
Die gelösten Teilchen sind Moleküle, die von einer Wasserhülle umgeben sind.

■ Elektrolyte sind Verbindungen, die in wässriger Lösung in frei bewegliche Ionen dissoziieren (z. B. Natriumchlorid, Chlorwasserstoff, Ammoniak). Diese Lösungen leiten den elektrischen Strom. Ladungsträger sind aber im Gegensatz zu den metallischen Leitern die Ionen.

In Ionenverbindungen liegen die Ionen im festen Zustand bereits vor, beim Lösen erfolgt dann nur eine Ionendissoziation (echte Elektrolyte).
Bei Stoffen mit polarisierten kovalenten Bindungen (z. B. HCl, NH$_3$) werden die Ionen erst durch eine Reaktion mit dem Lösungsmittel gebildet (potenzielle Elektrolyte):

$$NaCl \xrightarrow{\text{Wasser}} Na^+ + Cl^-$$
$$HCl + H_2O \rightarrow H_3O^+ + Cl^-$$
$$NH_3 + H_2O \rightarrow NH_4^+ + OH^-$$

In der wässrigen Lösung sind alle Ionen von einer Hülle aus Wassermolekülen umgeben, sie sind hydratisiert. Der Begriff **Solvatation** ist etwas allgemeiner und wird verwendet, wenn man sich nicht nur auf Wasser als Lösungsmittel beschränkt.

■■ **Merke**
Starke Elektrolyte sind in wässriger Lösung nahezu vollständig dissoziiert. Die Leitfähigkeit der Lösung nimmt mit abnehmender Konzentration zu, da bei hohen Konzentrationen interionische Wechselwirkungen auftreten und die Wanderung im elektrischen Feld behindern.

Eine **besonders hohe Leitfähigkeit** haben die **Hydroniumionen** (H$_3$O$^+$) und die **Hydroxidionen** (OH$^-$). Dies ist dadurch zu erklären, dass nicht die hydratisierten Ionen selbst wandern, sondern nur ein Platzwechsel der Protonen in den Wasserstoffbrücken des Wassers erfolgt.

Schwache Elektrolyte enthalten neben den Ionen undissoziierte Moleküle. Zwischen beiden liegt ein Gleichgewicht vor. Der **Dissoziationsgrad** α gibt den **Anteil** dissoziierter Moleküle an.

α = Anzahl der dissoziierten Moleküle/Gesamtzahl der Moleküle

■I Merke

Mit abnehmender Konzentration nimmt die Dissoziation zu, bei unendlicher Verdünnung ist sie vollständig. Deshalb kommt es zu einer starken Zunahme der Leitfähigkeit mit abnehmender Konzentration.

Aufgrund der interionischen Wechselwirkungen ist die wirksame Konzentration der Lösung immer kleiner als die tatsächliche Konzentration. Diese wirksame Konzentration bezeichnet man als **Aktivität.** Im Folgenden vernachlässigen wir die interionischen Wechselwirkungen und arbeiten grundsätzlich nur mit Konzentrationen. Alle genannten Beziehungen gelten dann auch nur für ideale Bedingungen, d. h. wenn keine weiteren Wechselwirkungen auftreten.

2.4.3 Die Löslichkeit und das Löslichkeitsprodukt

Als Löslichkeit bezeichnet man die Höchstmenge eines Stoffes, die bei einer gegebenen Temperatur in einem bestimmten Volumen Wasser gelöst werden kann. Es handelt sich hierbei um eine charakteristische Stoffeigenschaft. Wenn eine Lösung die höchstmögliche Stoffmenge enthält, ist sie **gesättigt.** Lösungen eines Feststoffes sind dann gesättigt, wenn ein fester Bodenkörper mit der Lösung im Gleichgewicht steht. Das Gleichgewicht zwischen Bodenkörper und dem festen Stoff kann im Fall eines Salzes folgendermaßen formuliert und dargestellt werden **(Abb. 2.13)**.

Bodenkörper $\rightleftharpoons$ Ionen in Lösung

$$AB \rightleftharpoons A^+ + B^-$$

Da der Bodenkörper und die Lösung elektrisch neutral sein müssen, geht immer die gleiche Anzahl Kationen und Anionen in die Lösung. Im Gleichgewicht werden ebenso viele Ionen aus der

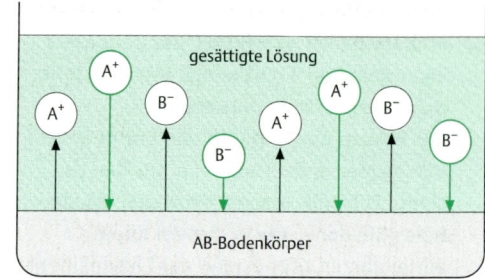

Abb. 2.13 Schematische Darstellung des Gleichgewichts in einer gesättigten Salzlösung

Lösung paarweise im Gitter eingebaut wie aus dem Gitter Ionen in Lösung gehen. Durch Anwendung des Massenwirkungsgesetzes erhält man unter der Voraussetzung, dass der feste Bodenkörper keinen Einfluss auf das Gleichgewicht hat, folgende Beziehung für das Salz AB:

$$c_{A^+} \cdot c_{B^-} = K_L$$

K_L ist das **Löslichkeitsprodukt des Stoffes AB** und wie jede Gleichgewichtskonstante temperaturabhängig. Im Gleichgewicht ist also bei gegebener Temperatur das Produkt der Ionenkonzentrationen konstant. Dabei ist es gleichgültig, ob 0,1 g oder 100 g Bodenkörper vorliegen. Die Werte des Löslichkeitsproduktes sind tabelliert, die Löslichkeitsprodukte verschiedener Salze sind in Tab. 8 im Anhang aufgeführt (s. S. 201).

Für eine gesättigte Lösung lässt sich die Ionenkonzentration und die Masse des gelösten Stoffes folgendermaßen ausrechnen: $BaSO_4$ hat das Löslichkeitsprodukt $K_L = 10^{-10}$ mol^2/l^2 (25 °C). Die Ionenkonzentrationen der Barium- und der Sulfationen müssen wegen der Elektroneutralität 10^{-5} mol/l betragen.

$$c_{Ba^{2+}} \cdot c_{SO_4^{2-}} = 10^{-10} \, mol^2 / l^2$$

$$c_{Ba^{2+}} = c_{SO_4^{2-}} = \sqrt{10^{-10} \, mol^2 / l^2} = 10^{-5} \, mol/l$$

Wenn je 10^{-5} mol Barium- und Sulfationen in einem Liter gelöst sind, folgt stöchiometrisch zwangsläufig daraus, dass 10^{-5} mol Bariumsulfat in Lösung gegangen sein müssen. Nach den Angaben zur Berechnung von Massen oder Volumina der Reaktionsteilnehmer (s. S. 35) lässt sich nun auch die gelöste Masse Bariumsulfat ermitteln:

$$n = c \cdot V = 10^{-5} \text{ mol/l} \cdot 1l = 10^{-5} \text{mol}$$

$$m = n \cdot M_{BaSO_4} = 10^{-5} \text{ mol} \cdot 233 \text{ g / mol} = 2,33 \cdot 10^{-3} \text{ g}$$
$$= 233 \text{ mg}$$

Für Salze der Zusammensetzung AB_2 oder A_2B_3 ist das Massenwirkungsgesetz analog anwendbar, wobei darauf zu achten ist, dass die Koeffizienten der Reaktionsgleichungen im MWG als Exponenten der Konzentrationen auftreten. Das ist auch bei der Einheit von K_L zu berücksichtigen.

$$AB_2 \rightleftharpoons A^{2+} + 2 B^- \qquad c_{A^{2+}} \cdot c_{B^-}^2 = K_L$$

$$A_2B_3 \rightleftharpoons 2 A^{3+} + 3 B^{2-} \qquad c_{A^{3+}}^2 \cdot c_{B^{2-}}^3 = K_L$$

Allgemein gilt:

$$A_mB_n \rightleftharpoons m A^{n+} + n B^{m-} \qquad c_{A^{n+}}^m \cdot c_{B^{m-}}^n = K_L$$

Die Löslichkeit eines Salzes kann nicht über das Löslichkeitsprodukt K_L verglichen werden, da die Einheit von der Zusammensetzung des Salzes abhängt. Sie müssen die in einem bestimmten Volumen gelösten Stoffmengen oder die Massen vergleichen.

Schwer lösliche Salze spielen in der analytischen Chemie eine Rolle, da viele Ionen durch Bildung schwer löslicher, oft typisch gefärbter Salze nachgewiesen werden können.
Beispiele für solche Fällungsreaktionen zum Nachweis von Ionen sind:

$$Ag^+ + Cl^- \rightarrow AgCl \downarrow \quad \text{weiß}$$
$$Ca^{2+} + C_2O_4^{2-} \rightarrow CaC_2O_4 \downarrow \quad \text{weiß}$$
$$Cu^{2+} + S^{2-} \rightarrow CuS \downarrow \quad \text{schwarz}$$

$\downarrow$ zeigt an, dass das schwer lösliche Salz ausfällt.

Das Ausfällen von Silberchlorid wird zum Nachweis von Chloridionen genutzt. Die Fällung ist aber nie vollständig, da ein ganz geringer Teil wegen des Löslichkeitsprodukts in Lösung bleibt. Berechnen Sie die Masse AgCl, die sich in 100 ml Wasser lösen! (Lösung s. S. 193)
$$K_L = 2 \cdot 10^{-10} \text{ mol}^2/\text{l}^2 \text{ (bei 25 °C)}$$

Die Unterschiede in der Löslichkeit verschiedener Salze sind über die Lösungswärme nicht zu verstehen, sondern nur über die freie Reaktionsenthalpie (s. S. 39). Das Entropieglied muss berücksichtigt werden.
Für ein bestimmtes Salz ergibt sich aber aus dem Prinzip des kleinsten Zwanges (s. S. 44), dass die Löslichkeit durch die Temperatur beeinflusst werden kann. Die Löslichkeit nimmt bei exothermen Lösungsvorgängen mit steigender Temperatur ab, bei endothermen Lösungsvorgängen nimmt sie zu.

2.4.4 Klinische Bezüge

Schwer lösliche Salze spielen auch im menschlichen Organismus eine Rolle.
Sehr wichtig für die Knochenbildung ist der Einbau von Hydroxylapatit $Ca_5[(PO_4)_3(OH)]$ (Mineralisation). Negativ wirkt sich hingegen die Entstehung von Calciumoxalat CaC_2O_4, Calciumphosphat $Ca_3(PO_4)_2$ oder Magnesiumammoniumphosphat $MgNH_4PO_4$ in der Niere aus. Diese Salze sind vorwiegend in der Niere enthalten. Ursache ist nicht nur die vermehrte Bildung konkrementbildender Stoffe (Calciumionen, aber auch Harnsäure), sondern auch der Säure-Base-Status des Urins.

Check-up

✔ **Wiederholen Sie die Definition eines Elektrolyten und eines Nichtelektrolyten. Prägen Sie sich jeweils einige Beispiele ein.**
✔ **Machen Sie sich klar, wann man von einer gesättigten Lösung spricht und wie das Löslichkeitsprodukt definiert ist.**

2.5 Die Säuren und Basen

Lerncoach

▪ **Um die Eigenschaften von Säuren und Basen zu verstehen, sollten Sie das Massenwirkungsgesetz sicher beherrschen (s. S. 43).**
▪ **In diesem Kapitel wird viel mit Logarithmen gerechnet. Falls Sie damit nicht vertraut sind, können Sie im Anhang nachlesen (s. S. 199).**

2.5.1 Der Überblick

Das Verständnis von Säure-Base-Reaktionen ist eine wichtige Voraussetzung, um physiologische und biochemische Vorgänge im Organismus richtig zu verstehen. So ist die Konstanthaltung des Blut-pH-Wertes im Bereich 7,39±0,05 eine der wichtigsten Lebensvoraussetzungen, Schwankungen über 0,3 pH-Einheiten sind mit dem Leben nicht mehr vereinbar. Deshalb werden wir uns im Folgenden vergleichsweise ausführlich mit den Säuren und Basen beschäftigen.

2.5.2 Einführung

Der Begriff „Säuren" ist seit 5000 Jahren bekannt und bezeichnete eine Geschmackseigenschaft von Naturprodukten. Dass Säuren aus Mineralien gewonnen werden können, weiß man mindestens seit 800 Jahren. Besonders den Alchemisten verdanken wir Methoden zur Darstellung von Mineralsäuren, den Säuren, die in Form ihrer Salze in Mineralien auftreten (z. B. Schwefel- und Salpetersäure). Lösungen, die den sauren Geschmack abschwächten, wurden alkalisch genannt, weil sie besonders aus Pflanzenasche gewonnen wurden (alkali arab. Pflanzenasche). Später wurde der Begriff Base (basis lat. Sockel, Grundlinie) geprägt, weil Metalloxide und -hydroxide als nichtflüchtige Grundlage der Fixierung flüchtiger Säuren unter Salzbildung dienten.

Lavoisier erkannte, dass Kohlenstoff, Phosphor und Schwefel in Luft zu Oxiden verbrennen, die mit Wasser eine Säure bilden. Den dafür notwendigen Bestandteil der Luft bezeichnete er als „Oxygenum" (lat. Säurebildner). Von Liebig definierte eine Säure als eine Verbindung, die Wasserstoff enthält, der durch Metalle ersetzt werden kann.

Arrhenius stellte fest, dass sich aus Salzen, Säuren und Basen in wässriger Lösung Ionen bilden. Er definierte eine Säure als eine Verbindung, die in Wasser in Wasserstoffionen und negativ geladene Säurerestionen zerfällt. Eine Base zerfällt in Hydroxidionen und positiv geladene Basenrestionen. Wenn Säuren und Basen miteinander reagieren, bilden die Wasserstoffionen und die Hydroxidionen Wasser. Die Säuren- und Basenreste verbleiben unverändert in der Lösung. Die Eigenschaften sauer und basisch hängen also mit den Wasserstoffionen und den Hydroxidionen zusammen.

2.5.3 Der pH-Wert

Der pH-Wert ist der negative dekadische Logarithmus der Wasserstoffionenkonzentration (pH = pondus hydrogenii lat. Masse, Bedeutung, Wert des Wasserstoffs).

$$pH = -\lg c_{H^+}$$

Analog gibt es einen pOH-Wert:

$$pOH = -\lg c_{OH^-}$$

pH- und pOH-Wert sind vereinbarungsgemäß dimensionslose Größen, d. h. sie haben keine Einheit.

2.5.4 Die Säure-Base-Theorie von Brønsted

Brønsted erweiterte die Säure-Base-Theorie, weil man z. B. nach der Definition von Arrhenius nicht erklären kann, warum Ammoniak (NH_3) eine Base ist. Nach Brønsted sind

- Säuren **Protonendonatoren**, d. h. Teilchen, die Wasserstoffionen (Protonen) abgeben können
- Basen **Protonenakzeptoren**, d. h. Teilchen, die Wasserstoffionen (Protonen) aufnehmen können.

HCl ist also eine Säure, da HCl ein Proton abspalten kann. Das dabei entstehende Chlorid-Ion kann aber formal in der Rückreaktion auch ein Proton aufnehmen und ist deshalb eine Base. Die durch die Abspaltung **eines** Protons entstehende Base bezeichnet man als **korrespondierende** oder **konjugierte Base**.

korrespondierendes Säure-Base-Paar 1

$$HCl \rightleftharpoons H^+ + Cl^-$$

Säure 1   Proton   korrespondierende Base 1

So kann man auch erklären, warum Ammoniak eine Base ist: Ammoniak kann wegen seines freien Elektronenpaars ein Proton aufnehmen und dadurch das Ammoniumion als **korrespondierende Säure** bilden.

korrespondierendes Säure-Base-Paar 2

$$NH_3 + H^+ \rightleftharpoons NH_4^+$$

Base 2   Proton   korrespondierende Base 2

■■I Merke

Säuren und korrespondierende Basen bilden immer korrespondierende oder konjugierte Säure-Base-Paare, Säure und Base unterscheiden sich in diesem Fall durch ein Proton.

Die Abspaltung eines Protons kann jedoch nicht als isolierte Reaktion ablaufen. Sie muss immer mit einer zweiten Reaktion gekoppelt sein, da freie Protonen nicht existieren können. In wässrigen Lösungen lagern sich die Protonen an Wassermoleküle an. Wasser dient also als Base. Als korrespondierende Säure bildet sich das Hydroniumion (korrespondierendes Säure-Base-Paar 3).

korrespondierendes Säure-Base-Paar 3

$$H_2O \ + \ H^+ \ \rightleftharpoons \ H_3O^+$$

Base 3   Proton   korrespondierende Base 3

Auch die Protonen für die Reaktion des Ammoniaks stammen vom Wasser. In diesem Fall ist aber Wasser die Säure und wird zur korrespondierenden Base, dem Hydroxidion (korrespondierendes Säure-Base-Paar 4).

korrespondierendes Säure-Base-Paar 4

$$H_2O \ \rightleftharpoons \ H^+ \ + \ OH^-$$

Säure 4   Proton   korrespondierende Base 4

Die Zusammenfassung der Teilreaktionen von Paar 1 und 3 bzw. 2 und 4 ergibt folgende Gesamtgleichungen:

Paar 1 und 3:

$$HCl \ + H_2O \ \rightleftharpoons \ Cl^- \ + \ H_3O^+$$

| Säure 1 | Base 3 | korres-pondierende Base 1 | korres-pondierende Säure 3 |

Paar 2 und 4:

$$NH_3 \ + H_2O \ \rightleftharpoons \ NH_4^+ \ + \ OH^-$$

| Base 2 | Säure 4 | korres-pondierende Säure 2 | korres-pondierende Base 4 |

Im ersten Fall wird ein Proton von HCl auf Wasser übertragen, im zweiten Fall von Wasser auf Ammo-

niak. Diese **Protonenübertragungsreaktionen** bezeichnet man auch als **Protolysereaktionen.** An Protolysereaktionen sind immer zwei korrespondierende Säure-Base-Paare beteiligt. Zwischen diesen beiden besteht ein chemisches Gleichgewicht. Wenn sowohl die Anlagerung als auch die Abspaltung eines Protons möglich ist, handelt es sich um einen amphoteren Elektrolyt oder einfach um einen **Ampholyten.** Sie haben schon anhand der Säure-Base-Paare 3 und 4 gesehen, dass Wasser ein Ampholyt ist. Auch Aminosäuren (s.S.159), Hydrogensulfationen (HSO_4^-), Dihydrogenphosphat- ($H_2PO_4^-$) und Hydrogenphosphationen (HPO_4^{2-}) besitzen amphotere Eigenschaften, d.h. sie können Protonen aufnehmen und abgeben.

2.5.5 Die Säure-Base-Theorie von Lewis

Nach Lewis verfügen **Säuren** über Elektronenlücken, sie sind **Elektronenpaarakzeptoren.** Basen sind Moleküle, Atome oder Ionen mit einem freien Elektronenpaar, das für eine koordinative Bindung genutzt werden kann. **Basen** sind **Elektronenpaardonatoren**. In diesem Sinn ist die Reaktion von Bortrifluorid (BF_3) mit Ammoniak (NH_3) eine Säure-Base-Reaktion **(Abb. 2.14)**.

Abb. 2.14   Reaktion von Bortrifluorid mit Ammoniak

BF_3 weist eine Elektronenlücke auf und ist deshalb die Säure. Das Ammoniak-Molekül hat ein freies Elektronenpaar und ist die Base. Die Theorie von Lewis ist hilfreich für das Verständnis der Reaktionen von Komplexverbindungen (s.S.63) und zur Erklärung der Reaktionsmechanismen in der organischen Chemie. Für das wässrige Milieu reicht die Anwendung der Theorie von Brønsted aus, mit der wir uns nun weiter befassen wollen.

2.5.6 Die Autoprotolyse des Wassers

Im Wasser besteht folgendes Protolysegleichgewicht:

$$H_2O \ + \ H_2O \ \rightleftharpoons \ H_3O^+ \ + \ OH^-$$

Darauf können wir das Massenwirkungsgesetz anwenden (s. S. 43):

$$K = \frac{c_{H_3O^+} \cdot c_{OH^-}}{c_{H_2O}^2}$$

Das Gleichgewicht liegt weit auf der linken Seite, d. h. es reagieren sehr wenige Wassermoleküle miteinander. Deshalb kann man die Konzentration der Wassermoleküle (55,56 mol/l) als konstant betrachten.

Berechnung der Konzentration c_{H_2O}:

1 l $H_2O \approx$ 1 kg H_2O

$$n = \frac{m}{M} = \frac{1000\,g}{18\,g/mol} = 55{,}56\ mol$$

$$c = \frac{n}{V} = 55{,}56\ mol/l$$

Bezieht man die Konzentration der Wassermoleküle mit in die Gleichgewichtskonstante ein, erhält man die neue Konstante K_W (**Ionenprodukt des Wassers**).

$$K_w = K \cdot c_{H_2O}^2 = c_{H_3O^+} \cdot c_{OH^-}$$

■■I Merke

Das Ionenprodukt der Wassers beträgt (bei 25 °C) $1{,}0 \cdot 10^{-14}$ mol^2/l^2. In wässrigen Lösungen ist also das Produkt der Konzentrationen der H_3O^+- und der OH^--Ionen konstant.

Wenn man die o. g. Gleichung zum Ionenprodukt logarithmiert, erhält man unter Berücksichtigung der Gleichungen zum pH- und pOH-Wert (s. S. 54):

pH + pOH = 14

Für reines Wasser gilt: pH = pOH = 7. Hat eine wässrige Lösung den pH = 3, muss der pOH-Wert 11 betragen. Die Konzentration der Hydroniumionen beträgt $c_{H_3O^+} = 10^{-3}$ mol/l und ist somit größer als die Konzentration der Hydoxidionen $c_{OH^-} = 10^{-11}$ mol/l, d. h. die Lösung ist sauer. Bei basischen Lösungen überwiegt die Konzentration der Hydroxidionen.

■■I Merke

$c_{H_3O^+} > c_{OH^-} > 10^{-7}$ mol / l   **pH< 7**   **sauer**
$c_{H_3O^+} = c_{OH^-} = 10^{-7}$ mol / l   **pH = 7**   **neutral**
$c_{H_3O^+} < c_{OH^-} < 10^{-7}$ mol / l   **pH >7**   **basisch**

Auch verschiedene Körperflüssigkeiten besitzen unterschiedliche pH-Werte (**Tab. 2.3**).

Tabelle 2.3 Beispiele für pH-Werte von Körperflüssigkeiten

Körperflüssigkeit	pH-Wert
Magensaft	1,0–2,0
Vaginalsekret	3,2–4,2
Speichel	5,0–6,8
Gallenflüssigkeit	5,8–8,5
Urin	5,5–7,5
Blut	7,34–7,44
Samenflüssigkeit	7,1–7,5
Liquor cerebrospinalis	7,35±0,10
Pankreassekret	7,5–8,3

2.5.7 Die Säuren- und Basenstärke

Das Maß für die Stärke einer Säure bzw. Base ist die Gleichgewichtskonstante der Protonenübertragungsreaktion. Um vergleichbare Werte zu erhalten, muss immer das **gleiche** zweite korrespondierende Säure-Base-Paar vorhanden sein. In den uns interessierenden Fällen ist dies immer H_2O/H_3O^+ bzw. OH^-. Wir können also Säure- und Basereaktionen allgemein formulieren (Gl. 1 und 2 in **Tab. 2.4**) und dann auf beide Reaktionen das MWG anwenden (Gl. 3 und 4).

Tabelle 2.4 Gleichgewichtskonstanten für die Reaktion einer Säure bzw. einer Base mit Wasser

Reaktion einer Säure HA mit Wasser	Reaktion einer Base B mit Wasser
(1) $HA + H_2O \rightleftharpoons A^{\ominus} + H_3O^{\oplus}$	(2) $B + H_2O \rightleftharpoons HB^{\oplus} + OH^{\ominus}$
(3) $K = \dfrac{c_{H_3O^+}^{eq} \cdot c_{A^-}^{eq}}{c_{HA}^{eq} \cdot c_{H_2O}^{eq}}$	(4) $K = \dfrac{c_{HB^+}^{eq} \cdot c_{OH^-}^{eq}}{c_{B}^{eq} \cdot c_{H_2O}^{eq}}$
(5) $K \cdot c_{H_2O}^{eq} = \dfrac{c_{H_3O^+}^{eq} \cdot c_{A^-}^{eq}}{c_{HA}^{eq}} = K_s$	(6) $K \cdot c_{H_2O}^{eq} = \dfrac{c_{HB^+}^{eq} \cdot c_{OH^-}^{eq}}{c_{B}^{eq}} = K_B$
(7) $-lgK_s = pK_s$	(8) $-lgK_b = pK_B$

Die Exponenten eq. sollen hier noch einmal ganz deutlich darauf hinweisen, dass es sich um die im Gleichgewicht vorliegenden Konzentrationen handelt. Später wird dies als bekannt vorausgesetzt.

Die Gleichgewichtskonzentration von Wasser wird als konstant angesehen und deshalb in die neue Gleichgewichtskonstante einbezogen (Gl. 5 und 6). Die neuen Konstanten heißen **Säurekonstante K_S**

bzw. **Basenkonstante K_B**. Je weiter sich das Gleichgewicht auf der rechten Seite befindet, umso stärker ist die Säure bzw. Base.

Häufig werden auch die Konstanten in logarithmierter Form als **pK_S** und **pK_B** angegeben (Gl. 7 und 8, s. auch Werte der Säure- und Basestärke im Anhang, Tab. 7). pK_S- und pK_B-Wert eines korrespondierenden Säure-Base-Paares müssen sich immer gerade zu 14 ergänzen.

▨▎Merke

- **Starke Säuren protolysieren fast vollständig. Sie haben große K_S-Werte bzw. kleine pK_S-Werte.**
- **Starke Basen protolysieren fast vollständig. Sie haben große K_B-Werte bzw. kleine pK_B-Werte.**
- **Schwache Säuren protolysieren kaum. Sie haben kleine K_S-Werte bzw. große pK_S-Werte.**
- **Schwache Basen protolysieren kaum. Sie haben kleine K_B-Werte bzw. große pK_B-Werte.**

Aus Überlegungen zur Lage des Gleichgewichts sind auch die Formeln zur **Berechnung des pH-Wertes** ableitbar: Da für starke Säuren und Basen eine vollständige Protolyse angenommen wird, kann man die Ausgangskonzentration der Säure und der Base mit der im Gleichgewicht vorhandenen Hydronium- bzw. Hydroxidionenkonzentration gleichsetzen. Nur wenn pH-Werte von starken Säuren und Basen berechnet werden sollen, die mehr als ein Proton abspalten bzw. aufnehmen können, müssen Sie dies in der Rechnung beachten und die Konzentration mit der Anzahl abspaltbarer Protonen z multiplizieren (entspricht der Äquivalentkonzentration) (Gl. 9 und 10) (**Tab. 2.5**). Bei der Protolyse von HCl entsteht pro mol HCl auch 1 mol H_3O^+. Bei der vollständigen Protolyse von 1 mol

Tabelle 2.5 pH-Wertberechnung für starke Säuren bzw. Basen

Säure	Base
(9) $c_{H_3O^+} = z \cdot c_{HA}$	(10) $c_{OH^-} = z \cdot c_B$
z = Anzahl der Protonen, die abgegeben werden	z = Anzahl der Protonen, die aufgenommen werden
(11) $pH = -lg(z \cdot c_{HA})$	(12) $pOH = -lg(z \cdot c_B)$ $pH = 14 - pOH$ $pH = 14 + lg(z \cdot c_B)$

H_2SO_4, wie sie in Wasser tatsächlich stattfindet, bilden sich hingegen 2 mol H_3O^+.

Berechnen Sie den pH-Wert von:
- **Salzsäure der Konzentration c(HCl) = 0,01 mol/l**
- **Schwefelsäure der Konzentration c(H_2SO_4) = 0,01 mol/l. (Lösung s. S. 194)**

Da bei schwachen Säuren und Basen die Protolyse nicht vollständig ist, muss der pH-Wert anders berechnet werden (**Tab. 2.6**):

Tabelle 2.6 pH-Wertberechnung für schwache Säuren und Basen

schwache Säure	schwache Base
(13) $pH = \frac{1}{2} \cdot (pK_S - lg c_0)$	(14) $pH = 14 - \frac{1}{2} \cdot (pK_B - lg c_0)$

Schwache Säuren und Basen dissoziieren stufenweise. Deshalb können wir von den Stoffmengenkonzentrationen ausgehen.

2.5.8 Die Neutralisation

Nach Arrhenius entstehen Salze durch die Neutralisation äquivalenter Mengen von Säure und Base, also solcher Mengen, die genau der Stöchiometrie entsprechen.

Wenn 10 ml Natronlauge, c(NaOH) = 0,1 mol/l, und 100 ml Salzsäure, c(HCl) = 0,01 mol/l zur Reaktion gebracht werden, sind das äquivalente Stoffmengen. Überprüfen Sie diese Aussage, indem Sie die Stoffmengen n(NaOH) und n(HCl) berechnen (Lösung s. S. 194).

Wasserstoffionen und Hydroxidionen reagieren zu Wasser. Dieser Vorgang ist exotherm. Die Neutralisationsenthalpie beträgt $\Delta H = -57,4$ kJ/mol.

Bei Verdampfen des Lösungsmittels fügen sich die Baserest-Kationen und die Säurerest-Anionen zu Salzen zusammen. Im Falle des o. g. Lerntipps würde also NaCl auskristallisieren.

Nach dieser Vorstellung müssten eigentlich alle Salzlösungen neutral reagieren, was bei einer Kochsalzlösung auch der Fall ist. Doch wässrige Lösungen von Ammoniumchlorid (NH_4Cl) und Eisen(III)-chlorid ($FeCl_3$) reagieren sauer, die von Natriumcarbonat (Na_2CO_3) und Natriumacetat ($NaCH_3COO$) basisch.

Dies ist mit Hilfe der Theorie von Brønsted folgendermaßen zu erklären: Die Ionen, aus denen die Salze bestehen, sind selbst Brønsted-Säuren oder Brønsted-Basen, die mit Wasser reagieren. In einer Ammoniumchlorid-Lösung reagiert das Ammoniumion als schwache Säure (pK_S = 9,25). Man spricht auch von einer **Kationensäure.** Die dabei entstehenden Hydroniumionen verschieben den pH-Wert in den sauren Bereich:

$$NH_4^+ + H_2O \rightleftharpoons NH_3 + H_3O^+$$

Das Chloridion ist eine so schwache Base (eine **Anionenbase**), dass es kein Proton aufnimmt und den pH-Wert der Lösung nicht beeinflusst.

Den pH-Wert einer schwach sauer reagierenden Salzlösung berechnet man mit der für eine schwache Säure geltenden Beziehung (Gl. 13, **Tab. 2.6**).

In einer Natriumacetat-Lösung spielen die Natriumionen keine Rolle für den pH-Wert. Sie sind zwar hydratisiert, aber die Hydrathülle ist so stabil, dass es zu keiner Protonenübertragung kommt. Das Acetation reagiert als schwache Anionenbase (pK_B = 9,25) und nimmt ein Proton aus dem Wasser auf. Dadurch entstehen Hydroxidionen, die den pH-Wert in den basischen Bereich verschieben:

$$CH_3COO^- + H_2O \rightleftharpoons CH_3COOH + OH^-$$

Mit der Gleichung zur Berechnung des pH-Wertes schwacher Basen (s. Gl. 14 in **Tab. 2.6**) kann der pH-Wert dieser basisch reagierenden Salzlösung berechnet werden.

Abschließend betrachten wir noch den Fall eines Salzes, das als Anion ein als Ampholyt reagierendes Teilchen enthält (z. B. $NaHCO_3$). In diesem Fall kann der pH-Wert der Lösung nach folgender Beziehung berechnet werden:

$$pH = \frac{pK_s(1) + pK_s(2)}{2}$$

Der $pK_s(1)$-Wert ist die Säurekonstante des Ampholyten (z. B. HCO_3^-), der $pK_s(2)$-Wert bezieht sich auf die konjugierte Säure des Ampholyten (hier H_2CO_3).

- Berechnen Sie den pH-Wert einer wässrigen Ammoniumchloridlösung. Es sollen 0,535 g NH_4Cl in 50 ml Lösung sein. (Lösung s. S. 194)
- Berechnen Sie den pH-Wert der wässrigen Lösung von Kaliumdihydrogenphosphat, $c_{KH_2PO_4}$ = 0,1 mol/l.

2.5.9 Die Messung des pH-Wertes

Die experimentelle Bestimmung von pH-Werten ist mit elektrochemischen Methoden (s. S. 72) und Farbindikatoren möglich. Die Indikatoren sind organische Säuren, die sich in ihrer Farbe von ihren korrespondierenden Basen unterscheiden. Bezeichnet man die Indikatorsäure mit HInd, lässt sich folgendes Protolysegleichgewicht formulieren:

$$HInd + H_2O \rightleftharpoons Ind^- + H_3O^+$$

Das **Verhältnis** von c_{HInd} und c_{Ind^-} bestimmt die **Farbe des Indikators**. Unter Berücksichtigung des Prinzips vom kleinsten Zwang (s. S. 44) folgt für das Gleichgewicht, dass bei Erniedrigung des pH-Werts (d. h. Erhöhung der Hydroniumionen-Konzentration) die Konzentration an Indikatorsäure zunimmt. Die Lösung nimmt die Farbe der Indikatorsäure (HInd) an. Eine Erhöhung des pH-Wertes begünstigt die Bildung der Indikatorbase (Ind·). Man sieht die Farbe von Ind^-.

Sind beide Konzentrationen gerade gleich groß, lässt sich der pH-Wert der Lösung unter Anwendung des Massenwirkungsgesetzes folgendermaßen berechnen:

$$K_S(HInd) = \frac{c_{H_3O^+} \cdot c_{Ind^-}}{c_{HInd}}$$

$$c_{Ind^-} = c_{HInd}$$

$$K_s(HInd) = H_3O^+$$

$$pK_s(HInd) = pH$$

▪▪▪ Merke

Ein Wechsel zwischen zwei Farben erscheint dem Auge erst dann vollständig, wenn eine Komponente in zehnfachem Überschuss vorliegt. Für Indikatoren werden deshalb Umschlagsbereiche angegeben, die 2 pH-Einheiten umfassen:

pH = pK$_s$(HInd) ± 1

Indikatoren können einen oder zwei Umschlagsbereiche besitzen **(Tab. 2.7)**.

Tabelle 2.7 Farbindikatoren und deren Umschlagspunkte

Indikator	Umschlags-bereich pH	Farbe	
		HInd (Indika-torsäure)	Ind⁻ (Indika-torbase)
Phenolphtalein	8,0–9,8	farblos	rot
Lackmus	5,0–8,0	rot	blau
Methylrot	4,4–6,2	rot	gelb
Methylorange	3,1–4,4	rot	gelb-orange

Universalindikatoren enthalten ein Gemisch mehrerer Indikatoren mit unterschiedlichen Umschlagsbereichen. Sie decken meist die gesamte pH-Skala ab.

2.5.10 Die Säure-Base-Titrationen

Der Ablauf von Reaktionen zwischen Säuren und Basen kann durch weitestgehend kontinuierliche Messung des pH-Wertes mit einem pH-Meter gut verfolgt werden. Eine Komponente mit genau bekanntem Volumen wird vorgegeben. Schrittweise wird dann ein ganz exakt gemessenes Volumen der anderen Komponente hinzugegeben. Das vorgegebene Volumen wird mit einer geeichten Pipette abgemessen. Die Zugabe erfolgt aus einer geeichten Bürett. Diesen Vorgang bezeichnet man als **Titration**. Man erhält auf diese Weise Diagramme, die die Abhängigkeit des pH-Wertes vom zugegebenen Volumen der zweiten Komponente bzw. von ihrer Konzentration zeigen (**Titrationskurven, Abb. 2.15**).

Bei der Titration von Salzsäure mit Natronlauge **(Abb. 2.15a)** ändert sich der pH-Wert der Kurve anfangs nur sehr geringfügig. Dann kommt es aber zu einem merklichen Sprung über einen großen pH-Bereich. Im Anschluss verläuft die Kurve wieder flach.

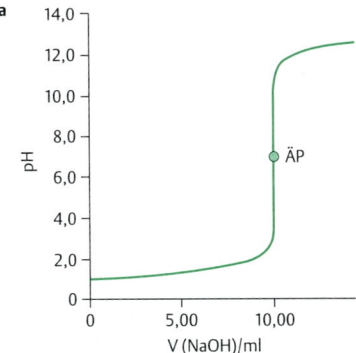

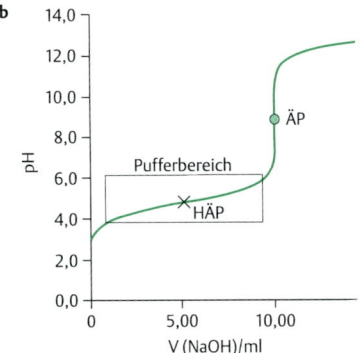

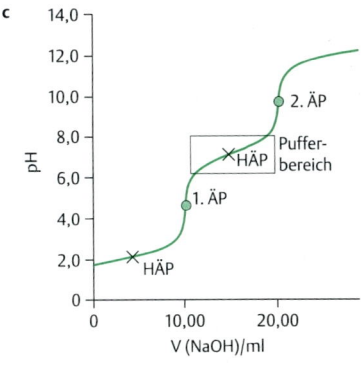

Abb. 2.15 Titrationskurven für die Titration verschiedener Säuren mit Natronlauge; (a) Titration von Salzsäure (HCl) mit NaOH; (b) Titration von Essigsäure (CH$_3$COOH) mit NaOH; (c) Titration von Phosphorsäure (H$_3$PO$_4$) mit NaOH

Der Äquivalenzpunkt

Wenn gerade äquivalente Mengen von Salzsäure bzw. Essigsäure und Natronlauge vorliegen, weist die Kurve einen Wendepunkt auf (**Äquivalenzpunkt**). Der Äquivalenzpunkt stimmt mit dem Neutralpunkt pH = 7 überein, wenn eine starke Säure mit einer starken Base titriert wird. Ansonsten liegt er in Abhängigkeit von der Stärke der Säure und der Base über oder unter pH=7, wie am Beispiel der Titrationskurve von Essigsäure mit Natronlauge zu sehen ist (**Abb. 2.15 b**).

▉▉▌ Merke

Neutralpunkt (= pH 7) und Äquivalenzpunkt müssen nicht übereinstimmen.

👁
🗣 **Überlegen Sie sich, welche Ionen am Äquivalenzpunkt vorliegen und welche Säure-Base-Reaktionen dieser Ionen möglich sind (Lösung s. S. 194).**

Die Bestimmung der Konzentration einer Säure oder Base

Die starke Änderung des pH-Werts in der Nähe des Äquivalenzpunktes wird bei quantitativen Bestimmungen ausgenutzt. Um die genaue Konzentration einer Säure oder Base zu ermitteln, setzt man ein definiertes Volumen der zu untersuchenden Lösung mit einer **Maßlösung** um. Es handelt sich hierbei um die Lösung einer Säure oder Base mit einer ganz bestimmten Konzentration. Diese Konzentration wird auch als **Titer** bezeichnet. Den Endpunkt der Titration, also den Punkt, an dem äquivalente Mengen Säure und Base vorliegen, erkennt man am **Farbumschlag** eines Indikators. Dieser Indikator muss natürlich so gewählt werden, dass der Umschlagbereich des Indikators auf dem Abschnitt des steilsten Anstiegs der Titrationskurve liegt. Wenn Sie **Abb. 2.15** anschauen, wäre das also in **Abb. 2.15 a** und **b** Phenolphthalein. Methylrot ist nur für die Titration der Salzsäure (**Abb. 2.15 a**) geeignet.
Bei der Titration von Essigsäure (**Abb. 2.15 b**) steigt der pH-Wert gleich zu Beginn allmählich an, der Sprung ist nicht ganz so deutlich wie in **Abb. 2.15 a**. Der Äquivalenzpunkt befindet sich im basischen Bereich, da eine Natriumacetat-Lösung basisch reagiert. In der Kurve (**Abb. 2.15 b**) ist der Punkt markiert, an dem der pH-Wert mit dem pK_S-Wert der Essigsäure übereinstimmt. Dieser Punkt wird manchmal auch als **Halbäquivalenzpunkt** bezeichnet, da hier genau die Hälfte der Säure mit NaOH zu Wasser und dem Salz der korrespondierenden Base reagiert hat. Die Stoffmengen der noch vorliegenden Säure und ihrer konjugierten Base sind gleich.

Bei der Titration mehrprotoniger Säuren kommen mehrere Sprünge vor (**Abb. 2.15 c**). Experimentell lassen sich bei der dreiprotonigen Phosphorsäure aber nur 2 Sprünge in den Titrationskurven nachweisen, da der dritte Äquivalenzpunkt im stark basischen Bereich liegt. Am 1. Äquivalenzpunkt ist folgender Umsatz vollständig erfolgt:

$$H_3PO_4 + NaOH \rightarrow H_2PO_4^- + Na^+ + H_2O$$

Es liegt also der Ampholyt $H_2PO_4^-$ vor.
Am 2. Äquivalenzpunkt hat sich aufgrund der folgenden Reaktion der Ampholyt HPO_4^{2-} gebildet:

$$H_2PO_4^- + NaOH \rightarrow HPO_4^{2-} + Na^+ + H_2O$$

2.5.11 Die Puffer

Der erste Abschnitt der Titrationskurve von Essigsäure (**Abb. 2.15 b**) zeigt im Bereich um pH = 4,75 nur eine geringe Änderung des pH-Wertes. Welche Teilchen liegen also in diesem Bereich vor? Die Reaktion zwischen Essigsäure und Natronlauge ist noch nicht vollständig abgelaufen, da noch keine Äquivalenz in den Stoffmengen erreicht wurde. Wir nehmen an, dass 10 ml Säure mit c = 0,1 mol/l vorgelegt wurden, das entspricht der Stoffmenge $n_{HCl} = 10^{-3}$ mol. Es sollen 5 ml NaOH mit c = 0,1 mol/l zugegeben werden, das sind $0,5 \cdot 10^{-3}$ mol NaOH. Von den vorgelegten 10^{-3} mol Essigsäure ist dann nur noch die Hälfte vorhanden, die andere Hälfte hat $0,5 \cdot 10^{-3}$ mol der konjugierten Base (Acetationen) gebildet.

10^{-3} mol CH_3COOH + $0,5 \cdot 10^{-3}$ mol NaOH → $0,5 \cdot 10^{-3}$ mol $NaCH_3COO$ + $0,5 \cdot 10^{-3}$ mol H_2O + $0,5 \cdot 10^{-3}$ mol CH_3COOH

Also liegen eine schwache Säure und ihre konjugierte Base gleichzeitig vor. Solche Lösungen bezeichnet man als **Pufferlösungen.** Analog kann ein Puffer auch aus einer schwachen Base und der konjugierten Säure bestehen (z. B. Ammoniak und Ammoniumionen). Weitere Beispiele sind in **Tab. 2.8** aufgeführt.
Charakteristisch für diese Puffer ist, dass bei äquivalenten Stoffmengen von Säure und konjugierter Base der pH-Wert mit dem pKs-Wert der Säure übereinstimmt. Wenn sich das Verhältnis c_{A^-}/c_{HA} auf 10 oder auf 0,1 ändert, dann ändert sich der

Tabelle 2.8 Beispiele für Puffersysteme und ihre optimalen Pufferbereiche

Säure	korrespondieren-de Base	pH-Optimum
CH_3COOH	CH_3COO^-	$4,75\pm1$
NH_4^+	NH_3	$9,25\pm1$
H_2CO_3	HCO_3^-	$6,52\pm1$
$H_2PO_4^-$	HPO_4^{2-}	$7,12\pm1$
Glycin	deprotoniertes Glycin (s. S. 160)	$5,97\pm1$
protoniertes Glycin (s. S. 160)	Glycin	$9,60\pm1$
Citronensäure	Citrat	$2,34\pm1$

pH-Wert gerade um eine Einheit. Erst danach ändert sich der pH-Wert drastisch.

Dies wird verständlich, wenn man das Massenwirkungsgesetz auf das in der Pufferlösung vorhandene Gleichgewicht anwendet:

1. Reaktionsgleichung:

$$HA + H_2O \rightleftharpoons A^- + H_3O^+$$

2. Anwenden des MWG:

$$K_S = \frac{c_{H_3O^+} \cdot c_{A^-}}{c_{HA}} \qquad (1)$$

3. Umstellen nach der Hydroniumionen-Konzentration:

$$c_{H_3O^+} = K_S \cdot \frac{c_{HA}}{c_{A^-}} \qquad (2)$$

4. Logarithmieren:

$$pH = pK_S + \lg\frac{c_{A^-}}{c_{HA}} \text{ (Henderson-Hasselbalch-Gleichung)} \qquad (3)$$

Die Konzentrationen in der Gleichung sind diejenigen in der Pufferlösung. Da das Volumen der Pufferlösung im Zähler und Nenner gleich ist, kann man es kürzen und nur mit Stoffmengen arbeiten:

$$pH = pK_S + \lg\frac{n_{A^-}/V_{Puffer}}{n_{HA}/V_{Puffer}} = pK_S + \lg\frac{n_{A^-}}{n_{HA}} \qquad (4)$$

Wird also eine Pufferlösung mit Hydroniumionen versetzt, dann müssen die zugeführten Hydroniumionen mit den A^--Ionen zu HA reagieren. Nur so bleibt die Gleichgewichtskonstante K_s (Gl. 1) wirklich eine Konstante. Das Protolysegleichgewicht

verschiebt sich nach links, die Hydroniumionen werden durch A^- „abgepuffert". Dies ist so lange möglich, bis das Verhältnis n_{A^-}/n_{HA} gerade 0,1 beträgt. Im Anschluss daran ändert sich der pH-Wert drastisch. Fügt man der Pufferlösung OH^--Ionen zu, so reagieren diese mit HA zu A^- und H_2O, d. h. das Gleichgewicht verschiebt sich nach rechts. Erst wenn das Verhältnis n_{A^-}/n_{HA} größer als 10 wird, ist der Puffer „erschlagen", d. h. seine Kapazität ist ausgeschöpft. Je konzentrierter eine Pufferlösung ist, umso höher ist ihre Kapazität. Der pH-Wert ändert sich aber nicht.

■■I Merke

Die Pufferkapazität ist definiert als die Menge einer Säure oder Base, die für eine pH-Änderung um ±1 benötigt wird.

Dies wollen wir anhand zweier Rechenbeispiele überprüfen:

Beispiel 1: Es wird ein Puffergemisch aus Ammoniumchlorid und Ammoniak hergestellt (500 ml beider Stoffe mit der Konzentration c = 0,01 mol/l). Zuerst berechnet man die Stoffmengen für Säure (NH_4^+) und korrespondierende Base (NH_3). Sie betragen für die Lösungen der Konzentration c = 0,01 mol/l:

$$n = c \cdot V = 0,01 \text{ mol/l} \cdot 0,5\text{l} = 0,005 \text{ mol} \qquad (5)$$

Für den pH-Wert erhält man mit Gl. 4 folgendes Ergebnis:

$$pH = pK_{S(NH_4^+)} + \lg\frac{n_{NH_3}}{n_{NH_4^+}} = 9,25 + \lg\frac{0,005}{0,005} = 9,25 \qquad (6)$$

Verständlicherweise wird auch bei Verwendung von Lösungen der Konzentration c = 0,1 mol/l das gleiche Ergebnis herauskommen. Die beiden absoluten Stoffmengen verändern sich auf 0,05 mol, aber **nicht** ihr Verhältnis.

Wie verändert sich der pH-Wert aber bei Zugabe von 10 ml einer Salzsäure mit der Konzentration c_{HCl} = 0,05 mol? Die Stoffmenge zugefügter HCl beträgt:

$$n = c \cdot V = 0,05 \text{ mol/l} \cdot 0,01 \text{ l} = 0,0005 \text{ mol} \qquad (7)$$

Es werden also $5 \cdot 10^{-4}$ mol HCl zugegeben. Die im Puffer enthaltenen Ammoniakmoleküle dienen als

Protonenakzeptor. Dadurch verringert sich ihre Stoffmenge, die Stoffmenge der korrespondierenden Säure erhöht sich.

$$pH = pK_S + \lg \frac{n_{NH_3} - n_{HCl}}{n_{NH_4^+} + n_{HCl}} = 9{,}25 + \lg \frac{0{,}005 - 0{,}0005}{0{,}005 + 0{,}0005}$$

$$= 9{,}25 - 0{,}09 = 9{,}16 \tag{8}$$

Der pH-Wert ändert sich von 9,25 auf 9,16.
Wenn Sie die 10 ml Salzsäure $c_{HCl} = 0{,}05$ mol zu 990 ml Wasser gegeben hätten, wäre eine pH-Änderung von 7 auf 3,3 eingetreten!
Beispiel 2: Welche Veränderung ergibt sich bei einem Puffer aus höher konzentrierten Lösungen von Ammoniak und Ammoniumchlorid?
Die Stoffmengen von Ammoniak und Ammoniumchlorid beliefen sich in der höher konzentrierten Pufferlösung auf 0,05 mol:

$$pH = pK_S + \lg \frac{n_{NH_3} - n_{HCl}}{n_{NH_4^+} + n_{HCl}} = 9{,}25 + \lg \frac{0{,}05 - 0{,}0005}{0{,}05 + 0{,}0005}$$

$$= 9{,}25 - 0{,}0087 = 9{,}24 \tag{9}$$

Da die konzentriertere Pufferlösung über eine größere Pufferkapazität verfügt, ist ihre Veränderung des pH-Werts geringer. Gleichermaßen gehen Sie bei der Zugabe einer Base vor. Es ist darauf zu achten, dass nun die Säurekomponente mit der Base reagiert und deshalb deren Stoffmenge kleiner wird, während die Stoffmenge der Base entsprechend zunimmt.

a) 100 ml Essigsäure der Konzentration $c_{CH_3COOH} = 0{,}01$ mol/l werden mit 5 ml NaOH der Konzentration $c_{NaOH} = 0{,}1$ mol/l versetzt. Berechnen Sie den pH-Wert der Lösung (Lösung s. S. 194).
b) 100 ml Essigsäure der Konzentration $c_{CH_3COOH} = 0{,}01$ mol/l werden mit 50 ml Natronlauge der Konzentration $c_{NaOH} = 0{,}02$ mol/l versetzt. Berechnen Sie den pH-Wert der Lösung (Lösung s. S. 194).

2.5.12 Klinische Bezüge

Säuren und Basen bzw. pH-Werte spielen für eine Reihe von Körperfunktionen eine große Rolle. Da Eiweiße aus Aminosäuren aufgebaut sind und diese Zwitterionen darstellen, verändern pH-Verschiebungen die Ladungen und die Möglichkeit zur Ausbildung von Wasserstoffbrücken. So werden wie-

derum die Löslichkeit und die Wechselwirkung mit anderen Stoffen beeinflusst.
Für die Konstanthaltung des Blut-pH-Wertes sorgen drei Puffersysteme:
- Kohlensäure/Hydrogencarbonat-Puffer ($pK_S = 6{,}1$)
- Dihydrogenphosphat/Hydrogenphosphat-Puffer ($pK_S = 6{,}8$)
- Protein/Proteinanion-Puffer ($pK_S = 8{,}25$)

(pK-Werte beziehen sich auf Körpertemperatur).
Auch alle Enzyme reagieren empfindlich auf pH-Wert-Änderungen. Sie haben ein Wirkungsoptimum bei einem bestimmten pH-Wert. Die pH-Werte der verschiedenen Verdauungsflüssigkeiten und die pH-Optima der Enzyme stimmen beim gesunden Menschen überein. Von Bedeutung für die klinische Praxis ist die Bestimmung der Magensaftazidität. Die Protonen des Magensaftes stammen zu 1/3 aus Salzsäure und zu 2/3 aus organischen Säuren. Abweichungen von dieser Zusammensetzung liefern wichtige Aufschlüsse über Erkrankungen.
Viele Pharmaka, z. B. Barbitursäurederivate, sind schwache organische Säuren. Die Diffusion dieser Verbindungen durch die Lipidmembran ist in starkem Maß davon abhängig, ob die Säuren dissoziiert vorliegen oder nicht. Ionen sind allgemein nicht lipophil und können daher nicht durch eine Lipidmembran diffundieren. Wie stark die organischen Säuren dissoziieren, hängt vom pH-Wert in der Lösung und vom pK_S-Wert ab. In der Niere verlassen die nicht an Albumin gebundenen Barbiturate das Blut. Bei niedrigen pH-Werten wird das Gleichgewicht zugunsten des nicht dissoziierten Anteils verschoben, es erfolgt leicht eine Rückdiffusion ins Blut. Diese Reabsorption wird bei Alkalisierung des Urins vermindert.

Check-up

✔ **Wiederholen Sie noch einmal die Definitionen für Säure und Base nach Brønsted sowie die Begriffe konjugierte Säure-Base-Paare und Ampholyt.**

✔ **Machen Sie sich die Einteilung in starke und schwache Säuren und Basen klar. Mit Hilfe der tabellierten Werte (s. S. 200) können Sie anhand der pK- bzw. K-Werte eine richtige Zuordnung vornehmen. Hilfreich** ist es auch, sich einige typische Vertreter für starke und schwache Säuren und Basen zu merken.

✔ Prägen Sie sich einige Beispiele für Puffersysteme gut ein. Denken Sie daran, dass ein Puffer aus zwei Komponenten besteht, nämlich Säure und korrespondierender Base. Sie haben jetzt alle Formeln gelernt um wichtige Punkte der Titrationskurven theoretisch zu berechnen. Überlegen Sie sich, welche Stoffe an den jeweiligen Punkten der Titrationskurve vorliegen und verwenden Sie dann die jeweils notwendigen pH-Gleichungen.

2.6 Die Komplexbildung

 Lerncoach

- In Komplexen ist das Metallion koordinativ gebunden. Falls Sie unsicher sind, wiederholen Sie noch einmal die Charakteristika der koordinativen Bindung (s. S. 30).
- Da es sich auch bei der Bildung von Komplexen um eine Gleichgewichtsreaktion handelt, ist es wichtig, dass Sie auch hier das Massenwirkungsgesetz anwenden können (s. S. 43).

2.6.1 Der Überblick

Die Komplexbildung spielt im Alltag eine große Rolle (z. B. Fotografie, Verfahren zur Wasserenthärtung). Biochemisch interessant ist, dass die Spurenelemente (z. B. Zink, Kupfer) als Metallionen in Komplexen gebunden sind und diese wiederum Bestandteil von Enzymen und Hormonen sind. Nachfolgend werden die Gleichgewichtsverhältnisse bei Komplexen und die besondere Stabilität von Chelatkomplexen besprochen. Außerdem wird die Nomenklatur der Komplexe erläutert.

2.6.2 Die Nomenklatur

Komplexverbindungen oder **Koordinationsverbindungen** wie [Ag(NH$_3$)$_2$]Cl erinnern auf den ersten Blick an Salze. Die Kationen *oder* die Anionen sind hier aber komplizierter, nämlich komplex aufgebaut. Die Komplexionen werden in eckige Klammern gesetzt. Sie sind dadurch gekennzeichnet, dass sich an ein Metallion durch Ausbildung koor-

dinativer Bindungen (s. S. 30) weitere Ionen oder Neutralteilchen anlagern. Die den Komplex bildenden Teilchen können analytisch schwer nachgewiesen werden.

Die Namensgebung lehnt sich insofern an die der Salze an (s. S. 23), d. h. dass immer zuerst das Kation und dann das Anion genannt wird.

Für komplexe Ionen gelten folgende Regeln: Merken Sie sich, dass der Name von Komplexionen immer mit der Anzahl (griech. Bezeichnung!) und dem oder den Namen des/r **Liganden** beginnt. Bei komplexen Kationen folgt der deutsche Name des **Zentralatoms** (s. S. 30). Bei komplexen Anionen wird der lateinische Name des Zentralteilchens mit der Endung -at angefügt. Für Liganden gelten die in **Tab. 2.9** angegebenen Bezeichnungen.

Tabelle 2.9 Namen von Liganden

Formel	Name als Ligand im Komplex
NH$_3$	ammin
H$_2$O	aqua (o)
CO	carbonyl
Cl$^-$	chloro
OH$^-$	hydroxo
SCN$^-$	thiocyanato
CN$^-$	cyano

■■I Merke

Liganden mit nur einem freien Elektronenpaar werden als einzähnig bezeichnet. Wenn an verschiedenen Stellen im Molekül oder im Molekülion freie Elektronenpaare vorhanden sind, spricht man von mehrzähnigen Liganden (Abb. 2.16).

2.6.3 Die Gleichgewichtskonstante von Komplexbildungsreaktionen

Für die Bildung des Diamminsilber(I)-Kations

$$Ag^+ + 2\,NH_3 \quad [Ag(NH_3)_2]^+$$

gilt folgende Gleichgewichtskonstante:

$$K = \frac{c_{[Ag(NH_3)]^+}}{c_{Ag^+} \cdot c^2_{NH_3}}$$

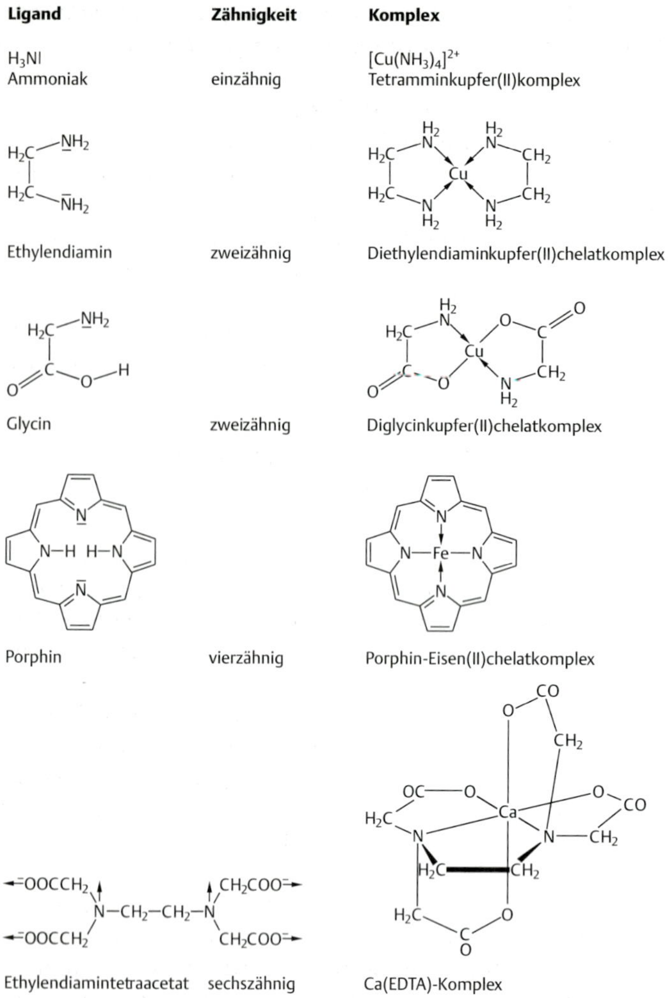

Ligand	Zähnigkeit	Komplex
H_3NI Ammoniak	einzähnig	$[Cu(NH_3)_4]^{2+}$ Tetramminkupfer(II)komplex

Ethylendiamin — zweizähnig — Diethylendiaminkupfer(II)chelatkomplex

Glycin — zweizähnig — Diglycinkupfer(II)chelatkomplex

Porphin — vierzähnig — Porphin-Eisen(II)chelatkomplex

Ethylendiamintetraacetat — sechszähnig — Ca(EDTA)-Komplex

Abb. 2.16 Beispiele für ein- und mehrzähnige Liganden

■■I Merke

Je größer diese Gleichgewichtskonstante ist, umso stabiler ist der Komplex. Sie heißt Komplexbildungskonstante.

Bereits eine geringe Konzentration von Silberionen ist für die Komplexbildung ausreichend. Deshalb kann das relativ schwer lösliche Salz AgCl durch Komplexbildung mit Ammoniak gelöst werden. Bei mehrzähnigen Liganden ist die Gleichgewichtskonstante besonders groß. So beträgt die Komplexbildungskonstante für das Hexamminnickel(II)-Kation 10^9. Wenn aber ein Komplex mit 3 Molekülen Ethylendiamin $H_2N–CH_2–CH_2–NH_2$ entsteht, beträgt sie 10^{18}! Diese **stabilen Komplexe mehrzähni-** **ger Liganden** werden als **Chelatkomplexe** bezeichnet. Gewöhnlich entstehen bei der Bildung von Chelatkomplexen Ringe mit 5 oder 6 Gliedern (zur Stabilität von Ringen s. S. 87).

Auch für den Austausch von Liganden kann man Gleichgewichtskonstanten angeben. Ein **Liganden-austausch** ist häufig mit einer Farbvertiefung verknüpft:

$$[Cu(H_2O)_4]^{2+} + 4NH_3 \rightleftharpoons [Cu(NH_3)_4]^{2+} + 4H_2O$$
hellblau — tiefblau

Ligandenaustauschreaktionen sind auch der Grund für die saure Reaktion zahlreicher Metallsalzlösungen. Eine Eisen(III)-chloridlösung reagiert sauer, weil die am Fe^{3+}-Ion komplex gebundenen Wassermoleküle durch die hohe positive Ladung des Kations noch stärker polarisiert sind. Dadurch kann leicht ein Proton aus der Hydrathülle abgespalten werden:

$$[Fe(H_2O)_6]^{3+} + H_2O \rightleftharpoons [Fe(OH)(H_2O)_5]^{2+} + H_3O^+$$

Die einfach oder zweifach geladenen Ionen der Alkali- und Erdalkalimetalle polarisieren die Wassermoleküle wesentlich weniger, deshalb werden keine Protonen abgegeben.

2.6.4 Klinische Bezüge

Die Mehrzahl biologisch wichtiger Komplexe sind Chelatkomplexe. So sehen Sie in **Abb. 2.16** den für das Hämoglobin wichtigen Porphin-Chelat-Komplex. Zur Hemmung der Blutgerinnung wird EDTA (Ethylendiamintetraacetat) verwendet, da es mit Ca^{2+} einen stabilen Komplex bildet **(s. Abb. 2.16)**. Auch in der Schwermetallanalytik und zur Bestimmung der Wasserhärte wird es benötigt. Platinkomplexe spielen für die Chemotherapie bösartiger Tumoren, Goldkomplexe in der Rheumatologie eine Rolle. Bei der Behandlung des Morbus Wilson, einer Kupferspeicherkrankheit, verwendet man D-Penicillamin als Komplexbildner. Auch bei Schwermetallvergiftungen gibt man Komplexbildner (z. B. Penicillamin bei Bleivergiftung).

 Check-up
- ✔ **Machen Sie sich nochmals die grundlegenden Begriffe der Komplexchemie klar: Ligand, Zentralatom, Chelatkomplex, Komplexbildungskonstante und Ligandenaustauschreaktion.**
- ✔ **Wiederholen Sie einige Beispiele für ein- und mehrzähnige Liganden.**

2.7 Die Oxidation und die Reduktion

 Lerncoach
Das Periodensystem bietet Ihnen wichtige Informationen zum Oxidations- und Reduktionsverhalten der Elemente. Man kann daraus ablesen, welche Elemente leicht Elektronen **aufnehmen (= Reduktion) und welche leicht Elektronen abgeben (= Oxidation).**

2.7.1 Der Überblick

Redoxreaktionen, also Oxidationen und Reduktionen, laufen ständig in unserer Umwelt und unserem Körper ab. Sie sind ein wichtiger Bestandteil lebenserhaltender Prozesse (z. B. Atmung, Energiegewinnung durch Verbrennen fossiler Materialien, Photosynthese). Neben der Definition von Redoxvorgängen sind im folgenden Kapitel die Spannungsreihe und die Nernstsche Gleichung erläutert.

2.7.2 Die Theorie von Oxidation und Reduktion

Die Definitionen

Redoxvorgänge sind **Elektronenübertragungs-** oder **Elektronentransferreaktionen**. Früher betrachtete man sie ausschließlich als Prozesse der Sauerstoffaufnahme und -abgabe. Eine **Oxidation** ist eine Reaktion, die durch **Elektronenabgabe** charakterisiert ist. Unter **Reduktion** versteht man eine Reaktion, die mit **Elektronenaufnahme** verbunden ist. Das Teilchen, das Elektronen abgibt, bezeichnet man als Reduktionsmittel (RM). Das Oxidationsmittel (OM) nimmt Elektronen auf.

Wie man anhand der beiden nachfolgend aufgeführten Reaktionen sehen kann, bildet sich aus einem Reduktionsmittel immer ein Oxidationsmittel bzw. umgekehrt. Diese Paare bezeichnet man als **korrespondierende Redoxpaare**. Eine Oxidation ist immer mit einer Reduktion verbunden, da es sonst zu einer „Elektronenproduktion" käme. Die beiden Teilreaktionen fasst man zu einer Gesamtreaktion zusammen (**Redoxreaktion**). An ihr sind immer zwei Redoxpaare beteiligt.

Oxidation: $\quad RM_1 \rightleftharpoons OM_1 + e$

Reduktion: $\quad OM_2 + e \rightleftharpoons RM_2$

Redoxreaktion: $\quad RM_1 + OM_2 \rightleftharpoons OM_1 + RM_2$

Die Oxidationszahl

Die **Oxidationszahl** (OZ) ist ein Hilfsmittel zur Beschreibung der Elektronenabgabe bzw. -aufnahme und ersetzt die alten, mehrdeutigen Begriffe Wertigkeit oder Valenz eines Elements. Es handelt sich bei der Oxidationszahl um gedankliche Ladungszahlen, d. h. sie geben die Ladung an, die das einzelne Atom als Ion in einer entsprechenden Verbindung hätte.

Beim **Festlegen der Oxidationszahl** gelten folgende Regeln:

1. Ein einzelnes Atom oder ein Atom in einer Elementsubstanz hat die OZ 0.
2. In einem einatomigen Ion ist die OZ gleich der Ladungszahl des Ions.
3. In mehratomigen Ionen und in Verbindungen gilt: Die Bindungselektronen werden entsprechend ihrer Elektronegativität den beteiligten Atomen zugeordnet. Daraus folgt:
   a. Metalle erhalten stets eine positive OZ.
   b. Fluor hat immer die OZ −1.
   c. Wasserstoff erhält in der Regel die OZ +1 (Ausnahme: Hydride. Hydride sind Element-Wasserstoff-Verbindungen [z. B. NaH]. Wasserstoff hat hier die OZ −1).
   d. Sauerstoff erhält in der Regel die OZ −2 (Ausnahme sind die Peroxide, s. S. 131).
   e. Halogene erhalten die OZ −1, wenn sie nicht mit O-Atomen verbunden sind.
4. In Molekülen und Formeleinheiten muss die Summe aller OZ Null sein.
5. In mehratomigen Ionen ist die Summe der OZ gleich der Ionenladung.
6. Einem Element können in verschiedenen Verbindungen unterschiedliche Oxidationszahlen zukommen. Die höchstmögliche Oxidationszahl eines Elements darf nicht größer als die Gruppennummer im Periodensystem (alte Zählweise) sein (s. S. 16).

▇▇▌ Merke

Oxidationszahlen sind nicht mit Formalladungen identisch. Bei der Zuweisung von Formalladungen werden die Bindungselektronen zu gleichen Teilen zwischen den beteiligten Atomen aufgeteilt. Bei der Bestimmung der Oxidationszahl werden die Bindungselektronen dem elektronegativeren Partner zugewiesen.

Die Oxidationszahl ermöglicht die folgende Definition von Oxidation und Reduktion:

- Die Oxidation ist ein Vorgang, der durch eine Erhöhung der Oxidationszahl eines Elements charakterisiert ist.
- Die Reduktion ist mit einer Erniedrigung der Oxidationszahl verbunden.

Nachfolgend sind einige Beispiel zum Bestimmen der Oxidationszahl aufgeführt **(Tab. 2.10)**.

Tabelle 2.10 Beispiele zur Bestimmung der Oxidationszahl (OZ)

	OZ	Begründung
N_2	N: 0	Regel 1
PO_4^{3-}	O: −2, P: 5	Regel 3 d und 5
$KClO_4$	K: +1, O: −2, Cl: +7	Regel 3 a, 3 d, 4, 6
H_2O_2	H: +1, O: −1	Regel 3 c, 3 d, 4

👁
↻ **Das Bestimmen von Oxidationszahlen ist eine wichtige Voraussetzung für das erfolgreiche Aufstellen von Redoxgleichungen. Um dies zu üben, können Sie die in Tab. 2.10 aufgeführten Beispiele nachvollziehen.**

Das Aufstellen von Redoxgleichungen

Reaktionsgleichungen zur Beschreibung von Redoxvorgängen sind meist schwierig zu formulieren. Es kommt darauf an, die Zahl der abgegebenen und der aufgenommenen Elektronen auszugleichen und natürlich auch dafür zu sorgen, dass die Anzahl und die Art der Atome sowie die Summe der Ionenladungen auf beiden Seiten der Reaktionsgleichung gleich groß sind. Für das Aufstellen der Redoxgleichungen gibt es verschiedene Möglichkeiten, eine davon wird hier vorgestellt:

Beispiel: Bei der vollständigen Verbrennung von Kohlenstoff reagieren Kohlenstoff und Sauerstoff zu Kohlendioxid.

1. **Aufschreiben** der Formeln:

$$C + O_2 \longrightarrow CO_2$$

2. **Festlegen** der OZ:

$$\overset{\pm 0}{C} + \overset{\pm 0}{O_2} \longrightarrow \overset{+4}{C} \overset{-2}{O_2}$$

3. **Kennzeichnen** der Oxidation und der Reduktion und Angabe der aufgenommenen bzw. abgegebenen Elektronen **(Abb. 2.17)**:

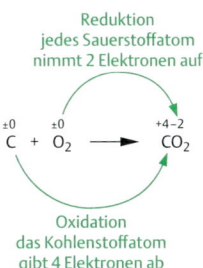

Abb. 2.17   Kennzeichnen der Oxidation und Reduktion

4. **Ausgleichen** der Elektronenbilanz:
Das Kohlenstoffatom liefert 4 Elektronen. Jedes Sauerstoffatom nimmt 2 Elektronen auf. Die Bilanz sieht folgendermaßen aus:

Abgabe: 4 Elektronen   Aufnahme: 2 x 2 Elektronen

Die Bilanz ist bereits ausgeglichen.

5. **Prüfen,** ob auf der linken und rechten Seite der Gleichung die **Anzahl der einzelnen Atome** übereinstimmt:

links	rechts
1 C	1 C
2 O	2 O

6. **Prüfen,** ob die **Anzahl der Ladungen** auf beiden Seiten der Gleichung identisch ist:

links	rechts
Ladungssumme: 0	Ladungssumme: 0

Meistens ist die Lösung aber nicht so einfach, da die Elektronenbilanz nicht sofort ausgeglichen ist (siehe nächstes Beispiel). Außerdem muss man berücksichtigen, dass viele Reaktionen auch vom pH-Wert abhängen, dann treten Protonen in der Reaktionsgleichung auf. Dass Protonen in Lösung nicht frei vorkommen, wissen Sie bereits. Um das Aufstellen der Redoxgleichungen zu vereinfachen, wird hier nur mit H^+ gearbeitet. Protonen treten z. B. bei folgender Reaktion in der Gleichung auf. Im Labor kann man Chlor darstellen, indem man Salzsäure zu Kaliumpermanganat gibt. Es entstehen neben Chlor Mn^{2+}-Ionen.

1. **Aufschreiben** der Formeln:
Da man in wässrigem Milieu arbeitet, kann man gleich die Ionenschreibweise benutzen.

$$K^+ + MnO_4^- + H^+ + Cl^- \longrightarrow K^+ + Mn^{2+} + Cl_2$$

2. **Festlegen** der OZ:

$$\overset{+1}{K^+} + \overset{+7\ -2}{MnO_4^-} + \overset{+1}{H^+} + \overset{-1}{Cl^-} \longrightarrow \overset{+1}{K^+} + \overset{+2}{Mn^{2+}} + \overset{0}{Cl_2}$$

Beachten Sie, dass sich die Oxidationszahl immer auf das einzelne Atom bezieht. Vielleicht wollten Sie über Sauerstoff im Permanganation MnO_4^- ja 8 schreiben. Das ist falsch! Es ist aber die Schreibweise $4 \cdot (-2)$ möglich.

3. **Kennzeichnen** der Oxidation und der Reduktion **(Abb. 2.18)** und Angabe der aufgenommenen bzw. abgegebenen Elektronen **(Abb. 2.19)**. Bevor wir die Teilschritte der Oxidation und der Reduktion kennzeichnen, sollten wir bereits hier berücksichtigen, dass **molekulares** Chlor nur dann entstehen kann, wenn wir auch **zwei** Chloridionen in der Reaktionsgleichung berücksichtigen.

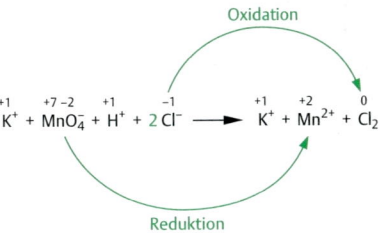

Abb. 2.18   Kennzeichnen der Oxidation und der Reduktion

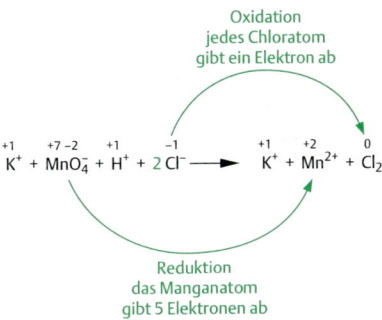

Abb. 2.19   Angabe der aufgenommenen und abgegebenen Elektronen.

4. **Ausgleichen** der Elektronenbilanz:

Abgabe: 2 Elektronen   Aufnahme: 5 Elektronen

Die Bilanz ist nicht ausgeglichen! Deshalb bildet man das kleinste gemeinsame Vielfache aus den Elektronenanzahlen. Die Teilgleichung der Oxidation ist mit 5, die Teilgleichung der Reduktion mit 2 zu multiplizieren **(Abb. 2.20)**.

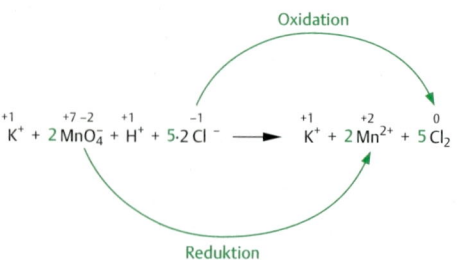

Abb. 2.20   Ausgleich der Elektronenbilanz

Es werden jetzt insgesamt 10 Elektronen aufgenommen und abgegeben.

5. **Prüfen**, ob auf der linken und rechten Seite der Gleichung die **Anzahl der einzelnen Atome** übereinstimmt:

links	rechts
1 K	1 K
2 Mn	2 Mn
8 O	kein O
1 H	kein H
10 Cl	10 Cl

Sie sehen, dass bei den o. g. Redoxpaaren (Mn[+7]/Mn[+2] und 2 Cl^-[−1]/Cl_2[0]) die Bilanz stimmt. Hier dürfen Sie jetzt keine Änderungen mehr vornehmen!

Auf der rechten Seite der in **Abb. 2.20** aufgeführten Gleichung müssen Sie acht Sauerstoffatome mit der **OZ −2** ergänzen. Deshalb ergänzen Sie 8 Moleküle Wasser (damit stimmt die Sauerstoffbilanz). Anschließend werden auf der linken Seite 16 H^+ hinzugefügt (dann stimmt auch die Protonenbilanz).

$$K^+ + 2MnO_4^- + 16H^+ + 10Cl^- \longrightarrow K^+ + 2Mn^{2+} + 5Cl_2 + 8H_2O$$

6. **Prüfen**, ob die **Anzahl der Ladungen** auf beiden Seiten der Gleichung identisch ist.

links	rechts
Ladungssumme: +5	Ladungssumme: +5

Vielleicht ist Ihnen aufgefallen, dass das Kaliumion gar keine Rolle in der Redoxreaktion spielte. Ionen, die nicht am Redoxgeschehen beteiligt sind, muss man beim Aufstellen der Gleichung nicht unbedingt berücksichtigen. Sie können also schreiben:

$$2MnO_4^- + 16H^+ + 10Cl^- \rightarrow 2Mn^{2+} + 5Cl_2 + 8H_2O$$

Die größte Schwierigkeit bereitet gewöhnlich die Formulierung der Ausgangs- und Endprodukte einer Redoxreaktion. Diese werden Ihnen in den meisten Fällen vorgegeben. Wenn Sie dann die Oxidationszahlen richtig festlegen und die Elektronen richtig bilanzieren, sollte Ihnen das Aufstellen von Redoxgleichungen keine Probleme bereiten.

Die Redoxamphoterie

Einige Verbindungen können als Oxidationsmittel und als Reduktionsmittel reagieren. So kann Wasserstoffperoxid (H_2O_2) Kaliumpermanganat ($KMnO_4$) reduzieren, es kann aber auch Kaliumiodid KI zu Iod I_2 oxidieren.

$$5H_2O_2 + 2MnO_4^- + 6H^+ \longrightarrow O_2 + 2Mn^{2+} + 8H_2O$$

$$H_2O_2 + 2I^- + 2H^+ \longrightarrow 2H_2O + I_2$$

Beide Reaktionen können experimentell gut verfolgt werden, da Farbveränderungen auftreten und bei der ersten Reaktion der entstehende Sauerstoff durch die Spanprobe nachgewiesen werden kann. Bei der Spanprobe wird ein glühender Span benutzt. Bei Anwesenheit von Sauerstoff flammt er auf.

Wasserstoffperoxid ist also sowohl Reduktionsmittel als auch Oxidationsmittel, es ist **redoxamphoter**. Wasserstoffperoxid kann sogar in einer Reaktion Reduktions- und Oxidationsmittel sein.

$$H_2O_2 + H_2O_2 \longrightarrow 2H_2O + O_2$$

Wenn man die Oxidationszahlen von Sauerstoff in Wasserstoffperoxid und in Wasser sowie im molekularen Sauerstoff vergleicht, stellt man fest, dass die Sauerstoffatome von einer mittleren Oxidationszahl (−1 in H_2O_2) in eine höhere (±0 in molekularem Sauerstoff) und eine tiefere (−2 in Wasser) übergehen. Einen solchen Redoxvorgang bezeichnet man als **Disproportionierung**.

Die Knallgasreaktion

Redoxreaktionen begegnen Ihnen ständig. Sie sind auch die Ursache für Korrosionsvorgänge, die große Schäden anrichten. Die nach externer Zündung explosionsartig ablaufende Reaktion zwischen gasförmigem Wasserstoff und Sauerstoff im Volumenverhältnis 2:1 ist als **Knallgasreaktion** bekannt:

$$2H_2 + O_2 \rightarrow 2H_2O \ \Delta H = -285,830 \ kJ/mol$$

Die Reaktion ist stark exotherm. In Gegenwart von Katalysatoren (z. B. in Brennstoffzellen) kann auch eine langsame Verbrennung zu Wasser erfolgen.
Auch bei allen Lebewesen, die zur Energieerzeugung Sauerstoff benötigen, wird die Energie formal aus der Knallgasreaktion gewonnen. Es handelt sich um eine als Atmungskette bezeichnete Folge von gekoppelten, durch spezifische Enzyme katalysierte Redoxreaktionen, in deren Verlauf Wasserstoff zu Wasser oxidiert wird. Die Energie wird in Form von ADP gespeichert.

2.7.3 Die quantitative Beschreibung von Redoxvorgängen

Die Potenziale an Halbzellen

Ob eine Elektronenübertragung stattfinden kann, hängt von der Stärke der jeweils beteiligten Redoxpaare ab (vgl. die Reaktionen „Oxidation" und „Reduktion" auf S. 65).

▉▉▉**I Merke**

Ein sehr starkes Oxidationsmittel korrespondiert immer mit einem sehr schwachen Reduktionsmittel und umgekehrt.

Um die Stärke des Oxidationsmittels bzw. Reduktionsmittels zu beschreiben, verwenden wir folgende Anordnung (**Abb. 2.21**, rechter Teil): ein Kupferstab (das Metall ist das Reduktionsmittel und wird als Elektrode bezeichnet [electro + hodos griech. Weg]) taucht in eine CuSO$_4$-Lösung. Die Cu^{2+}-Ionen sind das korrespondierende Oxidationsmittel. Es stellt sich ein Gleichgewicht zwischen Cu und Cu^{2+} ein. Diese Anordnung bezeichnet man als **Halbzelle**, in der es zur Ausbildung eines elektrischen Potenzials kommt.

Dieses Potenzial kann aber nicht direkt, sondern nur durch Kopplung mit einer zweiten Halbzelle gemessen werden, mit der die erste Halbzelle elektrisch leitend verbunden wird. So ist eine Kopplung mit einem Zinkstab möglich, der in eine ZnSO$_4$-Lösung taucht (**Abb. 2.21**). Auch zwischen Zn und Zn^{2+} stellt sich ein Gleichgewicht und damit ein elektrisches Potenzial ein. Wenn beide Halbzellen elektrisch leitend verbunden werden, fließen Elektronen von einer Halbzelle zur anderen. Die Fließrichtung hängt von den Potenzialen ab.
In unserem Beispiel erfolgt der Elektronenfluss vom Zink zum Kupfer. Diese Anordnung wird als **Daniell-Element** bezeichnet. Wird diese Kombination als Stromquelle verwendet, spricht man auch von einer **galvanischen Zelle** oder einem galvanischen Element.

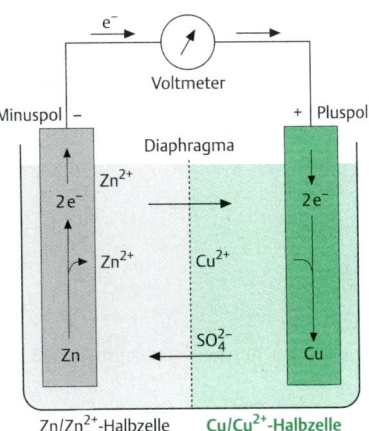

Abb. 2.21 Der schematische Aufbau des Daniell-Elements

Das elektrische Potenzial ~~einer~~ solchen Zelle nennt man **elektromotorische Kraft** (**EMK**). Sie ist ein Ausdruck für das Arbeitsvermögen. Die **Standard-EMK E$_0$** bezieht sich auf die elektromotorische Kraft einer Zelle, in der alle Reaktanten und Produkte in ihren Standardzuständen vorliegen.
Man kann die Spannung (= Potenzialdifferenz) eines einzelnen Redoxpaares nicht experimentell bestimmen. Exakt messbar ist nur die Potenzialdifferenz zweier Redoxpaare. Um allgemein verwendbare Daten zu erhalten, muss man sich auf eine **standardisierte Vergleichsgröße** beziehen. Zu die-

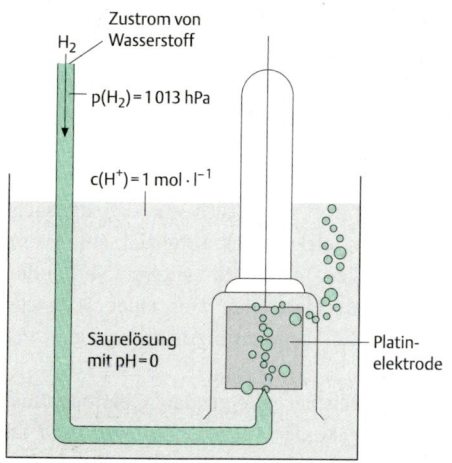

Abb. 2.22   Der Aufbau der Standardwasserstoffelektrode

sem Zweck wurde das korrespondierende Redox-paar $H_2/2H_3O^+$ unter Standardbedingungen ausgewählt. Experimentell handelt es sich um eine Salzsäurelösung, c_{HCl} = 1 mol/l, in die eine Platin-elektrode taucht, die von Wasserstoff mit dem Druck p_{H_2} = 1013 kPa bei T = 298 K umspült wird **(Abb. 2.22)**.

Folgender potenzialbildender Vorgang findet statt:

$$2 H_2O + H_2 \rightleftharpoons 2H_3O^+ + 2e,$$

den man vereinfacht auch oft so schreibt:

$$H_2 \rightleftharpoons 2H^+ + 2e$$

Das sich in dieser Halbzelle aufbauende Potenzial wird gleich Null gesetzt.

Nun können alle beliebigen Redoxpaare gegen diese **Standardwasserstoffelektrode** geschaltet und die **Standardpotenziale** gemessen werden.

◼◼▮ Merke

Die Standardpotenziale beziehen sich auf die Halbzellen. Die elektromotorische Kraft beschreibt die Kopplung zweier Halbzellen.

Die elektrochemische Spannungsreihe

Die Standardpotenziale werden als elektrochemische Spannungsreihe **(Tab. 2.11)** angeordnet. Die **reduzierte Form** (also das Reduktionsmittel) steht dabei immer **auf der linken Seite**, die oxidierte Form (also das Oxidationsmittel) **auf der rechten Seite**. Die Tendenz der Elektronenabgabe nimmt auf der linken Seite von unten nach oben zu, und damit auch die reduzierende Wirkung. Die Tendenz der Elektro-

Tabelle 2.11 Die elektrochemische Spannungsreihe (25 °C, 101,3 kPa)

Redoxpaar „Red-Form"	„Ox-Form"	E^0 in V
Na	$\rightleftharpoons$ Na$^+$ + e$^-$	−2,71
Mg	$\rightleftharpoons$ Mg^{2+} + 2e$^-$	−2,40
Zn	$\rightleftharpoons$ Zn^{2+} + 2e$^-$	−0,76
S^{2-}	$\rightleftharpoons$ S + 2e$^-$	−0,51
(COOH)$_2$	$\rightleftharpoons$ 2CO$_2$ + 2H$^+$ + 2e$^-$	−0,47
Fe	$\rightleftharpoons$ Fe^{2+} + 2e$^-$	−0,44
H$_2$	$\rightleftharpoons$ 2H$^+$ + 2e$^-$	0
Cu$^+$	$\rightleftharpoons$ Cu^{2+} + e$^-$	+0,17
Cu	$\rightleftharpoons$ Cu^{2+} + 2e$^-$	+0,35
2I$^-$	$\rightleftharpoons$ I$_2$ + 2e$^-$	+0,58
H$_2$O$_2$	$\rightleftharpoons$ O$_2$ + 2H$^+$ + 2e$^-$	+0,68
Hydrochinon	$\rightleftharpoons$ Chinon + 2H$^+$ + 2e$^-$	+0,70
Fe^{2+}	$\rightleftharpoons$ Fe^{3+} + e$^-$	+0,75
Ag	$\rightleftharpoons$ Ag$^+$ + e$^-$	+0,80
2Br$^-$	$\rightleftharpoons$ Br$_2$ + 2e$^-$	+1,07
2Cr^{3+} + 7H$_2$O	$\rightleftharpoons$ Cr$_2$O$_7$$^{2-}$ + 14H$^+$ + 6e$^-$	+1,33
2Cl$^-$	$\rightleftharpoons$ Cl$_2$ + 2e$^-$	+1,36
Mn^{2+} + 4H$_2$O	$\rightleftharpoons$ MnO$_4^-$ + 8H$^+$ + 5e$^-$	+1,51
2H$_2$O	$\rightleftharpoons$ H$_2$O$_2$ + 2H$^+$ + 2e$^-$	+1,78

Reduktionsvermögen steigt

Redoxpotential steigt

Oxidationsvermögen steigt

nenaufnahme und die oxidierende Wirkung nehmen auf der rechten Seite von oben nach unten zu.

Metalle, die in der Spannungsreihe oberhalb des Wasserstoffs stehen, können Elektronen an H^+ abgeben. Das bedeutet, dass sie sich in Säuren unter Wasserstoffentwicklung lösen. Sie haben eine große Reduktionskraft, man bezeichnet sie als **unedle** Metalle.

Metalle, die unterhalb des Wasserstoffs stehen, haben eine geringe Reduktionskraft, ihre Kationen sind gute Oxidationsmittel. Sie werden als **Halbedel-** oder als **Edelmetalle** bezeichnet **(Tab. 2.12)**. Diese Metalle kommen in der Natur auch gediegen vor, d. h. sie kommen als Elementsubstanzen vor (z. B. Gold). Aber Eisen findet man nicht gediegen, Eisenerz enthält oxidierte Formen von Eisen. Für die Eisenherstellung muss man das Oxid also reduzieren (Hochofenprozess).

Tabelle 2.12 Verhalten von Metallen gegenüber Säuren

Unedle Metalle					Halbedelmetalle			Edelmetalle	
Na	Mg	Zn	Fe	H	Cu	Ag	Hg	Au	Pt
+H^+ : Oxidation unter H_2-Entwicklung					+H^+: keine Oxidation				

Mit Hilfe der Spannungsreihe können Sie bereits qualitativ abschätzen, ob eine Reaktion ablaufen kann oder nicht. Wenn Sie die Redoxpaare immer so anordnen wie in der Spannungsreihe, dann wird eine Reaktion ablaufen, wenn ein Elektronenfluss „von links oben nach rechts unten" erfolgt.

Dies soll an einem Beispiel verdeutlicht werden: Wir wollen überlegen, ob man einen Eisennagel verkupfern kann. Es muss also entschieden werden, ob zwischen Eisen und Kupferionen eine Redoxreaktion ablaufen kann. Die Redoxpaare Fe/Fe^{2+} und Cu/Cu^{2+} müssen hierzu entsprechend ihres Standardpotenzials angeordnet werden. Tab. 2.11 zeigt, dass das Potenzial von Fe/Fe^{2+} kleiner als das von Cu/Cu^{2+} ist **(Abb. 2.23)**. Die Elektronen können also vom Eisen zum Kupferion „fließen", wodurch dieses reduziert und das Eisen oxidiert wird. Wenn Sie dieses Experiment durchführen, werden Sie bald einen kupferfarbenen Belag auf dem Eisennagel feststellen. In der Lösung können Sie Fe^{2+}-Ionen nachweisen.

Quantitativ geht man folgendermaßen vor: Die Differenz der Potenziale beider Redoxpaare ΔE^0 (EMK)

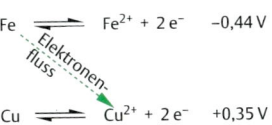

Abb. 2.23 Anordnung der Redoxpaare Fe/Fe^{2+} und Cu/Cu^{2+}

steht in folgender Beziehung mit der Freien Reaktionsenthalpie ΔG:

$$\Delta G = -z \cdot F \cdot \Delta E^0$$

(z = Zahl der übertragenen Elektronen, F = 96485 C/mol = 96485 J/V · mol [Faraday-Konstante])

Auf S. 41 hatten wir besprochen, dass eine Reaktion nur freiwillig abläuft, wenn ΔG kleiner als Null ist. Folglich muss die Potenzialdifferenz ΔE^0 immer größer als Null sein. Beachten Sie bitte, dass diese Differenz wie folgt gebildet werden muss:
Standardpotenzial der Halbzelle mit dem Oxidationsmittel **minus** *Standardpotenzial der Halbzelle des Reduktionsmittels.*

Zwei Beispiele sollen dies vertiefen:

Beispiel 1: Kann zwischen Chlor und Iodidionen eine Reaktion zu Chloridionen und Iod ablaufen? Chlor wird zu Chlorid reduziert, es ist das Oxidationsmittel. Sein Potenzial beträgt E^0 = + 1,36 V. Iodid wird zu Iod oxidiert, es ist das Reduktionsmittel mit einem Potenzial E^0 = +0,58 V.

Die Potenzialdifferenz ΔE^0 beträgt also

$$\Delta E^0 = E^0 (OM) - E^0 (RM) = 1,36\ V - 0,58\ V = 0,78\ V.$$

Wenn wir diesen Wert in o. g. Gleichung einsetzen, erhalten wir für ΔG einen negativen Wert. Auf eine exakte Berechnung können wir verzichten, da man anhand der Vorzeichen sofort sieht, dass ein positiver Wert von ΔE^0 auf eine exergone Reaktion hinweist.

Beispiel 2: Löst sich Silber in Säure unter Wasserstoffentwicklung auf?

Silber wird oxidiert, es ist das Reduktionsmittel. Die Protonen werden reduziert, sie sind das Oxidationsmittel. Anhand von **Tab. 2.11** können wir die Werte für die Standardpotenziale ablesen und die Potenzialdifferenz berechnen:

$$\Delta E^0 = E^0 (OM) - E^0 (RM) = 0\ V - 0,80\ V = -0,80\ V.$$

Aus dem negativen Wert von ΔE^0 folgt sofort, dass

ΔG positiv ist. Diese Reaktion kann also nicht freiwillig ablaufen.

Die Nernstsche Gleichung

Häufig liegen keine Standardbedingungen vor, so weicht z. B. unter physiologischen Bedingungen die Temperatur vom Standardwert 298 K ab und die Konzentration vom Standardwert c = 1 mol/l. Die **Veränderung des Potenzials** unter diesen Bedingungen kann mit der Nernstschen Gleichung berechnet werden:

$$E = E_0 + \frac{R \cdot T}{z \cdot F} \cdot \ln \frac{c_{ox}}{c_{red}}$$

(c_{ox} = Konzentration der oxidierten Form, c_{red} = Konzentration der reduzierten Form, z = Anzahl der überführten Elektronen, F = Faraday-Konstante, R = Gaskonstante)
Die Nernstsche Gleichung kann vereinfacht werden, wenn man die Werte für R und F einsetzt, für die Temperatur 298 K annimmt und den natürlichen in den dekadischen Logarithmus (s. S. 199) umwandelt.

$$E = E_0 + \frac{0,059}{z} \cdot \lg \frac{c_{ox}}{c_{red}} \quad \frac{RM}{OM}$$

Das ist dann sinnvoll, wenn die Konzentration von den Standardbedingungen abweicht. Wenn aber der Einfluss der Temperatur untersucht wird, muss man die ursprüngliche Form der Nernstschen Gleichung nutzen.
Die **Konzentration einer reinen Phase** (Gas oder Festkörper) beträgt 1. Eigentlich müssten anstelle der Konzentrationen die Aktivitäten berücksichtigt werden, für unsere Zwecke sind jedoch auch hier Konzentrationsangaben ausreichend.
Auch das Potenzial an der Wasserstoffelektrode ändert sich beim Abweichen von den Standardbedingungen. Dazu schreiben wir die Nernstsche Gleichung für den an der Wasserstoffelektrode ablaufenden Vorgang auf. Stöchiometrische Faktoren sind hierbei zu beachten.

$$E_{H_2/H^+} = E_0 + \frac{0,059}{z} \cdot \lg \frac{c_{H_3O^+}^2}{c_{H_2}}$$

Das Standardpotenzial ist vereinbarungsgemäß 0. Bei Standarddruck ist die Konzentration von Wasserstoff 1. Die Anzahl der überführten Elektronen

beträgt 2. Unter Berücksichtigung der Regeln logarithmischen Rechnens und der Definition des pH-Wertes (s. S. 54) können wir diese Gleichung vereinfachen:

$$E_{H_2/H^+} = 0 + \frac{0,059}{2} \cdot \lg \frac{c_{H_3O^+}^2}{1} = 0,059 \cdot \lg c_{H_3O^+} = -0,059 \, pH$$

Die **pH-Abhängigkeit der Redoxpotenziale** kann man zur Messung von pH-Werten nutzen. Im einfachsten Fall wird eine Standardwasserstoffelektrode gegen eine Halbzelle gleicher Anordnung, jedoch unbekannter Konzentration gemessen, was aber nicht sehr praktikabel ist. Denken Sie an den Aufbau der Standardwasserstoffelektrode (s. S. 70).
Heute werden überwiegend **Glaselektroden zur pH-Messung** eingesetzt. Hier nutzt man nicht ein pH-abhängiges Redoxpaar aus, sondern die Tatsache, dass an dünnen Membranen spezieller Glassorten ebenfalls Potenziale entstehen, wenn die Membran innen und außen von Lösungen mit unterschiedlichem pH-Wert benetzt wird. Wenn der pH-Wert innen konstant ist und eine Ableitelektrode in Membrannähe gebracht wird, kann man mit Hilfe einer äußeren Bezugselektrode, die in die Messlösung eintaucht und deren Potenzial nicht pH-abhängig ist, das Potenzial an der Glasmembran ermitteln. Die innere Ableitelektrode reagiert also auf die pH-Änderung an der äußeren Membranseite und leitet das Potenzial weiter. Nach Eichung ist das Potenzial dem pH-Wert der Lösung proportional (**Abb. 2.24**). Die heute verwendeten Einstabmessketten enthalten die Glas- und die Bezugselektrode in einem Element.
Mit der Nernstschen Gleichung kann man z. B. auch die Änderung des Potenzials einer MnO_4^-/Mn^{2+}-Lösung berechnen. Denken Sie daran, in der Nernstschen Gleichung die Konzentration der Hydroniumionen zu berücksichtigen, denn der potenzialbildende Vorgang ist:

$$Mn^{2+} + 12H_2O \rightleftharpoons MnO_4^- + 8H_3O^+ + 5e$$

Die Nernstsche Gleichung lautet:

$$E_{Mn^{2+}/MnO_4^-} = +1,51V + \frac{0,059}{5} \cdot \lg \frac{c_{MnO_4^-} \cdot c_{H_3O^+}^8}{c_{Mn^{2+}}}$$

Wenn wir annehmen, dass die Konzentration der Permanganat- und der Mangan(2+)ionen jeweils

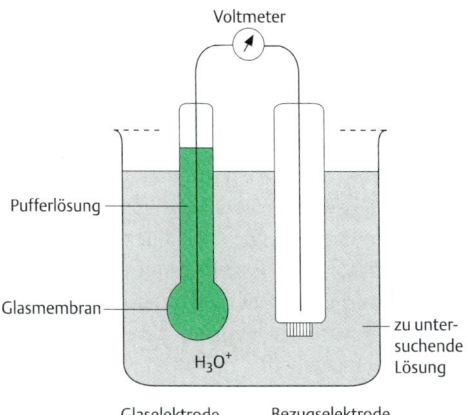

Abb. 2.24 Die schematische Anordnung zur Messung des pH-Wertes mit einer Glaselektrode

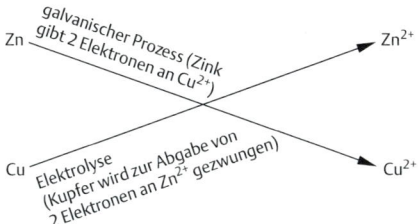

Abb. 2.25 Der galvanische Prozess und die Elektrolyse im Daniell-Element

1 mol/l beträgt, ändert sich das Potenzial nur in Abhängigkeit von der Hydroniumionenkonzentration. Für $c_{H_3O^+}$ = 1 mol/l (pH = 0) liegen natürlich Standardbedingungen vor, das Potenzial beträgt 1,51 V. Die Permanganationen haben ein großes Oxidationsvermögen. Mit Verringerung der Hydroniumionenkonzentration auf $c_{H_3O^+}$ = 0,1 mol/l (pH = 1) lautet die Gleichung:

$$E_{Mn^{2+}/MnO_4^-} = +1,51\,V + \frac{0,059}{5} \cdot lg\frac{1 \cdot (10^{-1})^8}{1} = 1,42\,V$$

Das Oxidationsvermögen verringert sich. Bei einem pH-Wert von pH = 2 beträgt es nur noch 1,32 V.

Die Elektrolyse

In galvanischen Elementen laufen Redoxprozesse freiwillig ab, deshalb können galvanische Elemente Arbeit leisten. Redoxprozesse, die nicht freiwillig ablaufen, können jedoch durch Zuführung elektrischer Arbeit erzwungen werden. Dies geschieht bei der **Elektrolyse**. So kann man z. B. durch das Anlegen einer Gleichspannung die Umkehrung der im Daniell-Element freiwillig ablaufenden Reaktion erzwingen. Damit eine Elektrolyse stattfinden kann, muss die angelegte Gleichspannung mindestens so groß sein wie die Spannung, die das galvanische Element liefert **(Abb. 2.25)**.

2.7.4 Klinische Bezüge

Berührt man mit einem Aluminiumlöffel versehentlich ein Goldinlay, führen die unterschiedlichen Po-

tenziale zu einem Stromfluss, der von empfindlichen Menschen wahrgenommen werden kann. Auch eine elektrisch leitende Verbindung zwischen Gold- und Amalgamfüllungen kann zum Problem werden. Amalgame sind Legierungen, die neben Quecksilber Silber, Kupfer und Zinn enthalten. Nach Legen der Füllung wird der unedelste Bestandteil oxidiert. Die dabei entstehende Zinnoxid-Schicht isoliert nach einigen Tagen die Füllung vollständig. Wenn es aber zum Kontakt zwischen Gold und Amalgam kommt, wird die Oxidation der unedlen Metalle Zinn und Quecksilber beschleunigt. Die Elektronen wandern zum Gold und reagieren dort an der (feuchten) Oberfläche mit Sauerstoff zu Hydroxidionen. Es besteht die Gefahr, dass Quecksilber ebenfalls oxidiert wird, da es ein geringeres Potenzial als Gold besitzt. So können Quecksilberionen in sehr geringen Mengen in den Organismus gelangen.

 Check-up

✔ **Wiederholen Sie die Definitionen der Begriffe Oxidation, Reduktion, Oxidationsmittel und Reduktionsmittel sowie die Regeln zum Aufstellen von Oxidationszahlen.**

✔ **Rekapitulieren Sie, wie man Redoxgleichungen aufstellt und ausgleicht (Beispiele s. o.).**

✔ **Verdeutlichen Sie sich nochmal, wie anhand vorgegebener Standardpotenziale Aussagen über den Ablauf einer Redoxreaktion gemacht, und wie Potenzialdifferenzen mit Hilfe der Nernstschen Gleichung berechnet werden können.**

2.8 Die heterogenen Gleichgewichte

 Lerncoach

Für das Verständnis dieses Kapitels ist es erforderlich zu wissen, was man unter einem heterogenen bzw. einem homogenen System und einer Phase versteht. Lesen Sie ggf. noch einmal auf S. 5 nach.

2.8.1 Der Überblick

Heterogene Gleichgewichte sind von biochemischer und physiologischer Bedeutung. Sie sind die Ursache für den osmotischen Druck und das Donnan-Gleichgewicht (s. u.) und werden auch zur Stofftrennung genutzt (s. S. 107).

2.8.2 Einteilung

Folgende Möglichkeiten heterogener Gleichgewichte werden unterschieden:

Es liegt nur eine Komponente vor:

Stoff A selbst liegt in 2 Aggregatzuständen (Phasen) vor. Es stellt sich ein heterogenes Gleichgewicht zwischen der festen und der flüssigen Phase, der flüssigen und der gasförmigen Phase oder auch der festen und der gasförmigen Phase des Stoffes A ein.

Es liegen zwei oder mehr Komponenten vor:

Stoff A kann zwischen 2 Phasen verteilt werden, die nicht immer mit dem Stoff A identisch sein müssen. So kann A in einem Lösungsmittel gelöst, auf zwei verschiedene Stoffe verteilt oder an einer Oberfläche adsorbiert werden.

2.8.3 Die Löslichkeit eines Feststoffes

Die Löslichkeit von Ionenkristallen

Die Löslichkeit von Ionenkristallen wurde bereits auf S. 52 besprochen. Der Auflösungsprozess wird grundsätzlich durch Lösungsmittel begünstigt, die sich gut zwischen die geladenen Teilchen des Ionenkristalls „schieben" können. Dadurch wird die Trennung der Kationen und Anionen erleichtert. Gut geeignet für diesen Zweck sind Lösungsmittel, die selbst sehr polar sind. Die Polarität wird oft über das Dipolmoment μ der Verbindungen angegeben. Es zeigt an, dass die Ladungsschwerpunkte nicht zusammenfallen. Auch aus der Dielektrizitätskonstanten ε erhält man Hinweise auf die Polarität. Die Dieelektrizitätskonstante ist eine stoffspezifische Größe, die einen Indikator für die Polarisation der Moleküle darstellt.

Polare Lösungsmittel besitzen hohe Dielektrizitätskonstanten (z. B. Wasser, Ethanol, Ammoniak, Blausäure). Uns interessiert vor allem das Wasser.

Die Löslichkeit von Ionenkristallen ist eine sehr komplexe Eigenschaft. Sie hängt von der Gitterstruktur, der Gitterenergie des Ionenkristalls, der Dielektrizitätskonstanten des Lösungsmittels, dem Solvatationsvermögen des Lösungsmittels (bei Wasser: Hydratationsvermögen) und von möglichen Folgereaktionen ab.

Wir konnten feststellen, dass die Löslichkeit von anorganischen Salzen relativ gut untersucht ist. Durch die tabellierten Werte der Löslichkeitsprodukte (s. Tab. 8 im Anhang) erhält man quantitative Aussagen über die Löslichkeit.

Die Löslichkeit von Molekülkristallen

Im Gegensatz zu Ionenkristallen sind die Wechselwirkungen zwischen den Gitterbausteinen des Molekülgitters klein. Stoffe, deren Moleküle ein solches Gitter aufbauen, haben relativ niedrige Schmelzpunkte. Bei der Auflösung des Kristalls muss sich das Lösungsmittel wiederum zwischen die Gitterkomponenten schieben. Dies funktioniert umso leichter, je ähnlicher das Lösungsmittel und die Gitterkomponenten sind.

■■I Merke

Gleiches löst sich in Gleichem.

Ist der zu lösende Stoff polar, verwendet man ein polares Lösungsmittel, ist er unpolar, ein unpolares Lösungsmittel. **Polare Stoffe** lösen sich gut in Wasser, sie werden deshalb auch als **hydrophile** (hydor gr. Wasser phileo gr. ich liebe) **Substanzen** bezeichnet. **Unpolare Stoffe** sind **hydrophob** (phobeo gr. ich vertreibe, ich jage in die Flucht), sie lösen sich schlecht in Wasser.

2.8.4 Die Verteilung einer Substanz zwischen zwei Flüssigkeiten

Voraussetzung für die Entstehung eines heterogenen Gleichgewichts ist, dass sich die beiden Flüssigkeiten wenig oder gar nicht ineinander lösen. Gießen Sie zum Beispiel Öl und Wasser in ein Gefäß, dann erhalten Sie zwei Phasen: eine Wasser-

und eine Ölphase. Wenn jetzt ein Stoff in dieses heterogene Gemisch gegeben wird, der in beiden Komponenten unterschiedlich gut löslich ist, wandern die Moleküle zwischen beiden Phasen hin und her bis in beiden Phasen die durch die jeweilige Löslichkeit bedingte Konzentration erreicht ist: Es herrscht ein Gleichgewicht. Dieses Gleichgewicht ist nicht statisch, da ständig Phasenübergänge mit gleicher Geschwindigkeit erfolgen. Es handelt sich also um ein dynamisches Verteilungsgleichgewicht, für das folgende Beziehung gilt (**Nernstscher Verteilungssatz**).

$$K = \frac{c_{Oberphase}}{c_{Unterphase}}$$

Ein hoher Wert von K bedeutet eine hohe Konzentration von A in der Oberphase nach Einstellung des Verteilungsgleichgewichts. Der zu verteilende Stoff hat also eine höhere Löslichkeit in der oberen Phase. Bei K = 1 verteilt sich der Stoff in beiden Phasen gleich gut.

Wenn wir bei unserem Beispiel eines Wasser-Öl-Systems bleiben, dann wird das Öl mit der geringeren Dichte die Oberphase bilden. Wenn wir dann in das System eine Substanz geben, die gut fettlöslich oder lipophil ist (z. B. den Farbstoff Sudanrot), reichert sich diese in der Oberphase an. Diese Tatsache nutzt man für den Fettnachweis in der Histologie aus, denn Sudanrot löst sich bevorzugt in der Fettphase der Zelle. Diese Bestandteile färben sich dann intensiv rot, die fettfreien Bestandteile bleiben hingegen farblos.

2.8.5 Die Löslichkeit eines Gases in einer Flüssigkeit

Das Verteilungsgleichgewicht einer gasförmigen Substanz zwischen der Gasphase und einer Flüssigkeit beschreibt das **Henry-Dalton-Gesetz**: Die Löslichkeit eines Gases in einer Flüssigkeit hängt von der Konzentration (K_c) oder besser dem Druck (K_P) des Gases ab. Das Verhältnis der Konzentrationen bzw. des Partialdrucks des Gases und der Konzentration des Gases in der Flüssigkeit ist wieder konstant.

$$K_c = \frac{c_{Gas}}{c_{Flüssigkeit}}$$

$$K_p = \frac{p_{Gas}}{c_{Flüssigkeit}}$$

Wenn der Druck des Gases erhöht wird, löst sich dem Prinzip des kleinsten Zwangs (s. S. 44) folgend mehr Gas in der Flüssigkeit, denn K muss konstant bleiben. Die Verteilungskonstante ist wie alle Gleichgewichtskonstanten von der Temperatur abhängig. Mit zunehmender Temperatur sinkt die Löslichkeit des Gases in einer Flüssigkeit.

Diese Zusammenhänge kann man sich gut an einer Flasche mit kohlensäurehaltigem Mineralwasser klar machen. Beim Öffnen der Flasche ist ein Sprudeln zu beobachten, da der Druck im Innern abnimmt, die Löslichkeit des Kohlendioxids dadurch herabgesetzt wird und das Gas sofort in Form von kleinen Blasen entweicht. Je höher die Temperatur und je abrupter eine Flasche geöffnet wird, desto heftiger entweicht das Gas und bringt damit z. B. auch Sektkorken zum Knallen. Wenn die Sonne auf die bereits geöffnete Flasche scheint, nimmt die Löslichkeit des Gases in der Flüssigkeit zunehmend ab. Warmes Mineralwasser schmeckt deshalb abgestanden.

2.8.6 Die Adsorption

Viele Festkörper können Moleküle an ihrer Oberfläche binden (**Adsorption**). Es kommt zu einer Gleichgewichtskonzentration adsorbierter Teilchen. Wenn die Wechselwirkungsenergie kleiner als 40 kJ/mol ist, spricht man von einer physikalischen Adsorption. Ist sie deutlich größer, handelt es sich um eine Chemisorption. Physikalisch adsorbierte Stoffe werden bei höherer Temperatur wieder abgegeben (**Desorption**).

Bei kleinem Partialdruck steigt die adsorbierte Menge fast linear an. Dann nähert sie sich einem Sättigungswert. Dieser entspricht einer zusammenhängenden, monomolekularen Schicht des zu adsorbierenden Stoffes (Adsorptiv). Außerdem ist die Adsorption abhängig von

- der Art des Substrats
- seiner Konzentration
- vom Lösungsmittel
- der Art und Größe der Oberfläche
- der Temperatur.

Die Adsorption von Gasen an Oberflächen von Festkörpern nutzt man z. B. in Atemfiltern. Adsorptionsvorgänge spielen neben Verteilungsgleichgewichten in der Chromatographie eine große Rolle (s. S. 108). Aktivkohle benutzt man als Adsorbens zur Aufnahme von Giften aus dem Darm.

2.8.7 Gleichgewichte an Membranen

Alle Teilchen sind in ständiger Bewegung. Sind die Teilchen nicht gleichmäßig verteilt, dann wandern sie, um diesen Konzentrationsunterschied auszugleichen. Die Unordnung wird so erhöht. Den Ausgleich des Konzentrationsgefälles bezeichnet man als **Diffusion** (diffundere lat. ausbreiten, sich zerstreuen). Er ist durch eine Zunahme der Entropie (s. S. 41) gekennzeichnet und läuft spontan ab. Membranen können die Diffusion beeinflussen (membrana lat. Haut, Pergament).

Die Diffusion ermöglicht z. B. den Gasaustausch in der Lunge und in den Geweben. Die sauerstoffhaltige Luft gelangt in den Alveolarraum der Lungenbläschen, die aus einer hauchdünnen Gewebeschicht bestehen, durch die der Sauerstoff in das Blut diffundiert. Dort erfolgt eine Bindung an die Erythrozyten des Hämoglobins. In den Gewebekapillaren diffundiert der Sauerstoff in die Zellen und in die Mitochondrien, wo er in der Atmungskette verbraucht wird.

Die Osmose

Stellen Sie sich folgende Versuchsanordnung vor: Eine Kammer enthält ein Lösungsmittel, eine zweite die Lösung eines Stoffes in dem gleichen Lösungsmittel. Beide Kammern sind durch eine Membran getrennt, die das Lösungsmittel, aber nicht den gelösten Stoff hindurchlässt. Man spricht von einer halbdurchlässigen oder **semipermeablen** Membran. Der vorhandene Konzentrationsunterschied soll ausgeglichen werden. Da die gelösten Teilchen nicht durch die Membran passen, kann nur das Lösungsmittel diffundieren. Nach einiger Zeit kann in der Kammer mit der Lösung eine Volumenvergrößerung beobachtet werden. Das Volumen steigt so lange, bis der hydrostatische Druck p den weiteren Eintritt von Lösungsmittelmolekülen verhindert. Es herrscht Gleichgewicht, die Lösungsmittelmoleküle wandern gleich schnell in beide Richtungen durch die Membran. Diesen Vorgang

bezeichnet man als Osmose (osmos griech. Schieben, Stoßen) **(Abb. 2.26)**. Der hydrostatische Druck entspricht dem **osmotischen Druck p_{osm}**, unter dem

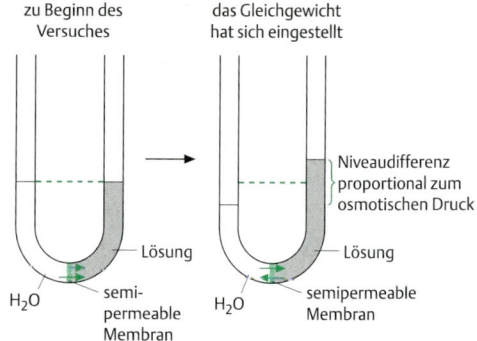

Abb. 2.26 Die schematische Versuchsanordnung zur Osmose

man sich die Kraft vorstellen kann, mit der die Lösungsmittelmoleküle pro Flächeneinheit in die Lösung eindringen wollen.

Der Zusammenhang zwischen dem osmotischen Druck p_{osm} und der Stoffmenge gelöster Teilchen n in einem bestimmten Volumen V wird durch das **van't-Hoffsche Gesetz** beschrieben. Der osmotische Druck steigt mit der Temperatur, bei konstanter Temperatur nimmt er mit Zunahme der Teilchenkonzentration zu. Deshalb nahm van't Hoff an, dass sich gelöste Teilchen in hochverdünnten Lösungen wie ideale Gase verhalten und verwendete die allgemeine Gasgleichung zur Beschreibung des osmotischen Drucks (p_{osm}):

Allgemeine Gasgleichung: $p \cdot V = n \cdot R \cdot T$

van't-Hoff'sches Gesetz: $p_{osm} = \dfrac{n}{V} \cdot R \cdot T = c \cdot R \cdot T$

(R = Gaskonstante, T = Temperatur in K)

Dieses Gesetz gilt für stark verdünnte Lösungen, bei hohen Konzentrationen muss mit Aktivitäten (s. S. 52) gearbeitet werden.

■■I Merke

Der osmotische Druck ist von der Natur des gelösten Stoffes völlig unabhängig. Er wird durch die Stoffmenge n bzw. die Konzentration gelöster Teilchen c bestimmt.

Wenn 1 mol eines Nichtelektrolyten (z. B. Glucose) in 24,8 l Wasser gelöst ist, beträgt der osmotische Druck der Lösung bei 25 °C 100 kPa. Wenn jedoch 1 mol Natriumchlorid gelöst wird, liegen in der Lösung 1 mol Natriumionen und 1 mol Chloridionen vor. Die Stoffmenge und die Konzentration gelöster Teilchen ist doppelt so groß. Deshalb ist auch der osmotische Druck doppelt so groß (p_{osm} = 200 kPa). Die Dissoziation muss unbedingt berücksichtigt werden. In der Physiologie wird demzufolge anstelle des Mols manchmal mit dem **Osmol** gearbeitet. 1 Osmol ist die Stoffmenge, in der $6,02 \cdot 10^{23}$ osmotisch wirksame Teilchen enthalten sind.

Die **Osmolarität** ist die Konzentration, die sich aus dem Quotienten der Stoffmenge osmotisch wirksamer Teilchen und dem Volumen der Lösung ergibt.

Die **Osmolalität** ist das Verhältnis aus der Stoffmenge osmotisch wirksamer Teilchen und der Masse an reinem Lösungsmittel. Eine Glucoselösung c = 0,1 mol/l (0,1 molar) ist auch 0,1 osmolar, eine Natriumchloridlösung c = 0,1 mol/l ist aber 0,2 osmolar.

- Lösungen mit gleichem osmotischen Druck sind **isotonisch** oder isoosmotisch.
- Ist der osmotische Druck einer Lösung größer als der einer Vergleichslösung, ist sie **hypertonisch** (hyper griech. oberhalb, mehr als; tonos griech. Saite, Spannung).
- Eine **hypotonische** Lösung hat einen geringeren osmotischen Druck (hypo griech. unterhalb, unter).

  Da der osmotische Druck nur von der Anzahl der gelösten Teilchen abhängt, spricht man von einer **kolligativen Eigenschaft** (colligare lat. zusammenbinden, sammeln).

Auch die Dampfdruck-, die Gefrierpunktserniedrigung und Siedepunktserhöhung einer Lösung im Vergleich zum reinen Lösungsmittel sind kolligative Eigenschaften. Sie spielen physiologisch eine eher untergeordnete Rolle. Meist wird aber bei Lösungen nicht der osmotische Druck, sondern die Gefrierpunktserniedrigung gemessen. So sinkt der Gefrierpunkt von normalem Blutserum im Vergleich zu Wasser auf –0,558 °C, von verdünntem Urin auf –0,372 °C und von konzentriertem Urin auf –2,6 °C. Durch osmotische Vorgänge wird der Wasserhaushalt der Zelle reguliert, denn der Zelldruck in

Pflanzen wird durch einen bestimmten, osmotisch geregelten intrazellulären Wassergehalt hervorgerufen. Legt man Pflanzenzellen in eine hypertonische Lösung, wird den Zellen Wasser entzogen, es kommt zur Schrumpfung. Ist die umgebende Lösung hypotonisch, blähen sich die Zellen auf.

Auf diese Weise lässt sich auch erklären, warum Kirschen im Regen platzen und beim Zuckern von Früchten sehr viel Saft entsteht. Die gleiche Beobachtung gilt für menschliche Zellen. Erythrozyten behalten ihre Gestalt in physiologischer Kochsalzlösung (0,9 % NaCl). In konzentrierten Lösungen schrumpfen sie, in verdünnten Lösungen quellen und platzen sie.

Die Dialyse

Unter dem Begriff **Dialyse** versteht man die Stofftrennung an einer Membran nach der Teilchengröße (**Abb. 2.27**). Diese Membran ist für kleine Moleküle und Ionen, aber nicht für Makromoleküle oder Kolloide durchlässig.

Das Dialyse-Verfahren kommt vor allem in der Nephrologie zur Blutreinigung zum Einsatz. Damit sich kein Gleichgewicht einstellt, wird die Membran ständig von frischem Lösungsmittel umspült. So können niedermolekulare Schlackenstoffe des Organismus (z. B. Harnstoff) laufend entfernt werden.

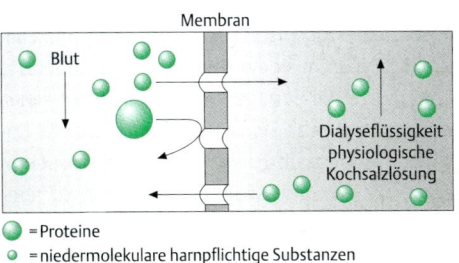

- ⬤ = Proteine
- ● = niedermolekulare harnpflichtige Substanzen

Abb. 2.27 Die schematische Darstellung einer Dialyse

Die Gibbs-Donnan-Gleichgewichte

Gibbs und Donnan untersuchten Gleichgewichte an Membranen, die für große Ionen eine Barriere darstellen, kleine Ionen aber passieren lassen.

Stellen Sie sich ein Gefäß vor, das links eine Natriumchloridlösung (Raum 1 in **Abb. 2.28**) und rechts eine Natriumproteinatlösung (Raum 2 in **Abb. 2.28**) enthält (physiologisch liegen Proteine als Anionen vor). Beide Bereiche sind durch eine semipermeable Membran getrennt, die die Natrium- und Chloridionen, aber nicht die Proteinanionen hindurchlässt.

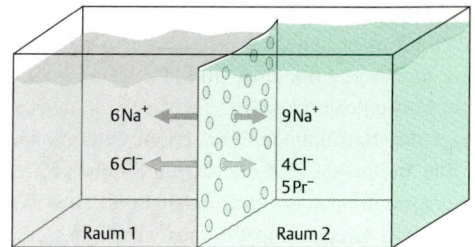

etwas später: Gibbs-Donnan-Gleichgewicht

Abb. 2.29   Das Gibbs-Donnan-Gleichgewicht hat sich eingestellt

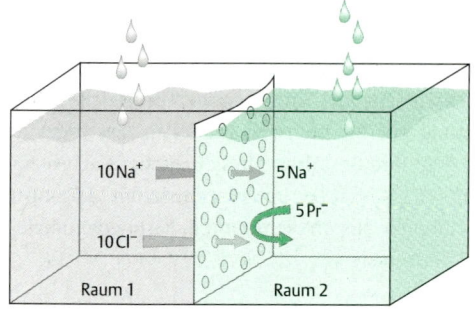

Einfüllen der Lösung: Start

Abb. 2.28   Vor der Ausbildung des Gibbs-Donnan-Gleichgewichts (Pr$^-$ = Proteinat)

Die Chloridionen wandern entsprechend des Konzentrationsgefälles in Raum 2 und nehmen wegen der Elektroneutralität Natriumionen mit. In zunehmendem Maß setzt eine Rückdiffusion ein, bis sich ein Gleichgewicht **(Abb. 2.29)** einstellt. Für dieses gilt:

$$c_{Na^+ (1)} \cdot c_{Cl^- (1)} = c_{Na^+ (2)} \cdot c_{Cl^- (2)}$$

Der Gleichgewichtszustand ist auch dadurch charakterisiert, dass in beiden Räumen Elektroneutralität herrscht, die Ionenarten sind aber ungleich verteilt und auch die Teilchenkonzentration ist unterschiedlich. Deshalb ist der osmotische Druck in Raum 2 höher. Das ist eine physiologisch eindrucksvolle Situation, denn Raum 1 ist nichts anderes als der Extrazellular-, Raum 2 der Intrazellularraum. Wasser würde also ständig in das Zellinnere drängen. Deshalb besitzt jede Zelle des menschlichen Organismus ein Ionentransportsystem, die Na-Kalium-Pumpe, die unter Umwandlung von Stoffwechselenergie Natriumionen zurück in den Extrazellularraum transportiert und Kaliumionen in die Zelle hineinschafft. Die Kaliumionen folgen dann aber wieder dem Konzentrationsgefälle und diffundieren aus der Zelle heraus. Es entsteht ein Membranpotenzial. Im Inneren der Zelle überwiegt die negative Ladung, als Folge treten

auch Chloridionen aus. Letztendlich wird so der Eintritt von Wasser in die Zelle verhindert.

Die Potenzialdifferenz an einer Zellmembran beträgt im Ruhezustand etwa –87 mV, wobei die Kaliumionenkonzentration im Intrazellularraum 30-mal höher als im Extrazellularraum ist.

2.8.8 Klinische Bezüge

Atmung

Das Henry-Dalton-Gesetz hat für alle atemphysiologischen Vorgänge Bedeutung. Wenn der Sauerstoff-Partialdruck in der Einatmungsluft größer wird, steigt in der flüssigen Phase, also dem Blut, der Sauerstoffgehalt. Diese Tatsache wird bei einer Sauerstoff-Überdrucktherapie ausgenutzt.

Der Partialdruck des Sauerstoff sinkt mit steigender Höhe (z. B. Aufenthalt im Hochgebirge), d. h. die Sauerstoffkonzentration im Blut und die körperliche Leistungsfähigkeit nehmen ebenfalls ab. Der Organismus passt sich den veränderten Bedingungen nur langsam an.

Stickstoff löst sich unter hohem Druck sehr gut in Blut. Wenn dieser Druck plötzlich nachlässt, sinkt die Löslichkeit schlagartig. Der Stickstoff bildet dann Gasblasen (wie Sie es beim Öffnen einer Mineralwasserflasche beobachten), diese Gasblasen verlegen dann kleine Blutgefäße (Gasembolie). Deshalb müssen Taucher nach dem Aufenthalt in größeren Tiefen einen allmählichen Druckausgleich vornehmen, oder die Luft in den mitgeführten Flaschen darf keinen Stickstoff enthalten. Dieser wird durch Helium ersetzt, das sich in Blut praktisch nicht löst und dadurch keine Blasen bilden kann.

Anästhetika

Verteilungsgleichgewichte von Stoffen zwischen zwei Flüssigkeiten spielen beim Transport von Substanzen im Organismus eine große Rolle. Wenn Medikamente z. B. erst im Nervengewebe wirksam werden sollen, müssen sie eine gute Löslichkeit in lipophilen Phasen aufweisen, damit sie aus der wässrigen Phase (Blut) in das fettreiche Nervengewebe übertreten können. Je höher die Fettlöslichkeit eines Anästhetikums ist, desto höher ist seine narkotische Wirkung und umso geringer ist die benötigte Dosis.

Diabetes mellitus

Die osmotische Diurese ist ein charakteristisches Merkmal beim Diabetes mellitus. Normalerweise wird Glucose in der Niere vollständig resorbiert, sodass praktisch keine Glucose im Harn nachweisbar ist. Beim Diabetes mellitus ist die Glucosemenge jedoch so groß, dass die Resorptionskapazität der Nierentubuli überfordert wird. Die Restglucose behindert die Resorption von Wasser, das folglich ausgeschieden werden muss.

Check-up

✔ **Machen Sie sich anhand einiger Beispiele den Zusammenhang zwischen der Polarität einer Verbindung und der Polarität eines geeigneten Lösungsmittels noch einmal klar. Beachten Sie dabei auch, wie sich eine Substanz zwischen zwei Flüssigkeiten verteilt und wie sich ein Gas in einer Flüssigkeit löst.**

✔ **Wiederholen Sie die Definition der Begriffe Osmose, Dialyse und Donnan-Gleichgewicht.**

info

Grundlagen der organischen Chemie

Diagnose mit der Nase

Jens P. liegt bewusstlos auf dem Schulhof. Aus seinem Mund kommt ein eigenartiger Geruch: Es riecht wie Nagellackentferner. Jens atmet Aceton aus, einen Stoff aus der Gruppe der Ketone. Die Ketone gehören zu den Carbonylverbindungen, die Sie in der organischen Chemie kennen lernen werden. Ketone werden Ihnen auch später wieder begegnen: Ketonkörper werden gebildet, wenn der Fettstoffwechsel des Körpers erhöht ist. Dies ist z. B. bei Hunger oder bei Diabetes mellitus der Fall. Insulin hält die Fette in ihren Depots zurück, der Körper verstoffwechselt hauptsächlich Kohlenhydrate. Fehlt, wie bei Diabetes mellitus, das Insulin, werden die Fette zu den Ketonkörpern Acetoacetat, β-Hydroxybuttersäure und Aceton abgebaut. Die sauren Ketonkörper bewirken, dass der pH-Wert des Blutes sinkt, es kommt zu einer sog. Ketoazidose. Und diese wiederum kann zur Bewusstseinstrübung bis hin zum Koma führen. Wie bei Jens P.

Tiefe Atmung und Acetongeruch

Mit Blaulicht und Martinshorn bahnt sich der Rettungswagen seinen Weg auf den Schulhof. Auf einer Bank liegt der 16-jährige Jens P. Er ist bewusstlos und atmet tief ein und aus. Herr Berger, der Klassenlehrer, berichtet, der Junge habe sich heute nicht wohl gefühlt, über Bauchschmerzen geklagt und sei in der Pause auf dem Schulhof zusammengebrochen.

Dr. Holzner, der Notarzt, hat schon eine Verdachtsdiagnose: Es riecht deutlich nach Aceton, die tiefen Atemzüge deutet er als die sog. Kussmaul-Atmung – möglicherweise handelt es sich also um ein diabetisches Koma. Er bestimmt den Blutzucker. 480 mg/dl! Normalerweise liegt der Blutzucker bei 80-120 mg/dl, allenfalls bei 200 mg/dl. Noch im Rettungswagen beginnt Dr. Holzner mit der Therapie: Er spritzt dem Jungen Insulin und gibt ihm außerdem Flüssigkeits- und Elektrolyt-Infusionen. In der Klinik wird Jens auf die Intensivstation gebracht. Dort wird die Diagnose Coma diabeticum bestätigt. Die Ärzte führen Jens weiter Insulin zu, bis sich sein Blutzucker stabilisiert hat. Dabei gehen sie vorsichtig vor und achten besonders auf die Elektrolyte im Blut. Die Elektrolyte können nämlich bei zu schneller Normalisierung des Blutzuckerspiegels gefährlich entgleisen.

Als Jens aus dem Koma erwacht, ist er überrascht. Er soll Diabetiker sein? Sehr viel hatte er davon nicht bemerkt: Er war „nur" oft durstig gewesen, hatte viel getrunken und musste häufig zur Toilette gehen. Dass dies bereits Zeichen der Zuckerkrankheit waren, wusste er nicht.

Kein Insulin, keine Glucoseverwertung

Was ist Diabetes mellitus eigentlich? Jens leidet an einem Typ-1-Diabetes. Bei ihm sind die Langerhans-Inseln der Bauchspeicheldrüse zerstört. Dort wird normalerweise das Hormon Insulin produziert, das dafür sorgt, dass die Glucose aus dem Blut in die Körperzellen aufgenommen wird. Fehlt Insulin, ist der Blutzuckerspiegel erhöht. Glucose kann nicht verwertet werden; daher wird der Fettstoffwechsel angekurbelt; es werden Ketonkörper gebildet. Der hohe Blutzuckerspiegel kann im Lauf der Zeit zu einer Reihe von Organschäden führen, z. B. an Augen, Nieren, Gefäßen oder Nerven.

Insulin per Spritze vor jeder Mahlzeit

Damit Jens nicht an diesen Folgeschäden erkrankt, lernt er in einer Diabetiker-Schulung im Krankenhaus, sich selbst Insulin zu spritzen. Morgens und abends muss er künftig ein lange wirkendes Insulin-Präparat spritzen, vor den Mahlzeiten zusätzlich ein sofort wirkendes Insulin. Außerdem lernt er, dass es neben dem diabetischen Koma (zu hoher Blutzuckerspiegel) bei Diabetikern auch ein hypoglykämisches Koma (zu niedriger Blutzuckerspiegel) gibt. Deshalb wird Jens nun immer ein Päckchen Traubenzucker bei sich haben. Denn einen zu niedrigen Blutzuckerspiegel behandelt man am·besten, indem man so schnell wie möglich Glucose zu sich nimmt.

3 Grundlagen der organischen Chemie

Der Begriff organische Chemie bezeichnet die Chemie der Kohlenstoffverbindungen. Einige Kohlenstoffverbindungen werden jedoch der anorganischen Chemie zugeordnet (z. B. Kohlenstoffoxide, Kohlensäure und ihre Salze, Cyanwasserstoff und seine Salze). Heute sind etwa 15 Millionen Kohlenstoffverbindungen bekannt. Produkte der organischen Chemie, wie Kunststoffe, synthetische Fasern, Kautschukprodukte und Kraftstoffe, spielen eine große Rolle im Alltag. Reaktionen organischer Verbindungen bilden die Grundlage aller Lebensvorgänge und sind deshalb für den angehenden Mediziner von großer Bedeutung.

3.1 Die Bindungsverhältnisse am Kohlenstoffatom

 Lerncoach

Für dieses Kapitel benötigen Sie Ihre Kenntnisse der aus dem Periodensystem der Elemente ableitbaren Gesetzmäßigkeiten. Überlegen Sie sich vorab, welche Eigenschaften man für das Kohlenstoffatom erwarten kann. Es kann hilfreich sein, wenn Sie sich dazu die Elektronenkonfiguration des Kohlenstoffatoms aufschreiben.

3.1.1 Der Überblick

Wir wollen nun anhand eines Modells die Vierbindigkeit des Kohlenstoffatoms sowie das Auftreten von Einfach-, Doppel- und Dreifachbindungen erklären. Auch die besondere Stabilität einiger Systeme mit mehreren Doppelbindungen wird besprochen.

3.1.2 Die Eigenschaften des Elements Kohlenstoff

Kohlenstoff ist vierbindig, hat die Ordnungszahl 6 und steht in der 14. Gruppe (4. Hauptgruppe) des Periodensystems (s. S. 16). Es zeigt keine Tendenz zur Ionenbildung. Für die Chemie des Kohlenstoffs sind **Atombindungen** charakteristisch, wobei diese nicht nur mit Atomen anderer Elemente, sondern auch mit weiteren C-Atomen ausgebildet werden.

█I Merke
Kohlenstoff hat die größte Tendenz unter allen Elementen, mit sich selbst Bindungen einzugehen.

Dabei können kettenförmige unverzweigte oder verzweigte, aber auch ringförmige Strukturen entstehen. Die Bindungsstärke zwischen den Kohlenstoffatomen ist außerdem verschieden. Es können sich sog. **Einfach-, Doppel- oder Dreifachbindungen** ausbilden.

3.1.3 Das Hybridisierungsmodell

Die Elektronenkonfiguration des Kohlenstoffatoms lautet:

$1s^2\ 2s^2\ 2p^2$ oder ausführlich $1s^2\ 2s^2\ 2p_x{}^1\ 2p_y{}^1$

Kohlenstoff verfügt also über **4 Valenzelektronen**. Gemäß den quantenchemischen Bindungsmodellen ist es energetisch sinnvoll, wenn Orbitale überlappen, die mit einem Elektron besetzt sind. (s. S. 13). Das sind in diesem Fall die beiden p-Orbitale (**p_x- und p_y-Orbital**).

Dieses Modell erklärt die Vierbindigkeit des Kohlenstoffatoms jedoch nicht, denn so könnten nur zwei Atombindungen und eventuell noch eine koordinative Bindung ausgebildet werden. Die experimentellen Befunde belegen aber vier völlig gleichwertige Bindungen! Deshalb wurde das **Hybridisierungsmodell** entwickelt, das ebenfalls auf quantenchemischen Grundlagen basiert. Auf die genaue Herleitung wird hier verzichtet, es sei nur daran erinnert, dass ein Orbital nichts anderes als eine mathematische Funktion ist, die man zur Beschreibung des Elektrons nutzt, das sowohl Wellen- als auch Teilcheneigenschaften aufweist (s. S. 12). Mathematische Funktionen kann man unter bestimmten Bedingungen transformieren – das gleiche gilt also auch für die Orbitale.

Die sp³-Hybridisierung

Das Modell beinhaltet eine Transformation des kugelsymmetrischen s- und der drei hantelförmigen, zueinander rechtwinklig stehenden p-Orbitale des Kohlenstoffatoms. Aus den vier Orbitalen des Kohlenstoffatoms (kugelsymmetrisches s- und drei hantelförmige, zueinander rechtwinklig stehende p-Orbitale) werden vier neue, energetisch gleich-

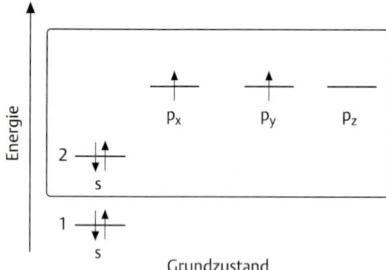

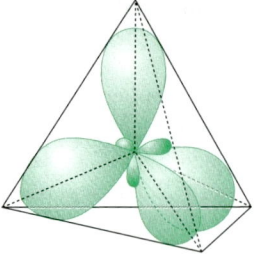

Abb. 3.2   Optimale Anordnung der sp³-Hybridorbitale

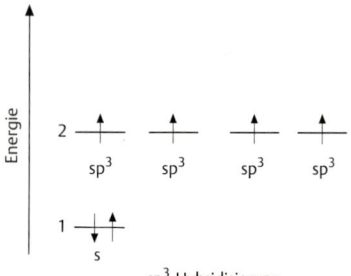

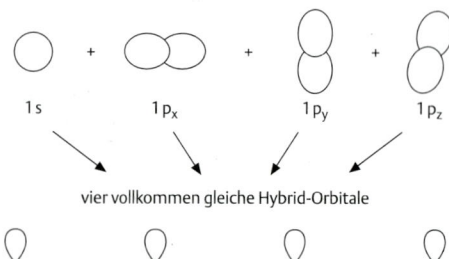

Abb. 3.1   Die Elektronenkonfiguration des Kohlenstoffatoms vor und nach der Hybridisierung und die räumliche Darstellung der Orbitale

wertige Orbitale erzeugt. Man bezeichnet sie als **sp³-Hybridorbitale** (hibrida lat. Mischling). Die Form der Hybridorbitale stellt eine Kombination aus s- und p-Orbitalen dar in Form einer asymmetrischen Hantel (**Abb. 3.1**).

Da die vier Orbitale mit je einem Elektron „besetzt" werden, orientieren sie sich so, dass der Abstand der Orbitale zueinander so groß wie möglich ist. Das ist dann der Fall, wenn sie in die Ecken eines regelmäßigen Tetraeders zeigen. Im Schwerpunkt befindet sich der Atomkern. Der Winkel zwischen den Achsen der Orbitale beträgt 109,5° (**Abb. 3.2**)

und wird als Tetraederwinkel bezeichnet. Jedes der vier Orbitale kann jetzt mit einem anderen Orbital überlappen und eine Atombindung bilden.

Die sp²- und sp-Hybridisierung

Man kann bei der mathematischen Transformation auch weniger Orbitale berücksichtigen:

- Werden nur das s-Orbital und zwei p-Orbitale transformiert, erhält man **drei sp²-Hybridorbitale**. Ein p-Orbital bleibt unverändert. Die drei energetisch gleichwertigen sp²-Hybridorbitale liegen in einer Ebene und bilden einen Winkel von 120° zueinander. Dann ist die Abstoßung der Orbitale am geringsten. Das nicht hybridisierte p-Orbital steht senkrecht zu dieser Ebene (**Abb. 3.3**).

- **Zwei sp-Hybridorbitale** entstehen aus einem s- und einem p-Orbital, zwei p-Orbitale werden nicht hybridisiert. Die sp-Hybridorbitale bilden einen Winkel von 180° zueinander. Die beiden p-Orbitale stehen senkrecht zueinander und zu den sp-Orbitalen (**Abb. 3.3**).

▮▮▍ Merke
Die Anzahl der Hybridorbitale muss mit der Anzahl der transformierten Orbitale übereinstimmen.

3.1.4 Das Modell der σ- und der π-Bindung

Die aufgeführten Hybridisierungsmodelle ermöglichen das Verständnis der Bindungen, die das Kohlenstoffatom eingehen kann.

Die einfachste organische Verbindung ist das **Methan** (CH_4). Vier Wasserstoffatome gehen mit einem sp³-hybridisierten Kohlenstoffatom eine Bindung ein. Die räumliche Darstellung ergibt sich aus

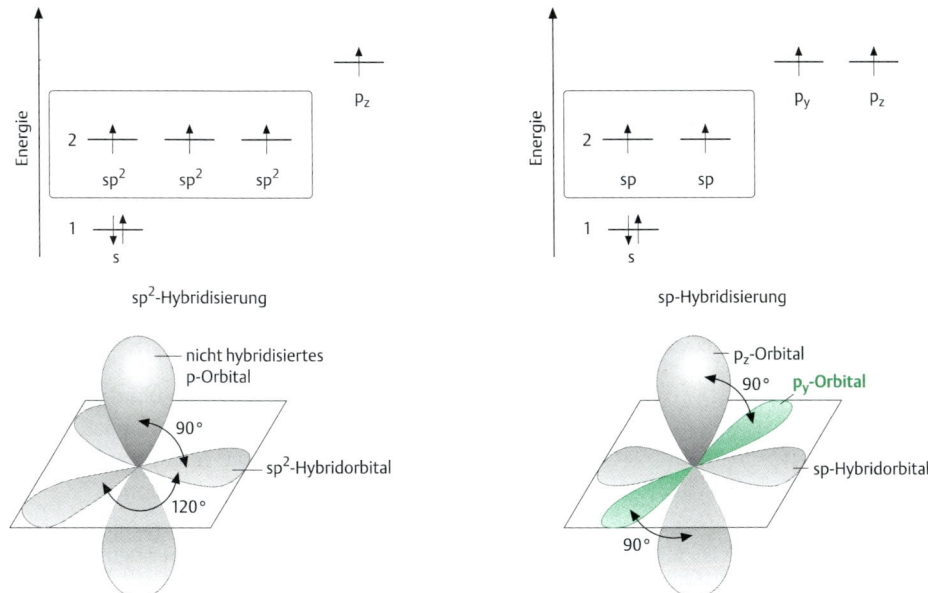

Abb. 3.3 Die Elektronenkonfiguration für die sp²- und sp-Hybridisierung sowie die räumliche Darstellung der Orbitale

Abb. 3.4 Das Energieniveauschema und die Orbitaldarstellung für Methan

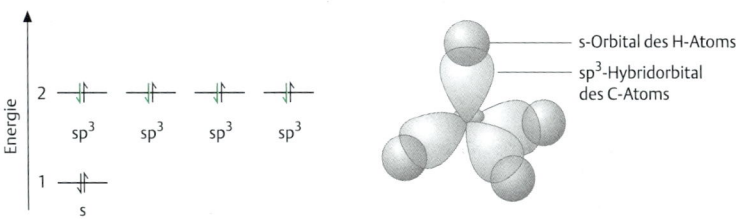

↓ Elektron eines Wasserstoffatoms

der tetraedrischen Anordnung der **sp³-Hybridorbitale**. Diese „überlappen" jeweils mit dem s-Orbital von einem der vier Wasserstoffatome **(Abb. 3.4)**.

Auch die **Bindung zwischen zwei sp³-hybridisierten C-Atomen** lässt sich so verstehen. Es kommt zu einer Überlappung zwischen je einem sp³-Orbital beider Kohlenstoffatome. Die einfachste Verbindung wäre das **Ethan** C_2H_6. Die verbleibenden Hybridorbitale überlappen mit den s-Orbitalen der sechs Wasserstoffatome **(Abb. 3.5)**.

Der Winkel zwischen einer CH- und der CC-Bindung beträgt 109,5°. Die von uns im Folgenden häufig verwendete vereinfachte Darstellung für das Ethan ist also nur die Projektion in die Papierebene. Es handelt sich dabei um nichts anderes als die auf S. 26 besprochenen Lewis-Formeln. Zur richti

gen räumlichen Wiedergabe kann z.B. die Keilstrichprojektion (s. S. 92) benutzt werden.

👁 Sie haben sicher gemerkt, dass Ihr räumliches Vorstellungsvermögen gefordert ist. Zum besseren Verständnis können Sie sich auch Modelle aus Knetmasse und Streichhölzern selbst herstellen.

Wenn man sich die Überlappung der s-Orbitale des Wasserstoffatoms und der Hybridorbitale der Kohlenstoffatome oder auch die Überlappung zwischen den sp³-Hybridorbitalen anschaut, stellt man fest, dass die Wechselwirkung auf der Kernverbindungslinie am größten ist. Diese starke Wechselwirkung erkennt man an einer hohen Elektronendichte zwi

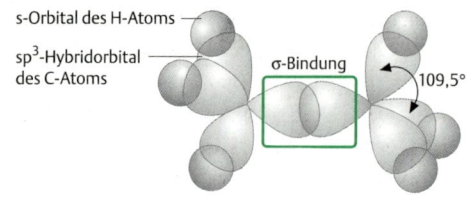

einfache Strukturformel   Keil-Strich-Projektion

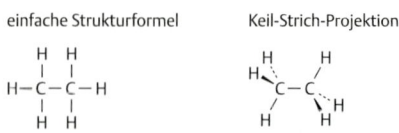

Abb. 3.5 Darstellung der Orbitale im Ethan im Vergleich mit der Struktur in einfacher und Keilstrich-Darstellung (s. S. 92)

schen den Kohlenstoffatomen, sie ist rotationssymmetrisch. In diesem Fall spricht man von einer σ-**Bindung**. Da die Elektronegativität von Kohlenstoff und Wasserstoff annähernd gleich ist, befindet sich der Bereich höchster Elektronendichte etwa in der Mitte zwischen beiden Kernen.

▪▪▌ Merke
Die σ-Bindung ist rotationssymmetrisch, die stärkste Überlappung erfolgt zwischen den Atomkernen, dort ist die Elektronendichte am größten.

Das Modell der **sp²-Hybridisierung** muss man heranziehen, um die Verhältnisse im **Ethen** (C_2H_4) zu verstehen. Es kommt zu einer Überlappung von je einem Hybridorbital beider Kohlenstoffatome. Außerdem überlappen je zwei Hybridorbitale mit den s-Orbitalen der Wasserstoffatome. Es treten alle Merkmale einer σ-Bindung auf. Deshalb spricht man auch von einem σ-**Bindungsgerüst**, das eine Ebene aufspannt **(Abb. 3.6)**.

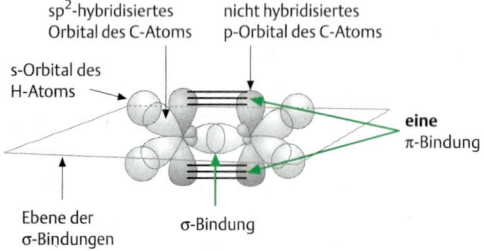

Abb. 3.6 Orbitaldarstellung im Ethen

Die **nicht in die Hybridisierung einbezogenen p-Orbitale** der Kohlenstoffatome stehen **senkrecht** zu dieser Ebene. Bei der Wechselwirkung der sp²-Orbitale der Kohlenstoffatome kommt es zwangsläufig auch zu einer Wechselwirkung der p-Orbitale ober- **und** unterhalb der Ebene, die aber schwächer ausfällt. Das Ausmaß der Überlappung ist geringer, folglich auch die Stärke dieser Bindung (π-**Bindung**). Tritt neben einer σ-Bindung eine π-Bindung auf, spricht man von einer Doppelbindung.

▪▪▌ Merke
Eine π-Bindung entsteht durch die Überlappung zweier p-Orbitale und ist nicht frei drehbar. Sie kann gewöhnlich nicht allein, sondern nur in Kombination mit einer σ-Bindung auftreten!

Bei **sp-hybridisierten Kohlenstoffatomen** überlappen je zwei der nicht hybridisierten p-Orbitale, und zwar die räumlich zueinander passenden. Dann kommt es neben der σ-Bindung zur Ausbildung von zwei π-Bindungen (**Dreifachbindung**).
Die Elektronendichte zwischen den Kohlenstoffatomen nimmt also von der Einfach- über die Doppel- zur Dreifachbindung zu. Damit verbunden ist eine Steigerung der Reaktivität. Die Bindungsenergie nimmt in dieser Reihenfolge selbstverständlich zu, wobei der Anteil der σ-Bindung an der Bindungsenergie prozentual am größten ist. Aufgrund der stärkeren Wechselwirkung nimmt in dieser Reihenfolge die Bindungslänge ab **(Tab. 3.1)**.

Tabelle 3.1 Bindungsenergie und Bindungslänge zwischen C-Atomen

Bindungstyp	Bindungsenergie kJ/mol	Bindungslänge pm
C–C: σ-Bindung	346	153
C=C: σ-Bindung + π-Bindung	602	134
C≡C: σ-Bindung + 2 π-Bindungen	836	121

3.1.5 Die konjugierten Doppelbindungen
Bei Verbindungen mit mehreren Doppelbindungen ist folgendes zu beachten:
- Sobald mehr als eine Einfachbindung und somit ein sp³-hybridisiertes C-Atom zwischen den sp²-hybridisierten C-Atomen liegt, die für die Aus-

bildung der Doppelbindung verantwortlich sind, spricht man von **isolierten** Doppelbindungen.

- Wenn von einem C-Atom zwei Doppelbindungen ausgehen, werden diese als **kumuliert** (cumulare lat. anhäufen) bezeichnet **(Abb. 3.7)**. Das Kohlenstoffatom ist also in diesem Fall sp-hybridisiert.

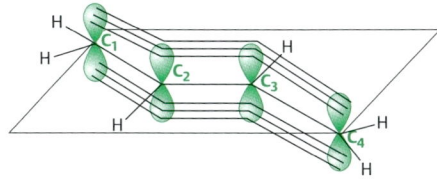

isoliert	sp^3 sp^3 sp^3 sp^3 sp^3 $H_2C=CH-CH_2-CH_2-CH_2-CH_2-CH_2-CH=CH_2$
	Nona-1,8-dien
konjugiert	$H_2C=CH-CH=CH_2$
	Buta-1,4-dien
kumuliert	$H_2C=C=CH_2$
	Propadien

Abb. 3.7 Isolierte, konjugierte und kumulierte Doppelbindungen

- Treten Doppel- und Einfachbindungen alternierend auf, handelt es sich um **konjugierte** (coniugare lat. verbinden) Doppelbindungen **(s. Abb. 3.7)**. Bei konjugierten Doppelbindungen treten qualitativ neue Eigenschaften auf, die man aber mit dem Hybridisierungsmodell verstehen kann.

Im Buta-1,4-dien sind alle C-Atome sp^2-hybridisiert. Es kommt zu einer Überlappung der sp^2-Orbitale zwischen den C-Atomen und zu einer Überlappung der sp^2- und der s-Orbitale der Wasserstoffatome in Form von σ-Bindungen. Das bedeutet, dass die Kernverbindungslinien zwischen den 4 C-Atomen und zwischen den C-Atomen und den jeweiligen H-Atomen in einer Ebene liegen **(Abb. 3.8)**.

Abb. 3.8 Darstellung der nicht hybridisierten p-Orbitale und deren Wechselwirkung im Buta-1,4-dien

Alle vier nicht hybridisierten p-Orbitale stehen senkrecht zu dieser Ebene und treten im Sinn einer π-Bindung in Wechselwirkung. Diese Wechselwir-

kung erfolgt nun nicht nur zwischen den p-Orbitalen des 1. und 2. C-Atoms und des 3. und 4. C-Atoms. Auch zwischen dem p-Orbital des 2. und 3. C-Atoms findet eine Überlappung statt. Die π-Bindung ist also nicht genau zwischen dem 1. und 2. sowie dem 3. und 4. C-Atom lokalisiert, die Doppelbindungen sind **delokalisiert.** Die C2-C3-Bindung ist mit 146 pm etwas kürzer als eine Einfach-, aber doch länger als eine Doppelbindung (vgl. **Tab. 3.1**).

Das fiktive Buta-1,4-dien mit lokalisierten, also zwischen C1 und C2 bzw. C3 und C4 genau fixierten Doppelbindungen ist instabiler als das real vorhandene.

▮▮▮▮ Merke

Die Delokalisierung bedeutet einen Energiegewinn im Vergleich zur hypothetischen Struktur mit lokalisierten Doppelbindungen. Man spricht von Delokalisierungs- oder Resonanzenergie.

Die Delokalisation der Doppelbindung kann man durch mesomere Grenzstrukturen (s. S. 26) darstellen **(Abb. 3.9)**.

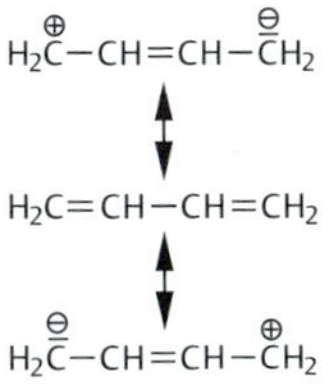

$$\overset{\oplus}{H_2C}-CH=CH-\overset{\ominus}{CH_2}$$

$$H_2C=CH-CH=CH_2$$

$$\overset{\ominus}{H_2C}-CH=CH-\overset{\oplus}{CH_2}$$

Abb. 3.9 Mesomere Grenzstrukturen von Buta-1,4-dien

Die Bindungsverhältnisse im Benzen

Auch im **Benzen (C_6H_6)** sind alle Kohlenstoffatome sp^2-hybridisiert (der noch häufig benutzte Trivialname „Benzol" wird hier nicht mehr verwendet, sondern der in der IUPAC-Nomenklatur festgelegte systematische Name). Bei Überlappung der sp^2-Orbitale der C-Atome ergibt sich ein regelmäßiges Sechseck. Senkrecht zu dieser Ebene stehen sechs nicht hybridisierte p-Orbitale, deren Wechselwirkung eine Elektronenwolke ergibt. Diese Wolke ist völlig gleichmäßig oberhalb und unterhalb der Ebene verteilt. Dieser Zustand ist energetisch wiederum günstiger als der fiktive mit drei lokalisierten Doppelbindungen. Die Differenz zwischen der Energie des fiktiven Benzens mit drei lokalisierten Bindungen und der Energie des Benzens mit delokalisierten Bindungen (Delokalisierungsenergie) ist deutlich größer als im Butadien, da in den mesomeren Strukturen des Benzens **(Abb. 3.10)** keine Formalladungen auftreten, wie es aber bei Butadien **(Abb. 3.9)** der Fall ist. Weder Formel 1 noch Formel 2 in **Abb. 3.10** beschreiben die Struktur des Benzens richtig. Dazu sind mehrere Formeln nötig, die durch den Mesomeriepfeil verknüpft werden müssen. Man kann aber auch Formel 3 verwenden. Die Bindung zu den Wasserstoffatomen wird oft nicht mit angegeben, aus der Vierbindigkeit des C-Atoms geht aber zwangsläufig hervor, dass bei dieser vereinfachten Darstellung die Wasserstoffatome gedanklich zu ergänzen sind.

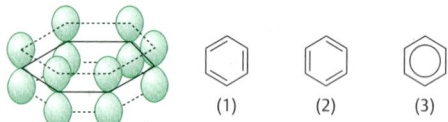

Abb. 3.10 Die nicht hybridisierten p-Orbitale und deren Wechselwirkung sowie die verschiedenen Formelschreibweisen für Benzen

Auch experimentell wurde bestätigt, dass alle Bindungen im Benzen gleich sind, ihre Bindungslänge liegt mit 139 pm zwischen der Einfach- und der Doppelbindung. Die Bindungsverhältnisse im Benzen werden oft als **aromatischer Zustand** bezeichnet. Dieser tritt in **planaren cyclischen konjugierten Systemen mit (4n+2) π-Elektronen** auf und führt zu einem eigenständigen Reaktionsverhalten (s. S. 111).

  Check-up

✔ **Wiederholen Sie den Zusammenhang zwischen den einzelnen Hybridisierungsmodellen und den jeweils zwischen den Hybridorbitalen auftretenden Winkeln. Beachten Sie dabei, dass diese Winkel häufig bei der Darstellung der Verbindungen nicht berücksichtigt werden – für das räumliche Verständnis sind diese Winkel aber Voraussetzung.**

✔ **Verdeutlichen Sie sich noch einmal den Unterschied zwischen einer σ- und einer π-Bindung.**

✔ **Zum Üben können Sie die Hybridisierung aller C-Atome in folgenden Verbindungen angeben (Abb. 3.11) (Lösung s. S. 196):**

Abb. 3.11 Beispiele zur Hybridisierung

3.2 Die Einteilung und die Nomenklatur organischer Verbindungen

Lerncoach

■ **In diesem Kapitel begegnen Sie einer Vielzahl verschiedener Stoffklassen und Formeln. Konzentrieren Sie sich beim Lernen auf das Erkennen der wichtigsten Stoffklassen anhand funktioneller Gruppen. Lernen Sie keinesfalls Summenformeln, da diese keine Hinweise auf die charakteristischen Gruppen der Verbindung zulassen.**

■ **Chemie versteht man nur über die Strukturen. Einige einfache Strukturfomeln sollten Sie für die jeweilige Stoffklasse parat haben. Legen Sie sich beispielsweise einen Zettel neben das Buch und notieren Sie die Strukturformel und den Namen. Später können Sie sich damit kontrollieren.**

3.2.1 Der Überblick

Die Vielfalt organischer Verbindungen zwingt förmlich dazu, ein Einteilungssystem zu finden. Meist reicht es aus, eine Zusammenfassung nach den Eigenschaften vorzunehmen (z. B. zu Farbstoffen, oberflächenaktiven Stoffen, makromolekularen Verbindungen). Aber um tiefer in die organische Chemie einzudringen, muss man die Struktur der Verbindung – also die Anordnung der Atome – als Klassifizierungsmerkmal berücksichtigen. Außerdem müssen die Verbindungen eindeutig durch einen Namen charakterisiert werden.

3.2.2 Die Klassifizierung organischer Verbindungen

Die Kohlenwasserstoffe (vgl. S. 119)
Zur Gruppe der Kohlenwasserstoffe gehören alle **Verbindungen, die ausschließlich aus Kohlenstoff-**

Abb. 3.12 Klassifizierung der Kohlenwasserstoffe und Stoffbeispiele für die einzelnen Klassen

und Wasserstoffatomen bestehen. Dabei kann es sich um kettenförmige oder ringförmige Strukturen handeln, folglich unterscheidet man auch zwischen

- **kettenförmigen** oder **aliphatischen** Verbindungen
  - **verzweigte** und
  - **unverzweigte** Verbindungen
- **ringförmigen** oder **cyclischen** Verbindungen
  - **aromatische** und
  - **alicyclische** Verbindungen.

Die kettenförmigen und die alicyclischen Kohlenwasserstoffe unterteilt man außerdem in **gesättigte** (es treten nur Einfachbindungen auf) und **ungesättigte** Verbindungen. **(Abb. 3.12, Tab. 3.2)**.

Eine Klassifizierung kann nur bei einfachen Verbindungen leicht vorgenommen werden, bei großen Molekülen, die gerade für die Biochemie wichtig sind, werden häufig Teilstrukturen klassifiziert.

Die Kohlenwasserstoffe mit Heteroatomen

Viele organische Verbindungen enthalten neben Kohlenstoff und Wasserstoff weitere Elemente (sog. **Heteroatome**). Die wichtigsten Heteroatome sind die Halogene, Sauerstoff, Stickstoff, Phosphat und Schwefel.

Diese von den Kohlenwasserstoffen abgeleiteten Derivate werden durch die allgemeine Formel **R–X**, gelegentlich auch **R–X–R** beschrieben.

- **X** ist die das Heteroatom enthaltende **funktionelle Gruppe** (die funktionellen Gruppen führen zu speziellen physikalischen und chemischen Eigenschaften, die für die ganze Verbindungsklasse charakteristisch sind).
- **R** beschreibt den nur aus C und H bestehenden organischen Rest, den man als **Alkylrest** bezeichnet. Wenn dieser Rest von einem Benzenring abgeleitet ist, heißt er **Arylrest**. Gelegentlich wer-

Tabelle 3.2 Beispiele für Kohlenwasserstoffe

Stoffklasse	Strukturbeispiel	Name und Vorkommen bzw. Bedeutung
unverzweigter gesättigter Kohlenwasserstoff	$H_3C-CH_2-CH_2-CH_3$ (Strukturformel mit H-Atomen)	Butan wird aus Erdöl gewonnen, ist wichtiges Heizgas
verzweigter gesättigter Kohlenwasserstoff	$H_3C-C(CH_3)_2-CH_3$	2,2-Dimethyl-propan/ Neopentan
unverzweigter ungesättigter Kohlenwasserstoff mit einer Doppelbindung	$H_2C=CH_2$	Ethen/Ethylen größtes organisches Massenprodukt der chemischen Industrie, natürliches Vorkommen in Pflanzen als Hormon
verzweigter ungesättigter Kohlenwasserstoff mit Doppelbindungen	$H_2C=C(CH_3)-CH=CH_2$	2-Methyl-buta-1,4-dien/Isopren Baustein des Naturkautschuks
unverzweigter ungesättigter Kohlenwasserstoff mit einer Dreifachbindung	$HC\equiv CH$	Ethin/Acetylen tritt bei der trockenen Destillation von Steinkohle auf, wichtiger Ausgangsstoff für die Synthese
alicyclische gesättigte Verbindung	Cyclohexan-Struktur	Cyclohexan Grundkörper für viele Naturstoffe, aber auch Grundlage für die Produktion von Nylon und Perlon
alicyclische ungesättigte Verbindung mit einer Doppelbindung	Cyclohexen-Struktur	Cyclohexen Grundkörper der in Pflanzen einer japanischen Anisart vorkommenden Shikimisäure
aromatische Verbindung	Benzen-Struktur	Benzen wichtiges Ausgangsprodukt für die Herstellung von Farbstoffen, Insektiziden oder Pharmaka

Tabelle 3.3 Beispiele für funktionelle Gruppen

Stoffklasse	allgemeine Formel	Bezeichnung der funktionellen Gruppe	Beispiel
Halogenkohlenwasserstoffe	R-X mit X = F, Cl, Br oder I	Halogengruppe	1-Brom-1-chlor-2,2,2-trifluor-ethan/Halothan (Inhalationsnarkotikum) $$F-\overset{\overset{\displaystyle F}{\vert}}{\underset{\underset{\displaystyle F}{\vert}}{C}}-\overset{\overset{\displaystyle H}{\vert}}{\underset{\underset{\displaystyle Br}{\vert}}{C}}-Cl$$
Alkohole	R—OH	Hydroxygruppe	Ethan-1,2-diol/Ethylenglykol (Frostschutzmittel) CH_2-OH CH_2-OH
Phenole	R-OH (R = aromatischer Ring/Arylrest)	Hydroxygruppe	Phenol (wichtiges Syntheseausgangsprodukt)
Ether	R—O—R	Alkoxygruppe	Ethoxyethan/Diethylether (Lösungsmittel, Narkotikum) $H_3C-CH_2-O-CH_2-CH_3$
Aldehyde	$R-C{\overset{O}{\underset{H}{}}}$	Carbonyl- (Formyl-)gruppe	Ethanal/Acetaldehyd (wichtiges Zwischenprodukt beim biochemischen Zuckerabbau) $H_3C-C{\overset{O}{\underset{H}{}}}$
Ketone	$R-\overset{}{\underset{\overset{\parallel}{O}}{C}}-R$	Carbonyl- (oxo-)gruppe	Propanon/Aceton (tritt bei Diabetes mellitus als anomales Stoffwechselprodukt auf) $H_3C-C{\overset{O}{\underset{CH_3}{}}}$
Carbonsäuren	$R-C{\overset{O}{\underset{OH}{}}}$	Carboxylgruppe	Ethansäure/Essigsäure (wichtigste, schon seit dem Altertum bekannte Carbonsäure) $H_3C-C{\overset{O}{\underset{OH}{}}}$
Carbonsäureester	$R-C{\overset{O}{\underset{OR}{}}}$	Estergruppe	Ethansäure-/ Essigsäureethylester/Ethylacetat (Lösungsmittel) $H_3C-C{\overset{O}{\underset{O-CH_2-CH_3}{}}}$
Carbonsäurethioester	$R-C{\overset{O}{\underset{SR}{}}}$	Thioestergruppe	Ethanthiosäuremethylester/Thioessigsäuremethylester (Verwendung in der analytischen Chemie) $H_3C-C{\overset{O}{\underset{S-CH_3}{}}}$
Carbonsäureamide	$R-C{\overset{O}{\underset{NH_2}{}}}$	Amidgruppe	Ethansäureamid/Acetamid (Lösungsmittelzusatz) $H_3C-C{\overset{O}{\underset{NH_2}{}}}$
Thiole	R—SH	Mercapto-/Sulfanylgruppe	Methanthiol/Sulfanylmethan/Methylmercaptan (verursacht den Geruch von gekochtem Kohl) H_3C-SH

Stoffklasse	allgemeine Formel	Bezeichnung der funktionellen Gruppe	Beispiel
Sulfane/Thioether (Sulfide)	R—S—R	Alkylthiogruppe	Bis(2-chlorethyl)-sulfid/sulfan(Lost oder Senfgas, stark kanzerogen wirkender Kampfstoff) $Cl—CH_2—CH_2—S—CH_2—CH_2—Cl$
Sulfonsäuren	$R—SO_3H$	Sulfogruppe	Methansulfonsäure (Alkylsulfonsäuren sind gute Netzmittel, deshalb in Spül- und Reinigungsmitteln) $H_3C—SO_3H$
Amine	$R—NH_2$	Aminogruppe	1,4-Diaminobutan/Tetramethylendiamin/Putrescin (Duftbestandteil der Blüten einiger Aronstabgewächse) $H_2N—CH_2—CH_2—CH_2—CH_2—NH_2$
Nitroverbindungen	$R—NO_2$	Nitrogruppe	Nitromethan (wichtiger Ausgangsstoff für Synthesen) $H_3C—NO_2$

den Sie auch die Bezeichnung „Acylrest" finden. Dabei handelt es sich um eine Sammelbezeichnung für die Gruppe R-C=O, wobei R ein Alkyl- oder Arylrest ist.

Tab. 3.3 zeigt die wichtigsten Stoffklassen mit der charakteristischen funktionellen Gruppe.

Es ist wichtig, dass Sie in komplexen Moleküle einzelne funktionelle Gruppen erkennen können. Das gehört zu den Topthemen des Physikums. Ein Beispiel ist in Abb. 3.19 auf S. 95 dargestellt.

Neben kettenförmigen und ringförmigen Kohlenwasserstoffen und deren Derivaten bilden die **heterocyclischen Verbindungen** die dritte große Gruppe organischer Substanzen. Es handelt sich auch hier um cyclische Verbindungen, die aber neben den Kohlenstoffatomen Heteroatome wie z. B. Sauerstoff, Stickstoff oder Schwefel enthalten **(Tab. 3.4)**.

3.2.3 Die Strukturdarstellung

In der organischen Chemie ist es üblich, die **Strukturformel** der Verbindung anzugeben. Die **Summenformeln** sind nur im Zusammenhang mit analytischen Untersuchungen interessant, sie erlauben keine automatischen Rückschlüsse auf mögliche Reaktionen und sind außerdem nicht eindeutig.
Die Verwendung der Summenformel C_2H_6O gibt also nur einen Hinweis auf die elementare Zusammensetzung. Ob es sich um Ethanol C_2H_5OH oder

Tabelle 3.4 Beispiele für Heterocyclen (s. a. S. 150)

Heterocyclus	Name	Naturstoff, der diese Struktur enthält
	Imidazol	Histidin
	Pyridin	NAD, Nicotin
	Pyrimidin	Pyrimidinbasen der Nukleinsäuren
	Indol	Tryptophan
	Purin	Purinbasen der Nukleinsäuren
	Tetrahydropyran	Pyranosen
	Tetrahydrofuran	Furanosen
	Furan	als hydrierte Form in den Furanosen
	Pyrrol	Porphin
	Thiophen	in hydrierter Form in Biotin

um Dimethylether CH_3OCH_3 handelt, erfährt man ausschließlich aus der Strukturformel, für die wieder verschiedene Varianten gebräuchlich sind (**Abb. 3.13**):

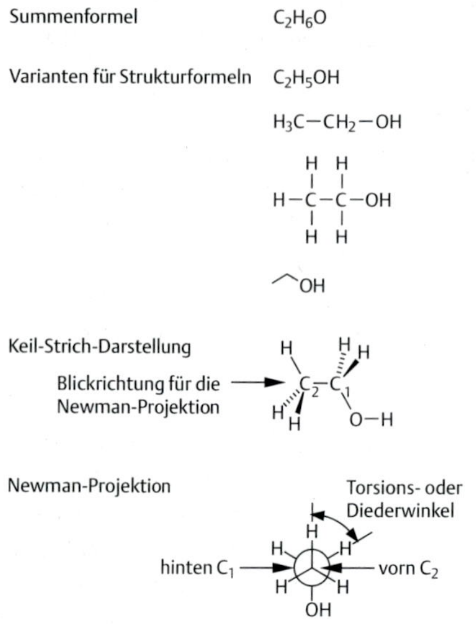

Summenformel	C_2H_6O
Varianten für Strukturformeln	C_2H_5OH
	H_3C-CH_2-OH

Keil-Strich-Darstellung
Blickrichtung für die Newman-Projektion

Newman-Projektion

Abb. 3.13   Verschiedene Darstellungsmöglichkeiten für Ethanol

Die Struktur kann vereinfacht als Projektion in der Papierebene angegeben werden. In Abhängigkeit von der Fragestellung werden die einzelnen Bindungen genau aufgezeichnet oder man fasst Gruppen zu Teilformeln zusammen. Entweder werden alle Atome angegeben oder man verzichtet weitestgehend auf die Angabe der Wasserstoffatome. Wegen der Vierbindigkeit des C-Atoms kann man wieder die fehlenden H-Atome gedanklich ergänzen. Sie sehen in **Abb. 3.13** (Variante über Keil-Strich-Darstellung), dass man mit Strichen arbeitet und nur die funktionelle Gruppe deutlich angibt. In dieser Darstellung bedeutet eine Ecke eine CH_2-Gruppe, das Ende eines Strichs eine CH_3-Gruppe. Dieses Vorgehen ist vor allem bei größeren Molekülen angebracht.

Soll die räumliche Struktur erkennbar sein, hilft die **Keil-Strich-Projektion**. In einigen Fällen ist es außerdem notwendig zu zeigen, wie z. B. im Ethanol die C_2H-Bindung zur C_1OH-Bindung steht, d. h. wie groß also der Torsions- oder Diederwinkel ist (s. S. 98). Dazu bedient man sich der **Newman-Projektion**, bei der man im vorliegenden Beispiel auf die C2-C1-Bindung schaut. Das C2-Atom liegt im

Schnittpunkt der C2-H-Bindungen und wird nicht weiter angedeutet. Das C1-Atom liegt hinten und wird durch einen Kreis symbolisiert.

◼◼I Merke
Es gibt verschiedene Möglichkeiten, eine chemische Struktur darzustellen. Die Art der Darstellung muss im Zusammenhang mit der Fragestellung gewählt werden. Wenn sterische Verhältnisse wichtig sind, sollte man eine räumliche Darstellung bevorzugen.

3.2.4 Die Nomenklatur
Die Vielzahl organischer Verbindungen wird nach dem Regelsystem der International Union of Pure and Applied Chemistry (IUPAC) eingeteilt.

Die substitutive Nomenklatur
Die substitutive Nomenklatur führt die Verbindung auf den sog. **Verbindungsstamm** zurück, bei dem es sich um unverzweigte Kohlenwasserstoffe oder Heterocyclen handelt.

◼◼I Merke
Der Stamm muss die größtmögliche Anzahl C-Atome enthalten.

Falls keine Entscheidung möglich ist, richtet man sich nach der größtmöglichen Anzahl Mehrfachbindungen, dann nach der Anzahl der Doppelbindungen, schließlich nach der Anzahl der Substituenten. Am Suffix erkennt man, ob es sich um einen
- gesättigten Kohlenwasserstoff (Suffix „an"),
- Kohlenwasserstoff mit Doppelbindungen (Suffix „en") oder
- Kohlenwasserstoff mit Dreifachbindungen (Suffix „in") handelt.

Dreifachbindungen haben vor Doppelbindungen und diese wiederum vor Einfachbindungen die höhere Priorität. In dieser Reihenfolge wird also der Name der Verbindungsklasse festgelegt, wenn keine funktionellen Gruppen enthalten sind. Die Lage dieser Mehrfachbindungen wird genauer durch die Nennung des Kohlenstoffatoms, von dem die Bindung ausgeht, charakterisiert. Dazu beziffert man das Stammsystem so, dass Mehrfachbindungen bzw. Substituenten möglichst niedrige Zahlen (**Lokanten**) erhalten.

Die Bezeichnung des Stammes richtet sich nach der Anzahl der Kohlenstoffatome **(Tab. 3.5)**:

Tabelle 3.5 Die Stammnamen

Anzahl C-Atome	Stammname	Anzahl C-Atome	Stammname
1	Meth	7	Hept
2	Eth	8	Oct
3	Prop	9	Non
4	But	10	Dec
5	Pent	12	Dodec
6	Hex	15	Pentadec

Liegt ein **verzweigter Kohlenwasserstoff** vor, muss man auch die Verzweigungen charakterisieren. Dabei bezieht man sich wiederum auf die Länge des Restes und benutzt die in **Tab. 3.6** angegebenen Stammnamen, nun aber ergänzt durch das Suffix „yl". Die **Substituenten** werden **in alphabetischer Reihenfolge** angeordnet. Für einige Reste sind auch Trivialnamen zugelassen.

Tabelle 3.6 Die Trivialnamen für einige Alkylreste

Substituent	systematische Bezeichnung	Trivialname
H_3C–CH–H_3C	1-Methyl-ethyl	Isopropyl
H_3C–CH–CH_2–H_3C	2-Methyl-propyl	Isobutyl
H_3C–CH_2–CH– CH_3	1-Methyl-propyl	sec-Butyl
H_3C–C–CH_3, CH_3	1,1-Dimethyl-ethyl	tert-Butyl
H_2C=CH–	Ethenyl	Vinyl

👁

↖ **Für die beiden folgenden Strukturen wurde der systematische Name angegeben. Vollziehen Sie die Namensgebung sorgfältig nach (Abb. 3.14).**

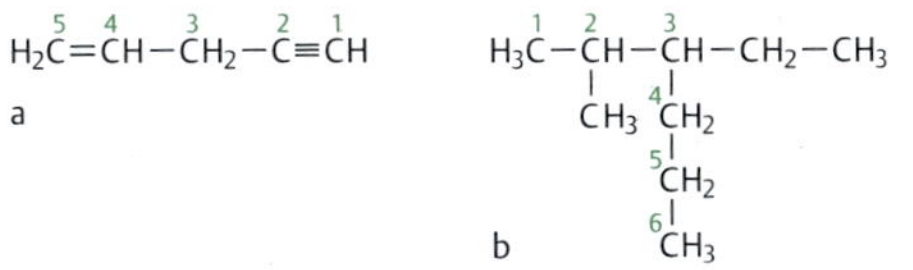

$$\overset{5}{H_2C}=\overset{4}{CH}-\overset{3}{CH_2}-\overset{2}{C}\equiv\overset{1}{CH}$$
a

$$\overset{1}{H_3C}-\overset{2}{CH}-\overset{3}{CH}-CH_2-CH_3$$
$$\qquad CH_3\ \overset{4}{CH_2}$$
$$\qquad\qquad\quad \overset{5}{CH_2}$$
b $\qquad\qquad\quad \overset{6}{CH_3}$

Abb. 3.14   (a) Pent-4-en-1-in, (b) 3-Ethyl-2-methyl-hexan

■■▎ Merke
Die funktionellen Gruppen finden im Namen als Prä- oder Suffixe Berücksichtigung. Die Gruppe mit der höchsten Priorität wird als Suffix benutzt, damit wird auch die Klassenbezeichnung festgelegt.

Verbindungen, die eine Hydroxy- und eine Aminogruppe enthalten, werden als Aminoalkohole und nicht als Hydroxyamine bezeichnet. Das Suffix der Hauptgruppe wird mit dem Stammnamen verbunden, alle übrigen Substituenten werden durch Präfixe charakterisiert und in alphabetischer Reihenfolge vor dem Stammnamen angeordnet **(Tab. 3.7)**. Bei mehreren gleichen einfachen Substituenten sind die Multiplikativzahlwörter Di-, Tri-, Tetra- usw., bei komplexen Substituenten Bis-, Tris-, Tetrakis- hinzuzufügen. Die Multiplikativwörter ändern die alphabetische Reihenfolge der Substituenten nicht! Die jeweilige Position der Substituenten wird durch die Lokanten angegeben (s.o.), wobei die Hauptgruppe eine möglichst niedrige Ziffer erhalten muss.

Tabelle 3.7 Substitutive Nomenklatur einiger wichtiger funktioneller Gruppen (Anordnung der Gruppen nach fallender Priorität)

funktionelle Gruppe	Präfix	Suffix
-COOH	Carboxy-	-carbonsäure
-(C)OOH[1]	-	-säure
-CN	Cyan-	-carbonitril
-(C)N[1]	-	-nitril
-SO_3H	Sulfo-	-sulfonsäure
-CHO	Formyl-	-carbaldehyd
-(C)HO[1]	Oxo-	-al
>(C)=O[1]	Oxo-	-on
-OH	Hydroxy-	-ol
-SH	Mercapto-/Sulfanyl	-thiol
-NH_2	Amino-	-amin
-OR	Alkyloxy-	keine Bezeichnung durch Suffix
-SR	Alkylthio-	
-NO_2	Nitro-	
-Cl	Chlor-	

[1] Das C wird zum Stamm und nicht zum Substituenten gezählt.

Lernen Sie die Informationen zur Nomenklatur bitte nicht auswendig, sondern versuchen Sie, die Namensgebung anhand der systematischen Nomenklatur zu verstehen.

Beispiel 1: 3-Hydroxy-butansäure **(Abb. 3.15)**

- Stamm mit 4 C-Atomen, nur C–C-Einfachbindungen → **-butan**
- funktionelle Gruppe höchster Priorität-(C)OOH → **-säure**
- weitere funktionelle Gruppe am 3. C-Atom: –OH → **3-Hydroxy-**

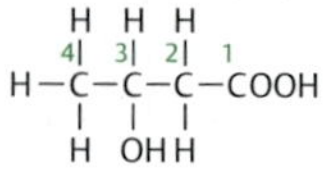

Abb. 3.15 3-Hydroxy-butansäure

Beispiel 2: 5-Methyl-hex-1-en-3-on **(Abb. 3.16)**

- Stamm mit 6 C-Atomen, eine Doppelbindung zwischen dem 1. und 2. C-Atom → **-hex-1-en**
- funktionelle Gruppe am 3. C-Atom –(C)=O als Suffix (da automatisch Hauptgruppe wegen Abwesenheit weiterer funktioneller Gruppen) → **-3-on**
- Alkylrest am 5. C-Atom → **5-Methyl-**

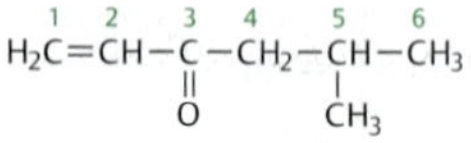

Abb. 3.16 5-Methyl-hex-1-en-3-on

Auch für cyclische Kohlenwasserstoffe gibt es ganz genaue Nomenklaturregeln. Bei monocyclischen Systemen beginnt der Name mit dem Präfix **cyclo**. Der Namensstamm informiert über die Anzahl der C-Atome und am Suffix -an, -en, -in erkennt man Einfach-, Doppel- und Dreifachbindung. Auch für die Nummerierung der Kohlenstoffatome gelten genaue Regeln. Wir wollen uns auf die Stellenangabe in Benzenderivaten beschränken. Die Nummerierung ist so zu wählen, dass die Substituenten die niedrigstmögliche Stellenangabe erhalten. Bei gleichartigen Disubstitutionsprodukten ist auch folgende Bezeichnung erlaubt **(Abb. 3.17)**:

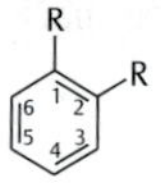

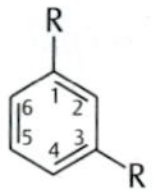

Abb. 3.17 Stellung der Substituenten bei cyclischen Kohlenwasserstoffen

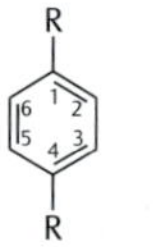

Die Trivialnamen

Trivialnamen werden immer noch verwendet und werden Ihnen in der Biochemie, aber auch im Alltag begegnen. Da ihnen keinerlei Systematik zugrunde liegt, muss man sie auswendig lernen. Die Namen beziehen sich auf die Herkunft der Verbindungen (z. B. Milchsäure → aus saurer Milch isoliert; Harnstoff → aus Harn isoliert; Guanin → aus Guano isoliert), auf charakteristische Eigenschaften der Verbindungen (z. B. Glycin und Glycerin → glykys griech. süß; Pikrinsäure → pikros griech. bitter) sowie auf ihre Darstellung (z. B. Phosgen → phos griech. Licht, genan griech. erzeugen).

Ein Teil dieser Namen wurde fester Bestandteil der systematischen Nomenklatur wie Methan (methein griech. ich bin berauscht), Ethan (aither griech. Äther, Himmel, obere Luftschicht), Propan (pro lat. Vorstufe, pios griech. Fett) oder Butan (butyron griech. Butter), ohne dass ein systematischer Name gebildet wurde. Andere Trivialnamen wie Phenol (phaeino griech. ich leuchte, ol von oleum) sind ebenfalls noch zugelassen, obwohl systematische Bezeichnungen existieren. In Trivialnamen werden die Kohlenstoffatome, an denen sich Substituenten befinden, oft mit griechischen Buchstaben bezeichnet. Das α-**C-Atom trägt** die **funktionelle Gruppe höchster Priorität**. Das unmittelbar benachbarte ist das β-C-Atom, dann folgt das γ-C-Atom **(Abb. 3.18)**.

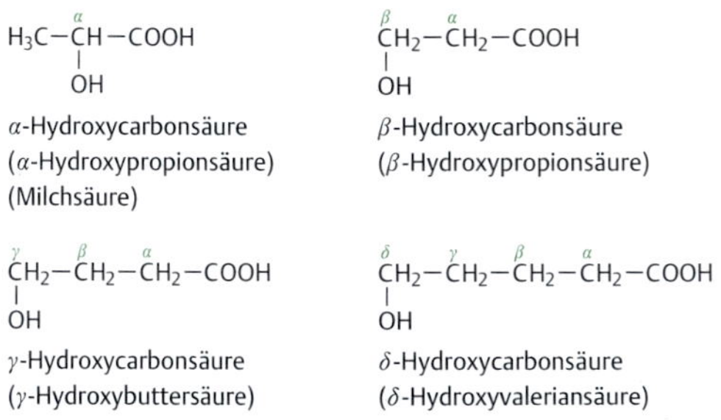

$$H_3C-\overset{\alpha}{\underset{|}{CH}}-COOH$$
$$OH$$

α-Hydroxycarbonsäure
(α-Hydroxypropionsäure)
(Milchsäure)

$$\overset{\beta}{CH_2}-\overset{\alpha}{\underset{|}{CH_2}}-COOH$$
$$OH$$

β-Hydroxycarbonsäure
(β-Hydroxypropionsäure)

$$\overset{\gamma}{\underset{|}{CH_2}}-\overset{\beta}{CH_2}-\overset{\alpha}{CH_2}-COOH$$
$$OH$$

γ-Hydroxycarbonsäure
(γ-Hydroxybuttersäure)

$$\overset{\delta}{\underset{|}{CH_2}}-\overset{\gamma}{CH_2}-\overset{\beta}{CH_2}-\overset{\alpha}{CH_2}-COOH$$
$$OH$$

δ-Hydroxycarbonsäure
(δ-Hydroxyvaleriansäure)

Abb. 3.18 Nummerierung der Kohlenstoffatome mit griechischen Buchstaben

Die primären, sekundären und tertiären C-Atome

Häufig charakterisiert man Kohlenstoffatome nach der Anzahl der mit ihnen verknüpften C-Atome:

- Ein **primäres** C-Atom steht am Ende der Kette und ist folglich nur mit einem weiteren C-Atom verknüpft (z. B. C-Atom 1 in allen Isomeren des Hexans, s. S. 96).
- Ein **sekundäres** C-Atom ist mit zwei weiteren C-Atomen verbunden (z. B. C-Atom 2 in Hexan).
- Ein **tertiäres** C-Atom ist mit drei weiteren C-Atomen verbunden (z. B. C-Atom 2 in 2,3-Dimethylbutan).
- Wenn ein C-Atom vier C-Atome zum unmittelbaren Nachbarn aufweist, spricht man von **quartären** C-Atomen (z. B. C-Atom 2 in 2,2-Dimethylbutan).

3.2.5 Klinische Bezüge

Salbutamol ist ein Medikament, das vor allem bei Asthma bronchiale zur Anwendung kommt (**Abb. 3.19**). Es bindet überwiegend an die β_2-Rezeptoren des sympathischen Nervensystems und bewirkt dadurch eine Erschlaffung der Bronchialmuskulatur und als Folge eine Erweiterung der Atemwege. Ferner kommt es durch Salbutamol im Bereich der Atemwege zu einer gesteigerten Bewegung des Flimmerepithels und damit zu einer verbesserten Reinigung der Atemwege durch einen gesteigerten Abtransport von zähem Sekret. Die Substanz kann inhaliert werden oder systemisch, also im gesamten Körper, zur Anwendung kommen.

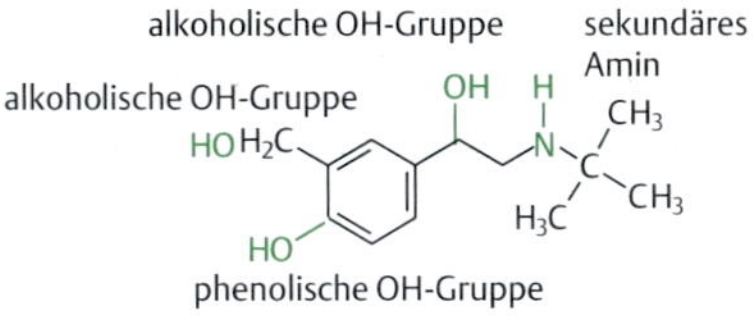

Abb. 3.19 Struktur von Salbutamol (Broncholytikum) und Zuordnung der vier funktionellen Gruppen

Check-up

✔ Üben Sie das Erkennen von funktionellen Gruppen und Ringsystemen, denn nur durch die charakteristischen Strukturelemente ist das Verhalten von Verbindungen richtig zu verstehen. Suchen Sie also entsprechende Gruppen im Nicotinamid-adenin-dinucleotid (NAD$^+$, Abb. 3.20) (Lösung s. S. 196).

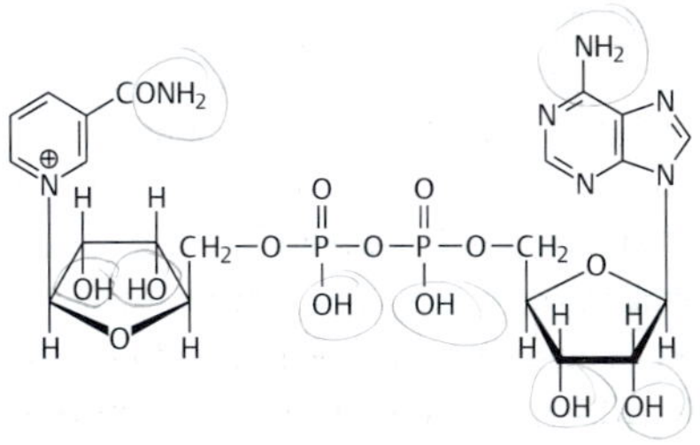

Abb. 3.20 Nicotinamid-adenin-dinucleotid (NAD$^+$)

3.3 Die Stereochemie organischer Verbindungen

Lerncoach

Für dieses Kapitel benötigen Sie ein gutes räumliches Vorstellungsvermögen. Wenn Sie damit jedoch Probleme haben, können Sie mit einem Molekülbaukasten oder mit aus Strohhalmen und Knetmasse selbstgebauten Modellen die einzelnen gedanklichen Schritte nachvollziehen, z. B. Konstitutionsisomere, Konfigurationsisomere und Konformere (s. u.). Benutzen Sie dabei am besten konkrete Beispiele (z. B. D-Glucose, L-Glucose).

3.3.1 Der Überblick

Nur durch die detaillierte Kenntnis der Struktur der Moleküle und ihrer Raumgestaltung lassen sich ihre biologischen Funktionen und der oft überraschend große Einfluss kleiner Veränderungen im Molekül auf die biologische und pharmakologische Wirkung verstehen. Deshalb werden nun Fragen des sterischen (steros griech. fest, starr) Baus der Moleküle genauer besprochen und anhand von Beispielen die Begriffe Isomerie, Konstitutionsisomerie und Stereoisomerie eingeführt.

3.3.2 Die Isomerie

Die vielfältigen Kombinationsmöglichkeiten für die Verknüpfung der Atome und deren räumliche Anordnung in einem Molekül werden als **Isomerie** (isos griech. gleich, meros griech. Teilchen) bezeichnet. Dieser Begriff dient der Charakterisierung von Verbindungen mit gleicher Summenformel, aber unterschiedlicher Verknüpfung oder unterschiedlicher räumlicher Anordnung von Atomen und Atomgruppen. Die entsprechenden Verbindungen werden als **Isomere** bezeichnet und weisen Unterschiede in physikalischen und chemischen Eigenschaften auf.

3.3.3 Die Konstitutionsisomerie

Von **Konstitutionsisomeren** spricht man, wenn der Strukturunterschied zwischen zwei oder mehreren Verbindungen in einer **geänderten Aufeinanderfolge der Atome innerhalb des Moleküls** besteht (constituere lat. aufstellen). Ein entsprechendes Beispiel ist auf S. 92 (Summenformel C_2H_6O) dargestellt. Diese Summenformel kann sowohl für Ethanol als auch für Dimethylether stehen. Die beiden Isomere gehören jedoch zu völlig unterschiedlichen Stoffklassen.

Bereits in der Reihe der Kohlenwasserstoffe ist Konstitutionsisomerie möglich. So können für C_6H_{14} fünf unterschiedliche Strukturen formuliert werden. Die Anzahl der Isomere nimmt mit der Anzahl der C-Atome weiter zu **(Abb. 3.21)**.

Die Nummerierung erfolgt immer so, dass Substituenten eine möglichst kleine Ziffer erhalten. Deshalb gibt es kein 4-Methyl-pentan, denn es muss als 2-Methyl-pentan bezeichnet werden. Viele Studenten denken, dass die in **Abb. 3.22** aufgeführten Strukturen unterschiedliche Isomere sind. Sie sagen, dass die untere Verbindung 1,3-Dimethylbutan ist. Es wird übersehen, dass die (markierte) längste Kohlenstoffkette 5 C-Atome enthält. Und wenn sie

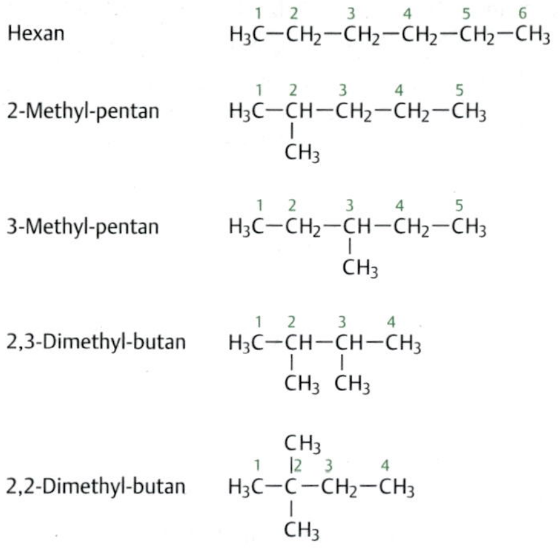

Abb. 3.21   Isomere mit der Summenformel C_6H_{14}

auch gewinkelt geschrieben ist, bleibt es die längste Kette.

Die wirklichen Bindungswinkel betragen ohnehin nicht 90°, sondern 109,5°!

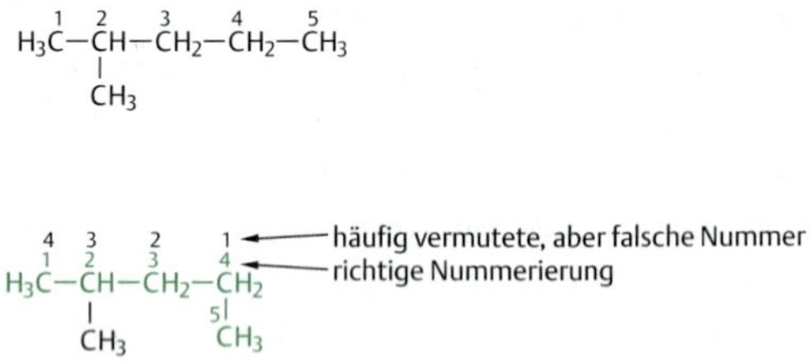

Abb. 3.22   2-Methyl-pentan (*nicht* 1,3-Dimethylbutan)

3.3.4 Die Stereoisomerie

Von **Stereoisomerie** spricht man, wenn zwei Moleküle in Summenformel und Verknüpfung übereinstimmen, die Moleküle sich aber in der räumlichen Anordnung der Atome oder Atomgruppen unterscheiden.

Stereoisomere können folgendermaßen eingeteilt werden:

- Vergleicht man beide Isomere im Hinblick auf ihre Symmetrie, kann man darüber entscheiden, ob es sich um **Enantiomere** oder **Diastereomere** handelt.

■ Steht jedoch beim Vergleich der Isomeren die Frage im Mittelpunkt, wie die Stereoisomeren ineinander umgewandelt werden können, kommt man zur Unterteilung in **Konfigurations- und Konformationsisomere.**

Die Konfigurationsisomerie

Die Konfiguration (configurare lat. gleichgestalten, anpassen) eines Moleküls ist die räumliche Anordnung der Atome oder Atomgruppen ohne Berücksichtigung von Anordnungen, die durch Rotation um Einfachbindungen entstehen.

Konfigurationsisomere sind somit Stereoisomere mit unterschiedlicher Konfiguration, **sie können nicht durch Rotation ineinander überführt werden.** Zur Überführung eines Konfigurationsisomers in ein anderes müssen Bindungen aufgespalten und neu geknüpft werden. Das erfordert einen hohen Energiebetrag, der den Teilchen normalerweise nicht zur Verfügung steht. Deshalb sind Konfigurationsisomere bei Raumtemperatur stabil. Konfigurationsisomere treten im Bereich der Enantiomerie und Diastereomerie auf (s. S. 105).

Beim Vorliegen von π-Bindungen (s. S. 84) sind die Doppelbindungen nicht mehr frei drehbar. Tragen nun die beiden an der Doppelbindung beteiligten C-Atome verschiedene Substituenten, können zwei Stoffe mit unterschiedlichen Eigenschaften vorliegen.

Für das Auftreten der Konfigurationsisomerie bei Doppelbindungen (π-Diastereomerie s. S. 86) muss also folgende Voraussetzung erfüllt sein (**Abb. 3.23**):

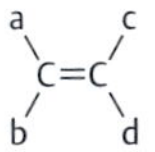

mit a ≠ b und c ≠ d

Abb. 3.23 Konfigurationsisomerie bei Doppelbindungen

a kann aber mit c oder b mit d identisch sein! Diese Bedingung erfüllt 1,2-Dichlorethan, es existieren also zwei mögliche Verbindungen (**Abb. 3.24**). Verbindung I hat kein Dipolmoment, II hat ein Dipolmoment von μ=1,89 D.

Diese unterschiedlichen Strukturen werden häufig noch als **cis-trans-Isomere** bezeichnet. Struktur I in **Abb. 3.24** zeigt das trans-Isomer, d. h. die Chloratome stehen auf verschiedenen Seiten der Doppelbindung. Struktur II (**s. Abb. 3.24**) weist das cis-Iso-

Abb. 3.24 Isomere des 1,2-Dichlorethans

mer auf, die Chloratome stehen auf der gleichen Seite der Doppelbindung.

Die Unterteilung in cis-trans-Isomere ist eigentlich nicht ganz geschickt, da sie auch zur Beschreibung der relativen Stellung von Substituenten am Cyclohexanring benutzt wird. Außerdem versagt sie, wenn nicht zumindest ein Substituent an jedem C-Atom gleich ist. Da diese Nomenklatur aber historisch von Bedeutung und sie auch heute noch in der Biochemie weit verbreitet ist, wird hier nicht auf sie verzichtet. Aus den genannten Gründen wird vorwiegend die **E/Z-Nomenklatur** verwendet. Diese Nomenklatur verlangt eine Festlegung der Priorität der Substituenten, die sich nach der Ordnungszahl richtet. Je höher die Ordnungszahl ist, umso höher ist auch die Priorität.

■■■ Merke

Liegen die Substituenten höherer Priorität *zusammen* auf einer Seite der Doppelbindung, handelt es sich um das *Z*-Isomer, liegen sie auf *entgegengesetzten* Seiten, liegt das *E*-Isomer vor.

Abb. 3.25 zeigt die Anwendung die E/Z-Nomenklatur an einem Beispiel. Mit der cis-trans-Nomenklatur wäre hier keine eindeutige Festlegung möglich gewesen. Bei komplexeren Substituenten verwendet man die CIP-Regeln (s. S. 103) zur Bestimmung der Priorität.

Ordnungszahlen: Br (35) > Cl (17) > C (6) > H (1)
Priorität: Br > CH₃
$\quad\quad\quad$ Cl > H

1 = höhere Priorität

Abb. 3.25 Festlegung der E/Z-Nomenklatur am Beispiel des 2-Brom-1-chlor-propens

Die Konformationsisomerie

Unter **Konformation** (conformare lat. bilden, formen, gestalten) eines Moleküls versteht man – bei festgelegter Konstitution und Konfiguration – die verschiedenen Möglichkeiten der räumlichen Anordnung seiner Atome oder Atomgruppen, die schon durch Rotation um Einfachbindungen ineinander überführt werden können. Die dazu notwendige Energie haben die Moleküle gewöhnlich schon bei Raumtemperatur, deshalb können **Konformationsisomere** (Konformere, Rotamere) bei Raumtemperatur nicht getrennt werden. Nur bei niedrigen Temperaturen oder Energieunterschieden von 70 kJ/mol wird eine Trennung möglich.

Konformere bei kettenförmigen Kohlenwasserstoffen
Die Drehung um eine Einfachbindung kann man am Beispiel des Butan-Moleküls demonstrieren. Die Drehung soll um die C2-C3-Bindung erfolgen. Für die Darstellung wird bevorzugt die Newman-Projektion verwendet.

Ausgangspunkt ist die Anordnung, bei der sich die C1-C2-Bindung und die C3-C4-Bindung verdecken. Dann erfolgt die Drehung um die C2-C3-Bindung. Der dabei in der Newman-Projektion auftretende Winkel zwischen der C1-C2- und der C3-C4-Bindung ist der **Torsions- oder Diederwinkel**. Natürlich könnten wir nun für jeden beliebigen Winkel ein Konformer darstellen, wir beschränken uns hier aber auf 6 verschiedene Anordnungen **(Abb. 3.26)**, für die die potenzielle Energie Extremwerte aufweist. Die potenzielle Energie hat mit der Lage der Teilchen zu tun, Temperatureinflüsse werden nicht berücksichtigt. Sie hängt von der Kern-Kern-, der Kern-Elektron- und der Elektron-Elektron-Wechselwirkung ab.

Abb. 3.26 zeigt neben den Möglichkeiten zur Benennung der Konformeren, dass geringe Energieunterschiede zwischen den verschiedenen Konformeren auftreten. Bei 25°C nehmen etwa 75 % der Butan-Moleküle die **günstigste**, die **antiperiplanare** (anti

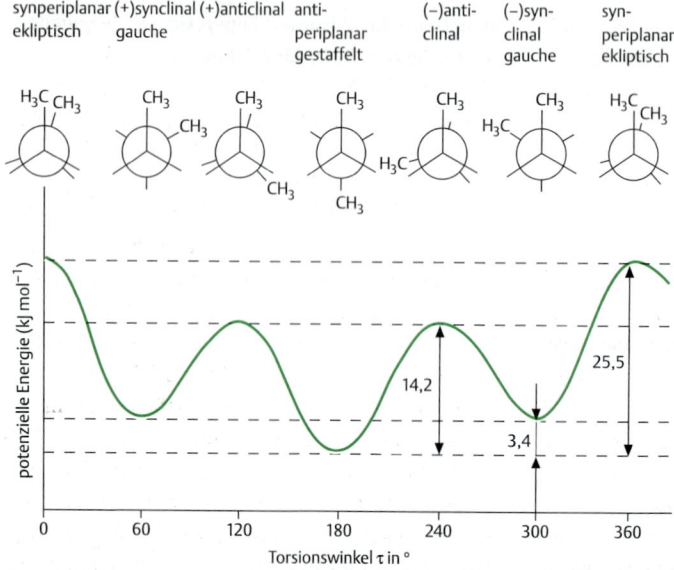

einfache Strukturdarstellung

H_3C^{1} $\underset{2}{CH_2}$ $\overset{3}{CH_2}$ $\overset{4}{CH_3}$

Erklärung der Drehung anhand der Keil-Strich-Projektion

Blickrichtung

Abb. 3.26 Newman-Projektionen der Konformere des Butans und Energieinhalte

synperiplanar ekliptisch | (+)synclinal gauche | (+)anticlinal | antiperiplanar gestaffelt | (−)anticlinal | (−)synclinal gauche | synperiplanar ekliptisch

potenzielle Energie (kJ mol⁻¹)

14,2

25,5

3,4

Torsionswinkel τ in °

gr. gegenüber; peri gr. ungefähr; planus lat. eben) **Konformation** ein, bei der der Torsionswinkel 180° beträgt. Die verbleibenden 25% haben eine **synclinale** (syn griech. zusammen; klinein griech. neigen) Konformation.

Konformere in alicyclischen Kohlenwasserstoffen
Konformere spielen auch in Ringsystemen eine große Rolle (s. S. 120). Wir wollen uns mit den Konformeren des Cyclohexans C_6H_{12} beschäftigen. Alle C-Atome weisen Einfachbindungen auf, sie sind also sp^3-hybridisiert. Die H–C–C- bzw. H–C–H-Bindungswinkel müssen 109,5° betragen. Deshalb gibt Darstellung I in **Abb. 3.27** nur die Projektion in der Papierebene wieder. Die tatsächlichen räumlichen Verhältnisse zeigt annähernd Darstellung IIa. Im Cyclohexan sind nun Drehungen um Einfachbindungen möglich (probieren Sie das an einem Molekülmodell aus!). Dabei interessieren uns besonders die Konformeren IIb, III und IV (aus Gründen der Übersichtlichkeit wurden die Wasserstoffatome weggelassen).

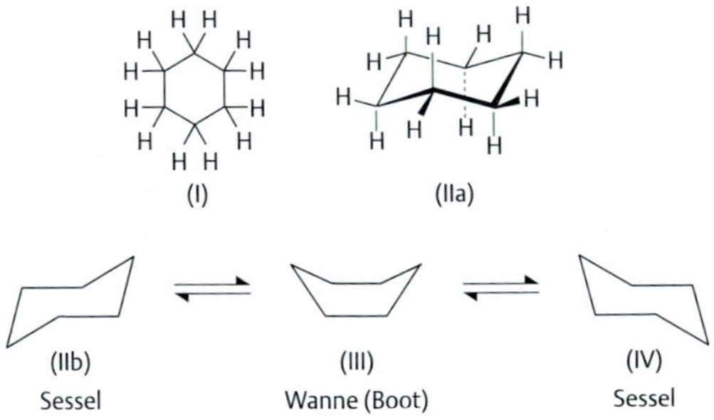

Abb. 3.27 Die Konformeren des Cyclohexans

Mit etwas Phantasie erinnern die energieärmeren Strukturen II und IV tatsächlich an einen Sessel, die energiereichere Struktur III an eine Wanne oder ein Boot. Dazwischen gibt es zahlreiche Übergänge. In der Sesselform liegen alle benachbarten C-H-Bindungen in der gestaffelten Konformation vor. In der Wannenform tritt jedoch auch die energetisch ungünstige ekleptische Konformation auf (s. S. 98). Struktur IIa zeigt, dass die Wasserstoffatome entweder senkrecht oder fast waagerecht angeordnet sein können, sie sind also **axial (a)** oder **äquatorial (e)** (equatorial engl. äquatorial). Wenn die eine Sesselform in die andere Sesselform übergeht, ändern

alle Wasserstoffatome ihre Anordnung. Alle äquatorialen H-Atome werden zu axialen bzw. alle axialen zu äquatorialen H-Atomen. Diese Ringinversion hat für das Cyclohexan keine Konsequenzen. Wenn aber eine OH-Gruppe am C-Atom substituiert ist, kann sie einmal axial und ein anderes Mal äquatorial stehen. Dabei kommt es zu Energieunterschieden, wobei die äquatoriale Anordnung der OH-Gruppe energetisch bevorzugt ist. Dieser Trend setzt sich bei sehr großen Substituenten fort, die den Cyclohexanring praktisch sterisch „verankern", weil ihre äquatoriale Anordnung energetisch viel günstiger ist. So wird ein Umklappen in die andere Sesselkonformation wenig wahrscheinlich. **(Abb. 3.28)**.

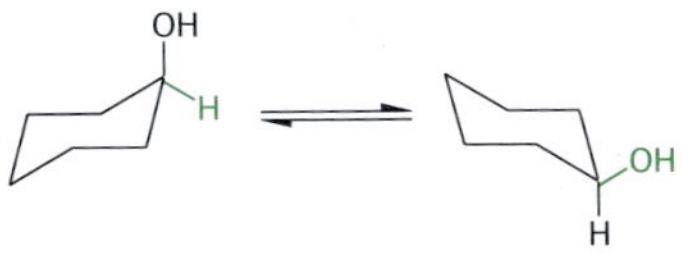

Abb. 3.28 Die alternativen Sesselformen des Cyclohexanols

Noch unübersichtlicher wird die Situation bei Zweifachsubstitution. Hier gibt es drei Konstitutionsisomere: das Cyclohexan-1,2-diol, das Cyclohexan-1,3-diol und das Cyclohexan-1,4-diol **(Abb. 3.29)**.

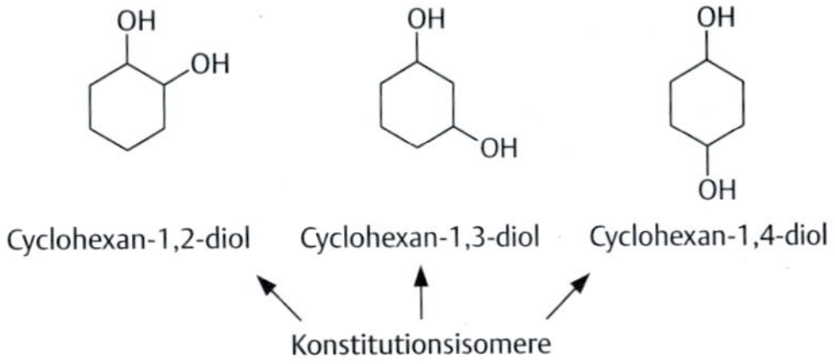

Abb. 3.29 Die konstitutionsisomeren Cyclohexandiole

Zu jedem Konstitutionsisomer existieren zwei Paare von Konformationsisomeren **(Abb. 3.30)**:
- 1. Paar: bei beiden Sesselformen steht eine OH-Gruppe axial, die andere äquatorial
- 2. Paar: beide OH-Gruppen stehen axial, in der alternativen Sesselform stehen beide äquatorial.

Innerhalb dieser Paare ist eine Drehung um Einfachbindungen ausreichend, um von einer Struktur in die andere überzugehen. Vom 1. Paar zum 2. Paar ist aber nur ein Übergang unter Aufbrechung

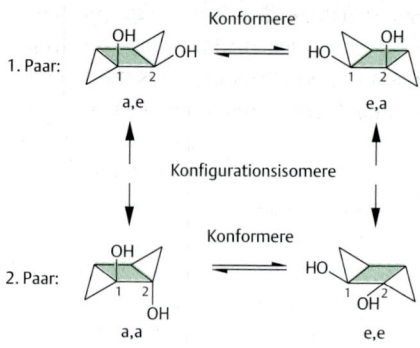

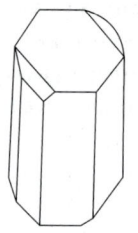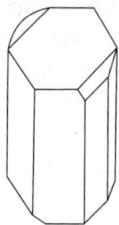

Abb. 3.31   Spiegelbildliche Kristalle der Natrium-Ammonium-Tartrate

Abb. 3.30   Konformations- und Konfigurationsisomere des Cyclohexan-1,2-diols (a = axial, e = equatorial)

standen haben: Stellen Sie fest, wann bei der 1,3- bzw. 1,4-Substitution am Cyclohexan cis- bzw. trans-Isomerie auftritt (Lösung s.S 195).

von Bindungen möglich. Es handelt sich also um Konfigurationsisomere.

Für die Bezeichnung dieser Konfigurationsisomere ist auch die **cis/trans-Nomenklatur** gebräuchlich. Wir wollen sie anhand der Konfigurationsisomere des Cyclohexan-1,2-diols besprechen. Liegen die OH-Gruppen auf der gleichen Seite der von C1, C2 und dem Schwerpunkt aufgespannten Fläche, spricht man von cis-Isomeren (1. Paar: ae und ea), liegen sie auf verschiedenen Seiten, handelt es sich um trans-Isomere (2. Paar: aa und ee). Diese Zuordnung gilt nur für die 1,2-Substitution.

 Lerncoach

Sie können anhand der folgenden Aufgabe überprüfen, ob Sie das eben Gelesene ver-

Die Enantiomerie

Die Enantiomerie beschäftigt sich mit der Frage nach der **Symmetrie der Moleküle**. Pasteur untersuchte als Student die Salze der Weinsäure (Tartrate) und stellte dabei fest, dass sie in zwei unterschiedlichen, spiegelbildlichen Formen auskristallisieren **(Abb. 3.31)**. Diese Form der Isomerie bezeichnet man als **Spiegelbildisomerie, optische Isomerie oder Enantiomerie** (enantio gr. gegenüber stehend, entgegengesetzt).

Für manche Moleküle kann man ein Spiegelbild konstruieren, das mit dem Original nicht zur Deckung gebracht werden kann. Diese Eigenschaft wird als **Chiralität** bezeichnet (chiral gr. cheir Seite, Hand). Das Molekül ist also chiral, Bild und Spiegelbild stellen Enantiomere dar **(Abb. 3.32)**.

	Bild	Spiegelbild		Projektion in die Papierebene	
Dichlormethan	$\overset{H}{\underset{Cl}{Cl\cdots C\,H}}$	$\overset{H}{\underset{Cl}{H\,C\cdots Cl}}$	deckungsgleich achiral	$\overset{Cl}{\underset{Cl}{C-H}}$ $\overset{Cl}{\underset{Cl}{H-C}}$ Blick von oberen H-Atom aus	
2-Hydroxy-propansäure (Milchsäure)	$\overset{CH_3}{\underset{HOOC}{H\cdots C^*\,OH}}$	$\overset{CH_3}{\underset{COOH}{HO\,C^*\cdots H}}$	nicht deckungsgleich chiral	$\overset{H}{\underset{HOOC}{C-OH}}$ $\overset{H}{\underset{COOH}{HO-C}}$ Blick von der CH_3-Gruppe aus	
2-Brom-2-chlor-1,1,1-trifluorethan (Halothan)	$\overset{CF_3}{\underset{Cl}{H\cdots C^*\,Br}}$	$\overset{CF_3}{\underset{Cl}{Br\,C^*\cdots H}}$	nicht deckungsgleich chiral	$\overset{H}{\underset{Cl}{C-Br}}$ $\overset{H}{\underset{Cl}{Br-C}}$ Blick von der CF_3-Gruppe aus	

Abb. 3.32   Achirale und chirale Moleküle

Ein Molekül ist immer dann chiral, wenn es keine Symmetrieebene, kein Symmetriezentrum und keine Drehspiegelachse besitzt. Eine durch das Molekül gelegte Ebene ist eine Symmetrieebene, wenn sie das Molekül in zwei spiegelbildliche Hälften teilt. Wenn jedem Atom bezüglich eines Punktes im Zentrum des Moleküls ein äquivalentes Atom so zugeordnet werden kann, dass beide Atome die Endpunkte einer Strecke bilden, die durch den Bezugspunkt halbiert wird, so ist dieser das **Symmetrie- oder Inversionszentrum (Abb. 3.33)**.

Führt die Drehung um eine durch das Molekül gelegte Achse und die anschließende Spiegelung an einer Ebene senkrecht zur Drehachse zu einer identischen Anordnung, handelt es sich um eine **Drehspiegelachse**.

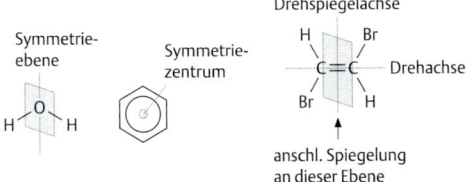

Abb. 3.33 Symmetrieebene, Symmetriezentrum und Drehspiegelachse

Die Projektionen **(Abb. 3.32)** können Sie in der Papierebene drehen, Sie werden feststellen, dass sie bei chiralen Molekülen nicht zur Deckung gebracht werden können. Chiralität ist nicht auf Moleküle beschränkt. In der Natur gibt es viele Beispiele für nicht überlagerbare Spiegelbilder, wobei Hände und Füße das naheliegendste Beispiel sind **(Abb. 3.34)**. Aber auch ein Korkenzieher oder eine Wendeltreppe, Schneckenhäuser oder Schlingpflanzen sind chirale Objekte, denn die jeweiligen Spiegelbilder sind nicht deckungsgleich mit dem Originalbild.

Abb. 3.34 Hände und Schlingpflanzen als chirale Objekte

Anhand einfacher Moleküle, wie in **Abb. 3.32**, kann man sehen, dass im chiralen Molekül das zentrale Kohlenstoffatom vier verschiedene Substituenten trägt. Dieses Kohlenstoffatom wird als **stereogenes Zentrum, Chiralitätszentrum** oder **asymmetrisch substituiertes C-Atom** bezeichnet und mit einem Stern gekennzeichnet **(Abb. 3.35)**.

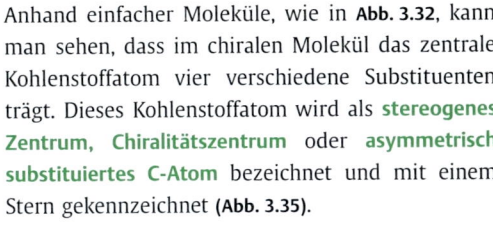

Adrenalin   Menthol

Cyclohexan-1,3-diol

Abb. 3.35 Moleküle mit stereogenen Zentren * (asymmetrisch substituierten C-Atomen)

■■I Merke

Bei der Suche nach stereogenen Zentren muss immer der jeweilige Substituent als „Einheit" betrachtet und nicht nur das unmittelbar verknüpfte Atom berücksichtigt werden!

Wenn achirale Moleküle durch einen chemischen Reaktionsschritt in chirale überführt werden können, werden diese als **prochiral** bezeichnet. Im Citronensäurezyklus entsteht z. B. in einer enzymatischen Reaktion aus dem prochiralen Citrat (deprotonierte Citronensäure) das chirale Isocitrat **(Abb. 3.36)**. Ein Molekül kann aber auch ohne asymmetrisch substituierte C-Atome chiral sein. Das

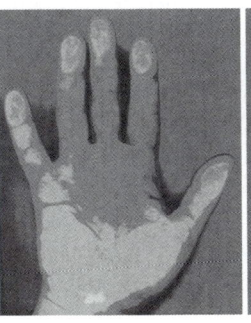
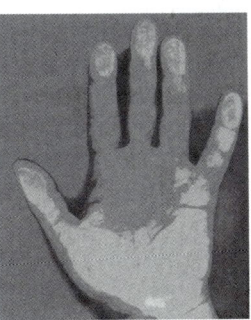
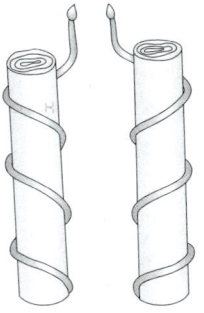

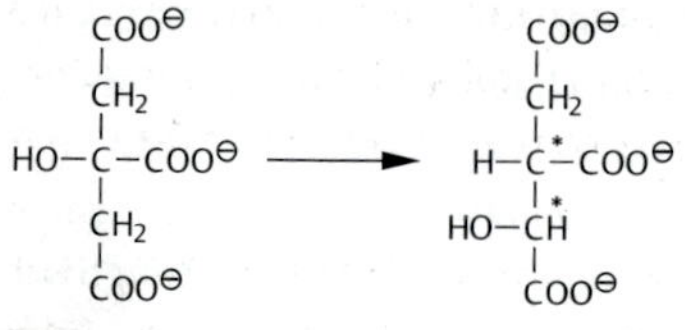

Abb. 3.36 Prochiralität von Citrat

trifft z. B. auf helikale Strukturen zu (z. B. DNA, s. S. 187).

Optische Aktivität

Enantiomere besitzen gleiche physikalische und chemischen Eigenschaften, nur in ihren **Wechselwirkungen mit linear polarisiertem Licht** und anderen chiralen Reagenzien unterscheiden sie sich. Der Begriff **optische Aktivität** beschreibt also die Tatsache, dass Lösungen der entsprechenden Stoffe die Schwingungsebene eines durchfallenden linear polarisierten Lichtstrahls um einen Winkel α drehen. Die **Drehwinkel eines Enatiomerenpaares** stimmen im Betrag überein, sie **unterscheiden sich** nur **im Vorzeichen**. Ein Enantiomer, das die Polarisationsebene nach rechts dreht, wird mit (+) bezeichnet, das andere Enantiomer dreht die Ebene um den gleichen Wert nach links und erhält das Vorzeichen (−).

Deshalb bezeichnet man Enantiomere auch als **optische Antipoden**. Diese Drehung des Lichtstrahls wird in einem Polarimeter in einer Küvette gemessen, sie ist abhängig von der Temperatur und dem Lösungsmittel.

Fischer-Projektion

Um den so wichtigen räumlichen Bau der Moleküle eindeutig in der Papierebene darzustellen und sprachlich klar beschreiben zu können, benutzt man die **Fischer-Projektion (Abb. 3.37)**:

- Die Hauptkette des Moleküls wird von oben nach unten geschrieben.
- Das C-Atom mit der kleinsten Ziffer, das meistens die funktionelle Gruppe höchster Priorität trägt, steht oben.
- Die in der Vertikalen stehenden Substituenten zeigen nach hinten in die Papierebene hinein.
- Die in der Horizontalen stehenden Substituenten zeigen nach vorn aus der Papierebene auf den Betrachter hin.

Aufgrund dieser Festlegung darf man Strukturen in Fischer-Projektion nicht um 90° drehen, denn dadurch erzeugt man das Spiegelbild.

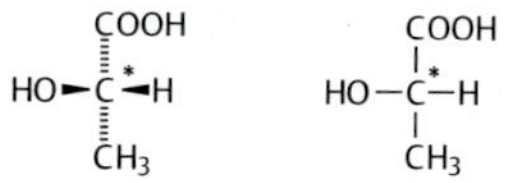

Abb. 3.37 Vergleich der Keil-Strich-Projektion mit der Fischer-Projektion am Beispiel der L-Milchsäure (R-2-Hydroxypropansäure)

D/L-Nomenklatur

Auch zur Namensgebung der Enantiomeren hatte Fischer Vorschläge, die als **D/L-Nomenklatur** im Bereich der Kohlenhydratchemie und der Aminosäuren noch weit verbreitet sind. Diese Nomenklatur wird als relative Nomenklatur bezeichnet, weil man sich immer auf die Anordnung im Glycerinaldehyd bezieht (also „in Relation zum Glycerinaldehyd"). Wenn in der Fischer-Projektion des Glycerinaldehyds **(Abb. 3.38)** die OH-Gruppe auf der rechten Seite der Hauptkette steht, handelt es sich um das **D-Enantiomer** (**d**exter lat. rechts). Das **L-Enantiomer** (**l**aevus lat. links) trägt die OH-Gruppe auf der linken Seite. Bei den Aminosäuren bezieht man sich auf die Stellung der NH_2-Gruppe.

Enthält das Molekül mehrere stereogene Zentren, bereitet die D/L-Nomenklatur bereits Probleme

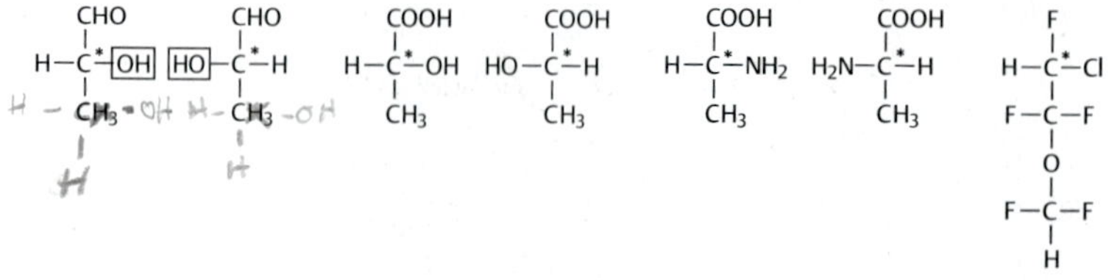

Abb. 3.38 Beispiele für die D/L-Nomenklatur

(z. B. bei den Kohlenhydraten). Man hat vereinbart, die Festlegung der relativen Nomenklatur dann *anhand der OH-Gruppe vorzunehmen, die sich an dem asymmetrisch substituierten C-Atom befindet, das am weitesten von der am höchsten oxidierten* Gruppe entfernt ist. Das spielt bei der Nomenklatur der Monosaccharide eine große Rolle (s. S. 92). Die D/L-Nomenklatur ist jedoch ungeeignet, wenn keine OH- oder NH_2-Gruppen vorhanden sind (wie z. B. bei Enfluran, **Abb. 3.38**), oder bei komplizierten chiralen Naturstoffmolekülen.

R/S-Nomenklatur

Für die Angabe der absoluten Konfiguration bedient man sich der R/S-Nomenklatur, die von Robert Sidney Cahn, Sir Christopher Kelk Ingold und Vladimir Prelog entwickelt wurde (CIP-System). Dazu wird die Priorität der Substituenten folgendermaßen festgelegt **(Abb. 3.39)**:

- Die Substituenten sind in der Reihenfolge abnehmender Ordnungszahlen der direkt an das Chiralitätszentrum gebundenen Atome zu ordnen. Die höchste Priorität hat also das Atom mit der höchsten Ordnungszahl.
- Sind zwei oder mehrere der direkt an das Chiralitätszentrum gebundenen Atome identisch, dann werden die Ordnungszahlen der mit ihnen verbundenen „zweiten" Atome, notfalls noch die der „dritten" Atome usw. der Substituenten herangezogen. Dabei folgt man demjenigen Ast, der die Atome höchster Ordnungszahl enthält.

- Ist dabei ein Atom mit einem anderen durch eine Doppel- oder Dreifachbindung verknüpft, werden beide Atome quasi verdoppelt bzw. verdreifacht.

Zum Ermitteln der R/S-Konfiguration wird dann das Molekül im Raum so orientiert, dass der Substituent niedrigster Priorität vom Betrachter weg zeigt. Ist die Verbindung in Fischer-Projektion dargestellt, macht man sich zunächst die perspektivische Formel klar. Diese klappt man dann so um, dass der Substituent niedrigster Priorität und zwei weitere Substituenten auf einer Ebene liegen. Jetzt hält man gedanklich den über der Ebene liegenden Substituenten fest und dreht so lange um die Achse, die durch diesen Substituenten und den Schwerpunkt verläuft, bis der Substituent niedrigster Priorität tatsächlich nach hinten zeigt (**Abb. 3.39** 1. Beispiel). Wenn dann die Substituenten 1., 2. und 3. Priorität verbunden werden und man dabei in Richtung des Uhrzeigersinns wandert, handelt es sich um die R-Konfiguration (rectus lat. richtig, auch rechts), muss man gegen den Uhrzeigersinn wandern, liegt S-Konfiguration (sinister lat. links) vor.

Man kann aber auch anders vorgehen: Sie tauschen in der Fischer-Projektion zwei Substituenten so miteinander, dass der Substituent mit der Priorität 4 nach unten zeigt. In **Abb. 3.39** (2. Beispiel) wurden 3 und 4 getauscht. 4 zeigt nun nicht mehr wie im Original in der Horizontalen aus der Ebene heraus

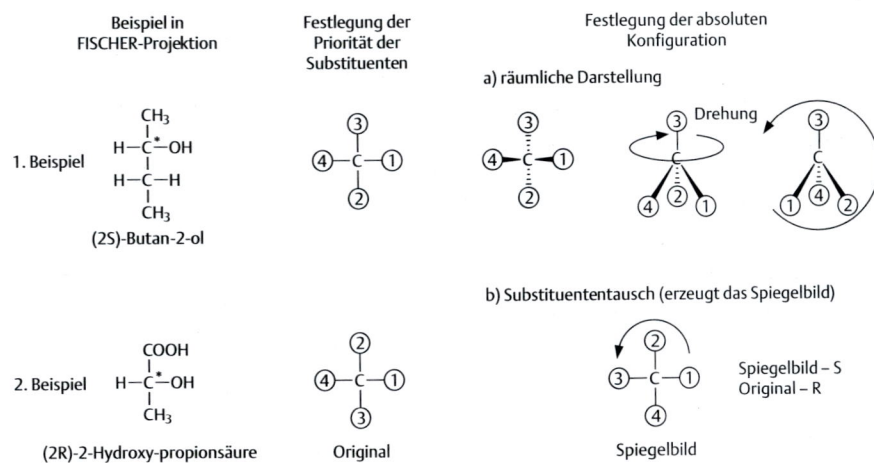

Abb. 3.39 Festlegung der Priorität der Substituenten und Bestimmung der absoluten Konfiguration

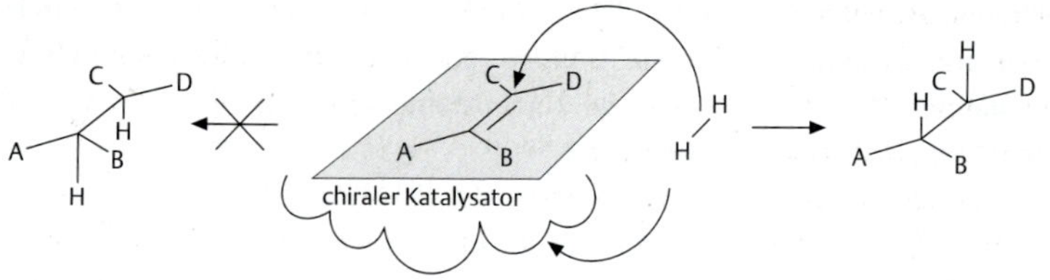

Abb. 3.40   Enantioselektive Hydrierung

auf Sie zu, sondern weist in der Senkrechten in die Papierebene hinein. Sie haben so erreicht, dass der Substituent niedrigster Priorität von Ihnen weg zeigt.

Durch den Substituententausch haben Sie jedoch das Spiegelbild erzeugt! Daran müssen Sie zum Schluss denken. Nun entscheiden Sie erst einmal, ob Sie in diesem Spiegelbild im Uhrzeigersinn oder gegen den Uhrzeigersinn die Substituenten 1, 2 und 3 verbinden. In **Abb. 3.39** (2. Beispiel) hat das Spiegelbild S-Konfiguration, da man die Substituenten in der Prioritätsfolge 1-2-3 gegen den Uhrzeigersinn verbindet. Sie müssen aber auch die Folgen des Substituententauschs bedenken – also ist das Original R-konfiguriert. Wenn Sie immer noch Schwierigkeiten haben, dann betrachten Sie das Original von der Papierrückseite. Dann zeigt 4 wirklich nach hinten. 1, 2, 3 verbinden Sie im Uhrzeigersinn, also handelt es sich um eine R-Konfiguration.

▉▉I Merke
- **Die Festlegung der R/S-Konfiguration anhand der Wanderungsrichtung von Substituent zu Substituent hat *nichts* mit dem Drehwinkel des linear polarisierten Lichts zu tun. Der Drehwinkel wird immer experimentell ermittelt, sein Vorzeichen ist von den Versuchsbedingungen (z. B. Lösungsmittel) abhängig.**
- **Die Bezeichnung mit D und L lässt keinen direkten Schluss auf die R- und S-Nomenklatur zu.**

Auch für helikale Strukturen gibt es einen Nomenklaturvorschlag: Wenn man auf die Spirale schaut und die Wendelung im Uhrzeigersinn erfolgt, handelt es sich um das rechtsgängige Enantiomer (P-Helix), im anderen Fall ist die Spirale linksgängig (M-Helix). Achten Sie einmal darauf: Wendeltreppen sind meist linksgängig, die Stangenbohne schlingt sich rechtsgängig, Hopfen linksgängig um die Stangen.

Ein **1:1-Gemisch von Enantiomeren** bezeichnet man als **Racemat** (acidum racemicum lat. Traubensäure, s.u.). Diese Gemische sind **optisch inaktiv**, da die Enantiomerenpaare die Drehung des linear polarisierten Lichts gerade aufheben. Bei der Synthese entstehen gewöhnlich nicht reine Enantiomere, sondern häufig racemische Gemische, die dann en-

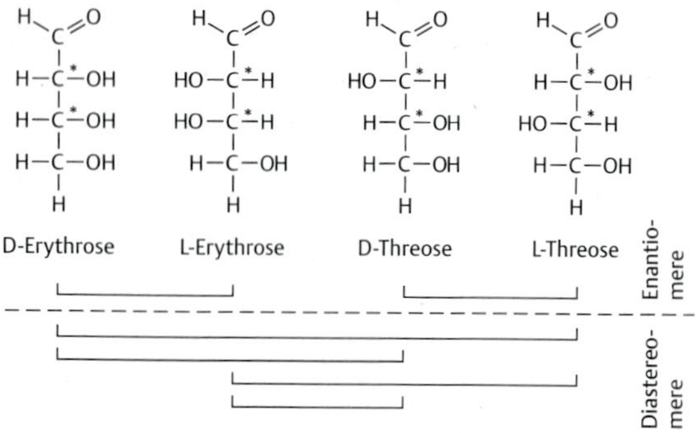

Abb. 3.41   Stereoisomere von 2,3,4-Trihydroxybutanal

zymatisch, chemisch oder in seltenen Fällen mechanisch getrennt werden müssen. Das ist natürlich ökonomisch und ökologisch wenig attraktiv. Deshalb ist die Entwicklung von Synthesemethoden wichtig, die zu reinen Enantiomeren führen (enantioselektive Katalysatoren, **Abb. 3.40**). Enantioselektive Katalysatoren binden prochirale Moleküle so auf ihrer Oberfläche, dass z.B. die Addition von H_2 nur von einer Seite erfolgen kann.

Die Diastereomerie

In großen Molekülen gibt es häufig mehrere stereogene Zentren. Für aliphatische Moleküle mit n stereogenen Zentren, die sich untereinander in mindestens zwei Substituenten unterscheiden, gilt, dass es 2^n chirale Stereoisomere gibt. **Abb. 3.41** zeigt ein Beispiel für 2 stereogene Zentren, die zu 4 Stereoisomeren führen.

Es fällt sofort ins Auge, dass sich zwei Bild-Spiegelbild-Kombinationen ergeben. Die anderen Kombinationen verhalten sich nicht wie Bild und Spiegelbild. Solche Stereoisomere bezeichnet man als **Diastereomere** (dia griech. auseinander, entzwei). Sie unterscheiden sich in ihren physikalischen und chemischen Eigenschaften. Bei 4 chiralen Molekülen gibt es also gerade 2 diastereomere Enantiomerenpaare.

▇▇▎ Merke

Bei 2^n Stereoisomeren existieren 2^{n-1} diastereomere Enantiomerenpaare.

Ändert sich die Konfiguration an genau einem Chiralitätszentrum, dann wird die Umwandlung eines Diastereomers in ein anderes als **Epimerisierung** bezeichnet.

👁
♟ **Auch hier können Sie wieder überprüfen, ob Sie die Begriffe Enantiomere und Diastereomere verstanden haben. Kennzeichnen Sie dazu in der Formel von Glucose (Abb. 3.42) alle asymmetrisch substituierten C-Atome und überlegen Sie sich, wie viele Stereoisomere es mit der Konstitution der Glucose geben muss. Sortieren Sie diese jeweils in enantiomere Paare und markieren Sie die Strukturen, die sich jeweils diastereomer zueinander verhalten (s. S. 168).**

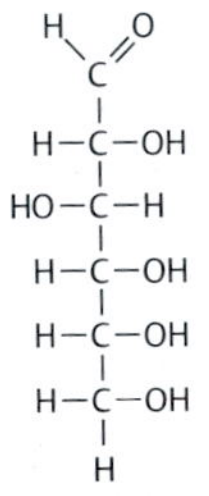

Abb. 3.42 Glucose

Auch Weinsäure **(Abb. 3.43)** besitzt zwei stereogene Zentren. Formal müsste man vier verschiedene chirale Strukturen erwarten. Die beiden rechts dargestellten Strukturen haben aber bei genauer Betrachtung eine innere Symmetrieebene. Damit können beide Strukturen zur Deckung gebracht werden. Es handelt sich um ein „inneres" Racemat, das als **meso**-Weinsäure (mesos griech. Mittelpunkt, Zentrum) bezeichnet wird, und ggf. optisch inaktiv ist, da formal die eine Hälfte des Moleküls den Lichtstrahl nach links, die andere um den gleichen Betrag nach rechts auslenkt. Stereogene Zentren bedingen also nicht zwangsläufig Chiralität! Mesoweinsäure ist diastereomer sowohl zu D-, als auch zu L-Weinsäure. Ein echtes Racemat enthält zu gleichen Teilen D- und L-Weinsäure. Diese Mischung bildet sich als Traubensäure in geringen Spuren bei der Weinherstellung und hat die Bezeichnung „Racemat" bedingt.

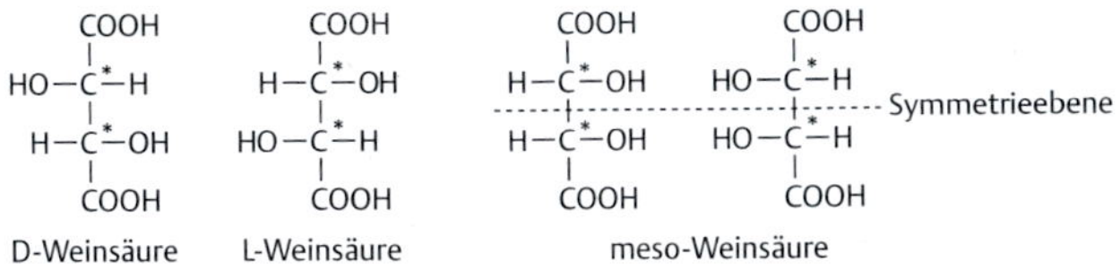

Abb. 3.43 Stereoisomere der Weinsäure

Tabelle 3.8 Stereoisomerie

	Enantiomerie (stereoisomere Strukturen, bei denen Bild und Spiegelbild nicht zur Deckung gebracht werden können)		Diastereomerie (stereoisomere Strukturen, die sich nicht wie Bild und Spiegelbild verhalten)	
Konfigurationsisomerie	 L-Serin	 D-Serin	π-Diastereomerie	 cis-But-2-en (Z)-But-2-en trans-But-2-en (E)-But-2-en
	 D-Glucose	 L-Glucose	σ-Diastereomerie	 D-Galactose D-Mannose
	 trans-Cyclohexan-1,2-diole			 trans- cis- Cyclohexan-1,2-diol

Diastereomerie ist aber nicht an das Vorhandensein asymmetrisch substituierter C-Atome gebunden. Auch die oben besprochene E/Z-Isomerie bei Doppelbindungen ist eine Form der Diastereomerie. Deshalb unterscheidet man

- **σ-diastereomere Konfigurationsisomere**, die durch Lösen und Knüpfen von σ-Bindungen entstehen
- **π-diastereomere Konfigurationsisomere** (π-Diastereomere), die durch Lösen und Knüpfen von π-Bindungen entstehen

Die verschiedenen Möglichkeiten der Stereoisomeren sind in **Tab. 3.8** noch einmal zusammengefasst.

3.3.5 Klinische Bezüge

Die Stereochemie der Moleküle spielt eine große Rolle in der Arzneimittelforschung. Wie der rechte Handschuh nur zur rechten Hand passt, verhalten sich Enantiomere gegenüber chiralen Reagenzien, wie z. B. körpereigenen Proteinen und Nukleinsäuren, unterschiedlich. Es ist deshalb zu erwarten, dass ein Enantiomer mit einem biologischen Re-

zeptor anders reagiert als der entsprechende Antipode, da die Rezeptoren gewöhnlich nur für ein Enantiomer passen. Diese Unterschiede können sich beispielsweise im Geschmack oder in der Duftnote auswirken. So schmeckt das aus L-Asparagin und L-Phenylalanin gebildete Dipeptid süß und ist als Süßstoff Aspartam im Handel. Das synthetisch erzeugte Spiegelbild schmeckt hingegen bitter. Im Kümmel kommt Carvon als Bestandteil ätherischer Öle vor. Ein Enantiomer schmeckt nach Karamel, das andere nach Pfefferminze.

Seit den schwerwiegenden Folgen durch die Verabreichung des Schlafmittels Contergan (Wirkstoff Thalidomid) **(Abb. 3.44)**, dessen S-Enantiomer nicht nur schlafanstoßend, sondern auch teratogen wirkt, ist jedoch klar, dass bei der Zulassung eines neuen chiralen Wirkstoffs beide Enantiomere möglichst gut untersucht werden müssen, und zwar auch dann, wenn später ein Racemat eingesetzt wird. Das pharmakologisch wirksame Enantiomer wird als **Eutomer**, das weniger wirksame als **Distomer** bezeichnet. Ein Großteil chiraler Wirkstoffe kommt noch als Racemat zum Einsatz. Mit der Untersuchung der pharmakologischen Wirkung der Antipoden und der Beherrschung enantioselektiver Synthesen werden aber verstärkt reine Enantiomere angeboten **(Abb. 3.44b)**. Die erste stereoselektive industrielle Anwendung in Europa lieferte übrigens L-Dopa (Levodopa = L-3,4-Dihydroxyphenylalanin), ein Medikament, das bei Morbus Parkinson verabreicht wird. Beim Morbus Parkinson kommt es zu einer Degeneration dopaminerger Neurone in der Substantia nigra mit der typischen Symptomtrias Rigor, Tremor und Akinese.

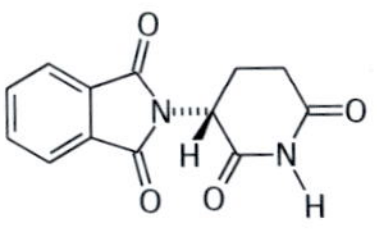

(R)-Thalidomid
nicht teratogen
Schlafmittelwirkung

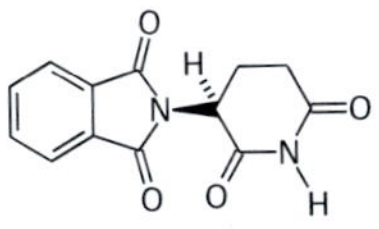

(S)-Thalidomid
teratogen
Schlafmittelwirkung

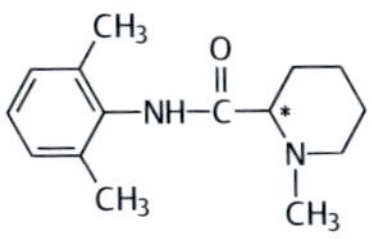

Mepivacain

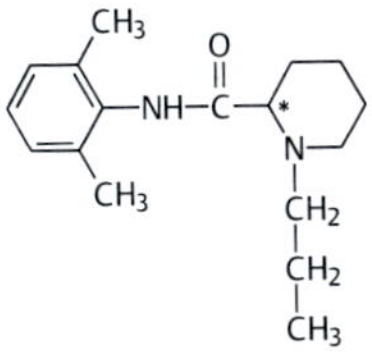

Ropivacain
(als S-Enantiomer auf dem Markt)

Abb. 3.44   Thalidomid und Amid-Lokalanästhetika

Check-up

✔ Wiederholen Sie noch einmal einige der besprochenen Beispiele, denn anhand konkreter Moleküle können Sie sich viele Prinzipien der Stereochemie leichter merken. Fertigen Sie sich am besten eine Tabelle an, in der Sie für jede Isomerieart ein Beispiel notieren. Machen Sie sich dabei immer auch klar, warum es sich gerade um die jeweilige Isomerieart handelt.

✔ Bis jetzt haben Sie nur wenige Beispiele für isomere Verbindungen kennen gelernt, die aber für das Verständnis der Grundbegriffe ausreichen. Bei der Besprechung der Stoffklassen werden wir auf die Stereochemie wieder zurückkommen (s. S. 169).

3.4 Die Strukturaufklärung organischer Verbindungen

Lerncoach

■ Die in diesem Kapitel vorgestellten Verfahren sind für Sie sicher manchmal etwas abstrakt. Einige Methoden lernen Sie aber im chemischen Praktikum kennen.

■ Die Darstellung der spektroskopischen Methoden ist rein informativ, d. h. Sie brauchen diese Informationen nicht zu lernen.

3.4.1 Die Reindarstellung einer Substanz

Bei chemischen Reaktionen fallen meistens Stoffgemische an, sodass der eigentlich gewünschte Stoff aus diesem Gemisch abgetrennt werden muss. Hierfür geeignete Methoden sind in **Tab. 3.9** zusammengefasst.

Tabelle 3.9 Verfahren zur Stofftrennung

Verfahren	Erklärung	Anwendungsbeispiel
Dekantieren	Trennung flüssiger von festen Bestandteilen (eines Bodenkörpers) durch Abgießen	Abgießen von Tee oder Kaffee ohne Hilfsmittel
Filtrieren	Trennung von Feststoffteilchen aus Flüssigkeiten oder Gasen mittels eines porösen Mediums (Filter oder Sieb)	Anwendung eines Kaffeefilters
Kristallisieren	Ausnutzung von Löslichkeitsunterschieden, unter Erwärmung wird der Stoff in einem Lösungsmittel gelöst, die am schwersten lösliche Substanz kristallisiert bei Abkühlung aus	Reinigung der aus Zuckerrohr oder Zuckerrüben gewonnenen Saccharose
Destillieren	Gemische flüchtiger Stoffe werden entsprechend ihres Siedepunktes getrennt, wobei sich derjenige mit dem niedrigeren Siedepunkt leichter verdampfen und abtrennen lässt. Das Verdampfen erfolgt im Destillierkolben, das Kondensat wird aufgefangen	Herstellung von destilliertem Wasser oder Brennen von Schnaps
Extrahieren	Herauslösen bestimmter Bestandteile aus flüssigen und festen Gemischen mit Hilfe geeigneter Lösungsmittel	Gewinnung von Extrakten aus Heilpflanzen
Sublimieren	sublimierbare Feststoffe werden in der Hitze selektiv aus einem Stoffgemisch getrennt	Gewinnung von Koffein aus Kaffeepulver, schnelles Trocknen von Wäsche an kalten Wintertagen

Verfahren	Erklärung	Anwendungsbeispiel
Zentrifugieren	Trennung durch Ausnutzung der Fliehkraft	Trennung von Molekülen nach der Molmasse aus der Zellflüssigkeit
Gefriertrocknen	schonende (Struktur u. Eigenschaften erhaltende) Konservierung durch Einfrieren u. Entfernen des Wassers durch Sublimation im Vakuum	Entwässerung von Blutplasma

Die Chromatografie

Bei der Chromatografie werden Stoffgemische aufgrund unterschiedlicher Wechselwirkungen der Einzelkomponenten mit einer nicht beweglichen, **stationären** Phase und einer beweglichen, **mobilen** Phase getrennt. Die stationäre Phase kann fest oder flüssig sein. Die mobile Phase, die das zu trennende Gemisch enthält, ist entweder flüssig (Flüssigkeitschromatografie) oder gasförmig (Gaschromatografie).

Die Adsorptions- und Verteilungschromatografie

Die Bindung der Komponenten eines Stoffgemisches an der stationären Phase kann auf unterschiedlichen Effekten beruhen:

- **Adsorptionschromatografie:** Die stationäre Phase ist fest und die Substanzen werden an der Oberfläche adsorbiert. Zwischen fester stationärer und flüssiger mobiler Phase stellt sich für jede Verbindung ein Adsorptionsgleichgewicht ein.
- **Verteilungschromatografie:** Die stationäre Phase ist ein Flüssigkeitsfilm, der auf der Oberfläche eines festen Trägermaterials haftet. Zwischen

flüssiger stationärer und flüssiger mobiler Phase stellt sich für jede Komponente ein Verteilungsgleichgewicht ein. Adsorption und Verteilung können auch gleichzeitig an der Trennung beteiligt sein.

Nach der Art der Chromatografieapparatur unterscheidet man weiterhin **Papier-, Dünnschicht-** und **Säulenchromatografie.** Bei der Papierchromatografie wird das gelöste Substanzgemisch auf Filterpapier aufgetragen und dann in ein geschlossenes, das Laufmittel enthaltende Gefäß gestellt. Die Trennung erfolgt überwiegend durch unterschiedliche Verteilung, aber auch Adsorptionsvorgänge spielen eine Rolle. Als stationäre Phase dient das Wasser, das am Filterpapier haftet.

Bei der Dünnschichtchromatografie werden Glas- oder Aluminiumplatten verwendet, die mit einer dünnen Schicht von z. B. Kieselgel oder Aluminiumoxid überzogen sind. Bei der Säulenchromatografie befinden sich diese zur Adsorption geeigneten Materialien in senkrecht stehenden langen, schmalen Glasrohren. Die Dünnschichtchromatogramme werden wie die Papierchromatogramme in geschlossenen Gefäßen entwickelt, die Säulen werden mit der mobilen Phase durchgespült **(Abb. 3.45)**. Die Lage der Adsorptions- und Verteilungsgleichgewichte ist entscheidend für den Verlauf chromatografischer Trennungen.

▮▮I Merke

Durch die Wahl der stationären Phase und die Art des Laufmittels lassen sich die Trennungen beeinflussen.

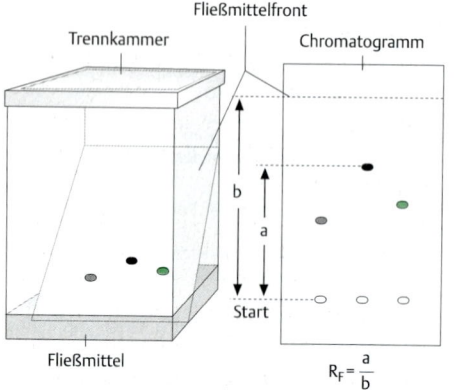

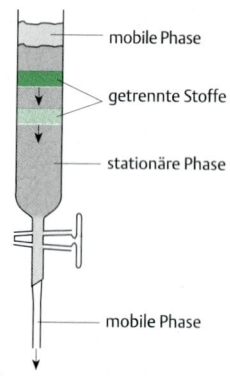

Abb. 3.45 Dünnschicht- und Säulenchromatografie

$R_F = \dfrac{a}{b}$

Unter konstanten Bedingungen (gleiche stationäre Phase, gleiches Fließmittel, gleiche Temperatur) sind die Trennungen reproduzierbar. Wie weit eine Komponente relativ zur mobilen Phase wandert, ist damit eine Stoffkonstante. Der Quotient aus der Entfernung der Substanz vom Startpunkt und der Entfernung der Laufmittelfront vom Startpunkt wird als **R$_f$-Wert** bezeichnet (**r**etention **f**actor).

Da die Chromatografie heute nicht mehr wie früher nur bei farbigen Substanzen angewendet wird, müssen die Substanzflecken auf Papier- oder Dünnschichtchromatogrammen noch sichtbar gemacht werden. Dies geschieht durch Erwärmung, Bestrahlung mit UV-Licht oder Besprühen mit speziellen Reagenzien. Bei automatisierten Verfahren stehen Detektoren zur Verfügung, die den Durchlauf der einzelnen Substanzen signalisieren und aufzeichnen. Hier wird die Zeit bestimmt, die eine Substanz für den Durchlauf benötigt, diese Retentionszeit wird gemessen. Die Signale lassen auch Rückschlüsse auf die Konzentration der Komponenten zu.

Weitere chromatografische Verfahren
Ionenaustauscher- und Affinitätschromatografie unterscheiden sich von den besprochenen Verfahren insofern, als die Trennung der Substanzen auf der Ausbildung von Bindungen basiert. Ionenaustauscher sind organische Polymere (s. S. 123). Sie tragen locker gebunden OH^--, H^+-Ionen oder andere Ionen, die gegen Ionen gleicher Ladung reversibel ausgetauscht werden können. Bei der Affinitätschromatografie enthält die polymere stationäre Phase spezifische Liganden, um die gesuchten Stoffe zu binden. Anschließend werden diese Komponenten aus der stationären Phase herausgewaschen.

Die **Gelchromatografie** ist eine Sonderform, da es keine Wechselwirkung zwischen fester und mobiler Phase gibt. Die Trennung erfolgt durch die im Trägermaterial zur Verfügung stehende Porengröße und findet vor allem Anwendung bei der Proteinreinigung und -trennung sowie bei der DNA- und RNA-Isolierung.

Da auch unterschiedliche Drücke zur Anwendung kommen, unterscheidet man Niederdruck-, Normaldruck- und Hochdruckchromatografie. Letztere zeichnet sich durch kurze Trennzeiten und hohe Trennleistung aus und kann vom ng- bis zum kg-Bereich erfolgreich eingesetzt werden.

3.4.2 Die Charakterisierung der reinen Substanz

Die reine Substanz kann durch eine Reihe physikalischer Eigenschaften charakterisiert werden. Dazu zählen

- der Schmelz- oder Zersetzungspunkt
- der Siedepunkt
- der Brechungsindex
- die Dichte
- der R$_F$-Wert
- die spezifische Drehung (bei optisch aktiven Verbindungen).

Durch chemische Reaktionen können die in der Substanz enthaltenen Elemente qualitativ und quantitativ analysiert werden. Häufig stehen dafür moderne Analyseautomaten zur Verfügung. Zahlreiche Methoden erlauben die Bestimmung der molaren Masse und den Nachweis funktioneller Gruppen. Vor allem werden zur Charakterisierung aber spektroskopische Verfahren genutzt.

Die spektroskopischen Verfahren

Grundlage für alle spektroskopischen Verfahren ist die Wechselwirkung der Moleküle mit elektromagnetischer Strahlung.

Durch elektromagnetische Strahlung werden Elektronen angeregt, Schwingungen und Rotationen von Atomen oder Atomgruppen im Molekül ausgelöst oder der Spin geändert. Diese Wechselwirkung ist stoffspezifisch. Einige spektroskopische Verfahren werden nachfolgend kurz vorgestellt.

Die UV/VIS-Spektroskopie
Moleküle absorbieren **u**ltraviolettes oder sichtbares (**vis**uelles) Licht, indem Elektronen angeregt werden und in energetisch höher liegende Orbitale übergehen. Bei der Rückkehr in den Grundzustand wird Licht ausgestrahlt (Emission).

Die zur Anregung der Elektronen notwendige Energie ist substanzspezifisch und hängt von den Bindungsverhältnissen im Molekül ab. Liegt ein Teil der Absorption zwischen 400 und 800 nm (sichtbarer Bereich), erscheint die Verbindung farbig, man beobachtet die zur absorbierten Strahlung komplementäre Farbe.

Besonders leicht können delokalisierte π-Elektronen angeregt werden. Mit der Anzahl konjugierter Doppelbindungen vertieft sich die Farbe einer Verbindung. In vielen Fällen ist aber eine Anregung durch energiereichere UV-Strahlung erforderlich.

Wenn ein UV-Strahl definierter Wellenlänge durch eine Messlösung fällt, wird er durch Absorption abgeschwächt. Um Reflexions- und Streuverluste zu eliminieren, vergleicht man mit der Absorption des reinen Lösungsmittels. Die Lichtintensität I nach dem Durchtritt durch die Lösung wird dann mit der Lichtintensität I_0 nach dem Durchtritt durch das reine Lösungsmittel verglichen (**Lambert-Beer-sches-Gesetz**). Man kann die Extinktion E folgendermaßen berechnen:

$$E = \lg \frac{I_0}{I} = \varepsilon \cdot c \cdot d$$

(c = Konzentration in mol/l; d = Schichtdicke der Messlösung im Strahlengang in cm; ε = molarer Extinktionskoeffizient [Stoffkonstante])

Zur Charakterisierung einer Verbindung wird ein UV-Spektrum aufgenommen, indem man die Wellenlänge kontinuierlich variiert. So können Absorptionsmaxima und molare Extinktionskoeffizienten ermittelt werden.

Man kann aber auch bei fester Wellenlänge, bei der ein Absorptionsmaximum vorliegt, und bekannten ε-Werten Konzentrationsbestimmungen vornehmen. Dieses analytische Verfahren bezeichnet man als **Photometrie**, die in der klinischen Chemie sehr vielfältig eingesetzt wird. So kann z. B. enzymatisch die Konzentration einer Alkohol-Lösung bestimmt werden. Man lässt Ethanol mit dem Redoxsystem NAD^+/NADH (s. S. 95) reagieren. Es entsteht Acetaldehyd (Ethanal) als Oxidationsprodukt des Ethanols und als Reduktionsprodukt NADH. Je ein Molekül Alkohol bildet ein Molekül NADH. Die Änderung der NADH-Konzentration kann bei 340 nm photometrisch gut verfolgt werden, da bei dieser Wellenlänge NAD^+ keine nennenswerte Absorption zeigt.

Die IR-Spektroskopie

Durch Infrarot-Strahlung werden in den Molekülen Schwingungen und Rotationen angeregt. Bestimmte Atomgruppierungen des Kohlenstoffgerüsts absorbieren weitgehend unabhängig von benachbarten Atomen immer Infrarot-Strahlung im gleichen Wellenlängenbereich. Auch funktionelle Gruppen haben charakteristische Absorptionsbanden. So kann aus der Lage der Absorptionsbanden auf die Struktur des Moleküls geschlossen werden.

Die NMR-Spektroskopie

Einige Atomkerne (z. B. ^1H, ^2H, ^{13}C und ^{15}N) verhalten sich in einem homogenen Magnetfeld wie kleine Stabmagnete, d. h. sie orientieren sich in Feldrichtung bzw. bei Energiezufuhr von außen in die entgegengesetzte Richtung. Die zugeführte Energie wird absorbiert, diese Erscheinung bezeichnet man als **kernmagnetische Resonanz** = **n**uclear **m**agnetic **r**esonance (Resonanzfrequenz zwischen 20 und 1000 MHz).

Die benötigte Resonanzenergie für die genannten Nuklide ist bei konstantem Magnetfeld sehr unterschiedlich. Bei gleichem Nuklid treten Unterschiede auf, die durch die unterschiedliche chemische Umgebung jedes einzelnen Atomkerns im Molekül verursacht sind. Diese Unterschiede misst man in ppm (parts per million) der eingestrahlten Frequenz und bezeichnet sie als **chemische Verschiebung**. Für ein tiefer gehendes Verständnis sollte auf entsprechende Fachliteratur zurückgegriffen werden.

Die Massenspektrometrie

Das Prinzip eines Massenspektrometers beruht auf der unterschiedlichen Bewegung geladener Teilchen in elektrischen und magnetischen Feldern. Bei diesem Verfahren kommt es zu keiner Absorption elektromagnetischer Strahlung, sondern eine Verbindung wird im Hochvakuum verdampft (z. B. durch Elektronenbeschuss ionisiert und in Bruchstücke zerschlagen). Die Molekül- und Fragmentionen werden in einem elektrischen Feld beschleunigt und in einem Magnetfeld in Abhängigkeit von ihrer Ladung und ihrer Masse abgelenkt. Der Empfänger registriert ein den optischen Spektren vergleichbares „Massenspektrum", das Informationen zur Molekülmasse und zur Summenformel liefert.

3.4.3 Klinische Bezüge

Die besprochenen Methoden finden heute breite Anwendung in den klinischen Laboratorien zur Diagnostik und für die Grundlagenforschung. Die als MRT-Spektroskopie (**M**agnet**r**esonan**zt**omographie) bezeichnete medizinische Anwendung der

Abb. 3.46 MRT-Bilder eines Hypophysenadenoms (Pfeil)

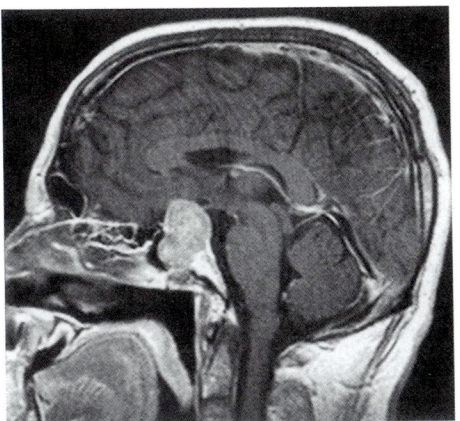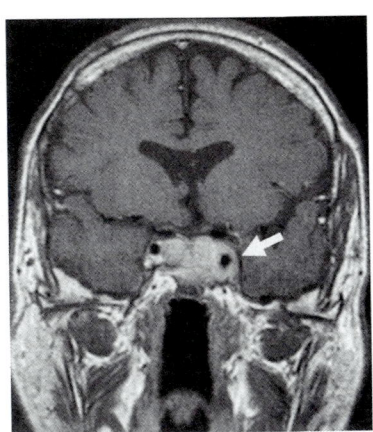

NMR-Spektroskopie wird inzwischen auch am Menschen angewendet, z.B. zur Verlaufskontrolle bei bestimmten neurologischen Erkrankungen.

Man untersucht das Verhalten von Protonen, die aufgrund ihrer Eigenbewegung ein magnetisches Feld erzeugen. Normalerweise sind diese Magnetfelder ungeordnet. Beim Anlegen eines äußeren Magnetfeldes kommt es wie oben beschrieben zu einer parallelen oder antiparallelen Ausrichtung entlang der Feldlinien. Die Mehrzahl der Protonen nimmt die energetisch etwas günstigere Parallelposition ein. Da sich die Gewebe in ihrem Wasserstoffanteil unterscheiden, können verschiedene Gewebearten sehr gut dargestellt werden (**Abb. 3.46**).

 Check-up

✔ Wiederholen Sie noch einmal, wie die Stofftrennung bei der Chromatografie erfolgt.

✔ Machen Sie sich nochmal den Unterschied zwischen der Gas- und der Flüssigchromatografie klar.

3.5 Die Reaktionstypen organischer Verbindungen

 Lerncoach

■ Im folgenden Kapitel lernen Sie verschiedene Reaktionstypen organischer Verbindungen kennen. Um diese typischen Reaktionen zu verstehen, ist es wichtig, dass Sie zunächst die nachfolgend aufgeführte Systematisierung der organisch-chemischen Reaktionen verstehen.

■ Die Inhalte dieses Kapitels bauen auf den Grundbegriffen der Reaktionskinetik auf (z.B. Reaktionsordnung, geschwindigkeitsbestimmender Schritt). Schlagen Sie diese Informationen ggf. nochmal auf S. 45 nach.

■ Eine weitere wichtige Grundlage für das Verständnis ist die Elektronegativität der Elemente in Atombindungen sowie die Unterscheidung von Ionen und Radikalen (s. S. 29).

3.5.1 Die Systematisierung organisch-chemischer Reaktionen

Die komplexen und die Elementarreaktionen

Auch in der organischen Chemie ist – makroskopisch betrachtet – eine chemische Reaktion eine Stoffumwandlung, die mit Energie- und Entropieänderungen verbunden ist. Auf molekularer Ebene interessieren die Änderung von Bindungen und Strukturen. Dabei unterscheidet man zwischen **Elementarreaktionen**, die aus einem Elementarprozess bestehen, und **komplexen Reaktionen**, die aus zwei oder mehr Elementarreaktionen zusammengesetzt sind. Elementarprozesse werden eingeteilt in **mono**molekulare (Zerfall **eines** Teilchens), **bi**molekulare (Zusammenstoß **zweier** Teilchen) und **tri**molekulare (Zusammenstoß **drei**er Teilchen) Vorgänge.

Die radikalischen und die polaren Reaktionen

Wenn eine Atombindung gespalten wird, können entweder zwei Radikale als elektrisch neutrale Bruchstücke mit einem ungepaarten Elektron oder je ein Kation und ein Anion entstehen. Für die Bildung von Radikalen sind relativ hohe Energien notwendig. Radikale sind sehr energiereich, reaktionsfreudig und die Voraussetzung für **radikalische** Reaktionen (Symbol: tiefgestelltes R).

Wenn Bindungselektronenpaare zu Radikalen entkoppelt werden, spricht man von **Homolyse.** Bei der **Heterolyse** wird das Bindungselektronenpaar vollständig auf einen Bindungspartner übertragen. Als Folge entstehen Ionen mit entgegengesetzten Ladungen **(Abb. 3.47).** Wie groß der Energieaufwand für die Heterolyse tatsächlich ist, hängt von der Struktur der Molekülteile und einer evtl. vorhandenen Polarisierung ab. Besonders günstig ist natürlich auch eine Stabilisierung der entstehenden Ionen durch Solvatation (s. S. 51). Bei polaren Reaktionen muss nicht zwangsläufig eine Spaltung in Ionen erfolgen, es ist auch ein synchroner Ablauf möglich.

Homolyse:

$$A-B \longrightarrow A\cdot + B\cdot$$

Heterolyse

$$A-B \longrightarrow A^\oplus + B^\ominus$$

Abb. 3.47 Die Möglichkeiten der Bindungsspaltung

Die nucleophilen und die elektrophilen Teilchen

Bei polaren Reaktionen unterscheidet man die reaktiven Teilchen nach folgenden Kriterien **(Tab. 3.10):**

- Verfügen die reaktiven Teilchen über eine Stelle mit hoher Elektronendichte, tragen eine negative Ladung oder verfügen über freie Elektronenpaare, dann „suchen" sie eine positive Ladung bzw. eine positivierte Stelle. Man bezeichnet sie als **Nucleophile,** weil der „nucleus" ja eine positive Ladung trägt.
- Teilchen mit niedriger Elektronendichte oder einer Elektronenlücke „suchen" nach elektrisch negativer Ladung, es sind **Elektrophile.**

Je nachdem, ob man polare Reaktionen aus der Sicht des Nucleophils oder Elektrophils betrachtet, spricht man von **nucleophilen Reaktionen** (Symbol: tiefgestelltes N) oder **elektrophilen Reaktionen** (Symbol: tiefgestelltes E).

Die Substituenteneffekte

Die elektronische Struktur der Verbindungen spielt also eine große Rolle beim Verlauf chemischer Re-

Tabelle 3.10 Nucleophile und elektrophile Teilchen

Nucleophile	Elektrophile
Anionen: Carbanionen R_3C^-, HO^-, RO^-, HS^-, RS^-, CN^-, I^-, Br^-, Cl^-	Kationen: Carbeniumionen R_3C^+, H^+, Al^{3+}, Br^+
neutrale Moleküle mit freien Elektronenpaaren: NH_3, RNH_2, H_2O	neutrale Moleküle mit Elektronenlücke: BF_3, $AlCl_3$
neutrale Moleküle mit π-Bindungen, die eine erhöhte Elektronendichte aufweisen	neutrale Moleküle, die sich leicht heterolytisch spalten lassen: Br_2, I

aktionen. Wenn diese durch Einführung von Substituenten verändert wird, hat das natürlich Folgen für den Reaktionsverlauf (sog. **Substituenteneffekte**). Substituenteneffekte beschreiben die elektronenschiebende und -ziehende Wirkung der Substituenten. Natürlich spielt auch dessen Größe für den Reaktionsverlauf eine Rolle. Dieser sterische Effekt ergibt sich aus dem Raumbedarf der Substituenten. Er kann zur Abschirmung des Reaktionszentrums führen oder die Lage anderer Substituenten im Molekül verändern.

Der induktive Effekt

Der induktive Effekt tritt bei allen Substituenten auf und beschreibt die Veränderung der elektronischen Struktur durch unterschiedliche Partialladungen. **Elektronenziehende Substituenten**, die sich durch eine hohe Elektronegativität auszeichnen, haben einen **–I-Effekt, elektronenschiebende Substituenten** haben einen **+I-Effekt.** Beide Effekte bewirken eine Polarisierung des Moleküls **(Abb. 3.48).** Die unterschiedlichen Elektronegativitäten wirken sich also über Einfachbindungen im Molekül aus.

▮ Merke

Das Vorzeichen bezieht sich dabei immer auf die entstehende Partialladung des Substituenten.

Einen –I-Effekt weisen u. a. folgende Substituenten auf: -F, -Cl, -Br, -I, -NH_2, -NO_2, -OH, -OR, >C=O, -COOH. Einen +I-Effekt haben z. B. die Alkylgruppen und anionische Substituenten wie -O^- und -S^-.

Der mesomere Effekt

Mesomere Effekte sind an die Wechselwirkung des Substituenten mit einem p-Orbital eines sp^2- oder sp-hybridisierten C-Atoms gebunden. Substituenten

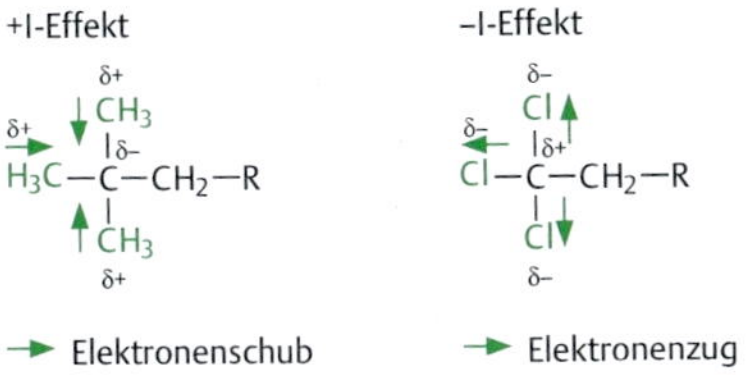

+I-Effekt   –I-Effekt

→ Elektronenschub   → Elektronenzug

Abb. 3.48 Der induktive Effekt

mit einer Elektronenlücke, die einen **Elektronenzug** bewirken, haben einen **–M-Effekt** (z. B. Aldehydgruppe, Carbonylgruppe, Carboxylgruppe). Ein **+M-Effekt** tritt bei Substituenten auf, die über ein freies Elektronenpaar verfügen, das in Wechselwirkung mit π-Elektronen treten kann (z. B. NH$_2$-, OH-, SH-Gruppen, Halogenatome). In **Abb. 3.49** wird die Wechselwirkung der OH-Gruppe im Phenol bzw. der Nitrogruppe im Nitrobenzol mit der π-Elektronenwolke des aromatischen Rings beschrieben. Zur Beschreibung verwendet man wieder mesomere Grenzstrukturen, wobei nur deren Gesamtheit den echten Bindungszustand richtig beschreibt.

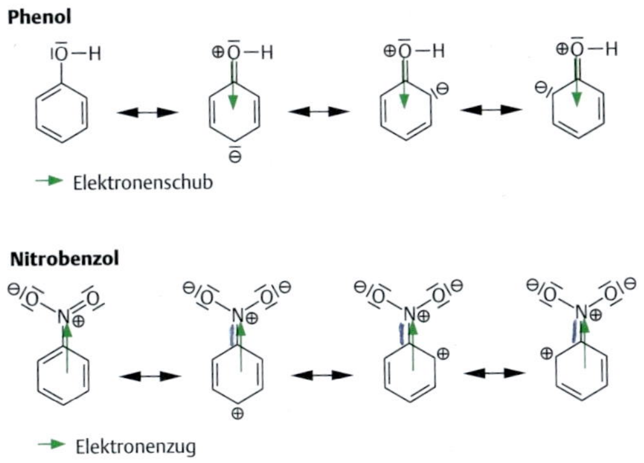

Phenol

→ Elektronenschub

Nitrobenzol

→ Elektronenzug

Abb. 3.49 Der mesomere Effekt

Die Auswirkungen dieser Effekte auf das Reaktionsverhalten besprechen wir bei den einzelnen Stoffklassen.

3.5.2 Die Reaktionstypen

Die Additionsreaktionen

Das Reagens lagert sich an ein Substrat mit Doppel- oder Dreifachbindungen oder freien Elektronenpaaren an.
Beispiel für eine Additionsreaktion (Addition von Wasserstoff an Ethen):

$$H_2C=CH_2 + H_2 \longrightarrow H_3C–CH_3$$
Hydrierung einer Doppelbindung

Übrigens ist die Einteilung Reagens und Substrat etwas willkürlich, gewöhnlich ist das Reagens das kleinere Molekül. Die Bildung der Additionsprodukte kann nach einem elektrophilen (Symbol A$_E$), einem radikalischen (Symbol A$_R$) oder einem nucleophilen (Symbol A$_N$) Mechanismus ablaufen. Elektrophile Additionen sind charakteristisch für ungesättigte Kohlenwasserstoffe (s. S. 121), nucleophile Additionen für Carbonylverbindungen (s. S. 140). Radikalische Additionen erfolgen auch an ungesättigten Kohlenwasserstoffen.
Die **Addition von Wasserstoff** bezeichnet man übrigens auch als **Hydrierung**, die von **Wasser** als **Hydratisierung**.

Die Eliminierungsreaktionen

Die Eliminierung ist das Gegenteil der Addition. Es handelt sich um die intramolekulare Abspaltung von Atomen oder Atomgruppen.
Beispiel für eine Eliminierungsreaktion:

$$H_3C–CH_3 \longrightarrow H_2C=CH_2 + H_2$$
Dehydrierung einer Doppelbindung

Es können u. a. Halogenwasserstoffe (Dehydrohalogenierung), Wasserstoff (Dehydrierung) und Wasser (Dehydratisierung) eliminiert werden. Häufig findet man im Namen des Reaktionstyps schon einen Hinweis darauf, an welchen C-Atomen eine Abspaltung erfolgt. In der Biochemie kommen β-Eliminierungen häufig vor, d. h. die Abspaltung erfolgt an den benachbarten C-Atomen α und β **(Abb. 3.50)**. Durch die protonierte OH-Gruppe ist das Molekül polarisiert, in Gegenwart eines nucleophilen Reagens (Lewis-Base, s. S. 55) können die protonierte OH-Gruppe und ein Proton abgelöst werden.

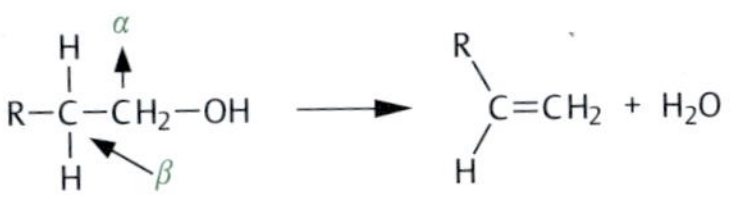

Abb. 3.50 Die sauer katalysierte β-Eliminierung (vereinfachte Darstellung)

Die Substitutionsreaktionen

Substitutionen sind mit einem Ersatz von Atomen oder Atomgruppen verbunden. Diese können radikalisch (S_R), elektrophil (S_E) und nucleophil (S_N) ablaufen. In **Abb. 3.51** ist eine nucleophile Substitution dargestellt.

$$H_3C-\underset{\underset{H}{|}}{\overset{\overset{H}{|}}{C}}-Cl \;+\; OH^{\ominus} \longrightarrow H_3C-\underset{\underset{H}{|}}{\overset{\overset{H}{|}}{C}}-OH \;+\; Cl^{\ominus}$$

Abb. 3.51   Beispiel für eine Substitutionsreaktion

Die radikalischen Substitutionen

Radikalische Substitutionen (S_R) sind dadurch gekennzeichnet, dass das Reagens ein Radikal ist (s. S. 26). Es entsteht durch homolytische Bindungsspaltung, z. B. durch Einwirkung von UV-Strahlung (**Abb. 3.52**, Startreaktion). Die Radikale greifen dann das Substrat (**Abb. 3.52**, Methan) an. Dabei entsteht wiederum ein Radikal. Es sind immer wieder Radikale vorhanden, die in die Reaktionen eintreten können. Wenn die Radikale jedoch miteinander rekombinieren, kommt es zum Kettenabbruch. Radikalische Substitutionen sind für gesättigte Kohlenwasserstoffe charakteristisch (**Abb. 3.52**).

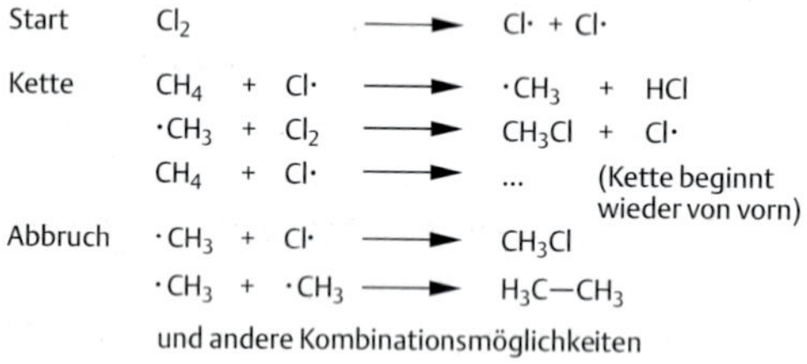

Abb. 3.52   Der radikalische Kettenmechanismus

Die elektrophilen Substitutionen

Die elektrophile Substitution (S_E) ist die wichtigste Reaktion der Aromaten (s. S. 87). Die Aromaten sind durch die delokalisierten π-Elektronen nucleophil und reagieren deshalb bevorzugt mit Elektrophilen. Unter Abspaltung eines Protons entsteht ein substituierter Aromat (**Abb. 3.53**).

Abb. 3.53   Elektrophile Substitution am Benzen (vereinfacht)

Die nucleophilen Substitutionen

Bei einer nucleophilen Substitution (S_N) wird eine an ein sp^3-hybridisiertes C-Atom gebundene Gruppe (Abgangsgruppe) mit ihren Bindungselektronen durch ein nucleophiles Reagens ersetzt (**Abb. 3.54**).

Abb. 3.54   Der allgemeine Mechanismus der nucleophilen Substitution

Bei nucleophilen Substitutionen muss auch unterschieden werden, ob die Geschwindigkeit der Gesamtreaktion durch den monomolekularen Zerfall des Substrats oder durch die bimolekulare Reaktion zwischen Substrat und nucleophilem Reagens bestimmt wird.

Eine **mono**molekulare Reaktion (S_N1) läuft folgendermaßen ab (**Abb. 3.55**). Es erfolgt die Dissoziation in ein planares Carbeniumion und ein Bromidion, im zweiten Schritt erfolgt der Angriff des Hydroxidions.

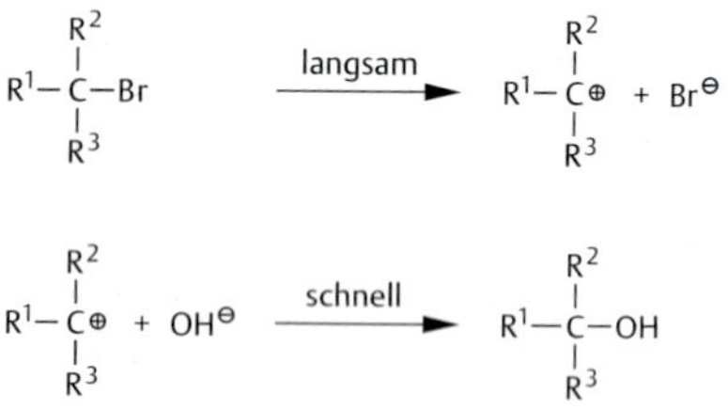

Abb. 3.55   Die nucleophile Substitution nach einem S_N1-Mechanismus

Beim **bi**molekularen Verlauf (S_N2) greift das Nucleophil von der dem Bromatom entgegengesetzten Seite an. Parallel hierzu wird die Bindung zum Br$^-$ schwächer (**Abb. 3.56**). Im Übergangszustand haben sowohl das Br$^-$-Ion als auch das OH$^-$-Ion Kontakt zum C-Atom, die drei anderen Substituenten spannen dann eine Ebene auf. Wenn sich das Br$^-$-Ion endgültig gelöst hat, klappen die anderen Substituenten wie ein Regenschirm um. Liegt das Substrat einer S_N-Reaktion als chirale Verbindung vor, so hängt die Struktur des Reaktionsproduktes entscheidend vom Mechanismus der Reaktion ab. Da bei einer S_N2-Reaktion der Angriff der nucleophilen Gruppe von der „Rückseite" (der Abgangsgruppe gegenüberliegenden Seite) erfolgt, ist sie mit einer

Konfigurationsumkehr verbunden (**Walden-Umkehr**).

Bei einer S_N^1-Reaktion kann das gebildete Carbeniumion mit gleicher Wahrscheinlichkeit von beiden

Seiten angegriffen werden. Es entsteht das **Racemat**.

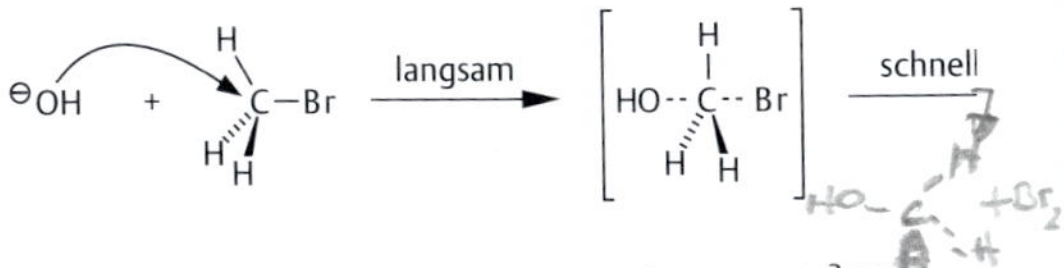

Nach welchem Mechanismus die nucleophile Substitution tatsächlich abläuft, hängt von der Struktur des Substrats, der Basizität des nucleophilen Reagens und den Reaktionsbedingungen (besonders vom Lösungsmittel) ab. Tertiäre Alkylhalogenide (s.S.134) reagieren fast ausschließlich nach einem S_N^1-Mechanismus, da die Alkylgruppen wegen ihres +I-Effektes die Carbeniumionen gut stabilisieren können, während primäre Alkylhalogenide fast immer einen S_N^2-Mechanismus bei der Substitution zeigen.

Die Isomerisierungen

Isomerisierungen sind Umlagerungsreaktionen, bei denen das Reaktionsprodukt ein Konstitutionsisomer oder ein Stereoisomer des Ausgangsstoffes ist (s. a. S. 95). Eine wichtige Isomerisierungsreaktion für biochemische Prozesse ist die **Tautomerie** (s.S.142). Dabei stehen zwei Konstitutionsisomere im Gleichgewicht, die sich durch Protonenwanderung und gleichzeitige Verlagerung einer Doppelbindung ineinander umwandeln können **(Abb. 3.57).**

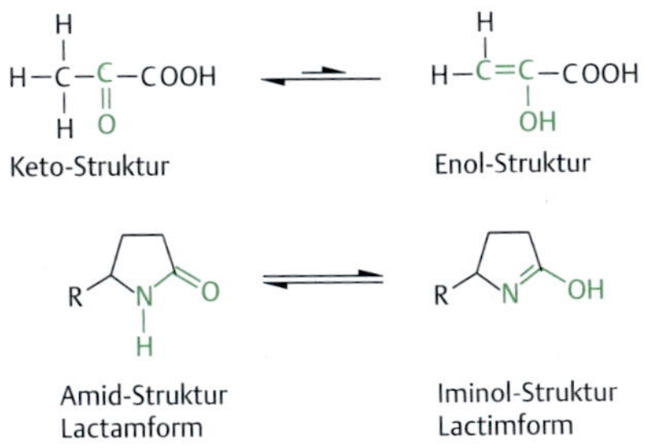

Abb. 3.57 Keto-Enol-Tautomerie bei Brenztraubensäure (a), Lactam-Lactim-Tautomerie bei einem ringförmigen Amid (b)

Die hier besprochenen Reaktionstypen wurden nach dem Bruttoumsatz klassifiziert. Das Ordnungsprinzip ist die Art des Gesamtumsatzes vom Edukt zum Produkt.

Weiterhin kann auch in der Organischen Chemie eine Einteilung in Säure-Base-Reaktionen oder in Redoxreaktionen vorgenommen werden (vgl. S. 53, 65), so ist beispielsweise eine Dehydrierung eine Oxidation, eine Hydrierung eine Reduktion.

3.5.3 Klinische Bezüge

Von der Barbitursäure leiten sich eine Reihe von Verbindungen ab, die als Sedativa, Antiepileptika, Narkotika und insbesondere als Schlafmittel geeignet sind. Barbitursäure (pK$_s$=4,0) ist eine stärkere Säure als die Essigsäure und wirkt nicht sedativ-hypnotisch. Die Tautomeriemöglichkeiten und damit die Möglichkeit zur Protonenabgabe werden durch Substitution am Kohlenstoffatom C5 und am Stickstoffatom N1 oder N3 eingeschränkt **(Abb. 3.58).**

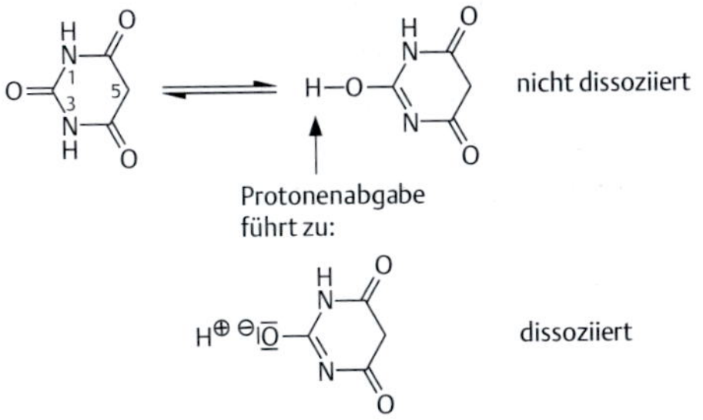

Abb. 3.58 Lactam-Lactim-Tautomerie bei der Barbitursäure

Die Barbitursäurederivate sind schwächere Säuren. Auch unter physiologischen Bedingungen ist der Anteil der nicht dissoziierten Form relativ groß. Damit ist die zum Passieren lipophiler Membranen notwendige Lipophilie gegeben.

Die Lipidlöslichkeit kann noch durch die Einführung aromatischer Reste an C5 oder durch die Verlängerung und Verzweigung aliphatischer Reste erhöht werden.

 Check-up

✔ **Wiederholen Sie einige Beispiele für Addition, Substitution, Eliminierung und Isomerisierung. Zu jedem Beispiel sollten Sie eine Reaktionsgleichung aufschreiben können, wie z. B. in Abb. 3.51.**

Abb. 3.56 Nucleophile Substitution nach einem S_N^2-Mechanismus

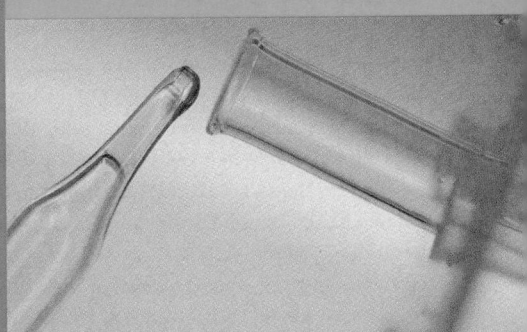

Stoffklassen der organischen Chemie

Eine schwierige Patientin

Gudrun R. trinkt ab und zu ein Schlückchen Alkohol. Gemeint ist damit Ethanol (C_2H_5OH), der zu der Stoffklasse der Alkohole gehört, die Sie im folgenden Kapitel kennen lernen werden. Ethanol ist klar, farblos, löst sich im Blut und wirkt hauptsächlich im Gehirn. Dort kann er bei regelmäßigem Genuss zu neurologischen Erkrankungen und Psychosen führen. Herz-, Leber- oder Krebserkrankungen können ebenfalls auf Alkoholkonsum zurückgehen. Besonders schlimm ist die körperliche Abhängigkeit vom Alkohol. Frau R. bekommt dies zu spüren, als sie nach einem Unfall plötzlich keinen Alkohol mehr trinken kann.

Frühjahrsputz mit bösem Ende

Gudrun R. ist mit dem Frühjahrsputz fast fertig. Nur noch das Küchenfenster. Die 56-jährige Hausfrau steigt auf die Leiter, um letzte Fenster zu putzen. Dabei stolpert sie, der Eimer fällt ihr aus der Hand und sie schlägt hart auf den Boden auf. Ein stechender Schmerz durchfährt ihr linkes Bein. Dann verliert sie für kurze Zeit das Bewusstsein. Ihre Tochter findet sie und ruft sofort den Rettungswagen.

In der chirurgischen Ambulanz der städtischen Klinik stellt sich heraus, dass der Oberschenkelhals gebrochen ist. Noch am selben Tag wird Gudrun R. operiert. Die OP verläuft komplikationslos. Am nächsten Tag ist Frau R. zu den Schwestern auffallend unfreundlich. Abends möchte Stationsarzt Dr. Möller nach der schwierigen Patientin sehen.

Diagnose: Alkoholentzugssyndrom

Er findet Gudrun R. in aufgelöstem Zustand. Sie bewegt die Hände ununterbrochen auf der Bettdecke hin und her. Ihr Nachthemd ist verschwitzt, die Pupillen weit und die Pulsfrequenz ist erhöht. Auf die Fragen von Dr. Möller antwortet sie in zusammenhanglosen Sätzen. Als sie zwischendurch zum Wasserglas greift, fällt dem Arzt auf, dass ihre Hand zittert. Ihm kommt ein Verdacht...

Als Herr R. wenig später zu Besuch kommt, erfährt er, dass seine Frau auf die Intensivstation verlegt wurde. Diagnose: Alkoholentzugssyndrom. Herr R. gibt zu, dass seine Frau seit einigen Jahren regelmäßig Alkohol trinkt. Während er selbst bei der Arbeit sei, genehmige sie sich zu Hause immer wieder ein Gläschen Likör oder Wein. Nun, im Krankenhaus, hat sie seit mehr als zwei Tagen keinen Alkohol mehr getrunken. Frau R. ist also keine „schwierige Patientin", sondern sie leidet an den Folgen des Alkoholentzugs.

Weiße Mäuse

Ein Alkoholentzugssyndrom ist eine lebensbedrohliche Erkrankung. Erste Symptome können leichte Erregbarkeit, Schlafstörungen und innere Unruhe sein. Erst am zweiten oder dritten Tag ohne Alkohol erreicht das Entzugssyndrom seinen Höhepunkt mit Zittern (Tremor), Artikulationsstörungen, erhöhtem Blutdruck (Hypertonie) und gesteigerter Herzfrequenz (Tachykardie). Schwerste Form des Entzugssyndroms ist das Alkoholdelir. Die Patienten sind örtlich und zeitlich nicht mehr orientiert und leiden unter Halluzinationen (z.B. den sprichwörtlichen „weißen Mäusen"). Unbehandelt sterben 20% der Erkrankten. Deshalb müssen Patienten mit Alkoholentzugssyndrom auf der Intensivstation behandelt werden.

Medikamente und Entzugstherapie

So auch Gudrun R. Sie erhält sofort das Medikament Clomethiazol, das bei Alkoholabhängigen Entzugssymptome verringert. Puls, Blutdruck, Atmung, Blutzucker und Flüssigkeitsbilanz werden regelmäßig überwacht. Eine Mitarbeiterin des sozialmedizinischen Dienstes kümmert sich um einen Therapieplatz in einer Suchtklinik. Gudrun R. kommt erst einige Monate später wieder nach Hause – nun ist nicht nur der Schenkelhalsbruch verheilt, sondern auch die Sucht überwunden.

4 Stoffklassen der organischen Chemie

4.1 Die Kohlenwasserstoffe

Lerncoach
Dieses Kapitel baut auf den Modellen zur Beschreibung der Bindungsverhältnisse von Kohlenstoffatomen mit Einfach-, Doppel- und Dreifachbindungen auf. Auch zwischenmolekulare Wechselwirkungen spielen eine Rolle, schlagen Sie bei Bedarf ggf. nochmals nach.

4.1.1 Der Überblick

Kohlenwasserstoffe sind Verbindungen, die nur aus Kohlenstoff- und Wasserstoffatomen aufgebaut sind. Sie bilden quasi das Rückgrat der organischen Chemie, da durch Substitution der Wasserstoffatome durch funktionelle Gruppen bzw. durch Austausch der Kohlenstoffatome gegen andere Atome die große Vielfalt der organischen Verbindungen entsteht. Man unterscheidet Kohlenwasserstoffe danach, ob sie ketten- oder ringförmig sind, ob sie neben Einfachbindungen auch Doppel- oder Dreifachbindungen enthalten. Diese Klassen bilden **homologe Reihen**. Das sind Reihen von Verbindungen, die einem gesetzmäßigen Aufbau folgen, die sich durch eine allgemeine Formel beschreiben lassen und deren Eigenschaften sich relativ kontinuierlich ändern.

4.1.2 Die gesättigten Kohlenwasserstoffe

Die Alkane
Alkane (oder Paraffine) sind Kohlenwasserstoffe, die nur Einfachbindungen aufweisen, alle C-Atome sind sp^3-hybridisiert. Sie können allgemein durch die Formel C_nH_{2n+2} beschrieben werden.

Die physikalische Eigenschaften
Die ersten vier Vertreter in der homologen Reihe der Alkane sind gasförmig, dann folgen flüssige und ab 17 Kohlenstoffatomen feste Alkane. Kohlenwasserstoffe sind **unpolar** und lösen sich deshalb nicht in Wasser, hingegen aber gut in Chloroform, Ether oder Benzen, d.h. sie sind hydrophob bzw. **lipophil**. Alle Alkane sind brennbar, die niederen Vertreter entflammen leicht. Sie haben eine geringere Dichte als

Tabelle 4.1 Ausgewählte Eigenschaften von Alkanen

Name	Formel	Siedepunkt/°C	Dichte/ $g \cdot cm^{-3}$	Zahl der Konstitutionsisomeren
Methan	CH_4	−161	0,42	1
Ethan	C_2H_6	−89	0,55	1
Propan	C_3H_8	−42	0,58	1
Butan	C_4H_{10}	−0,5	0,60	2
Pentan	C_5H_{12}	36	0,63	3
Hexan	C_6H_{14}	69	0,66	5
Heptan	C_7H_{16}	98	0,68	9
Octan	C_8H_{18}	126	0,70	18
Nonan	C_9H_{20}	151	0,72	35
Decan	$C_{10}H_{22}$	174	0,73	75
Dodecan	$C_{12}H_{26}$	216	0,75	355

Wasser (**Tab. 4.1**). Die Schmelzpunkte verändern sich nicht kontinuierlich, sondern stufenweise. Alkane mit einer geraden Anzahl von Kohlenstoffatomen schmelzen höher als erwartet. Die Schmelzpunkte der Alkane mit gerader C-Zahl liegen relativ höher als die der Alkane mit ungerader C-Zahl.
Offensichtlich können diese Ketten durch van-der-Waals-Kräfte (s. S. 31) festere Aggregate bilden. Die Siedepunkte sind umso niedriger, je stärker die Verzweigung der Kohlenwasserstoffkette ist. Neben den geradkettigen Kohlenwasserstoffen gibt es verzweigte Ketten, bei denen die Anzahl der Konstitutionsisomeren mit der Anzahl der Kohlenstoffatome lawinenartig ansteigt.

Die chemischen Reaktionen
Gesättigte Kohlenwasserstoffe sind relativ reaktionsträge, daher sind zur Auslösung von Reaktionen der Angriff sehr reaktiver Teilchen und drastische Reaktionsbedingungen notwendig. Durch radikalische Substitution können die Halogenatome F, Cl und Br eingeführt werden, so entsteht die Stoffklasse der Halogenkohlenwasserstoffe (s. S. 125).

$$R – H + X_2 \rightarrow R – X + H – X$$
(X-Halogenatom)

Radikalisch verläuft auch die Reaktion zwischen Kohlenwasserstoffen, Schwefeldioxid SO_2 und Sauerstoff O_2, die zu den Alkansulfonsäuren führt.

$$2 \text{ R–H} + 2 \text{ SO}_2 + \text{O}_2 \rightarrow 2 \text{ RSO}_3\text{H}$$

Ionische Reaktionen sind an Kohlenwasserstoffen mit tertiären C-Atomen möglich.

Einige wichtige Vertreter

Kettenförmige gesättigte Kohlenwasserstoffe sind – neben Cycloalkanen, Benzen und organischen Schwefelverbindungen – im Erdöl enthalten und werden aus diesem gewonnen. Viele Alkane werden auch zu Heizzwecken verwendet.

Flüssige verzweigte Alkane kommen als Vergaserkraftstoff zum Einsatz, wobei deren vollständige Verbrennung ohne verfrühte Zündungen (sog. Klopfen) wesentlich ist. Als Maß für die Güte eines Benzins wurde die Octanzahl eingeführt, indem man willkürlich dem n-Heptan, das ganz besonders zum Klopfen neigt, die Octanzahl 0 und dem Isooctan (= 2,2,4-Trimethylpentan), das sich erst bei höherer Kompression entzündet, die Zahl 100 zuteilte. Die Octanzahl eines Benzins entspricht dem Isooctangehalt der Vergleichsmischung aus Isooctan und n-Heptan mit der gleichen Klopffestigkeit.

Methan ist geruchlos, brennt mit blauer Flamme und entsteht z. B. beim anaeroben, bakteriellen Abbau von Zellulose in den Faulbehältern der Kläranlagen und in Sümpfen auf natürlichem Weg. Es ist auch Bestandteil der Darmgase und der Atemluft von Wiederkäuern, außerdem werden beträchtliche Mengen durch Termiten erzeugt. Etwa 90 % des Erdgases besteht aus Methan. Methan und Luft bilden explosive Gemische und sind im Bergbau als sog. „schlagende Wetter" sehr gefürchtet.

Auch **Propan** und **Butan** sind farb- und geruchlos, sie spielen als Heizgas, meist in verflüssigter Form, eine große Rolle und werden auch als Kältemittel sowie zunehmend als Treibgas in Spraydosen verwendet.

Höhere Alkane findet man im medizinischen Bereich als Vaseline, Weich- oder Hartparaffin, als Salbengrundlage, aber auch als Mikroskopierhilfe. Paraffinum liquidum spielt als Laxans eine große Rolle. Bei jahrelanger Einwirkung von Rohparaffin kann es zur Entwicklung von Spinaliomen oder Plattenepithelkarzinomen kommen.

Mineralöle sind Gemische von gesättigten Kohlenwasserstoffen, die durch Destillation aus minerali-

schen Rohstoffen (Erdöl, Kohle, Holz, Torf) gewonnen werden.

Die Cycloalkane

Gesättigte Kohlenwasserstoffe bilden nicht nur Ketten, sondern auch „Ringe" mit der allgemeinen Formel C_nH_{2n} **(Abb. 4.1)**.

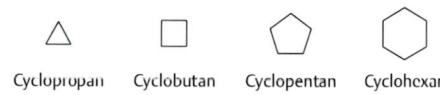

Cyclopropan   Cyclobutan   Cyclopentan   Cyclohexan

Abb. 4.1   Einfache Cycloalkane

Da es sich um gesättigte Verbindungen handelt, liegen sp^3-hybridisierte Kohlenstoffatome vor, die einen Bindungswinkel von 109,5° zur Folge haben. Aus dem Geometrieunterricht ist aber bekannt, dass die Winkel in gleichseitigen Vielecken folgende Werte haben müssen **(Tab. 4.2)**:

Tabelle 4.2 Winkel in regelmäßigen Vielecken

Vieleck	Winkel in °
Dreieck	60°
Viereck	90°
Fünfeck	108°
Sechseck	120°
Siebeneck	128°34′

Unter der Annahme, dass alle sp^3-hybridisierten Kohlenstoffatome in einer Ebene liegen, müssen daher erhebliche Spannungen auftreten. Diese wird nach Adolf von Baeyer als **Baeyer-Spannung** bezeichnet (Ringspannung bei alicyclischen Verbindungen).

Die Spannungsenergie kann man aus den bei der Verbrennung der Cycloalkane auftretenden Reaktionsenthalpien ermitteln. Für Cyclohexan wird sie Null gesetzt. Durch das Abweichen vom Tetraederwinkel beträgt die Spannungsenergie pro CH_2-Gruppe beim Cyclopentan 5,4 kJ/mol, beim Cyclobutan 27,2 kJ/mol und beim Cyclopropan 38,5 kJ/mol.

Je stärker die Winkel im Ringsystem vom Tetraederwinkel abweichen, umso größer muss also auch die Reaktivität sein. Das stimmt mit den Beobachtungen überein: Cyclopropan und Cyclobutan sind äußerst reaktionsfreudig. Neuere Modelle gehen im Fall des Cyclopropans von einer anderen

Tabelle 4.3 Einfache Ringsysteme

Ringsystem	Beispiel	Name	Verwendung
Spirane		Griseofulvin	fungistatisches Antibiotikum (orale Behandlung von Pilzerkrankungen)
Kondensierte Ringe		Decalin	Herstellung von Schuhpflegemitteln und Bohnerwachs
Brückenringsystem		Pinan oder 2,6-Trimethyl-bicyclo[3.1.1]heptan	in der Natur nicht vorhanden, ist Grundkörper der „Pinane", die im Holz und in den Blättern vieler Pflanzen vorkommen

Hybridisierung des Kohlenstoffatoms und von einem gewinkelten Bau des Cyclobutans aus. Dass auch Cyclohexan nicht eben gebaut ist, wurde auf S. 99 besprochen. Cyclopentan sollte aufgrund seiner geringen Spannung eigentlich eben sein, doch neuere Untersuchungen zeigten, dass ein C-Atom etwas aus der Ebene herauszeigt.

Die Stabilität der Ringsysteme wird überdies durch die Anordnung der Wasserstoffatome beeinflusst. Die CH-Bindungen stehen häufig **nicht** in der energetisch günstigeren gestaffelten Anordnung. Dadurch entstehen konformative Spannungen, die man als **Pitzer-Spannung** bezeichnet: Bei ekliptischer Anordnung stoßen sich die H-Atome ab, die Ringspannung nimmt zu **(Abb. 4.2)**.

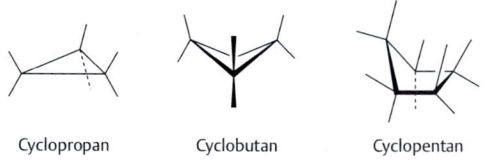

Cyclopropan   Cyclobutan   Cyclopentan

Abb. 4.2 Die Pitzer-Spannung in Ringsystemen

Cyclopentane und -hexane kommen im Erdöl vor und bilden den Grundkörper vieler Naturstoffe. Drei- und Vierringsysteme findet man vor allem in der Gruppe der Isoprenoide (s. S. 182). Aber auch Fettsäuren mit Ringstrukturen sind bekannt, so wurde z. B. in den Lipoidanteilen von Lactobacillus arabinosus und Lactobacillus casei die Lactobacillinsäure gefunden. In gesäuerten Milchprodukten liegt die Lactobacillinsäure gemeinsam mit der hydrierten Form der Sterculinsäure vor. Die Sterculinsäure selbst ist giftig **(Abb. 4.3)**:

Abb. 4.3 Lactobacillinsäure und Sterculinsäure

Lactobacillinsäure = (11R,12S)-Methyloctadecansäure

Sterculinsäure = 9,10-Methylen-octa-decensäure

Es gibt auch Verbindungen, in denen die Ringe über ein gemeinsames Kohlenstoffatom verknüpft sind. Diese bezeichnet man als **Spirane** (spira griech. Windung).

Kondensierte oder **annellierte** Ringe besitzen zwei gemeinsame Kohlenstoffatome.

Brückenringsysteme haben mehr als zwei gemeinsame Ringatome **(Tab. 4.3)**.

4.1.3 Die ungesättigten Kohlenwasserstoffe

Auch Alkene und Alkine bilden homologe Reihen.

Die Alkene

Alkene sind Kohlenwasserstoffe mit einer C=C-Doppelbindung und können allgemein durch die Formel C_nH_{2n} beschrieben werden. Für Alkene ist häufig noch die Bezeichnung Olefine gebräuchlich, was mit dem öligen Charakter der Produkte zusammenhängt, die man bei einer Halogenaddition an gasförmige Alkene erhält (gaz oléfiant frz. ölbildendes Gas). Das Suffix -en zeigt die Doppelbindung an.

Bei mehreren Doppelbindungen steht die Anzahl der Doppelbindungen vor dem Suffix. **Dien** bedeutet also 2, **trien** 3 Doppelbindungen.

Die physikalischen Eigenschaften
Die physikalischen Eigenschaften der Alkene sind mit denen der Alkane vergleichbar. Die Vertreter mit bis zu 4 C-Atomen sind gasförmig, die mit 5 bis 15 C-Atomen flüssig und die höheren Vertreter fest. Sie sind brennbar und mit Wasser nicht mischbar.

Die chemischen Reaktionen
Die chemischen Reaktionen der Alkene werden vorwiegend durch die π-Bindung bestimmt. Sie gehen leicht Additionsreaktionen ein, wobei gesättigte Verbindungen entstehen. Da die C = C-Doppelbindung nucleophilen Charakter hat, ist das angreifende Reagens elektrophil. Diese elektrophile Addition läuft in mehreren Stufen ab, zuerst tritt der elektrophile Partner mit den π-Elektronen in Wechselwirkung, es bildet sich ein π-Komplex, der sich in ein Carbeniumion umwandelt, das ein dreibindiges positiv geladenes Kohlenstoffatom aufweist. Das ist nun selbst ein elektrophiles Reagenz und reagiert mit einem nucleophilen Teilchen **(Abb. 4.4)**.

👁
🐦 **Bitte lernen Sie solche Mechanismen nicht auswendig. Die Darstellung der Mechanismen soll es Ihnen einfacher machen zu verstehen, warum welcher Stoff wie reagiert. Versuchen Sie, den Mechanismus nachzuvollziehen. (Abb. 4.4).**

Der in **Abb. 4.4** dargestellte Mechanismus ist auch auf die Addition von Wasser (Hydratisierung), Wasserstoff (Hydrierung) und Halogenen (Halogenierung) übertragbar. Hydratisierung und Hydrierung sind von großer Bedeutung für die Biochemie.

■■ I Merke
Ein Kation ist umso stabiler, je besser seine positive Ladung durch Substituenten mit einem +I-Effekt ausgeglichen wird (s. S. 112)!

Das sekundäre Carbenium-Ion ist stabiler als das primäre Carbenium-Ion. Das Proton greift also immer das wasserstoffreichere Kohlenstoffatom an (Markovnikov-Regel). Diesen ganz gezielten Angriff bezeichnet man als **regioselektiven Angriff**. Deshalb entsteht nur das in **Abb. 4.4** dargestellte Carbeniumion.

Einige wichtige Vertreter
Kohlenwasserstoffe mit Doppelbindungen spielen in der chemischen Industrie eine große Rolle, sie sind aber auch in der Natur weit verbreitet. Besonders vom **2-Methyl-buta-1,3-dien (Isopren)** leitet sich die große Gruppe der Isoprenoide ab (s. S. 182). **Ethen (Ethylen)** ist ein brennbares Gas mit leicht süßlichem Geruch, in höheren Dosen wirkt es narkotisch. Ethen wird auch in reifenden Früchten gebildet und beschleunigt den Reifungsprozess. Es wird aus Erdöl gewonnen. Die Hälfte des hergestellten Ethens wird für die Polymerisation verwendet.

Alkene besitzen eine große industrielle Bedeutung, weil sie mit sich selbst zu Polymeren reagieren können (polymeres, griech. aus vielen Teilen).

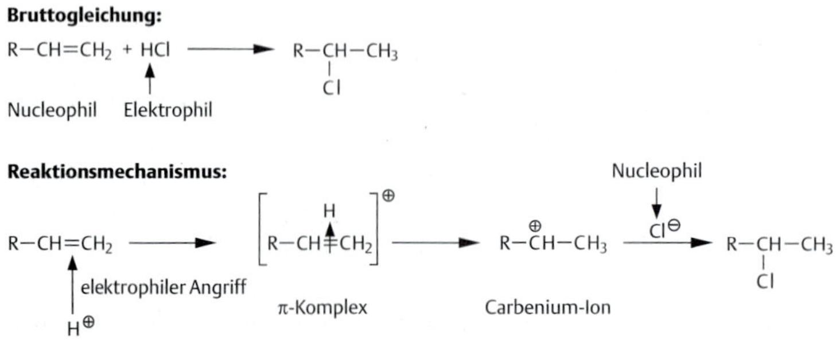

Bruttogleichung:

R—CH=CH₂ + HCl ⟶ R—CH—CH₃
　　　　　　　　　　　　　 |
　　　　　　　　　　　　　 Cl

Nucleophil　Elektrophil

Reaktionsmechanismus:

R—CH=CH₂ ⟶ [R—CH⧧CH₂]⊕ ⟶ R—ĊH—CH₃ ⟶ R—CH—CH₃
　　　　　　　　　　 |
　　　|　　　　　　　H　　　　　　　　　　　　　　 Cl
elektrophiler Angriff　　 π-Komplex　 Carbenium-Ion

H⊕

Nucleophil
Cl⊖

Abb. 4.4 Elektrophile Addition von Chlorwasserstoff an Alkene

Die Polymerisation

Die Polymerisation ist ein Spezialfall der Addition. Sie lässt sich allgemein wie folgt formulieren (**Abb. 4.5**):

$$n \; H_2C=CH \longrightarrow \left[CH_2-CH \right]_n$$
$$\quad\quad\;\; | \qquad\qquad\qquad\; |$$
$$\quad\quad\;\; R \qquad\qquad\qquad\; R$$

Abb. 4.5 Polymerisation

Der entscheidende Schritt ist die Aktivierung der Doppelbindung z. B. durch UV-Licht oder Ionen. Dann addieren sich schrittweise weitere Moleküle. Es entstehen langkettige Additionsprodukte wie z. B. Polyethylen (PE), Polypropylen (PP), Polyvinylchlorid (Polychlorethen, PVC) oder Polystyrol (Styropor, PS), die in **Tab. 4.4** gemeinsam mit den Grundbausteinen (Monomeren) gezeigt werden.

Die Alkine

Einteilung

Alkine sind Kohlenwasserstoffe mit einer C≡C-Dreifachbindung und können allgemein durch die Formel C_nH_{2n-2} beschrieben werden. Das Suffix -in zeigt die Dreifachbindung an. Tritt mehr als eine Dreifachbindung auf, wird dies durch -di, -tri angegeben.

Die physikalischen Eigenschaften und die chemischen Reaktionen

Alkine sind hinsichtlich der Schmelz- und Siedepunkte wieder gut mit den analogen Alkenen bzw. Alkanen vergleichbar.

Alkine sind weniger reaktiv als die Alkene. Das am sp-hybridisierten Kohlenstoffatom noch vorhandene Wasserstoffatom wird relativ leicht abgespalten. Man sagt deshalb, dass die Alkine C–H-acid sind und drückt damit aus, dass die C–H-Bindung im Sinne einer Säure-Base-Reaktion gespalten werden kann. Es können also z. B. mit Silberlösungen Salze entstehen (im trockenen Zustand häufig explosiv).

Additionsreaktionen sind typisch für Alkine, im ersten Schritt entstehen Alkene, diese können dann weiter zu Alkanen reagieren.

Ein wichtiger Vertreter

Das wichtigstes Alkin ist Ethin (Acetylen), das mit hoher Temperatur im Sauerstoffstrom verbrennt und deshalb zum Schweißen benutzt wird. Ethin besitzt auch eine leicht narkotisierende Wirkung. Es ist neben Ethen eines der wichtigsten Ausgangsprodukte für die Herstellung organischer Verbindungen.

Tabelle 4.4 Übersicht wichtiger Polymere

Monomer	Formel	Polymer	Beispiele für den Einsatz
Ethen (Ethylen)	$H_2C=CH_2$	Polyethylen PE	Rohre, Folien, Apparaturen, Isoliermaterial, Spielzeug ohne Umweltbelastung verbrennbar
Propen (Propylen)	$H_2C=CH$ | CH_3	Polypropylen PP	stark beanspruchte technische Teile, Koffer, Schuhabsätze, Taue
Styrol	$H_2C=CH$ 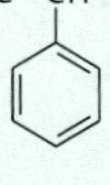 (Phenylring)	Polystyrol PS	Maschinen- und Apparatebau, Elektrotechnik, Gehäuse für Küchengeräte, Geschirr physiologisch unbedenklich
Buta-1,3-dien	$H_2C=CH-CH=CH_2$	Polybutadien	Reifen, Förderbänder, Schuhsohlen
2-Methyl-buta-1,3-dien (Isopren)	$H_2C=C-CH=CH_2$ | CH_3	Polyisopren	Reifen, Schuhsohlen, Verpackungsmaterial
Chlorethen (Vinylchlorid)	$H_2C=CH$ | Cl	Polyvinylchlorid PVC	Isoliermaterial, Rohrleitungen, Fensterprofile, Schallplatten, Vorhänge ökologisch umstritten
Acrylnitril	$H_2C=CH$ | CN	Polyacrylnitril PAN	Faserstoff
Tetrafluorethen	$F_2C=CF_2$	Polytetrafluorethylen (PTFE)	Oberflächenbeschichtung, für extreme Bedingungen

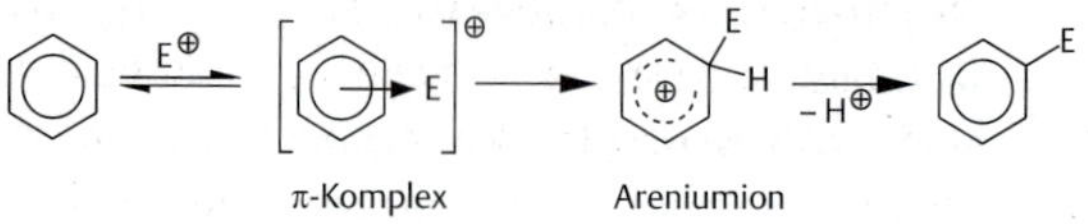

Abb. 4.6 Mechanismus der elektrophilen Substitution an Benzen

Die Cycloalkene und -alkine

Cycloalkene sind noch reaktionsfreudiger als die analogen offenkettigen Verbindungen. Alkylsubstituierte Ringe kommen in ätherischen Ölen und in Algen vor. Cycloalkine haben keine praktische Bedeutung. Ein Beispiel für ein Cycloalken ist in **Abb. 4.3** aufgeführt (s. S. 121).

4.1.4 Die aromatischen Kohlenwasserstoffe (Arene)

Die Bindungsverhältnisse im Benzen sind wichtig um die aromatischen Kohlenwasserstoffe verstehen zu können. Schlagen Sie ggf. noch einmal nach (s. S. 87).

Ursprünglich geht die Bezeichnung „aromatisch" tatsächlich auf den angenehmen Geruch der Stoffe zurück, die aus Balsamen, Harzen u. a. Naturstoffen gewonnen wurden. Später verstand man darunter alle Kohlenstoffverbindungen, die die besonders stabile Elektronenanordnung des Benzens aufwiesen. Doch auch viele heterocyclische Verbindungen haben die für Aromaten typischen Eigenschaften. Deshalb charakterisiert man heute die Aromaten anhand der Bindungsverhältnisse - es sind ebene Ringsysteme mit $(4n + 2)$ π-Elektronen. In diesem Abschnitt geht es um das Benzen und seine Derivate.

Die physikalischen Eigenschaften und die chemischen Reaktionen

Da es eine Vielzahl von Arenen gibt, ist eine Zusammenfassung der Eigenschaften problematisch. Wichtig ist aber, dass sie über eine gute Lipidlöslichkeit verfügen und sich daher in Nervensystem, Leber und Knochenmark anreichern können.

Das chemische Verhalten der Arene wird durch das konjugierte π-System bestimmt. Es finden bevorzugt (elektrophile) **Substitutionsreaktionen** statt, d. h. die Arene reagieren regenerativ unter Erhaltung der Konjugation. Dadurch können Hydroxy-, Nitro-, Amino-, Alkyl- u. a. Gruppen in den Ring eingeführt werden.

In Analogie zu der Reaktion an Alkenen mit elektrophilen Reagenzien bildet sich auch bei den aromatischen Kohlenwasserstoffen zuerst ein π-Komplex, der dann in das durch Mesomerie stabilisierte Areniumion übergeht. Dann erfolgt aber eine Protonenabspaltung, weil dadurch das aromatische System wieder hergestellt wird. Die Substitution hat also Vorrang vor der Addition **(Abb. 4.6)**.

Einige wichtige Vertreter

Die **Abb. 4.7** stellt einige aromatische Kohlenwasserstoffe vor. Diese können ein oder mehrere Ringsysteme enthalten.

Das im Steinkohlenteer, Tabakteer oder Automobilabgasen vorkommende Benzo[a]pyren ist krebser-

Abb. 4.7 Aromatische Kohlenwasserstoffe und Benzo[a]pyren

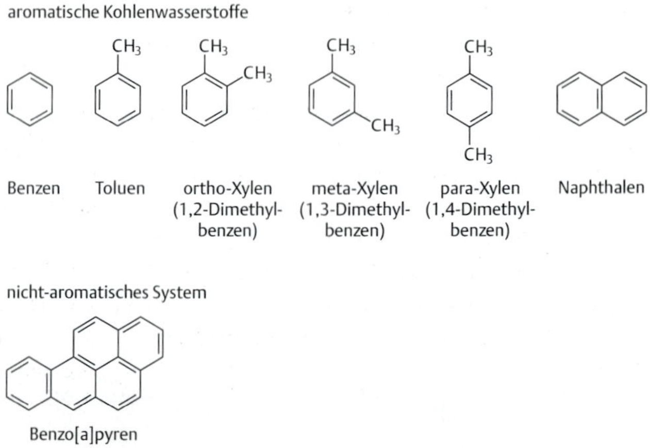

aromatische Kohlenwasserstoffe

Benzen   Toluen   ortho-Xylen (1,2-Dimethylbenzen)   meta-Xylen (1,3-Dimethylbenzen)   para-Xylen (1,4-Dimethylbenzen)   Naphthalen

nicht-aromatisches System

Benzo[a]pyren

zeugend (**Abb. 4.7**). Es ist aber nicht voll aromatisch, denn es hat 20 und nicht ($4n+2$) π-Elektronen.

Das **Benzen** gehört zu den wichtigsten Grundstoffen der chemischen Industrie. Es ist eine Flüssigkeit mit charakteristischem Geruch, die mit stark rußender Flamme verbrennt. Es ist mit Wasser nicht mischbar, aber ein gutes Lösungsmittel für viele hydrophobe organische Verbindungen. Der Einsatz wird aber möglichst beschränkt, da Einwirkung auch kleinerer Konzentrationen über einen längeren Zeitraum zu schweren Schäden im blutbildenden System des Knochenmarks führt.

Durch Einführung von Alkylgruppen entstehen **Toluen** und die **Xylene**, die wichtige Syntheseausgangsstoffe sind. Diese Verbindungen sind weniger toxisch als das Benzen.

Die kondensierten aromatischen Ringe

Die Delokalisierung der π-Elektronen ist in kondensierten Ringen nicht so ideal wie im Benzen. Deshalb sind diese Verbindungen auch reaktiver und dienen als Ausgangsstoffe vor allem für Farbstoffsynthesen. Kondensierte Ringkohlenwasserstoffe sind oft giftig. **Naphthalen** fand aufgrund seiner antiseptischen und anthelmintischen Wirkung Eingang in die Medizin, ist aber heute nicht mehr im Gebrauch.

4.1.5 Die Halogenkohlenwasserstoffe

Halogenkohlenwasserstoffe oder **Alkylhalogenide** sind Kohlenwasserstoffe, in denen Wasserstoffatome durch Halogenatome substituiert wurden, spricht man auch von Halogenkohlenstoffen. Auch hier können homologe Reihen formuliert werden.

Die physikalischen Eigenschaften

Die meisten Halogenkohlenwasserstoffe liegen als Flüssigkeiten vor, nur einige Mitglieder der homologen Reihen sind bei Raumtemperatur gasförmig und relativ wenige Verbindungen sind fest. Allgemein gilt, dass die Siede- und Schmelzpunkte von Monohalogenverbindungen des gleichen Kohlenwasserstoffs mit der Atommasse der Halogene und mit zunehmender Anzahl der Halogenatome ansteigen. In Wasser sind Halogenkohlenwasserstoffe fast unlöslich, gut löslich sind sie in Alkoholen oder Ether.

Die chemischen Reaktionen

Aufgrund der Elektronegativität der C–X-Bindung sind die Verbindungen nicht mehr unpolar. Dies ermöglicht **nucleophile Substitutionsreaktionen** (s. S. 114). Halogenatome können relativ leicht ersetzt werden. Die Bindungsstärke der C–X-Bindung nimmt vom Fluor zum Iod hin ab, deshalb ist Iod auch eine wesentlich bessere Abgangsgruppe als Fluor. Das wird noch durch die bessere Polarisierbarkeit des deutlich größeren Iodid-Ions unterstützt. Auch **Eliminierungen** sind als Konkurrenzreaktionen von Bedeutung, dabei entstehen Alkene.

Einige wichtige Vertreter

Halogenkohlenwasserstoffe sind wichtige Zwischenprodukte bei organischen Synthesevorgängen, sie werden aber auch als Lösungsmittel, Anästhetika, Feuerlösch-, Kälte- und Treibmittel verwendet.

Chlormethan (Methylchlorid) CH_3Cl ist sowohl ein Methylierungs- als auch Kältemittel. Es wird in beträchtlicher Menge von Meeresalgen erzeugt bzw. fällt bei der Brandrodung in den Tropen an.

Dichlormethan (Methylenchlorid) CH_2Cl_2 ist lipidlöslich und reichert sich im Nervensystem an. Deshalb wirkt es narkotisch. Es wird als Lösungsmittel und für die Extraktion von beispielsweise Koffein und Hopfeninhaltsstoffen verwendet.

Trichlormethan (Chloroform) $CHCl_3$ ist eine nicht brennbare, süßlich riechende Flüssigkeit, die unter Lichteinwirkung in Gegenwart von Sauerstoff sehr leicht in das extrem giftige Phosgen zerfällt:

$$CHCl_3 + \tfrac{1}{2} O_2 \xrightarrow[\text{Phosgen}]{\text{Sonnenenergie}} COCl_2 + HCl$$

Deshalb und aufgrund seiner atemlähmenden Wirkung wird es nicht mehr als Narkotikum verwendet.

Tetrachlormethan (Tetra) CCl_4 ist ein Zellgift, das narkotisch wirkt und Leber und Nieren schädigt. Bei hohen Temperaturen bildet es ebenfalls Phosgen, deshalb ist sein Einsatz als Lösungs- und Feuerlöschmittel stark rückläufig.

4.1.6 Klinische Bezüge

Trichlorfluormethan (CCl_3F), Dichlordifluormethan (CCl_2F_2) oder Chlordifluormethan ($CHClF_2$) sind thermisch und chemisch sehr beständige Halogenkohlenwasserstoffe. Sie sind ungiftig, wirken aber narkotisierend und werden deshalb als sog. Schnüffelstoffe missbraucht (Inhalation leicht flüchtiger Substanzen zur Rauscherzeugung). Die genannten Halogenkohlenwasserstoffe wurden in großem Maßstab als Treibmittel in Spraydosen, zum Verschäumen von Kunststoffen, als Kältemittel und als Feuerlöscher eingesetzt. Ihr Einsatz ist aber ökologisch bedenklich, da in der Stratosphäre aus den Fluor-Chlor-Kohlenwasserstoffen (FCKW) durch Ozon Chlor entsteht. Durch diese Reaktion verringert sich die Konzentration des Ozons und die Schutzwirkung der Ozonschicht im Hinblick auf die UV-Strahlung verschlechtert sich.

$$CCl_2F_2 \xrightarrow{\text{Sonnenenergie}} \cdot CClF_2 + Cl\cdot$$

$$Cl\cdot + O_3 \longrightarrow ClO\cdot + O_2$$

$$ClO\cdot + O_3 \longrightarrow 2O_2 + Cl\cdot$$

Check-up

✔ Wiederholen Sie einige einfache Beispiele für Alkane, Alkene, Alkine und cyclische Kohlenwasserstoffe sowie die charakteristischen Reaktionen dieser Stoffklassen.

✔ Machen Sie sich nochmals einige Begriffe klar: anhand der Alkane die Konstitutionsisomerie und Konformationsisomerie, anhand der Cycloalkane die cis-trans-Isomerie und anhand der Alkene die E/Z-Isomerie.

✔ Am Beispiel der Kohlenwasserstoffe kann man gut verstehen, was mit dem Begriff homologe Reihe gemeint ist. Es bietet sich daher an, an dieser Stelle die Definition und die Änderung der physikalischen Eigenschaften innerhalb einer homologen Reihe zu wiederholen (s. S. 119).

4.2 Die Alkohole, die Phenole und die Ether

Lerncoach

Für das Verständnis der Eigenschaften und Reaktionen von Alkoholen, Phenolen und Ethern sind die Definitionen von Brønsted-Säure, Brønsted-Base, amphoterer Verbindung und Säurestärke wichtig (s. S. 54).

4.2.1 Der Überblick

Alkohole R–O–H kann man als Monoalkylderivate, **Ether R–O–R** als Dialkyl- oder Diarylderivate des Wassers H–O–H auffassen.

Phenole können zwar auch durch die allgemeine Strukturformel **R–O–H** beschrieben werden, für **R** steht aber immer ein **aromatischer Rest (Arylrest)**, der zu einem anderen Reaktionsverhalten führt. In der Natur kommen viele Alkohole sowohl frei als auch verestert vor (z. B. in Fetten oder Wachsen). Ein wichtiger Bestandteil der Nervensubstanz ist z. B. Sphingosin, ein langkettiger Aminoalkohol. Steroide sind in der Mehrzahl Alkohole, wobei auch Zucker prinzipiell als Alkohole aufgefasst werden können. Phenole findet man als Bestandteile von Pflanzenfarb- und -gerbstoffen, etherischen Ölen, Pflanzenwuchsstoffen, Riech- und Geschmacksstoffen, Steroiden, Alkaloiden und Antibiotika. Ether spielen vor allem als Lösungsmittel eine große Rolle im Labor.

4.2.2 Die Alkohole

Durch eine nucleophile Substitution kann man aus Halogenkohlenwasserstoffen leicht Alkohole herstellen. Nach der **Anzahl der OH-Gruppen** unterscheidet man **ein-, zwei-, drei-** oder allgemein **mehrwertige** (auch Poly-) Alkohole **(Tab. 4.5)**.

Ist die OH-Gruppe (bei aliphatischen Kohlenwasserstoffen) an einem endständigen (d. h. primären) C-Atom fixiert, spricht man von einem **primären Alkohol**. Bei **sekundären Alkoholen** befindet sich die OH-Gruppe an einem sekundären C-Atom, bei **tertiären** an einem tertiären C-Atom **(Tab. 4.6)**.

Die physikalischen Eigenschaften

Niedere Alkohole sind flüssig und mit Wasser beliebig mischbar. Sie haben einen charakteristischen Geruch. Bei mehr als 4 Kohlenstoffatomen überwiegt jedoch bei einwertigen Alkoholen der hydrophobe Charakter, diese Alkohole sind dann schlecht oder gar nicht in Wasser löslich.

Mehrwertige Alkohole lösen sich in Wasser generell besser als einwertige Alkohole. Auch der süße Geschmack nimmt mit der Anzahl der OH-Gruppen zu.

Die Siedepunkte der Alkohole sind im Vergleich zu Kohlenwasserstoffen mit annähernd gleichen Molmassen deutlich höher **(Tab. 4.7)**. Das hängt mit der

Tabelle 4.5 Einige Beispiele für ein- und mehrwertige Alkohole

Formel	Wertigkeit	Name	Anwendung
H_3C-CH_2-OH	einwertig	Ethanol	alkoholische Getränke
CH_2-OH $\mid$ CH_2-OH	zweiwertig	Ethan-1,2-diol/Ethylenglykol	Gefrierschutzmittel
CH_2-OH $\mid$ $CH-OH$ $\mid$ CH_2-OH	dreiwertig	Propan-1,2,3-triol/Glycerol/Glycerin	Fettbaustein, Vorstufe des Sprengstoffs Nitroglycerin
CH_2-OH $\mid$ $HO-CH_2-C-CH_2-OH$ $\mid$ CH_2-OH	vierwertig	2,2-Bis(hydroxymethyl)-1,3-propandiol/Pentaerythrit	als Salpetersäureester pharmazeutischer Einsatz als gefäßerweiterndes Mittel

Tabelle 4.6 Die Konstitutionsisomeren des Butanols als primäre, sekundäre und tertiäre Alkohole

primärer Alkohol	sekundärer Alkohol	tertiärer Alkohol
$H_3C-CH_2-CH_2-CH_2-OH$	$H_3C-CH_2-CH-CH_3$ $\quad\quad\quad\;\mid$ $\quad\quad\quad\;OH$	CH_3 $\mid$ $H_3C-C-OH$ $\mid$ CH_3
Butan-1-ol	Butan-2-ol	2-Methyl-propan-2-ol
n-Butanol	*sek*-Butylalkohol	*tert*-Butylalkohol

Tabelle 4.7 Vergleich der Siedepunkte von Alkoholen und Kohlenwasserstoffen

Verbindung	Molmasse	Siedepunkt (°C)
Methanol CH_3-OH	32	+65
Ethan CH_3-CH_3	30	−89
Ethanol CH_3-CH_2-OH	46	+78
Propan $CH_3-CH_2-CH_3$	44	−42

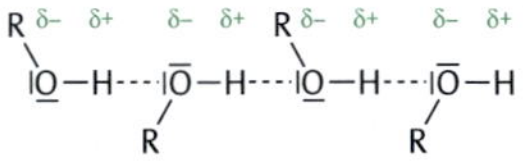

$$R\overset{\delta-}{}\;\overset{\delta+}{}\quad\overset{\delta-}{}\;\overset{\delta+}{}\;R\overset{\delta-}{}\;\overset{\delta+}{}\quad\overset{\delta-}{}\;\overset{\delta+}{}$$
$$|\underline{O}-H\cdots|\overline{O}-H\cdots|\underline{O}-H\cdots|\overline{O}-H$$
$$\quad R\quad\quad\quad\quad\quad R$$

Abb. 4.8 Die Ausbildung von Wasserstoffbrücken bei Alkoholen

Ausbildung von Wasserstoffbrückenbindungen zusammen (s. S. 31), infolgedessen liegen die Moleküle wie Wasser assoziiert vor (**Abb. 4.8**).

Auch innerhalb der konstitutionsisomeren Alkohole ändert sich der Siedepunkt. Je mehr das Alkoholmolekül einer Kugelgestalt nahe kommt, wie man es bei den in **Tab. 4.6** dargestellten Formeln der Butanole sehr schön sehen kann, um so niedriger liegen die Siedepunkte, denn die Ausbildung von Wasserstoffbrückenbindungen und die van-der-Waals-Wechselwirkung sind dann weniger effektiv.

Die chemischen Reaktionen

Bildung von Ethern, Estern und Alkenen

Da die Bindungspolarisierung nicht nur in der OH-Bindung, sondern auch in der CO-Bindung auftritt, existiert eine Vielfalt von Reaktionsmöglichkeiten. Alkohole können prinzipiell sowohl als Säure als auch als Base reagieren. In Gegenwart sehr starker Säuren ist die Anlagerung eines Protons möglich. Dabei entstehen **Oxoniumionen** (**Abb. 4.9**).

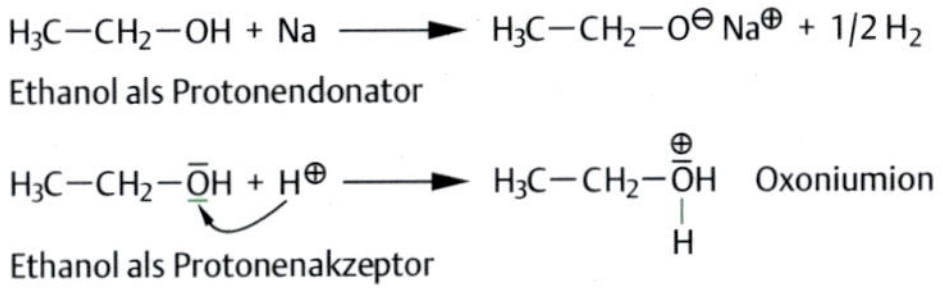

$$H_3C-CH_2-OH + Na \longrightarrow H_3C-CH_2-O^{\ominus}\, Na^{\oplus} + 1/2\, H_2$$

Ethanol als Protonendonator

$$H_3C-CH_2-\overline{O}H + H^{\oplus} \longrightarrow H_3C-CH_2-\overset{\oplus}{\overline{O}}H \quad \text{Oxoniumion}$$
$$\quad\quad\quad\quad\quad\quad\quad\quad\quad\quad\quad\quad\quad\quad\quad\mid$$
$$\quad\quad\quad\quad\quad\quad\quad\quad\quad\quad\quad\quad\quad\quad\quad H$$

Ethanol als Protonenakzeptor

Abb. 4.9 Die Reaktion von Ethanol als Säure bzw. als Base

Es kann aber auch ein Proton abgespalten werden. Die Abspaltung des Protons erzwingen aber nur starke Reduktionsmittel, durch die das Proton sofort zu Wasserstoff reduziert wird. In wässriger Lösung erfolgt keine Protonenübertragung, da die Azidität in der Größenordnung der Azidität von Wasser liegt.

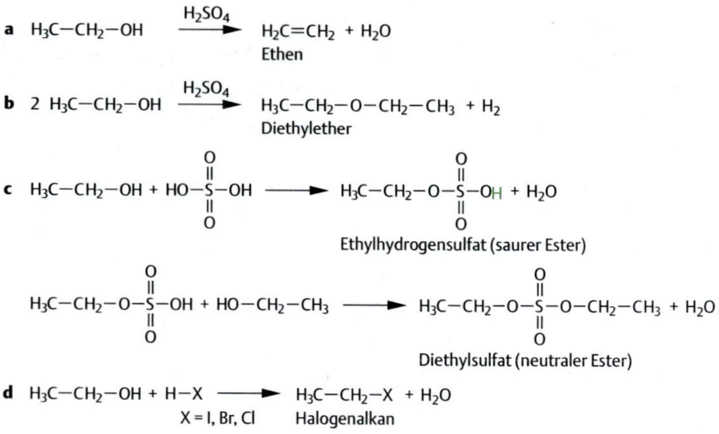

a H_3C-CH_2-OH $\xrightarrow{H_2SO_4}$ $H_2C=CH_2 + H_2O$
                                     Ethen

b $2\ H_3C-CH_2-OH$ $\xrightarrow{H_2SO_4}$ $H_3C-CH_2-O-CH_2-CH_3 + H_2$
                                        Diethylether

c $H_3C-CH_2-OH + HO-\overset{O}{\underset{O}{\overset{\|}{\underset{\|}{S}}}}-OH$ $\longrightarrow$ $H_3C-CH_2-O-\overset{O}{\underset{O}{\overset{\|}{\underset{\|}{S}}}}-OH + H_2O$

                                     Ethylhydrogensulfat (saurer Ester)

   $H_3C-CH_2-O-\overset{O}{\underset{O}{\overset{\|}{\underset{\|}{S}}}}-OH + HO-CH_2-CH_3$ $\longrightarrow$ $H_3C-CH_2-O-\overset{O}{\underset{O}{\overset{\|}{\underset{\|}{S}}}}-O-CH_2-CH_3 + H_2O$

                                     Diethylsulfat (neutraler Ester)

d $H_3C-CH_2-OH + H-X$ $\longrightarrow$ $H_3C-CH_2-X + H_2O$
            $X = I, Br, Cl$ Halogenalkan

Abb. 4.10   Die Reaktionen von Ethanol mit Schwefelsäure (a–c) und mit Halogenwasserstoffsäuren (d)

Mit der Bildung des Oxoniumions in Gegenwart starker Säuren beginnt die Dehydratisierung der Alkohole zu Alkenen (**Abb. 4.10a**). Unter ähnlichen Bedingungen können durch formale Dehydrierung aus 2 Molekülen Alkohol Ether entstehen (**Abb. 4.10b**).

Es kann bei einem Überschuss an Säure auch eine Esterbildung stattfinden (**Abb. 4.10c**). Mit mehrprotonigen Säuren erfolgt eine sukzessive Veresterung. Das Ethylhydrogensulfat ist ein saurer Ester, da noch ein Proton abgespalten werden kann.

Die Substitutionsreaktion der Alkohole mit Halogenwasserstoffsäuren kann auch als Veresterung aufgefasst werden (**Abb. 4.10d**). Das tatsächliche Reaktionsverhalten kann z. B. durch die Konzentration der Reaktionspartner beeinflusst werden. Ein Säureüberschuss begünstigt die Esterbildung. Bei hohen Temperaturen tritt die Veresterung zugunsten der Etherbildung zurück. Mit dieser konkurriert dann zunehmend die Eliminierung zu Alkenen (s. S. 121). Die Eliminierung von Wasser gelingt bei sekundären oder tertiären Alkoholen leichter als bei primären Alkoholen.

Aus Alkoholen und Carbonsäuren, also organischen Säuren, entstehen ebenfalls Ester (s. S. 147)

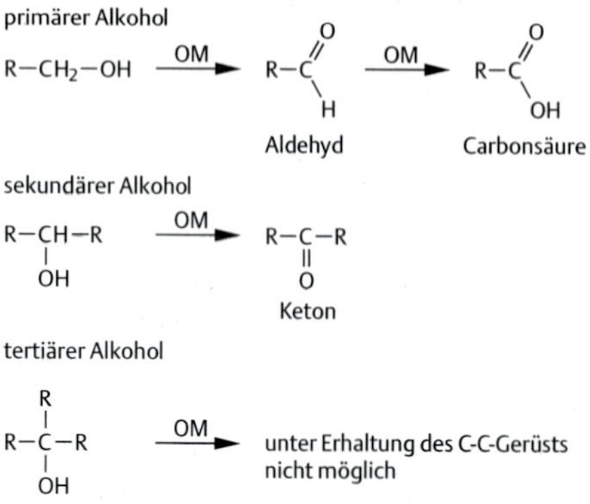

Redoxreaktionen der Alkohole

Von besonderer Bedeutung in der Biochemie ist das Redoxverhalten der Alkohole (**Abb. 4.11**).

- **Primäre Alkohole** lassen sich über **Aldehyde** zu **Carbonsäuren** oxidieren.
- **Sekundäre Alkohole** bilden bei der Oxidation **Ketone**.
- **Tertiäre Alkohole** können unter Erhalt des C–C-Bindungsgerüsts **nicht oxidiert** werden.

Natürlich ist in allen Fällen unter drastischen Bedingungen, wie z. B. einer Verbrennung, die Oxidation zu CO_2 und H_2O möglich. Dabei wird aber das C–C-Bindungsgerüst zerstört!

Die Oxidation von Ethanol mit Kaliumchromat als Oxidationsmittel wird in den „Pusteröhrchen" zum Nachweis von Alkoholkonsum benutzt. Bei positivem Befund erfolgt ein Farbumschlag von Gelb nach Grün, da das Kaliumchromat reduziert wird und Cr^{3+} entsteht (Cr^{3+} ist für die Grünfärbung verantwortlich).

primärer Alkohol

$R-CH_2-OH$ $\xrightarrow{OM}$ $R-\overset{O}{\overset{\|}{C}}{\underset{H}{\big\backslash}}$ $\xrightarrow{OM}$ $R-\overset{O}{\overset{\|}{C}}{\underset{OH}{\big\backslash}}$
                            Aldehyd   Carbonsäure

sekundärer Alkohol

$R-\underset{\underset{OH}{|}}{CH}-R$ $\xrightarrow{OM}$ $R-\underset{\underset{O}{\|}}{C}-R$
                        Keton

tertiärer Alkohol

$R-\overset{\overset{R}{|}}{\underset{\underset{OH}{|}}{C}}-R$ $\xrightarrow{OM}$ unter Erhaltung des C-C-Gerüsts nicht möglich

Abb. 4.11   Die Oxidation der Alkohole (OM = Oxidationsmittel)

Einige wichtige Vertreter

Methanol (CH_3OH) ist ein farbloser, brennbarer, leicht beweglicher Alkohol, der erstmals bei der Destillation von Holz entdeckt wurde und deshalb gelegentlich auch als Holzgeist bezeichnet wird. Er ist mit Wasser unbegrenzt mischbar und löst sogar viele anorganische Salze. Methanol ist toxisch und führt neben Herzinsuffizienz und Muskelschwäche zu einer Abnahme des Sehvermögens bis hin zur Erblindung. Die Toxizität beruht auf der Oxidation des Methanol zu Methanal und Ameisensäure. Ameisensäure kann schlecht ausgeschieden werden und führt deshalb zu einer schweren Azidose.

Ethanol (C_2H_5OH) ist eine klare, farblose, würzig riechende und brennend schmeckende, leicht entzündliche Flüssigkeit. Ethanol ist mit Wasser ebenfalls mischbar, dabei tritt eine Volumenkontraktion und Wärmeentwicklung auf. Der physiologische Gehalt des menschlichen Bluts beträgt 0,002–0,003 %, also 0,02–0,03 ‰.

In der Natur kommt Ethanol überall dort vor, wo zucker- oder stärkehaltige Substanzen durch Hefezellen vergoren werden (sog. alkoholische Gärung):

Kohlenhydrat   Ethanol   Kohlendioxid

$$C_6H_{12}O_6 \xrightarrow{Enzym} 2C_2H_5OH + 2CO_2$$

Bei der alkoholischen Gärung entstehen noch zahlreiche Nebenprodukte, die als Fuselöle bezeichnet werden. Das sind vor allem die aus Aminosäuren der Hefe entstehenden Alkohole 3-Methyl-butan-1-ol und 2-Methyl-butan-1-ol. Sie spielen für das Bukett eines Weines eine Rolle.

Bereits durch 70 %iges Ethanol werden Bakterien abgetötet oder in ihrer Entwicklung gehemmt. Deshalb kann man Ethanol als Konservierungsmittel im Haushalt und für anatomische Präparate nutzen. Die Hauptmenge des produzierten Ethanols wird für Genusszwecke eingesetzt. In der Technik ist Ethanol ein wichtiges Lösungsmittel u. a. für Duftstoffe und Kosmetika. Aufgrund seines hohen Heizwertes wird es vergällt als Brennspiritus eingesetzt. Unter Vergällen versteht man die geringe Zugabe von Stoffen, die schlecht wieder abgetrennt werden können, die aber dazu führen, dass eine Verwendung als Lebens- oder Genussmittel nicht mehr möglich ist. Die technische Anwendung wird nicht beeinflusst.

4.2.3 Die Phenole

Phenole werden ebenfalls nach der Anzahl der OH-Gruppen in ein- und mehrwertige Formen unterteilt **(Abb. 4.12)**.

Die physikalischen Eigenschaften

Phenole sind kristallin, der Siedepunkt steigt mit der Anzahl eingeführter OH-Gruppen. Auch die Löslichkeit nimmt mit der Anzahl der OH-Gruppen zu. Viele Phenole sind licht-, luft- und schwermetallempfindlich und wirken bakterizid.

Die chemischen Reaktionen

Die Säureeigenschaft der Phenole wird durch die Wechselwirkung der freien Elektronenpaare am Sauerstoffatom und der π-Elektronenwolke des aromatischen Rings bestimmt. Die Spaltung der OH-Bindung ist so relativ einfach. Bei Zugabe von NaOH entsteht das wasserlösliche Salz Natriumphenolat **(Abb. 4.13)**.

Wenn am aromatischen Ring weitere funktionelle Gruppen stehen, die elektronenziehend auf das System wirken (z. B. Pikrinsäure, s. **Abb. 4.12**), dann schwächt das die OH-Bindung noch stärker. Als Folge nimmt die Säurestärke zu und der pK_s-Wert

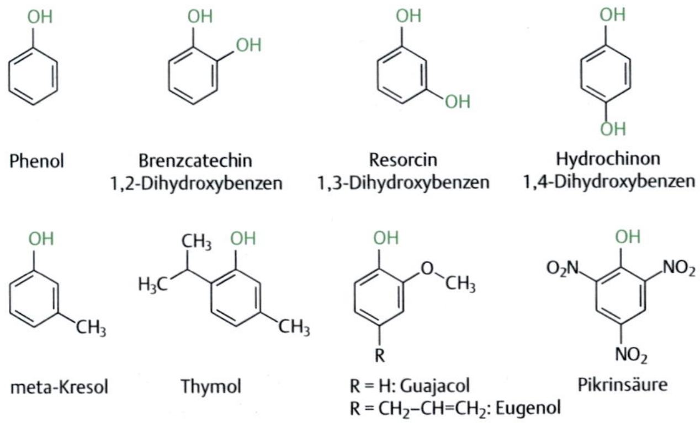

Abb. 4.12 Einige Beispiele für Phenole

Phenol

Brenzcatechin
1,2-Dihydroxybenzen

Resorcin
1,3-Dihydroxybenzen

Hydrochinon
1,4-Dihydroxybenzen

meta-Kresol

Thymol

R = H: Guajacol
R = CH₂–CH=CH₂: Eugenol

Pikrinsäure

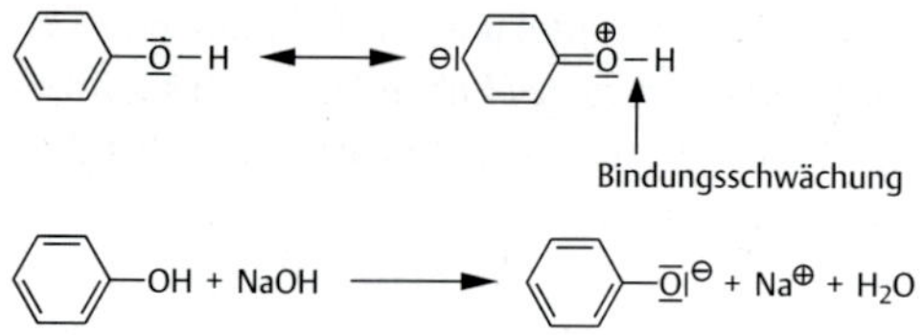

Bindungsschwächung

Abb. 4.13 Phenol als Protonendonator

kann fast die Größenordnung der pK_s-Werte von Mineralsäuren erreichen. Aufgrund ihrer Azidität können Phenole im Vergleich zu Alkoholen leichter verestert und verethert werden.

Phenole bilden mit Fe^{3+}-Ionen intensiv gefärbte Komplexe, die man zu kolorimetrischen Bestimmungen (z. B. des Adrenalins, nutzen kann.

Zweiwertige Phenole mit OH-Gruppen in 1,2- und 1,4-Stellung (Brenzcatechin und Hydrochinon in **Abb. 4.12**) werden leicht oxidiert. Es entstehen **Chinone** (**Abb. 4.14**).

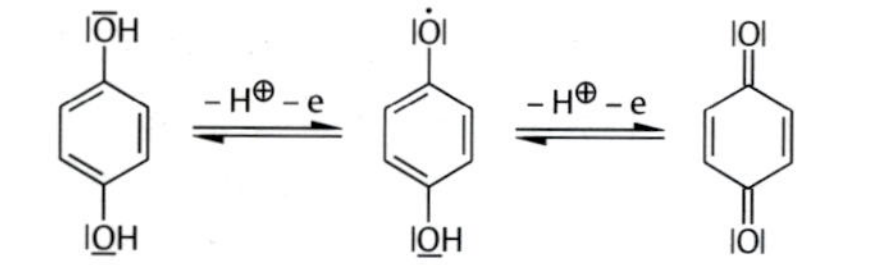

Hydrochinon   Semichinon   1,4-Benzochinon

Abb. 4.14 Oxidation von Hydrochinon

Das Chinon-Hydrochinon-Redoxsystem dient als Grundlage für die sog. **Chinhydron-Elektrode**, die in der pH-Messtechnik als Arbeitselektrode verwendet wurde.

Die Eigenschaft der Chinone, leicht Elektronen reversibel abgeben zu können, macht sich auch die Natur bei biochemischen Redoxvorgängen zunutze. Die wegen ihrer weiten Verbreitung in der Natur Ubichinone genannten Biochinone sind als Coenzym Q als Elektronenüberträger in der Atmungskette in den Mitochondrien beteiligt.

Auch Vitamin E (oder α-Tocopherol) ist ein in Pflanzen weit verbreitetes Phenol. Im menschlichen Körper erfüllt es offenbar verschiedene Funktionen. Besonders wichtig scheint seine Aufgabe als Radikalfänger für Peroxy-Radikale zu sein, um so Membranen und andere oxidationsempfindliche Moleküle vor Schädigungen zu schützen.

Der Grundkörper Phenol hat der ganzen Stoffklasse seinen Namen gegeben. Gelegentlich wird auch heute noch von Carbolsäure gesprochen, da es bei der Leuchtgasgewinnung aus Steinkohle erhalten wurde und saure Eigenschaften aufwies. Phenol bildet farblose Kristalle mit einem typischen Geruch. Es wirkt hautätzend und ist oral eingenommen stark toxisch. Die 5%ige Lösung kommt als Desinfektionsmittel zum Einsatz. Mitte des 19. Jahrhunderts war es das einzige bekannte Antiseptikum. Im 1. Weltkrieg kam es in den Lazaretten zum Einsatz. So entstand die Bezeichnung „Karbolmäuschen" für die im Lazarett tätigen Schwestern. Auch andere Phenole wie meta-Kresol, Thymol, Guajacol oder Eugenol haben antiseptische Eigenschaften, weswegen sie in Gurgelmitteln oder Hustensaft zu finden sind.

4.2.4 Die Ether
Die physikalischen Eigenschaften
Ether sind nicht so hydrophil wie Alkohole und mischen sich vielfach nicht mit Wasser. Da sie keine Wasserstoffbrückenbindungen ausbilden, liegen ihre Siedepunkte deutlich unter denen der isomeren Alkohole (**Tab. 4.8**).

Tabelle 4.8 Siedepunkte und Molmassen im Vergleich

Formel	Name	Molmasse	Sdp. °C
$CH_3-CH_2-CH_2-CH_2-OH$	Butan-1-ol	74	118
$CH_3-CH_2-O-CH_2-CH_3$	Diethylether	74	35
$CH_3-CH_2-CH_2-CH_2-CH_3$	Pentan	72	36

Da viele Ether eine größere Dichte als Luft haben, sammeln sie sich bei unkontrolliertem Ausströmen am Boden und können sich unbemerkt ausbreiten. Bei der Arbeit mit Ether ist deshalb größte Vorsicht geboten.

Ether können sowohl **symmetrisch** als auch **unsymmetrisch** gebaut sein, auch **cyclische** Ether sind bekannt (**Tab. 4.9**), als Reste R treten Alkyl- und Arylgruppen auf.

Die chemischen Reaktionen
Aufgrund der freien Elektronenpaare am Sauerstoff kann in Gegenwart starker Säuren ein Proton ange-

Tabelle 4.9 Einige Beispiele für symmetrische, unsymmetrische und cyclische Ether

	Formel	Name	Vorkommen/Anwendung
symmetrischer Ether	$H_3C-O-CH_3$	Dimethylether, Methoxymethan	synthetische Zwecke, als Treibgas von Aerosolen
unsymmetrischer Ether	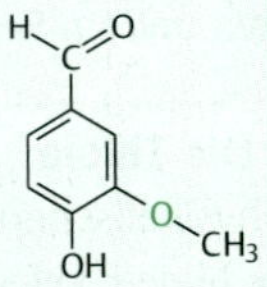	Vanillaldehyd, 4-Hydroxy-3-methoxy-benzaldehyd, Vanillin	Duftstoff der Vanilleschote
cyclischer Ether	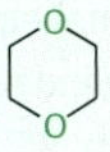	Dioxan	sehr gutes Lösungsmittel

lagert werden. Ether sind also sehr **schwache Brønsted-Basen**, in Wasser reagieren sie neutral. Man kann auch zeigen, dass am Sauerstoff nucleophile Eigenschaften auftreten **(Abb. 4.15)**. Ether bilden in Gegenwart von Luftsauerstoff und bei Lichteinwirkung Peroxide, die zu ungewünschten Reaktionen führen und explosiv sind. Peroxide sind instabile, radikalisch zerfallende Verbindungen der allgemeinen Formel R – O – OH oder R – O – OR. Deshalb müssen Ether in dunklen Flaschen aufbewahrt werden.

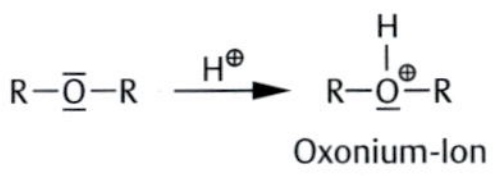

Abb. 4.15 Ether als Nucleophil

Oxonium-Ion

4.2.5 Klinische Bezüge
Ethanol
Auf den Menschen wirken geringe Mengen Ethanol anregend, größere Mengen berauschend. Mit zunehmendem Ethanolgenuss tritt zuerst Bewegungsdrang, später Ermüdung und Muskelerschlaffung bis zur Narkose mit Atemstillstand auf. Durch die Erweiterung der Hautgefäße wird vermehrt Wärme abgegeben, deshalb erfrieren stark alkoholisierte Menschen bereits bei geringen Kältegraden.

Ethanolgenuss in der Schwangerschaft kann aufgrund des leichten Übertritts in den Kreislauf des Embryos zum embryofetalen Alkoholsyndrom mit Wachstumsstörungen, Intelligenzdefekten, engen Lidspalten etc. führen.

Der Ethanol-Abbau erfolgt in der Leber durch das Enzym Alkoholdehydrogenase. Dabei entsteht Etha-

nal, das dann durch die Aldehyddehydrogenase zu Essigsäure oxidiert wird. Für diese Oxidationsprozesse wird NAD benötigt, wodurch andere NAD-abhängige Prozesse wie der Fettabbau beeinträchtigt werden. Die neurophysiologische Wirkung des Ethanols beruht vor allem darauf, dass das beim Abbau entstehende Ethanal biogene Amine in ihrer Funktion als Neurotransmitter beeinträchtigt.

Glyceroltrinitrat
Ein Ester aus Glycerin und Salpetersäure ist das Glyceroltrinitrat (Nitroglycerin), dem Hauptbestandteil von Dynamit **(Abb. 4.16)**. In kleinen Dosen spielt es als Vasodilatator der Koronargefäße bei Angina pectoris eine Rolle.

Die Grundwirkung ist die Relaxation der glatten Muskulatur. Alle Wirkungen am Gesamtorganismus beruhen darauf.

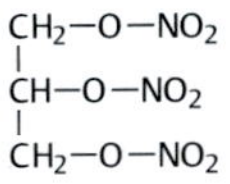

CH_2-O-NO_2
$CH-O-NO_2$
CH_2-O-NO_2

Abb. 4.16 Glyceroltrinitrat

Ether
Ether spielen vor allem als Lösungsmittel eine große Rolle im Labor. $CH_3-CH_2-O-CH_2-CH_3$ ist der bekannteste Ether und wird häufig auch einfach als „Ether" und nicht als Diethylether oder Ethoxyethan bezeichnet. Diethylether diente lange Zeit als Narkosemittel, wird aber aufgrund seiner starken Nebenwirkungen (z.B. Erbrechen) nicht mehr verwendet.

Check-up

✔ Rekapitulieren Sie die Einteilung der Alkohole und ihre wichtigsten Reaktionen. Verdeutlichen Sie sich z. B. die Produkte der Oxidation von primären, sekundären und tertiären Alkoholen.

✔ Machen Sie sich nochmal den Zusammenhang zwischen chemischer Struktur und physikalischen Eigenschaften klar (z. B. Änderung des Siedepunktes).

4.3 Die Thiole und die Thioether

Lerncoach

In diesem Kapitel spielt das Element Schwefel eine wichtige Rolle. Wiederholen Sie daher noch einmal, welche Eigenschaften Sie aus der Stellung des Schwefels im Periodensystem im Hinblick auf den Atomradius, die Elektronegativität und die Oxidationsstufen ableiten können.

4.3.1 Der Überblick

Die **Thiole** (oder Thioalkohole) **R–S–H** sind die Schwefelanaloga der Alkohole R–O–H, die **Thioether R–S–R** die Analoga der Ether R–O–R (theion griech. Schwefel).

Formal können beide Stoffgruppen auch als Derivate des Schwefelwasserstoffs H–S–H aufgefasst

werden (**Tab. 4.10**). Da der Atomradius von Schwefel größer als der von Sauerstoff und die Elektronegativität wesentlich geringer als beim Sauerstoff ist, ergeben sich deutliche Unterschiede in den Eigenschaften und im Reaktionsverhalten.

4.3.2 Die Thiole

Die physikalischen Eigenschaften

Thiole bilden keine Wasserstoffbrückenbindungen aus. Folglich haben sie niedrigere Siedepunkte als die entsprechenden Alkohole (Ethanol Sdp. 78°C, Ethanthiol Sdp 35 °C). Niedere Thioalkohole sind stark überriechend und zudem toxisch.

Die chemischen Reaktionen

Thiole reagieren wie Schwefelwasserstoff **schwach sauer**. Die Säurestärke liegt über der der analogen Alkohole, da die S–H-Bindung mit einer Bindungsenergie von 348 kJ/mol schwächer als die O–H-Bindung (Bindungsenergie 463 kJ/mol) ist. Der pK_S-Wert von Ethanol beträgt $pK_S = 16$, von Ethanthiol $pK_S = 10,5$. In Gegenwart von Basen bilden Thiole Salze. Die Quecksilbersalze sind schwer löslich.

Damit hängt auch die heute zum Teil noch gebräuchliche Bezeichnung Mercaptan zusammen (corpus mercurium captans lat. Quecksilber fällender Körper).

Die Bildung von Disulfiden

Das **Oxidationsverhalten** der Thiole ist dadurch charakterisiert, dass **zuerst die SH-Bindung** reagiert

Tabelle 4.10 Einige Beispiele für Thiole und Thioether (*= stereogenes Zentrum)

Formel	Name	
H_3C-CH_2-SH	Ethanthiol	in geringsten Spuren Aromakomponente
$H_2N-CH_2-CH_2-SH$	Cysteamin	beteiligt an der enzymatischen Übertragung von Fettsäureresten, Bestandteil von Coenzym A
COOH |* H_2N-CH | CH_2-SH	L-Cystein	proteinogene Aminosäure, zentrale Verbindung des Schwefel-Stoffwechsels
COOH |* CH–NH₂ | $H_3C-C-SH$ | CH_3	D-Penicillamin	Chelatkomplexbildner mit Cu^{2+}, Einsatz bei Morbus Wilson (s.u.) und Schwermetallvergiftungen
COOH |* H_2N-CH | CH_2 | CH_2-S-CH_3	L-Methionin	proteinogene Aminosäure, die als Methylgruppendonator fungiert

(anders als bei den Alkoholen, wo unter dem Einfluss der OH-Gruppe bei der Oxidation eine CH-Bindung gespalten wird). In Gegenwart von milden Oxidationsmitteln bilden sich **Disulfide** (bzw. nach der neuen Nomenklatur Disulfane, **Abb. 4.17**). Zu den milden Oxidationsmitteln gehören Luftsauerstoff und Halogene, ein starkes Oxidationsmittel ist z. B. Salpetersäure HNO_3. Ein Maß für die Stärke des Oxidationsmittels ist das Redoxpotenzial (s. S. 69).

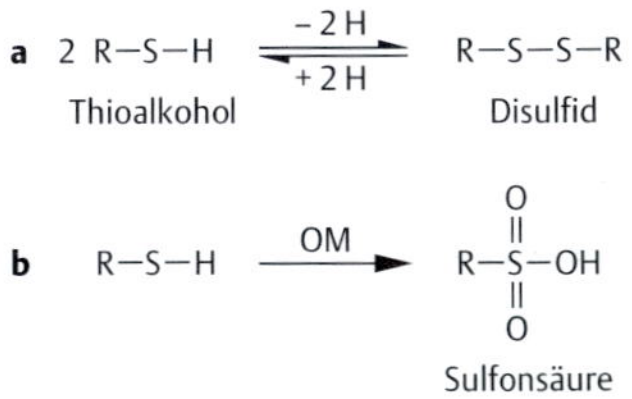

Abb. 4.17 Milde (a) und kräftige (b) Oxidation von Thiolen (OM=Oxidationsmittel)

Die durch die Oxidation der Thioalkohole entstandenen Disulfidbrücken sorgen in Proteinen für die Erhaltung einer definierten Raumstruktur. Auch die Struktur der Haare wird vor allem durch Disulfidbrücken bestimmt. Durch Reduktionsmittel wie Ammoniumthioglycolat ($HS–CH_2–COO^-NH_4^+$) können etwa 50 % der Disulfidbrücken aufgespalten werden. Anschließend kann man den Haaren eine andere Struktur aufzwingen (Lockenwickler), die durch Oxidation der Thiole zu Disulfiden eine gewisse Zeit erhalten bleibt. Das ist der chemische Hintergrund der Dauerwelle. Eine temporäre Wasserwelle greift nur die Wasserstoffbrückenbindungen an.

Die Bildung von Sulfonsäuren
In Gegenwart starker Oxidationsmittel entstehen aus Thioalkoholen **Sulfonsäuren** (s. **Abb. 4.17**). Es handelt sich hierbei um starke Säuren, die im Organismus jedoch nicht frei vorkommen. Einzige Ausnahme ist offenbar das **Taurin**, denn es wurde im Stierharn als freie Sulfonsäure nachgewiesen. Es entsteht aus der Cysteinsulfonsäure (Oxidationsprodukt des Cysteins) durch Decarboxylierung. Die Cysteinsulfonsäure ist ebenfalls das Zwischenprodukt bei der Bildung von „Sulfopyruvat" durch Transaminierung (**Abb. 4.18**). Diese sehr reaktions-

freudige Verbindung wird zum Aufbau von PAPS (3′Phosphoadenosyl-5′-phosphosulfat)   benötigt, das wiederum das Übertragen von Sulfatgruppen übernimmt.
Ersetzt man die OH-Gruppe in den Sulfonsäuren durch eine NH_2-Gruppe, entstehen Sulfonsäureamide, die als Sulfonamide eine große Rolle in der Pharmakologie spielen. Sie werden u. a. als Antibiotika und Antidiabetika eingesetzt.

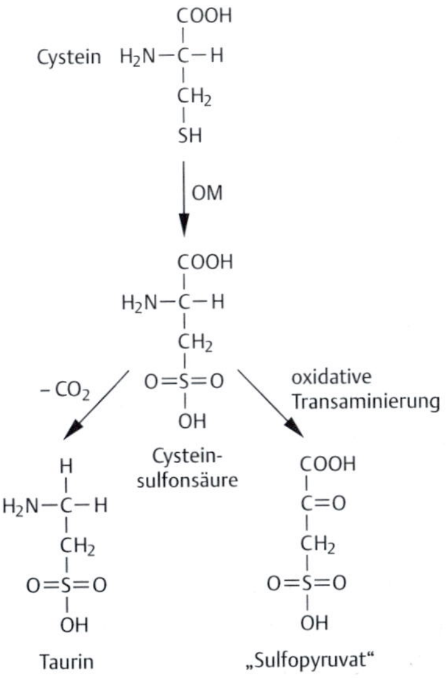

Abb. 4.18 Die kräftige Oxidation von Cystein und Folgereaktionen (OM = Oxidationsmittel)

4.3.3 Die Thioether

Thioether sind in der Biochemie als **Methylgruppenüberträger** bedeutsam. Sie sind schwach basisch, aber stark nucleophil und können also Sulfoniumsalze bilden (**Abb. 4.19**). S-Adenosylmethionin, ein Sulfoniumion, wird im Körper als Zwischenprodukt aus der essenziellen Aminosäure Methionin gebildet. Es kommt in praktisch allen Körpergeweben und -flüssigkeiten vor und ist als Überträger von Methylgruppen an zahlreichen Stoffwechselreaktionen beteiligt (z. B. Synthese, Aktivierung und/oder Abbau von Hormonen und Neurotransmittern, **Abb. 4.20**).

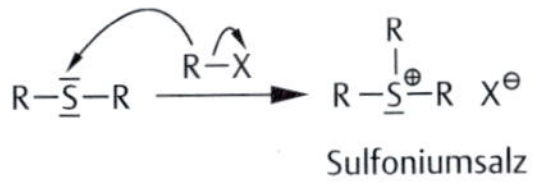

Abb. 4.19 Die Bildung von „aktivem Methyl"

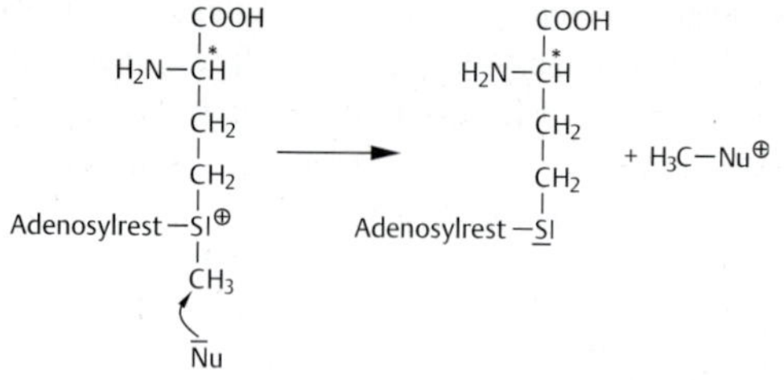

COOH   COOH
  |* |*
H₂N─CH   H₂N─CH
  | |
 CH₂   CH₂   + H₃C─Nu⊕
  | |
 CH₂   CH₂
  | |
Adenosylrest─SĪ⊕   Adenosylrest─SĪ
  |
 CH₃
  |
 Nu

Abb. 4.20 S-Adenosylmethionin als Methylgruppenüberträger (Nu = Nucleophil)

Das Schwefelatom kann im Gegensatz zum Sauerstoffatom in Ethern stufenweise zu Sulfoxiden und zu Sulfonen oxidiert werden **(Abb. 4.21)**, die als Lösungsmittel verwendet werden. Auch Bis(2-chlorethyl)-sulfid (Cl–CH₂–CH₂–S–CH₂–CH₂–Cl) ist ein starkes Alkylierungsmittel mit zerstörender Wirkung auf Haut, Schleimhäute und Augen. Es wurde als Kampfstoff im 1. Weltkrieg eingesetzt. Thioether sind aber auch Geruchsstoffe vieler natürlicher Aromen (z.B. Kaffee, Spargel, Knoblauch, Zwiebel).

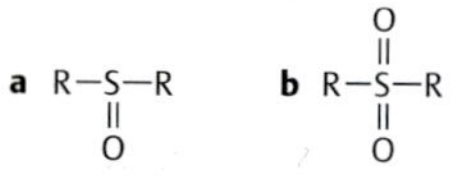

                          O
                          ‖
a R─S─R   **b** R─S─R
          ‖   ‖
          O   O

Abb. 4.21 Sulfoxide (a) und Sulfone (b)

4.3.4 Klinische Bezüge
Die Thiole sind auch gute Komplexbildner, z.B. für Cu^{2+}. Deshalb werden sie beim Morbus Wilson, einer erblichen Krankheit, bei der es zu einer erheblichen Kupferanreicherung im Gewebe kommt eingesetzt. Bei Schwermetallvergiftung ist Dithioglycerin (BAL) besonders gut als Gegenmittel geeignet. Ursprünglich wurde es als Gegenmittel für arsenhaltige Kampfstoffe entwickelt **(Abb. 4.22)**.

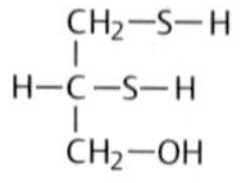

CH₂─S─H   **Abb. 4.22** Dithioglycerin
  |
H─C─S─H
  |
CH₂─OH

Die Komplexbildung hat auch physiologische Bedeutung für katalytische Mechanismen, z.B. bei den Eisen-Schwefel-Proteinen. In Transkriptionsfaktoren wie den Zink-Finger-Proteinen werden durch Chelatisierung von Metallionen bestimmte Strukturmerkmale aufrecht erhalten.

Check-up
✔ Wiederholen Sie die allgemeine Strukturformel von Thiolen und Thioethern und einige einfache Beispiele (s. Tab. 4.10).
✔ Machen Sie sich nochmals das Oxidationsverhalten der Thiole klar.

4.4 Die Amine

Lerncoach
Amine und Aminosäuren (s. Kap. 5) sind sich in ihrer Struktur sehr ähnlich. Das Verständnis der Eigenschaften und Reaktionen der Amine ist daher eines Ihrer Fundamente für das Verständnis der Aminosäuren und damit auch der Biochemie.

4.4.1 Einteilung
Amine kann man als die organischen Derivate des Ammoniaks auffassen, so erklärt sich auch ihre Bezeichnung. Die Einteilung in **primäre, sekundäre** und **tertiäre Amine** ist anders als bei den bisher besprochenen Stoffklassen. Man richtet sich nicht nach dem Kohlenstoffatom, an dem die funktionelle Gruppe steht, sondern nach dem Substitutionsgrad der Wasserstoffatome im Ammoniak **(Abb. 4.23, Tab. 4.11)**. Die Bezeichnung **quartär** wird für **vollständig substituierte Ammonium-Ionen** verwendet. Für R können Alkyl- oder Arylreste stehen.

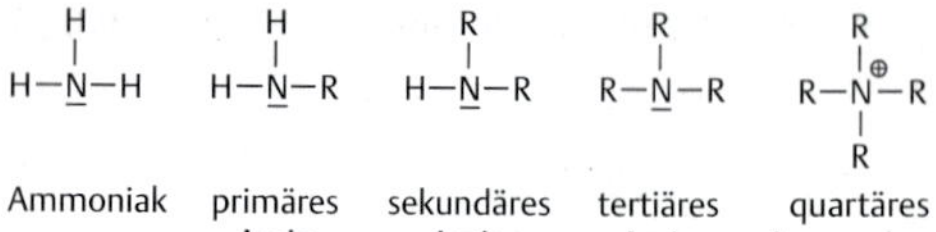

     H   H   R   R   R
     | | | | |⊕
H─N─H   H─N─R   H─N─R   R─N─R   R─N─R
     | | | | |
                                                                  R

Ammoniak   primäres   sekundäres   tertiäres   quartäres
               Amin   Amin   Amin   Ammonium-
                                                          Ion

Abb. 4.23 Die Einteilung in primäre, sekundäre, tertiäre Amine und quartäre Ammonium-Ionen

4.4.2 Die physikalischen Eigenschaften
Die primären aliphatischen Amine sind Gase (1 oder 2 C), Flüssigkeiten (3 bis 11 C) oder Feststoffe. Da intermolekular Wasserstoffbrücken ausgebildet werden, sind die Siedepunkte höher als nach der Molmasse zu erwarten wäre. Mit steigender Molmasse ändert sich der Geruch von ammo-

Tabelle 4.11 Beispiele für verschiedene Amine

	Formel	Name	Vorkommen/ Verwendung
primäre Amine	H_3C-NH_2	Methylamin	in kleinen Mengen im Urin, wasserlös- liche Salze des Methylamins z.B. in Algen
	$H_3C-CH_2-NH_2$	Ethylamin	synthesechemisch bedeutsam
	$HO-CH_2-CH_2-NH_2$	Ethanolamin/2- Amino-ethan-1-ol (Colamin)	Bestandteil des Phosphatids Kephalin
	$H_2N-CH_2-CH_2-CH_2-CH_2-NH_2$	Putrescin/ 1,4-Diamino-butan	Bestandteile der sog. Leichengifte (Pto- maine), Decarboxylierungsprodukte von Ornithin und Lysin
	$H_2N-CH_2-CH_2-CH_2-CH_2-CH_2-NH_2$	Cadaverin/1,5- Diamino-pentan	
		Anilin	Vorstufe von Farbstoffen und Pharmaka
		Histamin	biogenes Amin, das durch die Decarboxy- lierung von Histidin entsteht, kommt in den Granula v.a. der Mastzellen vor, außerdem z.B. im Bienengift und Nesselgift der Brennnessel, Mitauslöser allergischer Reaktionen
		Tryptamin	biogenes Amin, das durch die Decarboxy- lierung von Tryptophan entsteht, stimu- liert die Kontraktion der glatten Muskulatur, bei Pflanzen wachstums- fördernd
sekundäres Amin	$H_3C-NH-CH_3$	Dimethylamin	breite synthesechemische Anwendung, Zersetzungsprodukt von Eiweißen
tertiäres Amin	$H_3C-\underset{\underset{CH_3}{\vert}}{N}-CH_3$	Trimethylamin	widerwärtig fisch- oder tranartig riechen- des Gas, bestimmt den Geruch von Heringslake
quartäre Ammoni- um-Verbindung		R = H: Cholin R = H_3C-CO-: Acetylcholin	Cholin – Bestandteil des Phosphatids Lecithin Acetylcholin ist ein wichtiger Neurotrans- mitter, wirkt außerdem blutdrucksenkend und gefäßerweiternd

niakartig über fischartig zu geruchlos. Die Löslich- keit der aliphatischen Amine nimmt mit steigender Molmasse und steigendem Substitutionsgrad ab.

4.4.3 Die chemischen Reaktionen
Säure-Base-Reaktionen
Wässrige Lösungen von Amine reagieren **basisch** (Tab. 4.12), d.h. sie lagern ein Proton an das freie Elektronenpaar des Stickstoffs an:

$$R-\bar{N}H_2 + H-OH \rightleftharpoons R-NH_3^+ + OH^-$$

Alkylamine sind aufgrund des +I-Effektes (s.S.112) der Alkylgruppen sogar stärkere Basen als Ammoniak. Dieser Trend setzt sich bei Dialkyl-

Tabelle 4.12 pK_B-Werte einiger Amine

Name	pK_B-Wert
Dimethylamin	3,29
Ethylamin	3,33
Methylamin	3,36
Trimethylamin	4,26
Ammoniak	**4,75**
Anilin	9,42

Je kleiner der pK_B-Wert desto größer ist die Basizität des Amins!

aminen fort. Die Basizität tertiärer Amine ist mit der von Ammoniak vergleichbar. Das hängt damit zusammen, dass die Basizität nicht nur durch die Elektronendichte am N-Atom, sondern auch durch die Solvatation des entstehenden Ions bestimmt wird.

Aromatische Amine haben eine geringere Basizität, da das freie Elektronenpaar der Aminogruppe in Konjugation mit der π-Elektronenwolke des aromatischen Rings tritt (s. S. 124).

Mit Säuren bilden die Amine Salze (**Abb. 4.24**). Diese Ammoniumsalze sind gut wasserlöslich. Durch starke Basen lässt sich das Amin aus dem Salz wieder freisetzen.

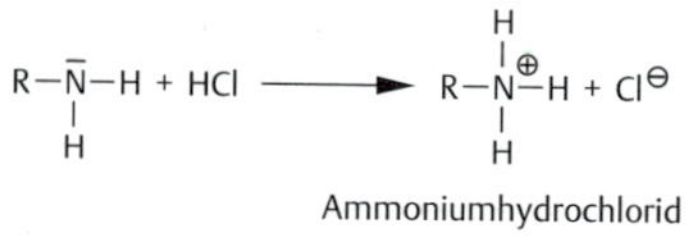

$$R-\overset{\overset{\displaystyle H}{|}}{\underset{\underset{\displaystyle H}{|}}{N}}-H + HCl \longrightarrow R-\overset{\overset{\displaystyle H}{|}}{\underset{\underset{\displaystyle H}{|}}{\overset{\oplus}{N}}}-H + Cl^{\ominus}$$

Ammoniumhydrochlorid

Abb. 4.24 Die Salzbildung der Amine

Aufgrund des freien Elektronenpaars sind Amine nucleophil bzw. Lewis-Basen. So kann Methylamin mit geeigneten Alkylierungsmitteln wie Methyliodid vollständig alkyliert werden (**Abb. 4.25**).

Darauf beruht auch die Giftigkeit der Alkylhalogenide. Sie reagieren mit nucleophilen Gruppen im Organismus, wie z. B. NH₂-, aber auch SH-Gruppen, die in vielen biochemisch bedeutsamen Molekülen vorhanden sind.

Reaktionen mit salpetriger Säure

Salpetrige Säure HNO₂ reagiert in stark saurer Lösung mit Aminen. Bei der Umsetzung primärer aliphatischer Amine entstehen unter Abspaltung von Stickstoff und Wasser Alkohole. Diese Reaktion hatte für die quantitative Bestimmung von Aminosäuren eine Bedeutung, da man aus der gasvolumetrischen Messung des entstehenden Stickstoffs auf die Masse an Aminosäure schließen konnte (van-Slyke-Reaktion).

Sekundäre Amine bilden mit salpetriger Säure ausgesprochen kanzerogene Nitrosamine (**Abb. 4.26**). Dies sollte man beim Genuss großer Mengen gepökelten Fleisches bedenken. Diese Einführung einer

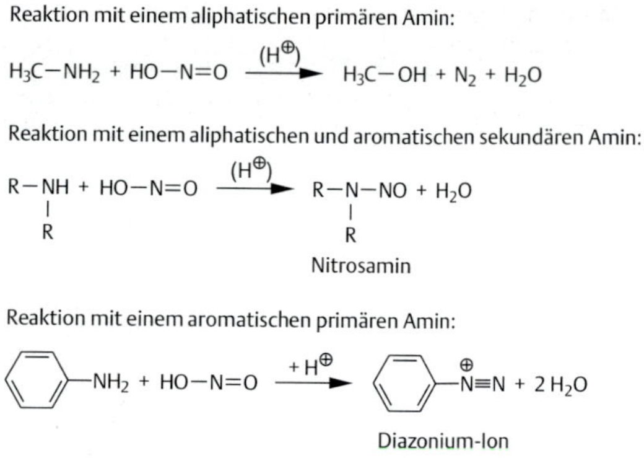

Reaktion mit einem aliphatischen primären Amin:

$$H_3C-NH_2 + HO-N=O \xrightarrow{(H^{\oplus})} H_3C-OH + N_2 + H_2O$$

Reaktion mit einem aliphatischen und aromatischen sekundären Amin:

$$R-\overset{\overset{\displaystyle H}{|}}{\underset{\underset{\displaystyle R}{|}}{N}} + HO-N=O \xrightarrow{(H^{\oplus})} R-\overset{\overset{\displaystyle N-NO}{|}}{\underset{\underset{\displaystyle R}{|}}{N}} + H_2O$$

Nitrosamin

Reaktion mit einem aromatischen primären Amin:

Diazonium-Ion

Abb. 4.26 Die Reaktion von HNO₂ (salpetriger Säure) mit Aminen

NO-Gruppe bezeichnet man als Nitrosierung. Die mit aromatischen Aminen entstehenden Diazoniumverbindungen sind wichtige Zwischenprodukte bei der Herstellung von Azofarbstoffen, die auch als Indikatoren Verwendung finden.

Aliphatische tertiäre Amine setzen sich nicht mit salpetriger Säure um.

Hier können Sie Ihre Stöchiometriekenntnisse auffrischen: 1 Gramm einer glycinhaltigen Probe wird mit salpetriger Säure umgesetzt. Es werden 11,2 ml Stickstoff aufgefangen (Normbedingungen werden angenommen). Wie viel Glycin befand sich in der Probe? Geben Sie auch den Massenanteil von Glycin an (Lösung s. S. 195)!

4.4.4 Klinische Bezüge

Biogene Amine entstehen als Decarboxylierungsprodukte aus Aminosäuren und spielen als Hormone und in der Neurochemie eine große Rolle (z. B. Histamin oder Tryptamin, **Abb. 4.27**).

Diese Amine (z. B. Histamin, Tyramin, Phenylethylamin und Tryptamin) kommen als natürliche Inhaltsstoffe in vielen Lebensmitteln wie Käse, Sauerkraut oder Wein vor. Tyramin bewirkt u. a. eine

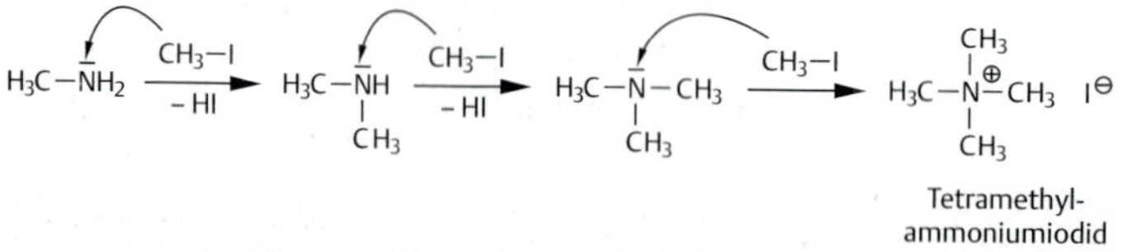

Tetramethyl-
ammoniumiodid

Abb. 4.25 Die vollständige Alkylierung von Methylamin (HI = Iodwasserstoff, CH₃–I = Methyliodid)

Abb. 4.27 Einige klinisch interessante Amine

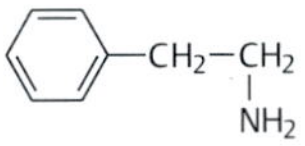

β-Phenyl-ethylamin

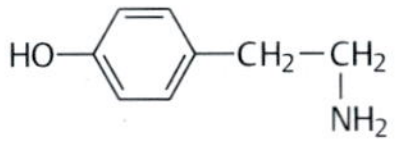

Tyramin

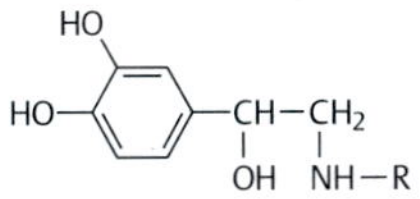

Adrenalin (R = CH₃)
Noradrenalin (R = H)

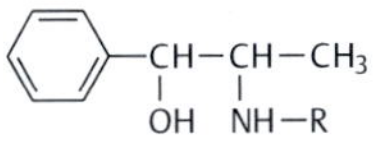

Ephedrin (R = CH₃)
Cathin (R = H)

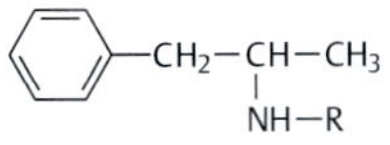

Amphetamin (R = H)
Methamphetamin
(Pervitin, R = CH₃)

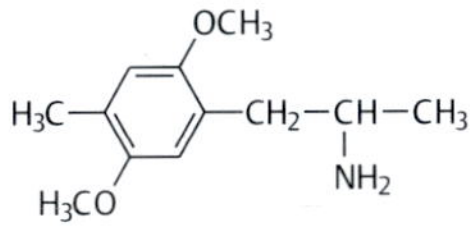

2,5-Dimethoxy-4-methyl-
amphetamin (DOM)
STP

Blutdruckerhöhung durch Kontraktion der glatten Muskulatur von Blutgefäßen.

Aus Tyrosin werden die Hormone Adrenalin und Noradrenalin gebildet. In Stresssituationen wird vermehrt Adrenalin ausgeschüttet, um die Leistungsfähigkeit des Organismus zu steigern.

Besondere physiologische Wirkungen besitzt auch Ephedrin, das Ähnlichkeiten mit dem körpereigenen Adrenalin aufweist. Wegen seiner vasokonstriktorischen Wirkung wird es lokal zur Abschwellung der Nasenschleimhaut (Nasentropfen), am Auge als Mydriatikum, bei Bronchialasthma, in Hustensäften und zur Blutdrucksteigerung bei Hypotonie eingesetzt. In höheren Dosen treten Nebenwirkungen am ZNS (Erregtheit, Schlaflosigkeit) und am Herzen (Tachykardie) auf.

Amphetamine wirken ebenfalls sympathomimetisch. Sie bewirken Euphorie, überhöhtes Selbstvertrauen sowie gesteigerte Aktivität und werden deshalb auch als Dopingmittel verwendet. Bei wiederholter Anwendung tritt sehr schnell Abhängigkeit ein. DOM – auch als STP (Serenity-Tranquility-Peace) bekannt – war ursprünglich zur Behandlung psychisch Kranker bestimmt. Die starke halluzinogene Wirkung führte jedoch zu Psychosen und längeren Phasen völliger Verwirrung. Amphetamin hat neben der halluzinogenen auch aufputschende Wirkung.

 Check-up

✔ Rekapitulieren Sie die Einteilung in primäre, sekundäre und tertiäre Amine.

✔ Machen Sie sich auch nochmal die Abstufung der Basizität von Aminen an einfachen Beispielen klar.

4.5 Die Aldehyde und die Ketone

 Lerncoach

■ Viele Aldehyde und Ketone haben biochemische Relevanz. Deshalb ist das Verständnis der Eigenschaften und Reaktionen von Carbonylverbindungen wichtig.

■ Um die Reaktionen an der Carbonylgruppe zu verstehen, sollten Sie die Begriffe nucleophil und elektrophil sowie die Addition und die Eliminierung als wichtige Reaktionsmechanismen kennen. Schlagen Sie ggf. auf S. 113 nach.

4.5.1 Der Überblick

Aldehyde und Ketone **(Abb. 4.28)** werden häufig auch als Carbonylverbindungen im engeren Sinn bezeichnet. Sie tragen als funktionelle Gruppe die **Carbonylgruppe** >C=O, die auch für Carbonsäuren charakteristisch ist. Carbonsäuren unterscheiden sich in ihrem chemischen Verhalten von Aldehyden und Ketonen, da unmittelbar an der >C=O-Gruppe eine OH-Gruppe gebunden ist. Sie werden deshalb in einem separaten Kapitel besprochen (s. S. 143).

a R—C(=O)H   **b** R—C(=O)R

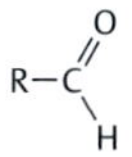

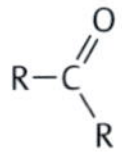

Abb. 4.28 Aldehyde (a) und Ketone (b)

Tabelle 4.13 Einige Beispiele für Aldehyde und Ketone

Formel	Bezeichnung	Vorkommen/Verwendung
H–C mit O (Doppelbindung) und H	Methanal/Formaldehyd	Einsatz zur Desinfizierung und Konservierung stark eingeschränkt wegen des Verdachts kanzerogener Wirkung
H_3C–C mit O und H	Ethanal/Acetaldehyd	nachweisbares Zwischenprodukt im Stoffwechsel
H_2C=CH–C mit O und H	Propenal/Acrolein	entsteht bei starkem Erhitzen von Fett
Benzolring–C mit O und H	Benzaldehyd	künstliches Bittermandelöl
Benzolring (mit OH)–C mit O und H	Salicylaldehyd	wichtiges Zwischenprodukt in der Arzneimittelindustrie
H_3C–C mit O und CH_3	Propanon/Aceton	pathologisches Vorkommen im Urin bei Diabetes mellitus
Benzolring–C mit O und CH_3	Methyl-phenyl-keton/ Acetophenon	aufgrund des süßen Geruchs z. B. zur Parfümierung
Cyclohexanring =O	Cyclohexanon	wichtiges Lösungsmittel

4.5.2 Einteilung

Der Name Aldehyd leitet sich von Alcohol dehydrogenatus ab und erinnert daran, dass Aldehyde durch Oxidation (Dehydrierung) primärer Alkohole entstehen. Die Bezeichnung Keton geht auf Aceton als einen wichtigen Vertreter dieser Stoffgruppe zurück. Die organischen Reste R können sowohl Alkyl- als auch Arylgruppen sein, nur beim Formaldehyd ist R = H. Auch für Aldehyde und Ketone existieren verschiedene Bezeichnungen (Tab. 4.13).

4.5.3 Die physikalischen Eigenschaften

Aldehyde und Ketone bilden keine Wasserstoffbrückenbindungen aus und haben deshalb einen deutlich niedrigeren Siedepunkt als ihre Reduktionsprodukte, die entsprechenden Alkohole. Aufgrund der Elektronegativitätsdifferenz haben sie ein Dipolmoment, das für eine gewisse Aggregation sorgt. Folglich sind die Siedepunkte wiederum höher als die der vergleichbaren Kohlenwasserstoffe (Tab. 4.14). Niedere Aldehyde und Ketone lösen sich aufgrund des Dipolmoments gut in Wasser. Bei großen organischen Resten überwiegt jedoch ihr hydrophober Charakter.

Tabelle 4.14 Vergleich der Siedepunkte

Verbindung	Stoffklasse	Molmasse	Sdp. [°C]	Verbindung	Stoffklasse	Molmasse	Sdp. [°C]
CH_3–CHO	Aldehyd	44	20	$(CH_3)_2C{=}O$	Keton	58	56
CH_3–CH_2–CH_3	gesättigter Kohlenwasserstoff	44	–42	$(CH_3)_2CH$–CH_3	gesättigter Kohlenwasserstoff	58	–10
CH_3–CH=CH_2	ungesättigter Kohlenwasserstoff	42	–48	$(CH_3)_2C{=}CH_2$	ungesättigter Kohlenwasserstoff	56	–7
CH_3–CH_2–OH	Alkohol (primär)	48	78	$(CH_3)_2CH$–OH	Alkohol (sekundär)	60	82

4.5.4 Die chemischen Reaktionen

Die Carbonylgruppe

Zum Verständnis der chemischen Reaktionen der Carbonylverbindungen müssen wir uns genauer mit ihrer funktionellen >C=O-Gruppe beschäftigen. Das C-Atom der Gruppe ist wegen der Doppelbindung **sp²-hybridisiert**. Das bedeutet, dass alle mit dem C-Atom verknüpften Atome in einer Ebene liegen. Zwischen den Bindungen spannt sich ein Winkel von ca. 120°C auf. Während eine C=C-Doppelbindung allein keine Polarisierung aufweist, ist die **C=O-Bindung** wegen der unterschiedlichen Elektronegativität des Sauerstoff- und Kohlenstoffatoms **stark polar**. Diese Polarisierung wirkt sich auf die π-Bindung stärker aus als auf die σ-Bindung aus.

Das elektronegativere **Sauerstoffatom** trägt also eine **negative Partialladung**, das **Kohlenstoffatom** eine **positive Partialladung** (Abb. 4.29). Durch diese Polarisierung kann das Kohlenstoffatom als elektrophiles Zentrum von nucleophilen Partnern, das Sauerstoffatom als nucleophiles Zentrum von elektrophilen Partnern angegriffen werden. Durch elektronenziehende Substituenten an der Carbonylgruppe, die also einen –I- oder –M-Effekt haben, wird

die Positivierung des Kohlenstoffatoms vergrößert, damit steigt auch die Reaktivität gegenüber Nucleophilen. Elektronenschiebende Substituenten verringern die Aktivität. Deshalb sind Ketone weniger reaktiv als Aldehyde, da durch den +I-Effekt der Alkylgruppen die positive Partialladung abgeschwächt wird. Die Reaktivität der Carbonylverbindungen gegenüber nucleophilen Reagenzien wird häufig einfach als **Carbonylaktivität** bezeichnet (s. a. S. 146).

Der Reaktionsmechanismus eines nucleophilen Angriffs

Der erste Schritt eines nucleophilen Angriffs ist immer eine Addition und läuft immer nach dem gleichen Schema ab. Verfügt das angreifende Nucleophil H–X über nur ein bewegliches H-Atom, bleibt die Reaktion auf dieser Stufe stehen oder die OH-Gruppe wird durch den Angriff eines zweiten Moleküls H–X substituiert. Hat das Nucleophil jedoch mindestens zwei H-Atome, kann aus dem Additionsprodukt häufig noch Wasser eliminiert werden (Abb. 4.30).

Bei geringer Carbonylaktivität (also bei geringer Polarisierung der >C=O-Gruppe) kann durch Säurekatalyse eine Reaktion in Gang gebracht werden. Dabei reagiert das elektrophile Proton zuerst mit dem Carbonyl-Sauerstoffatom (I in Abb. 4.31). Durch die Elektronegativität des Sauerstoffatoms verschiebt sich die Elektronenwolke der Doppelbindung bis zum Sauerstoff, sodass man auch von der Struktur eines Carbokations (II in Abb. 4.31) ausgehen kann.

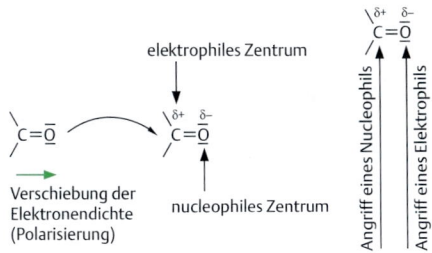

Abb. 4.29 Die Polarisierung der Carbonylgruppe und die reaktiven Zentren

Abb. 4.30 Schema des Angriffs eines Nucleophils

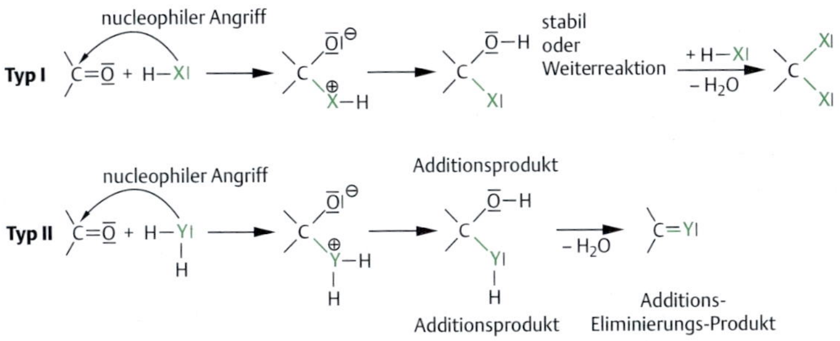

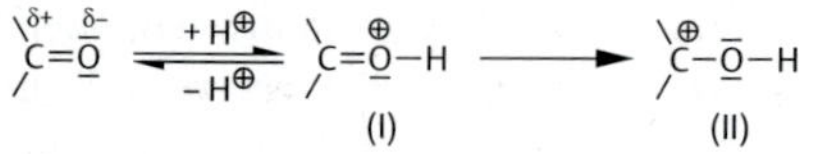

$$\overset{\delta+}{\underset{/}{\overset{\backslash}{C}}} = \overset{\delta-}{\underset{}{\overline{\underline{O}}}} \quad \underset{-H^{\oplus}}{\overset{+H^{\oplus}}{\rightleftharpoons}} \quad \underset{/}{\overset{\backslash}{C}} = \overset{\oplus}{\underline{O}} - H \quad \longrightarrow \quad \underset{/}{\overset{\backslash}{C}} - \overset{\oplus}{\underline{O}} - H$$

(I)   (II)

Abb. 4.31 Die Erhöhung der Carbonylaktivität durch Säure-katalyse

Die biochemisch wichtigen Carbonylreaktionen

Reaktion mit O-Nucleophilen

Die Reaktion mit Wasser und Alkoholen, die auf Grund der freien Elektronenpaare am Sauerstoffatom nucleophilen Charakter haben, läuft nach dem Schema des Typs I ab. **(Abb. 4.32)**.

Es entstehen aus Aldehyden bzw. Ketonen mit Wasser Hydrate, die gewöhnlich instabil sind. Unter Eliminierung von Wasser bildet sich das Ausgangsprodukt zurück. Stark elektronenziehende Substituenten sorgen in speziellen Fällen für eine Stabilität der Hydrate **(Abb. 4.32)**.

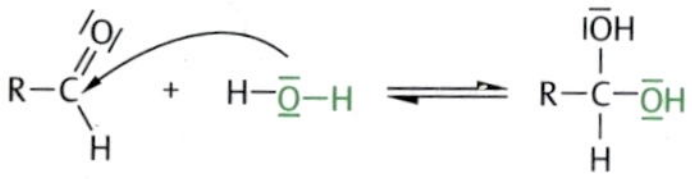

stabile Hydrate: Chloralhydrat $Cl_3C - \overset{OH}{\underset{H}{\overset{|}{C}}} - OH$

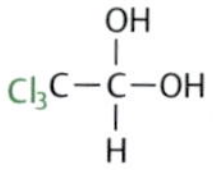

Ninhydrin

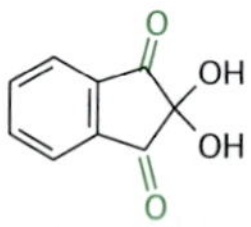

Abb. 4.32 Die Addition von Wasser an einem Aldehyd und Beispiele für stabile Hydrate

Die Addition von Alkohol führt zu Halbacetalen, bei Ketonen zu Halbketalen. In saurer Lösung ist eine Weiterreaktion möglich, es erfolgt eine Substitution der OH-Gruppe zu Vollacetalen (Vollketalen) **(Abb. 4.33)**.

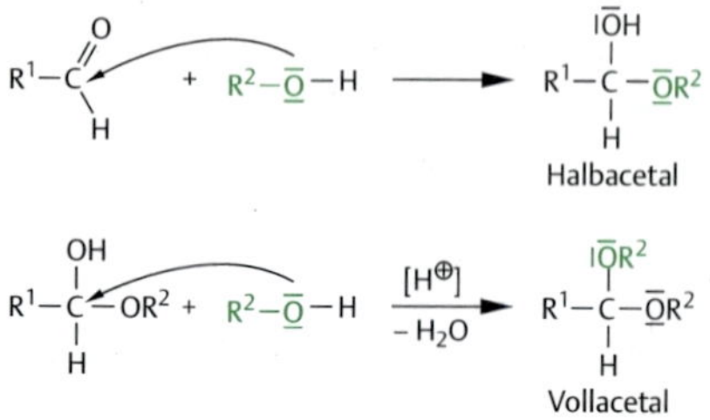

Halbacetal

Vollacetal

Abb. 4.33 Die Bildung von Halb- und Vollacetalen

Die Bildung der Halb- und Vollacetale spielt bei den Kohlenhydraten eine große Rolle.

■I Hinweis:

Die Bindung in den Halb- und Vollacetalen erinnert sehr an eine Etherbindung. Sie unterscheidet sich von dieser aber grundsätzlich durch ihre leichte Spaltbarkeit in Gegenwart von Säuren.

Die Carbonylreaktionen werden gern geprüft. Für die wichtigsten Reaktionen sollten Sie deshalb die Ausgangsstoffe und Reaktionsprodukte (auch die entsprechenden Formeln) wiedergeben können. Das gilt ganz besonders für die Halb- und die Vollacetalbildung sowie die Aldolreaktion und die Transaminierung (s. S. 141). Schreiben Sie sich diese Reaktionen entweder allgemein oder mit einfachen Verbindungsbeispielen auf.

Nach Mechanismen wird meist nicht direkt gefragt, aber vielleicht fällt es Ihnen leichter, die Reaktionsprodukte anzugeben, wenn Sie sie aus dem Mechanismus ableiten.

Reaktion mit N-Nucleophilen

Der Reaktionstyp II, bei dem sich der Addition eine Eliminierung anschließt, wird vor allem bei der Reaktion der Aldehyde und Ketone mit N-nucleophilen Teilchen beobachtet. So reagieren Aldehyde und Ketone mit primären Aminen nicht nur zu einem Additionsprodukt, sondern unter Wasserabspaltung entstehen Azomethine. Sie werden auch als Schiffsche Basen bezeichnet und gehören wegen der >C=N-Gruppe zu den Iminen **(Abb. 4.34)**.

Auch sekundäre Amine addieren sich nucleophil an das Carbonylkohlenstoffatom. Das entstehende Additionsprodukt hat jedoch am Stickstoffatom kein abspaltbares Proton mehr. So kann eine Weiterreaktion nur dann erfolgen, wenn am –C-Atom der Carbonylverbindung ein Proton vorhanden ist. Dann kann es unter Wasserabspaltung zur Bildung eines Enamins (Dialkylaminoalkens) kommen **(Abb. 4.35)**.

Transaminierung

Die Reaktion primärer Amine mit Carbonylverbindungen hat bei der Übertragung der Aminogruppe auf Ketocarbonsäuren in der Biochemie eine große

Abb. 4.34   Die Bildung von Azomethin

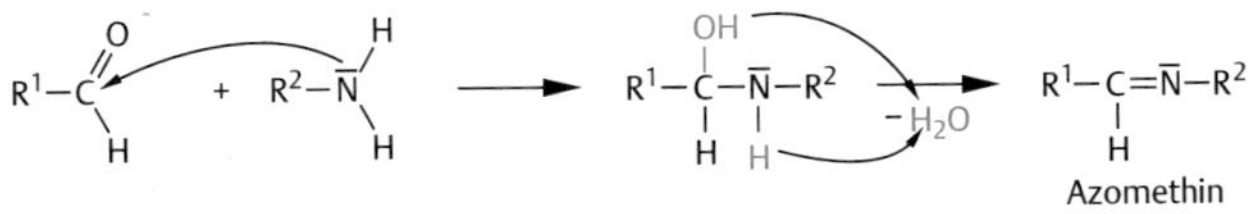

Abb. 4.35   Die Bildung eines Enamins

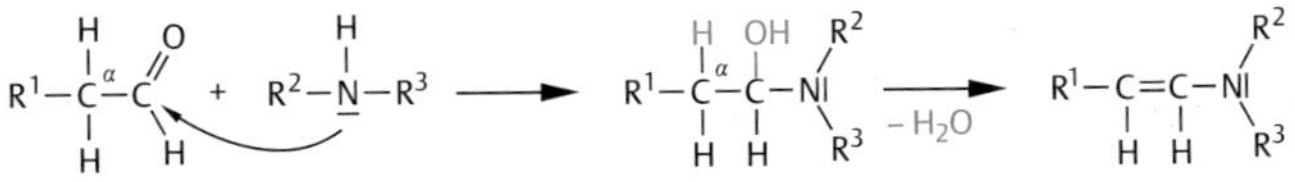

Abb. 4.36   Transaminierung

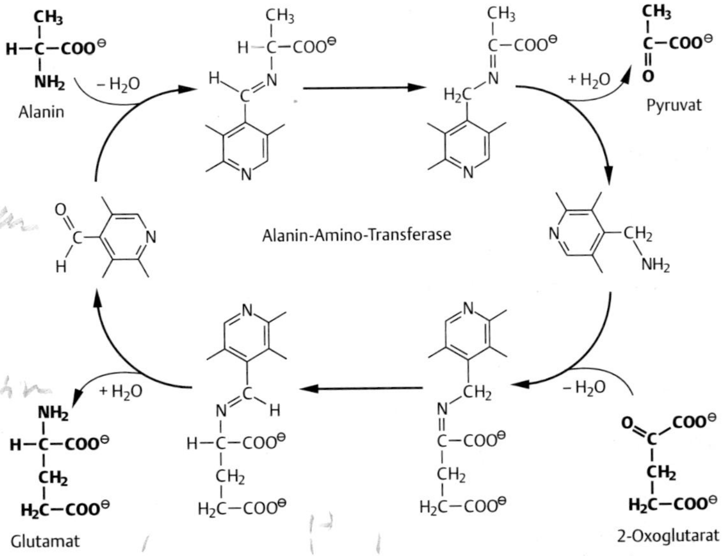

Bedeutung. Ein entsprechendes Beispiel für die Reaktion mit der Aminosäure Alanin, die man als primäres Amin auffassen kann, finden Sie in **Abb. 4.36**.

Alanin reagiert mit dem enzymgebundenen Pyridoxalphosphat über die Aldehydgruppe zum Azomethin I, das in die tautomere Form II übergeht. Durch Hydrolyse entstehen das Anion der Brenztraubensäure, das Pyruvat, und das Pyridoxaminphosphat, das am Enzym gebunden bleibt. Dieses reagiert mit dem 2-Oxoglutarat, dem Anion der 2-Oxoglutarsäure wiederum zu einem Azomethin III, aus dessen tautomerer Form IV durch Hydrolyse das Anion der Glutaminsäure freigesetzt wird. Der Zyklus kann dann von vorn beginnen.

Reaktion mit C-Nucleophilen

Auch C-Nucleophile können an Carbonylverbindungen addiert werden. Diese C-Nucleophilen zeichnen sich dadurch aus, dass die Abspaltung eines Protons von einem C-Atom möglich ist. Dazu müssen in unmittelbarer Nachbarschaft zu dieser C-H-Bindung elektronenziehende Substituenten stehen. Dann sind die Verbindungen C-H-acid.

Die Azidität von Aceton ist äußerst gering ($pK_s = 24$), im Acetylaceton ist die Abspaltung eines Protons schon leichter möglich ($pK_s = 9$) (**Abb. 4.37**).

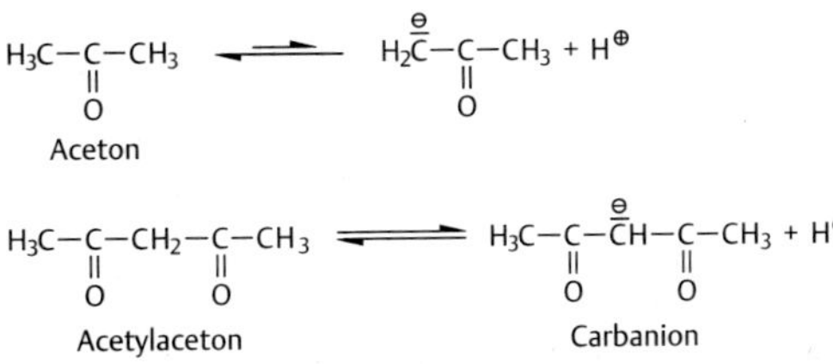

Abb. 4.37   C–H-Azidität von Aceton und Acetylaceton

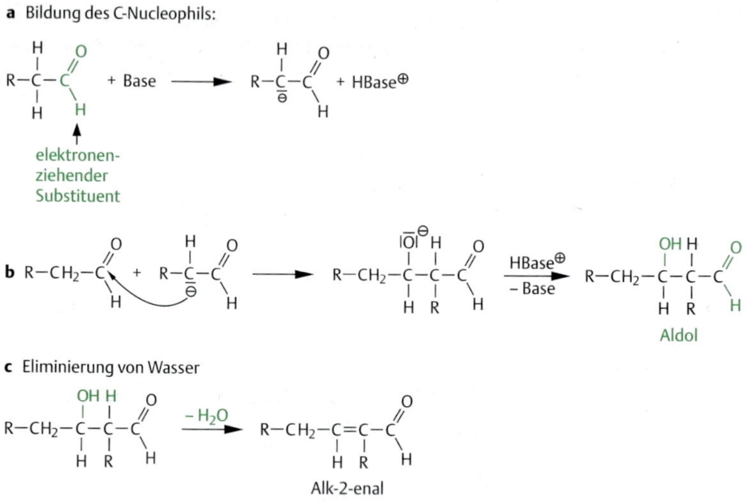

a Bildung des C-Nucleophils:

Abb. 4.38   Die Bildung eines Aldols und die anschließende Eliminierung von Wasser

elektronen-ziehender Substituent

b

Aldol

c Eliminierung von Wasser

Alk-2-enal

In Gegenwart von Basen gelingt die Abspaltung eines Protons auch aus einfachen Aldehyden oder Ketonen. Dann kann eine Additions-Eliminierungsreaktion ablaufen. Da das Additionsprodukt sowohl ein **Ald**ehyd als auch ein Alkoh**ol** ist, wird es als **Aldol** bezeichnet. **(Abb. 4.38)**.

Die Aldolreaktion bildet die Grundlage für den biochemischen Aufbau von C–C-Ketten. Wegen der typischen Gleichgewichtssituation kann sie auch in umgekehrter Richtung verlaufen. Dadurch können Zuckermoleküle wie Fructose in kleinere Bruchstücke wie Glycerinaldehyd und Dihydroxyaceton aufgespalten werden. Der Aufbau von Fructose aus diesen Bruchstücken ist aber selbstverständlich auch möglich.

Die Keto-Enol-Tautomerie

Für das bei der Deprotonierung von Acetylaceton entstehende Carbanion (s. **Abb. 4.37**) sind mesomere Grenzstrukturen möglich, die nicht nur die Ursache

für die erhöhte Azidität, sondern auch für die Entstehung unterschiedlicher Protonierungsprodukte sind **(Abb. 4.39)**. Es entstehen zwei Konstitutionsisomere, ein Keton und ein Enol (die Hydroxygruppe steht an einer C=C-Doppelbindung). Beide isomeren Strukturen stehen miteinander im Gleichgewicht, die Strukturen unterscheiden sich durch die Lage der Doppelbindung und die Stellung eines Protons. Diese spezielle Form der Isomerie bezeichnete man als Tautomerie, im vorliegenden Fall als Keto-Enol-Tautomerie.

Einfache Aldehyde und Ketone haben einen verschwindend geringen Enol-Anteil. Wenn sich aber konjugierte Doppelbindungssysteme herausbilden können oder durch Wasserstoffbrücken eine zusätzliche Stabilisierung eintritt, steigt der Enolanteil. Das **Tautomeriegleichgewicht** ist in jedem Fall **vom Lösungsmittel** und **von der Temperatur abhängig**. Reines, flüssiges Acetylaceton liegt zu etwa 24 % in der Keto-Form, zu 76 % in der Enol-Form vor.

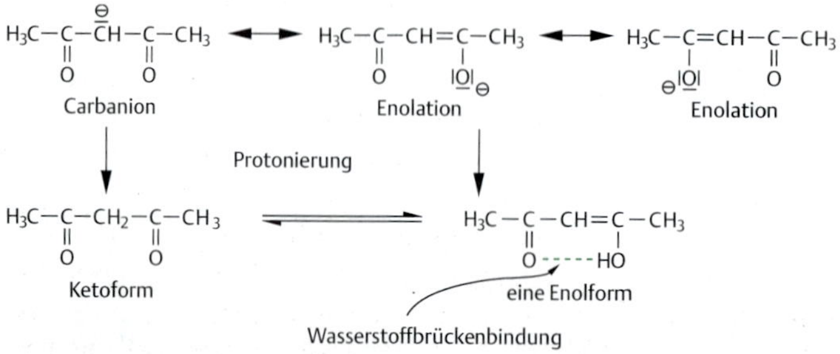

Abb. 4.39   Mesomere und tautomere Formen bei Dicarbonylverbindungen

Carbanion   Enolation   Enolation

Protonierung

Ketoform   eine Enolform

Wasserstoffbrückenbindung

Die Redoxreaktionen

Aldehyde unterscheiden sich in ihrem Redoxverhalten von den Ketonen.

■■I Merke

Aldehyde können zu Carbonsäuren oxidiert werden. Bei Ketonen ist eine Oxidation unter Erhalt des Kohlenstoffgerüsts nicht möglich.

So kann sehr leicht durch Reaktion mit Oxidationsmitteln zwischen Aldehyden und Ketonen unterschieden werden. Geeignete Oxidationsmittel sind

- **Fehlingsche Lösung:** Es handelt sich um eine CuSO$_4$-Lösung und eine alkalische Lösung von Kaliumnatriumtartrat. Die Tartrationen bilden mit Cu^{2+} einen Komplex und verhindern den Ausfall von Cu(OH)$_2$.
- **Tollens-Reagens** ist eine ammoniakalische Silbernitratlösung. Durch Reduktionsmittel wie Aldehyde können die Cu^{2+}- oder die Ag$^+$-Ionen zu Kupfer(I)-oxid bzw. Silber reduziert werden **(Abb. 4.40)**.

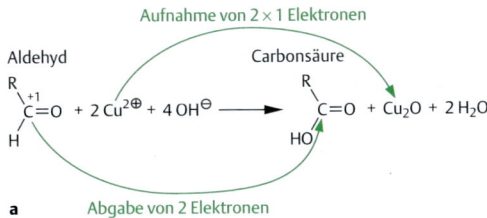

Aufnahme von 2 × 1 Elektronen

Aldehyd → Carbonsäure

a Abgabe von 2 Elektronen

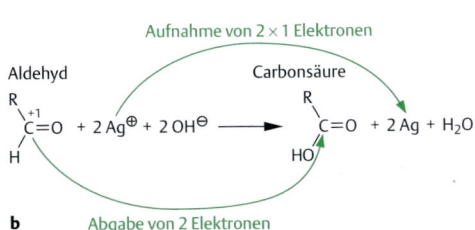

Aufnahme von 2 × 1 Elektronen

Aldehyd → Carbonsäure

b Abgabe von 2 Elektronen

Abb. 4.40 Reaktion eines Aldehyds mit Fehlingscher Lösung (a) und Tollens-Reagens (b)

4.5.5 Klinische Bezüge

Beim Fasten, Hungern, im Rahmen eines Diabetes mellitus, bei acetonämischem Erbrechen und beim hypochlorämischen Syndrom kommt es zur verstärkten Bildung von Ketonkörpern (Sammelbegriff für Aceton, Acetessigsäure und β-Hydroxybutter-

säure). Der erhöhte Acetongehalt kann im Urin, im Blut und in der Atemluft (Obstgeruch!) festgestellt werden.

Check-up

✔ Machen Sie sich nochmals klar, warum Carbonylverbindungen verhältnismäßig reaktiv sind.

✔ Verdeutlichen Sie sich die Begriffe nucleophiler Angriff und nucleophiles Teilchen.

4.6 Die Carbonsäuren und deren Derivate

Lerncoach

Carbonsäuren und deren Derivate gehören zu den Topthemen der Physikumsfragen im Teil Chemie und Biochemie. Lernen Sie daher die wichtigsten Carbonsäuren und deren Derivate auswendig. Merken Sie sich auch die in der Biochemie üblichen Namen der Anionen.

4.6.1 Der Überblick

Carbonsäuren und ihre Derivate spielen eine große Rolle im Stoffwechsel und sind in der Natur weit verbreitet **(Abb. 4.41)**.

Abb. 4.41 Carbonsäuren (a) und Carbonsäurederivate (b)

4.6.2 Die Eigenschaften der Carbonsäuren

Carbonsäuren R–COOH enthalten die **Carboxylgruppe -COOH als funktionelle Gruppe**. Der Rest kann aliphatisch, aromatisch oder heterocyclisch sein. Da auch mehrere Carboxylgruppen vorhanden sein können, unterteilt man in **Mono-, Di-, Tricarbonsäuren** etc. **(Tab. 4.15, Tab. 4.16)**. In Abhängigkeit von weiteren funktionellen Gruppen spricht man auch von **Hydroxy-, Keto- (Tab. 4.17)** oder **Aminocarbonsäuren.** Aufgrund der Bedeutung der letztgenannten Carbonsäuren für den Aufbau der Proteine werden sie auch erst in diesem Zusammenhang besprochen. Längerkettige Carbonsäuren sind Bau-

Tabelle 4.15 Einige Beispiele für Monocarbonsäuren

Formel	Name der Säure und *Name des Salzes*	Vorkommen/Verwendung
gesättigte aliphatische Monocarbonsäuren		
H–C (=O) (OH)	Ameisensäure/Methansäure *Formiat*	in Giftsekreten von Ameisen, in Brennnesseln und Tannennadeln
H_3C–C (=O) (OH)	Essigsäure/Ethansäure *Acetat*	Herstellung ist seit der Antike bekannt, breite Anwendung im Haushalt, in der Industrie und Medizin
H_3C–CH_2–C (=O) (OH)	Propionsäure/Propansäure *Propionat*	für synthetische Zwecke, Einsatz als Konservierungsmittel nicht mehr erlaubt
H_3C–CH_2–CH_2–C (=O) (OH)	Buttersäure/Butansäure *Butyrat*	entsteht bei der Autoxidation des Milchfetts, extrem unangenehmer Geruch
ungesättigte aliphatische Monocarbonsäuren		
H_2C=CH–C (=O) (OH)	Acrylsäure/Prop-2-ensäure *Acrylat*	antibiotischer Wirkstoff in Grün- und Rotalgen
H_3C–CH=CH–CH=CH–C (=O) (OH)	Sorbinsäure/(E),(E)-Hexa-2,4-diensäure *Sorbat*	in Vogelbeeren, als Konservierungsmittel zugelassen
aromatische und heterocyclische Monocarbonsäuren		
(Phenyl)–C (=O) (OH)	Benzoesäure *Benzoat*	in Heidel- und Preiselbeeren, als Konservierungsmittel zugelassen
(Phenyl)–CH=CH–C (=O) (OH)	Zimtsäure	Metabolit von Phenylalanin
(Pyridin)–C (=O) (OH)	Nicotinsäure/Pyridin-3-carbonsäure	in Hefen, Früchten, Muskelfleisch, Milch, als Amid Bestandteil von Coenzymen (s. S. 153)

Tabelle 4.16 Einige Beispiele für Di- und Tricarbonsäuren

Formel	Name der Säure und *Name des Salzes*	Verwendung/Vorkommen
O=C(OH)–C(=O)(OH)	Oxalsäure/Ethandisäure *Oxalat*	als Salz in Sauerklee und Rhabarber
O=C(OH)–CH_2–C(=O)(OH)	Malonsäure/Propan-1,3-disäure *Malonat*	im Zuckerrübensaft, Nachweis erstmals durch Oxidation von Äpfelsäure (malum lat. Apfel)

Formel	Name der Säure und Name des Salzes	Verwendung/Vorkommen
	Bernsteinsäure/ Butan-1,4-disäure Succinat	Stoffwechselprodukt im Zitronensäurezyklus, in Früchten, Gemüse und fossilen Harzen (z. B. Bernstein)
	Maleinsäure/ (Z)-But-2-en-1,4-disäure Maleinat	nicht natürlich vorkommend, Verwendung z. B. zur Herstellung von Polymeren
	Fumarsäure/ (E)-But-2-en-1,4-disäure Fumarat	tritt im Zitronensäurezyklus auf, kommt im Erdrauchgewächs (Fumaria officinalis), im Isländischen Moos, Pilzen und Flechten vor

Tabelle 4.17 Einige Beispiele für Hydroxy- und Ketocarbonsäuren

Formel	Name der Säure und Name des Salzes	Verwendung/Vorkommen
$H_3C-\overset{*}{C}H-COOH$ mit OH	Milchsäure/2-Hydroxypropansäure Lactat	L(+) kommt im Blut, Muskeln, Niere u. a. Organen vor (±) in Sauermilchprodukten
$HOOC-CH_2-\overset{*}{C}H-COOH$ mit OH	Äpfelsäure/2-Hydroxy-butan-1,4-disäure Malat	in Äpfeln, Stachelbeeren und Quitten, Einsatz als Säuerungsmittel, Stoffwechselzwischenprodukt
$HOOC-\overset{*}{C}H-\overset{*}{C}H-COOH$ mit OH OH	Weinsäure/2,3-Dihydroxy-butan-1,4-disäure Tartrat	L-Form in vielen Pflanzen und Früchten, D-Form in der Natur sehr selten
	Citronensäure/2-Hydroxy-1,2,3-propan-tricarbonsäure Citrat	im Zitronensäurezyklus werden tgl. 2000 g als Zwischenprodukt umgesetzt, relativ hoher Gehalt in den Knochen, eine der verbreitetsten Pflanzensäuren
$H_3C-C-COOH$ mit O	Brenztraubensäure/ 2-Oxopropansäure Pyruvat	zentrale Rolle im Energiestoffwechsel, bedeutsam auch bei Gärungsvorgängen
	Acetessigsäure/3-Oxo-butan-säure Acetoacetat	im Urin von Patienten mit Diabetes mellitus
	Oxalessigsäure/Oxo-butandisäure/Oxobernsteinsäure Oxalacetat	wichtiges Zwischenglied im Zitronensäurezyklus
	2-Oxoglutarsäure/ α-Ketoglutarsäure 2-Oxoglutarat/α-Ketoglutarat	wichtiges Zwischenglied im Zitronensäurezyklus

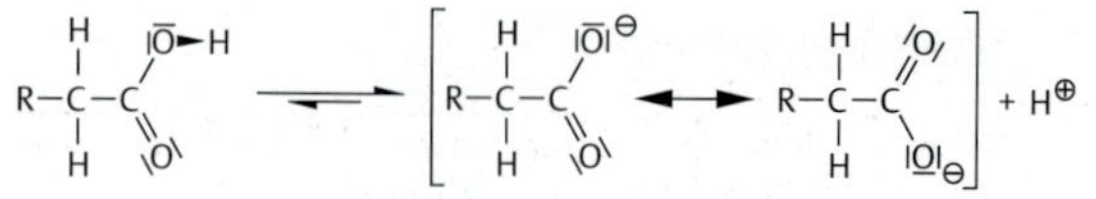

Abb. 4.42 Die Schwächung der O–H-Bindung in der Carbonsäure und die Mesomeriestabilisierung des Anions

Mesomeriestabilisierung des Carboxylatanions

steine der Fette (s. S. 179) und Wachse (s. S. 181). Deshalb werden die Carbonsäuren mit 4 und mehr C-Atomen oft als **Fettsäuren** bezeichnet. Weitere Informationen zu den Fettsäuren finden Sie auf S. 179. In den Tabellen **4.15** und **4.16** werden einige kurzkettige Carbonsäuren vorgestellt. Da bei physiologischen Bedingungen viele dieser Säuren als Anionen vorliegen, wird in der Biochemie häufig nur die Bezeichnung der Salze benutzt. Deshalb ist diese mit aufgenommen worden.

Tabelle 4.18 Der Vergleich der Aziditäten

Verbindung	pK$_s$-Wert
Methanol	15,5
Phenol	9,89
Essigsäure	4,75
Ameisensäure	3,75
Chloressigsäure	2,85
Trichloressigsäure	0,66
Oxalsäure	1,25 (1. Dissoziationsstufe)
Malonsäure	2,86 (1. Dissoziationsstufe)

Die physikalischen Eigenschaften

Das azide H-Atom an der Carboxylgruppe ermöglicht die Ausbildung intermolekularer Wasserstoffbrücken. Deshalb liegen die niederen Glieder im festen und flüssigen Zustand sowie in unpolaren Lösungsmitteln als **Dimere** vor (Dimer = durch formale Addition entstandene Verbindung aus zwei identischen Molekülen). Aliphatische Carbonsäuren mit bis zu 9 Kohlenstoffatomen sind flüssig, die höheren fest. Niedere gesättigte aliphatische Carbonsäuren haben einen unangenehmen, stechenden Geruch, höhere sind geruchlos. Carbonsäuren mit einem, mit zwei, drei oder vier Kohlenstoffatomen sind unbegrenzt mit Wasser mischbar. Mit steigender C-Zahl bestimmt der hydrophobe Rest die Löslichkeit.

Die chemischen Reaktionen

Die Azidität der Carbonsäuren

Carbonsäuren sind wesentlich stärkere Säuren als Alkohole oder Phenole **(Tab. 4.18)**.
Der –I-Effekt des zweiten Sauerstoffatoms der Carboxylgruppe schwächt die OH-Bindung, dadurch kann das Proton relativ leicht abgespalten werden. Außerdem sind die entstehenden Carboxylat-Ionen mesomeriestabilisiert **(Abb. 4.42)**, was zusätzlich die Protonenabgabe begünstigt.
Die Azidität wird durch weitere funktionelle Gruppen beeinflusst. Elektronenakzeptoren erhöhen die Azidität, Elektronendonatoren verringern sie. Schon die Einführung einer Alkylgruppe wirkt sich auf die

Azidität aus. So verringert die Alkylgruppe der Essigsäure die Azidität im Vergleich zur Ameisensäure (s. **Tab. 4.18**). Die Trichloressigsäure erreicht hingegen eine mit Mineralsäuren vergleichbare Säurestärke. Bei Carbonsäuren mit mehreren Carboxylgruppen (–I-Effekt) steigt in der ersten Dissoziationsstufe die Azidität im Vergleich zu Carbonsäuren mit weniger Carboxylgruppen.

Das Redoxverhalten

Carbonsäuren können unter Erhalt des Kohlenstoffgerüsts nicht weiter oxidiert werden. Einzige Ausnahme ist die Ameisensäure (HCOOH), die durch Oxidationsmittel zu CO_2 und H_2O umgesetzt wird.

Die Carbonylaktivität

Das Molekül einer Carbonsäure verfügt über **mehrere reaktive Positionen**:

- die O–H-Bindung,
- die C–O-Bindung,
- die C=O-Bindung und
- die freien Elektronenpaare an den Sauerstoffatomen.

Außerdem kann CO_2 eliminiert werden. Gewöhnlich beginnt die meist sauer katalysierte Umsetzung mit einem nucleophilen Angriff am Carbonyl-Kohlenstoffatom, dem sich eine Eliminierung anschließt (**Abb. 4.43**, s. a. S. 139). Dabei ist die Elektrophilie des Carbonyl-Kohlenstoffatoms entscheidend für die Reaktivität der Carbonsäure. Ergebnis dieser Reaktion ist die Substitution der OH-Gruppe.

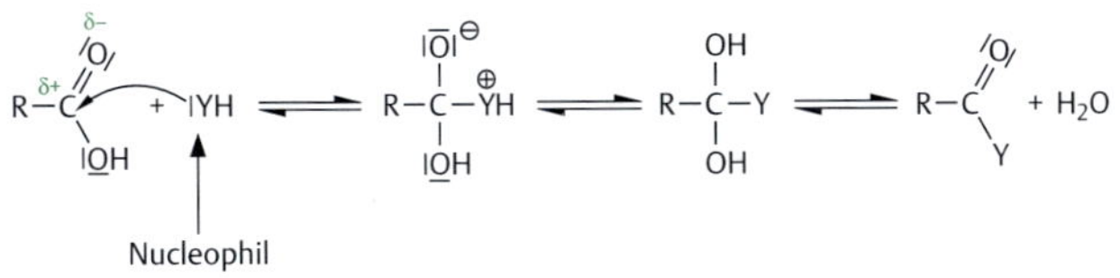

Abb. 4.43 Die Additions-Eliminierungs-Reaktion an Carbonsäuren

4.6.3 Die Carbonsäurederivate

Der in **Abb. 4.42** dargestellte allgemeine Reaktionsmechanismus ermöglicht den formalen Zugang zu den Carbonsäurederivaten. In der Praxis werden gewöhnlich aufgrund der geringen Aktivität der Carbonsäuren andere Reaktionswege eingeschlagen. Folgende Carbonsäurederivate sind von Interesse **(Tab. 4.19)**:

Tabelle 4.19 Wichtige Carbonsäurederivate

Derivat	Formel
Carbonsäurehalogenide	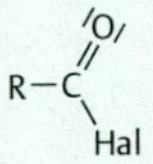 $R-C\overset{O}{\underset{Hal}{}}$
Carbonsäureanhydride	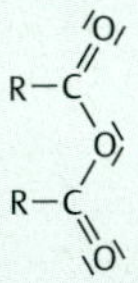 $R-C\overset{O}{\underset{O}{}}\ R-C\overset{O}{\underset{O}{}}$
Carbonsäureester	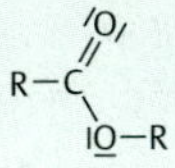 $R-C\overset{O}{\underset{O-R}{}}$
Carbonsäurethioester	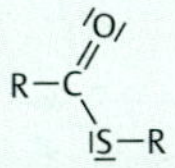 $R-C\overset{O}{\underset{S-R}{}}$
Carbonsäureamide	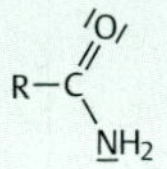 $R-C\overset{O}{\underset{NH_2}{}}$

Die **Substitution der OH-Gruppe** führt zu einer **Änderung der Elektrophilie** des Carbonylkohlenstoffatoms. Wenn die OH-Gruppe durch einen stark elektronenziehenden Substituenten wie das Chloratom ersetzt wird, erhöht sich die Elektrophilie, da die Polarisierung der Carbonylgruppe >C=O verstärkt wird. Dem induktiven Effekt der Halogen-, Sauerstoff-, Schwefel- und Stickstoffatome wirkt der mesomere Donatoreffekt dieser Heteroatome entgegen.

Merke

Insgesamt ergibt sich folgende Abstufung der Carbonylaktivität:

Carbonsäurehalogenide > Carbonsäureanhydride > Carbonsäurethioester > Carbonsäureester > Carbonsäuren > Carbonsäureamide > Carboxylate.

Die Anionen der Carbonsäuren haben keine Carbonylaktivität mehr. Die Abstufung ist natürlich nur als grobes Schema zu betrachten, denn durch zusätzliche funktionelle Gruppen in den Resten (R) können natürlich Veränderungen ausgelöst werden.

Carbonsäurehalogenide und Carbonsäureanhydride

Carbonsäurehalogenide, speziell die Chloride, sind äußerst reaktiv und spielen in der Synthesechemie eine große Rolle. Carbonsäureanhydride können aus Carbonsäurechloriden dargestellt werden, sie entstehen aber auch durch intermolekulare oder intramolekulare Dehydratisierung. Die zweite Reaktion ist besonders für Dicarbonsäuren charakteristisch, bei denen 2 oder 3 C-Atome zwischen den Carboxylgruppen vorhanden sind. Entsprechend bilden sich 5- oder 6-Ringsysteme **(Abb. 4.44)**.

Ein wichtiges Anhydrid ist das Acetanhydrid (Anhydrid der Essigsäure). Es wird auch für die Synthese der pharmazeutischen Wirkstoffe Acetylsalicylsäure (Aspirin) und p-Hydroxyacetanilid (Paracetamol) verwendet, um eine Acetylgruppe auf die jeweils stärkere nucleophile Gruppe zu übertragen **(Abb. 4.45)**.

Carbonsäureester und Carbonsäurethioester

Carbonsäurethioester interessieren uns hier im Zusammenhang mit dem Acetyl-Coenzym A, das als ein substituierter Essigsäurethioester aufgefasst werden kann. Die C–S-Bindung ist schwächer als die C–O-Bindung. Deshalb sind Thioester reaktiver als normale Ester und natürlich auch als die Carbonsäuren.

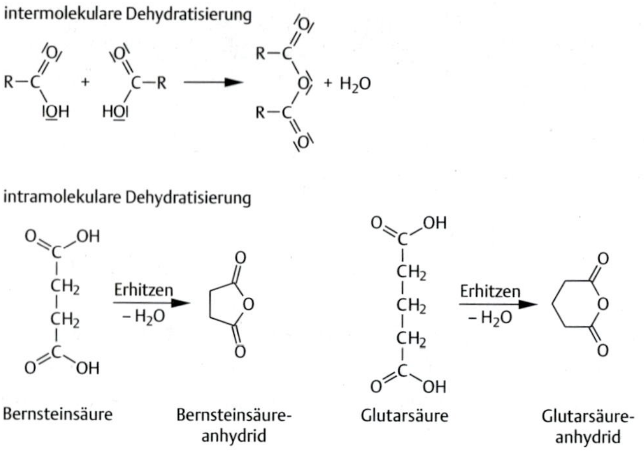

intermolekulare Dehydratisierung

intramolekulare Dehydratisierung

Bernsteinsäure   Bernsteinsäure-   Glutarsäure   Glutarsäure-
anhydrid   anhydrid

Abb. 4.44 Die intermolekulare und die intramolekulare Dehydratisierung

Salicylsäure   stärkere nucleophile Gruppe   p-Aminophenol

Acetylsalicylsäure   Acetanhydrid   p-Hydroxyacetanilid

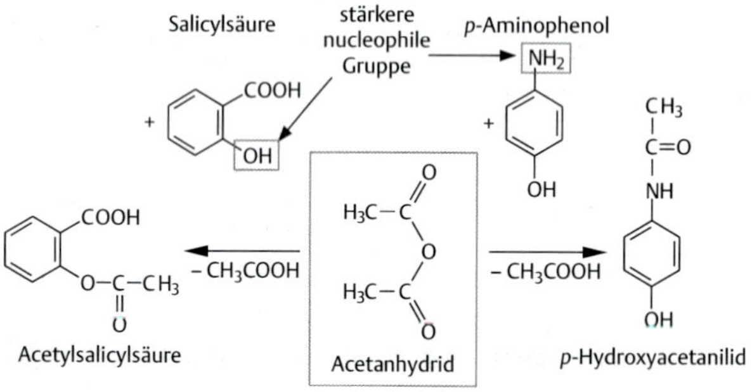

Abb. 4.45 Die Synthese von Acetylsalicylsäure und p-Hydroxyacetanilid

👁
🐾 **Vergleichen Sie noch einmal mit der auf S. 147 angegebenen Abstufung der Carbonylaktivität!**

■■I **Merke**
Energiereiche Bindungen werden oft durch eine Schlängellinie angedeutet: CoA-S~CO–CH₃.

Acetyl-Coenzym A („aktivierte Essigsäure") ist ein reaktiver Acetylgruppendonator und ein zentrales Stoffwechselprodukt, das den Eiweiß-, Kohlenhydrat- und Fettstoffwechsel miteinander verbindet. Das Prinzip der Übertragung der Acetylgruppe zeigt das Beispiel des Cholins **(Abb. 4.46)**. Dabei greift die OH-Gruppe des Cholins nucleophil am Carbonyl-C-Atom der Acetylgruppe des Acetyl-Coenzyms A an.

Eine wichtige chemische Reaktion, die Carbonsäuren eingehen, ist die mit einem Alkohol zu einem Carbonsäureester. Es handelt sich dabei um eine typische Gleichgewichtsreaktion. Die Ausbeute an

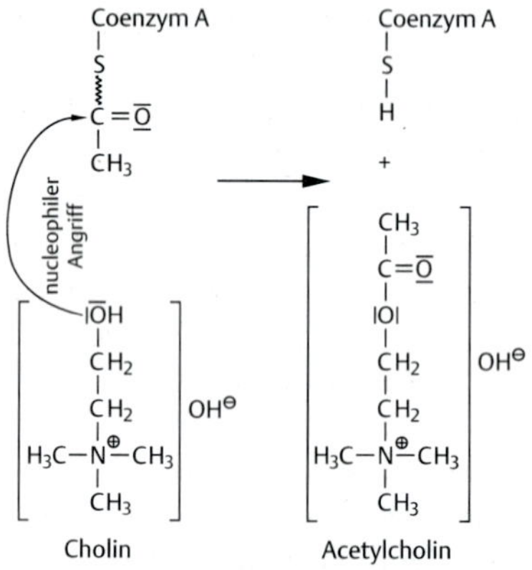

Coenzym A   Coenzym A

Cholin   Acetylcholin

Abb. 4.46 Acetyl-Coenzym A als Acetylgruppenüberträger

Ester kann man erhöhen, wenn man die Lage des Gleichgewichts zugunsten des Reaktionsproduktes verändert (z. B. durch Erhöhung der Konzentration eines Ausgangsproduktes). Es ist auch möglich, ein Reaktionsprodukt kontinuierlich zu entfernen. Das

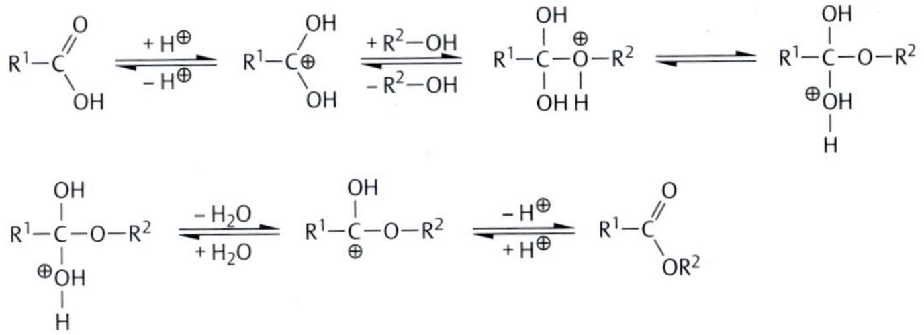

Abb. 4.47 Schema der Veresterung („Hinreaktion") und der Esterhydrolyse („Rückreaktion")

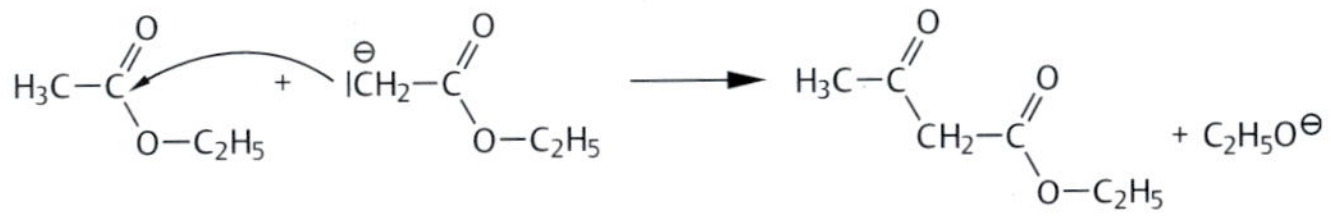

Abb. 4.48 Die Esterkondensation

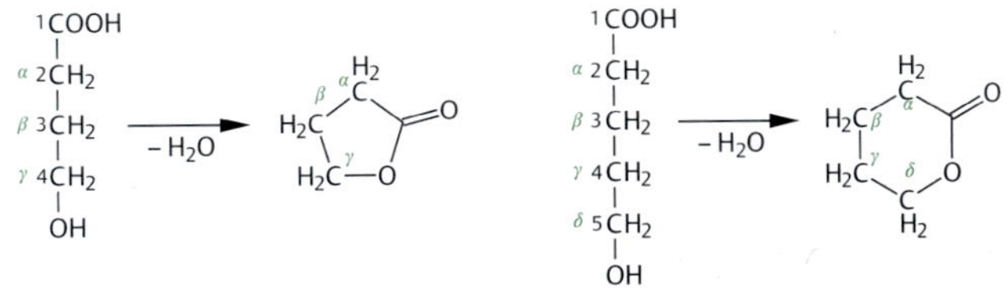

Abb. 4.49 Die intramolekulare Esterbildung

4-Hydroxy-butansäure
γ-Hydroxybuttersäure   γ-Butyrolacton   5-Hydroxy-pentansäure
δ-Hydroxyvaleriansäure   δ-Valerolacton

entstehende Wasser kann chemisch gebunden oder abdestilliert werden. Dazu dient die Zugabe von Säure, die aber zusätzlich noch katalytisch wirkt und die Reaktionsgeschwindigkeit erhöht (zum chemischen Gleichgewicht s. S. 42).

Die Carbonsäureester niederer Carbonsäuren besitzen häufig ein sehr angenehmes Aroma und sind tatsächlich Bestandteil der Aromen vieler Früchte. Z.B. enthält Ananas als Aromakomponente Buttersäureethylester. Das ist ein sehr schönes Beispiel dafür, wie sich Eigenschaften durch Änderung der Struktur erheblich ändern. Vielleicht haben Sie schon den unangenehmen Geruch der Buttersäure kennengelernt (ranzige Butter).

Ester höherer Carbonsäuren sind Wachse. Sie werden wie auch die Ester des dreiwertigen Alkohols Glycerin auf S. 178 behandelt.

Die **Esterspaltung** kann im sauren **(Abb. 4.47)** und im alkalischen Milieu erfolgen. Das alkalische Milieu wird bevorzugt, da die Umsetzung bei pH > 7 praktisch vollständig verläuft (Hydroxidionen sind nucleophiler als Wasser). Unter alkalischen Bedingungen entsteht anstelle der Carbonsäure das me-

somreiestabilisierte **Carboxylat-Anion**, das keine Carbonylaktivität mehr hat.

In Carbonsäureestern ist es – wie bei Aldehyden – möglich, am α-C-Atom vorhandenen Wasserstoff durch starke Basen abzuspalten. Dadurch können Ester im Sinne einer Kondensationsreaktion miteinander reagieren **(Abb. 4.48)**. Nach diesem Prinzip erfolgt auch der natürliche Fettsäureaufbau.

Wenn eine Hydroxycarbonsäure vorliegt, bei der sich die OH-Gruppe am 4. (γ) oder am 5. (δ) C-Atom befindet, ist auch eine **intramolekulare Esterbildung** möglich **(Abb. 4.49)**. Diese „inneren Ester" werden als **Lactone** bezeichnet und sind Bestandteil vieler Naturstoffe.

Die Carbonsäureamide

Carbonsäureamide unterscheiden sich signifikant von Aminen (s. S. 134). Sie reagieren aufgrund der in **Abb. 4.50** angegebenen Mesomeriemöglichkeit nicht mehr basisch, sondern neutral.

Auch die Bildung **cyclischer Amide** ist möglich **(Abb. 4.51)**. Sie werden als **Lactame** bezeichnet und unterliegen einer Lactam-Lactim-Tautomerie **(Abb. 4.52)**. Es gibt auch Vierringsysteme bei den

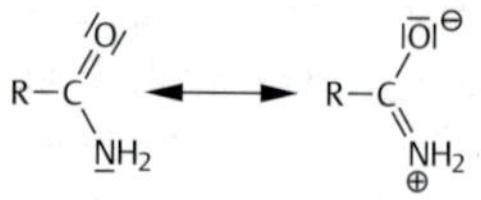

Abb. 4.50 Mesomerie bei Carbonsäureamiden

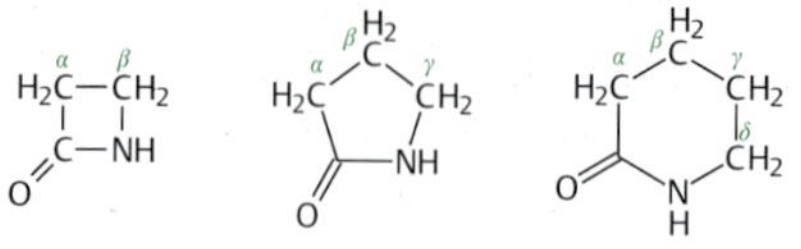

β-Lactam γ-Lactam δ-Lactam

Abb. 4.51 Cyclische Carbonsäureamide

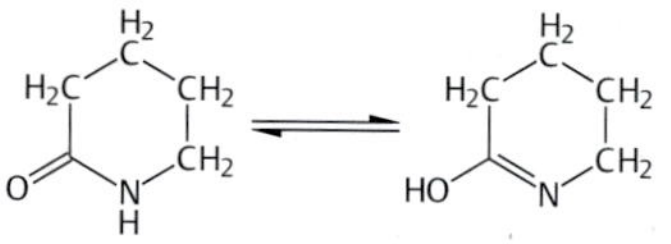

Lactamform   Lactimform

Abb. 4.52 Lactam-Lactim-Tautomerie

Lactamen, diese β-Lactame sind Bestandteil vieler Antibiotika.

4.6.4 Klinische Bezüge

Harnstoff (Abb. 4.53) kann man als Kohlensäurediamid auffassen. Er wird durch das Enzym Urease leicht in Kohlendioxid und Ammoniak gespalten. Urease kommt im gesunden menschlichen Organismus nicht vor, dafür aber in bestimmten Bakterien, so z.B. auch in Helicobacter pylori. Dieses Bakterium kolonisiert und infiziert die Magenschleimhaut und kann so Ursache für ein Ulcus ventriculi sein. Die Spaltung von Harnstoff durch Urease kann man zum Nachweis von Heliobacter pylori nutzen. Der Patient nimmt ^{13}C-markierten Harnstoff oral auf. Bei Anwesenheit von Helicobacter kann in der Ausatemluft $^{13}CO_2$ massenspektrometrisch nachgewiesen werden.

Bei langsamen Erhitzen geht Harnstoff unter Eliminierung von Ammoniak in Biuret über, das mit Cu^{2+}-Ionen in alkalischem Milieu einen violetten Komplex bildet und als Harnstoff-Nachweis (Biuret-Bildung, Abb. 4.53) dient.

Eine ähnliche Komplexbildung erfolgt bei der Biuretreaktion. Das ist eine Nachweisreaktion für Proteine und deren Abbaustufen. Eine alkalische Probelösung wird mit einer wässrigen Lösung aus $CuSO_4$, Kaliumnatriumtartrat und NaOH versetzt. Durch Komplexbildung entsteht bei Anwesenheit von Albuminen eine blauviolett, bei Peptonen eine rosarot gefärbte Lösung.

 Check-up

✔ Wiederholen Sie noch einmal die Abstufung der Reaktivität der Carbonsäurederivate sowie die Azidität bei unterschiedlich substituierten Carbonsäuren.

✔ Anhand des Lactam-Lactim-Gleichgewichts können Sie noch einmal die Tautomerie wiederholen (s. S. 147). Prägen Sie sich Beispiele für tautomere Strukturen ein.

4.7 Die Heterocyclen

 Lerncoach

Für das Verständnis des folgenden Kapitels ist es wichtig, dass Sie die Grundlagen über Ringsysteme beherrschen. Wiederholen Sie daher ggf. noch einmal die Klassifizierung und Struktur von Ringsystemen (s. S. 120) sowie die Bindungsverhältnisse im Benzen (s. S. 87).

4.7.1 Der Überblick

Heterocyclische Verbindungen oder einfach Heterocyclen sind cyclische organische Verbindungen, deren Ringe außer Kohlenstoff noch andere Atome (meist Stickstoff-, Sauerstoff- und Schwefelatome) enthalten. Diese Heteroatome bestimmen die Eigenschaften der Ringsysteme ganz entscheidend. Sie spielen eine große Rolle im Bereich biochemisch und biologisch wichtiger Naturstoffe und als Bestandteil vieler Pharmaka.

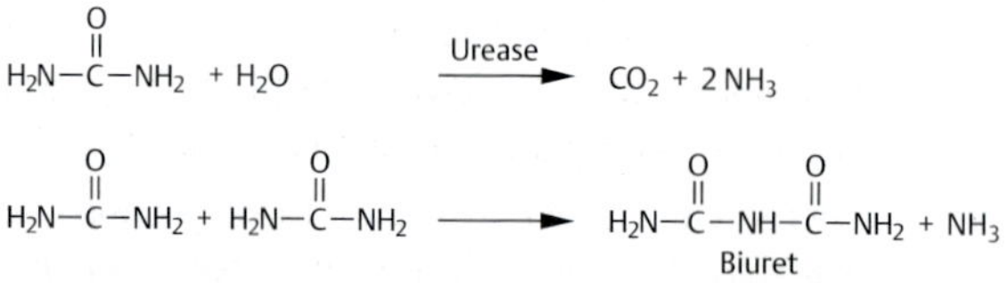

Abb. 4.53 Die enzymatische Spaltung von Harnstoff und die Biuretbildung

$$H_2N-\overset{\overset{O}{\|}}{C}-NH_2 + H_2O \xrightarrow{\text{Urease}} CO_2 + 2\,NH_3$$

$$H_2N-\overset{\overset{O}{\|}}{C}-NH_2 + H_2N-\overset{\overset{O}{\|}}{C}-NH_2 \longrightarrow H_2N-\overset{\overset{O}{\|}}{C}-NH-\overset{\overset{O}{\|}}{C}-NH_2 + NH_3$$

Biuret

4.7.2 Die Einteilung

Die genauere Klassifizierung der Heterocyclen kann nach der Art der Heteroatome, deren Anzahl und der Ringgröße erfolgen. Als besonders vorteilhaft erwies sich die folgende Einteilung:

- **Heterocycloalkane** sind gesättigte heterocyclische Verbindungen, die sich von ihren offenkettigen Analoga wenig unterscheiden. Deshalb wurden Lactone bereits in den vorherigen Kapiteln als (innere) Ester und Lactame als (innere) Amide besprochen.
- **Heterocycloalkene** sind partiell ungesättigte Verbindungen, sie stehen in ihren Eigenschaften zwischen den Heterocycloalkanen und den Heteroaromaten, als deren teilweise hydrierte Derivate sie aufgefasst werden können.
- **Heteroaromaten** enthalten ein Elektronensextett und stellen die größte Gruppe der Heterocyclen dar. Es handelt sich um 5- und 6-Ring-Systeme. Sie haben ähnliche Eigenschaften wie andere aromatische Verbindungen, wenn auch in Einzelfällen ein anderes Reaktionsverhalten durch die Heteroatome bewirkt wird. Die Heteroaromaten werden in **π-elektronenreiche** und **π-elektronenarme** Vertreter unterteilt.

4.7.3 Die 5-Ring-Heterocyclen

Einige Beispiele für 5-Ring-Heterocyclen sind in **Tab. 4.20** zusammengefasst.

Tabelle 4.20 5-Ring-Heterocyclen

Typ	Beispiel		
Heterocycloalkan	Pyrrolidin		
Heterocycloalken	2H-Pyrrol		
Heteroaromaten (1 Heteroatom)	Thiophen	Furan	Pyrrol
Heteroaromaten (2 Heteroatome)	Imidazol	Pyrazol	Thiazol

Zum π-Elektronensextett tragen die beiden Doppelbindungen und ein freies Elektronenpaar des Heteroatoms bei. Die π-Elektronen sind aber nicht – wie im Benzen – völlig symmetrisch über den Ring verteilt. Diese Polarisierung können Sie gut an den Mesomerieformeln des Pyrrols erkennen (**Abb. 4.54**). Die 6 π-Elektronen verteilen sich auf 5 Ringatome. Dadurch wird die Elektronendichte an den Kohlenstoffatomen erhöht. Man bezeichnet diese Heterocyclen deshalb als π-elektronenreich oder als π-Elektronenüberschuss-Aromaten.

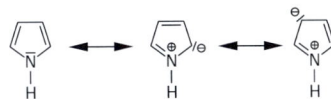

Abb. 4.54 Die Mesomerie des Pyrrols

Die Struktur von Pyrrol tritt im Grundkörper des Porphins auf. Dieses System hat 22 konjugierte π-Elektronen und ist tiefrot. Porphin erkennen Sie in der Struktur von Chlorophyll und Häm wieder (**Abb. 4.55**).

Pyrrol kann sowohl als schwache Säure als auch als schwache Base reagieren. Bei Deprotonierung bleibt die Aromatizität erhalten, bei Protonierung nicht. Auch die 5-Ringheterocyclen, die ein zweites N-Atom im Ring enthalten (z. B. Pyrazol, Imidazol) sind Ampholyte. Hier bleibt die Aromatizität in jedem Fall erhalten (**Abb. 4.56**).

Die 5-Ring-Heterocyclen Pyrrol, Furan und Thiophen sind partiell und vollständig hydrierbar. Diese gesättigten Heterocyclen findet man als Baustein in vielen Naturstoffen wieder.

4.7.4 Die 6-Ring-Heterocyclen

Einige 6-Ring-Heterocyclen sind in **Abb. 4.57** dargestellt. Sind Sauerstoff- oder Schwefelatome im Ring enthalten, tritt keine Aromatizität auf, denn es ist keine vollständige Konjugation der Doppelbindungen möglich.

Die Stickstoffheterocyclen verfügen über ein freies Elektronenpaar, deshalb können sie als Brønsted- und Lewis-Basen reagieren (s. S. 54). Wie am Beispiel der Mesomerie des Pyridins gezeigt (**Abb. 4.58**), haben die Stickstoffheterocyclen – wiederum im Gegensatz zum Benzen – polaren Charakter.

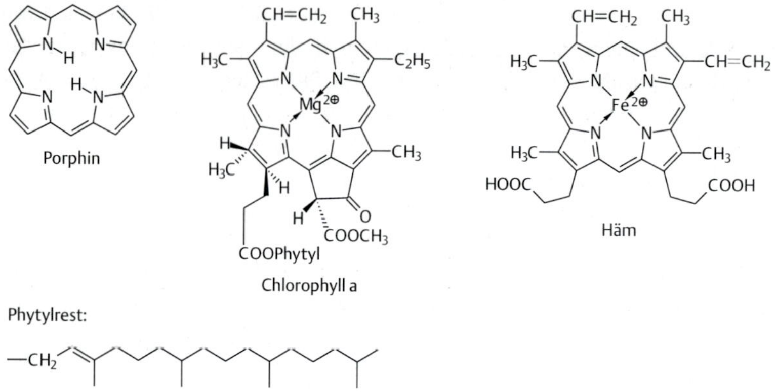

Porphin

Chlorophyll a

Häm

Abb. 4.55 Die Struktur von Porphin, Chlorophyll und Häm

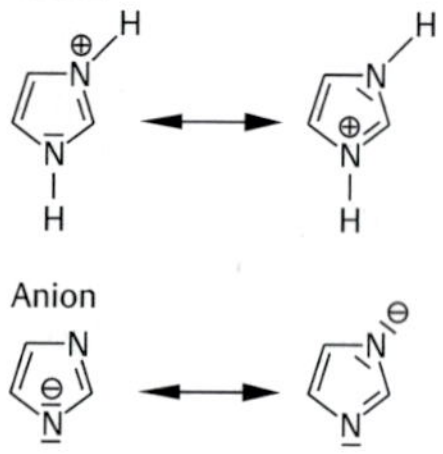

Phytylrest:

Kation

Anion

Abb. 4.56 Mesomeriestabilisiertes Kation und Anion des Imidazols

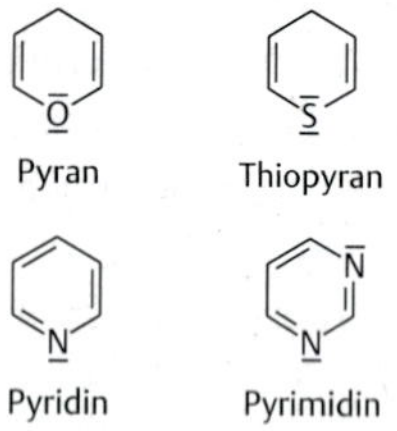

Pyran   Thiopyran

Pyridin   Pyrimidin

Abb. 4.57 6-Ring-Heterocyclen

👁
Wiederholen Sie die Lactam-Lactim-Tautomerie, indem Sie die tautomeren Formen der Harnsäure aufschreiben (Lösung s. S. 196). Beachten Sie: Die in der Lactimform auftretenden Hydroxylgruppen können ein Proton abgeben; das erklärt die Bezeichnung „Säure".

Heterocyclische Verbindungen werden Ihnen in den folgenden Abschnitten immer wieder begegnen. Sie sind in den Nukleinsäuren und in einigen Aminosäuren als Bausteine präsent. Dass sie für die Porphyrine wichtig sind, hatten wir schon erwähnt, aber auch Alkaloide, Vitamine und Coenzyme enthalten Heterocyclen.

Die Alkaloide
Alkaloide sind vorwiegend in Pflanzen auftretende basische Naturstoffe, die meistens heterocyclisch eingebaute N-Atome enthalten und ausgeprägte pharmakologische Wirkung haben. Zu ihnen gehören die bereits erwähnten Verbindungen Coffein, Theophyllin und Theobromin, aber auch Nicotin, Atropin, Cocain, Chinin und Morphin.

Die Vitamine
Als Vitamine definiert man organische Verbindungen, die der Organismus für lebenswichtige Aufgaben benötigt. Die Bezeichnung „Vitamin" leitet sich von dem als „lebensnotwendiges Amin" erkannten Thiamin (Vit. B_1) ab.

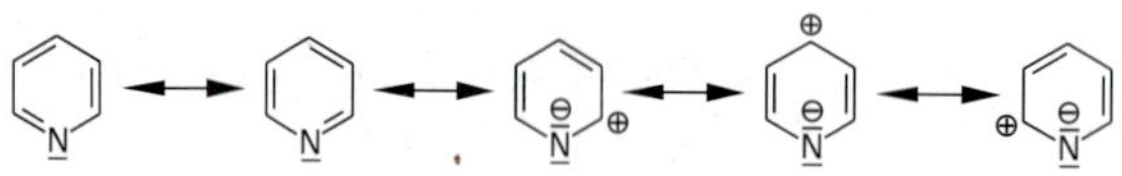

Die Elektronendichte wird zum Stickstoffatom hin verlagert, deshalb ist die Elektronendichte an den Kohlenstoffatomen geringer. Man spricht von π-**Mangelaromaten.** Im Vergleich zum Benzen sind nucleophile Substitutionsreaktionen leicht möglich.

4.7.5 Die mehrkernigen Heterocyclen
Mehrkernige Heterocyclen sind kondensierte heterocyclische Grundkörper **(Tab. 4.21)**.

Abb. 4.58 Die Mesomerie bei Pyridin

Tabelle 4.21 Einige mehrkernige Heterocyclen

Formel	Name	Vorkommen
7H-Purin 9H-Purin	Purin (im tautomeren Gleichgewicht)	kommt frei nicht in der Natur vor, ist aber Grundkörper der Nucleobasen Adenin und Guanin (s. S. 186)
	Harnsäure	Endprodukt des Purinstoffwechsels, wirkt als natürliches Antioxidans, bei erhöhten Werten kristalline Ausscheidungen in Gelenke (Gicht) und als Nieren- und Blasensteine
	Coffein: $R^1=R^2=CH_3$ Theophyllin: $R^1=CH_3$ $R^2=H$ Theobromin: $R^1=H$ $R^2=CH_3$	in Kaffee, Tee und Kakao, Coffein wirkt erregend auf das ZNS, regt mäßig genossen Herztätigkeit, Atmung und Stoffwechsel an Theophyllin hat eine vergleichbare Wirkung und wird wegen seiner relaxierenden Wirkung auf die glatte Muskulatur bei chronisch-obstruktiven Atemwegserkrankungen eingesetzt Theobromin hat eine geringere anregende Wirkung

Tabelle 4.22 Vitamine mit heterocyclischen Elementen und das Vitamin Pantothensäure

Name des Vitamins	Formel		wirksame Form/ Coenzym	Vorkommen	Wichtige Funktionen
Thiamin (Vit. B_1)			ThPP (Thiamindiphosphat)	in der Natur weit verbreitet (z. B. in Hefe, Getreidekeimlingen, Leber) bei Mangel treten Funktionsstörungen des zentralen und peripheren Nervensystems, des Reizleitungssystems des Herzens und Störungen der Magen-Darm-Funktion auf	Coenzym im Pentosephosphatweg und bei dehydrierenden Decarboxylierungen Übertragene Gruppe: Aldehydgruppen
Riboflavin (Vit. B_2)			FMN (Flavinmononucleotid)	in der Natur weit verbreitet (z. B. Hefe, Leber, Eier) Mangel führt z. B. zu Entzündungen der Mund- und Rachenschleimhäute, zu verminderter Sehschärfe	Elektronentransport in der Atmungskette und Partner von Wasserstoff-übertragenden Enzymen Übertragene Gruppe: Wasserstoff
Pyridoxin (Vit. B_6)		$R = CH_2OH$ Pyridoxin $R = CH_2NH_2$ Pyridoxamin $R = CHO$ Pyridoxal	PLP (Pyridoxylphosphat)	in Vollkornprodukten, Nüssen, Gemüse, Leber Mangelerscheinungen führen zu Funktionsstörungen des zentralen und peripheren Nervensystems	Coenzym im Aminosäurestoffwechsel Übertragene Gruppe: Aminogruppe

Name des Vitamins	Formel	wirksame Form/ Coenzym	Vorkommen	Wichtige Funktionen
L-Ascorbin-säure (Vit. C)		Ascorbin-säure	v.a. in frischem Obst und Gemüse Mangel führt zu Infektanfälligkeit, früher vor allem bei Seefahrern zu Skorbut.	Redoxsubstanz aller Körperzellen, Gefäß-schutzstoff (Endothel-schutz für die Kapillarenabdichtung)
Folsäure		H_4-Folat (Tetrahy-drofolsäu-re)	in Leber, Nieren, Mus-kelfleisch, frischem Blattgemüse, Vollkorn-produkten Mangel führt zur Aus-bildung einer hyper-chromen Anämie (Gefahr eines Mangels besteht v.a. in der Schwangerschaft)	Coenzym bei der Über-tragung von C_1-Koh-lenstoffresten Übertragene Gruppe: Formylgruppe
Biotin		Biotin	kommt in der Nahrung ausreichend vor und wird in größeren, aus-reichenden Mengen von der Darmflora gebildet Mangelerscheinungen (Dermatitis, Appetitlo-sigkeit, Muskelschmer-zen) sind selten	Coenzym von Carboxy-lasen Übertragene Gruppe: Carboxylgruppe
Nicotinsäu-reamid (Niacin)		NAD^+/ NADP	Vorkommen v.a. in Leber und Nieren Mangelerscheinungen sind selten, da Nicotin-säureamid im Organis-mus aus L-Trytophan gebildet werden kann	Coenzym bei H-über-tragenden Enzymen, Partner bei Redoxreak-tionen Übertragene Gruppe: Wasserstoff
Pantothen-säure		Coenzym A (CoA)	kommt reichlich in der Nahrung vor (z.B. Gemüse, Eigelb, Milch) Mangelernährung kann ein Burning-feet-Syn-drom auslösen (Krib-beln in den Zehen, stechende, brennende Schmerzen)	Übertragene Gruppe: Carboxygruppen

Die Vitamine können vom Organismus nicht oder in unzureichendem Maße synthetisiert werden. Die täglich benötigten Mengen sind äußerst gering. Es handelt sich also nicht um Nahrungsstoffe im her-kömmlichen Sinn, sondern eher um Katalysatoren. Diese biokatalytische Funktion besteht darin, dass die Vitamine Bestandteil eines Coenzyms sind. Dar-unter versteht man im Gegensatz zu den Enzymen verhältnismäßig niedermolekulare Verbindungen, die in enzymatisch katalysierten Reaktionen eine Übertragungsrolle spielen. **Tab. 4.22** zeigt einige Bei-spiele für Vitamine und die wirksamen Coenzyme.

4.7.6 Klinische Bezüge

Bei einem Folsäuremangel, z.B. durch unzureichen-de Zufuhr oder gestörte Resorption im Gastrointes-tinaltrakt, ist primär die Synthese der Nukleotide gestört. Dies wirkt sich vor allem auf die Stamm-zellen des Bluts im Knochenmark aus, daher macht sich ein Folsäuremangel primär am Blutsystem be-merkbar. Von der Teilungsstörung sind neben den Erythrozyten auch die Leukozyten und Thrombozy-ten betroffen (nachweisbar am Absinken ihrer An-zahl im Blut). Die wenigen vorhandenen Erythrozy-ten sind auffallend groß (megaloblastäre Anämie).

Check-up

✔ Es fällt Ihnen vermutlich nicht ganz leicht, diese vielen Strukturen im Kopf zu behalten. Wiederholen Sie aber einige Strukturen, um sie in komplexen Strukturen erkennen zu können: Pyrrol, Imidazol, Pyridin, Pyrimidin, Purin, Thiazol, Furan, Pyran.

✔ Üben Sie das Erkennen der Formeln der Vitamine (auswendig zeichnen können müssen Sie sie nicht).

✔ Rekapitulieren Sie den Zusammenhang zwischen Vitamin und Coenzym.

Chemie wichtiger Naturstoffklassen

Macht studieren krank?

Egal ob Fette, Kohlenhydrate oder Proteine – der Körper muss die Nahrung erst zerlegen, bevor er sie verwerten kann. An der Verdauung sind die Salzsäure des Magens, zahlreiche Enzyme und die Bakterien des Dickdarms beteiligt. Kohlenhydrate werden bereits im Mund durch das Enzym Amylase im Speichel gespalten. Im Dünndarm werden sie in Monosaccharide zerlegt und absorbiert. Bei Melina K. gelangt jedoch Zucker unverdaut bis in den Dickdarm. Ihr fehlt ein Enzym, das Milchzucker (Lactose) im Dünndarm spaltet. Lactose gehört zu den Kohlenhydraten, die Sie im nächsten Kapitel kennen lernen werden. Es ist in Milch und Milchprodukten enthalten. Wenn Melina diese Nahrungsmittel zu sich nimmt, leidet sie an Bauchkrämpfen und Durchfall.

Durchfall und Bauchkrämpfe

Schon wieder Durchfall! Seit Melina K. mit dem Studium begonnen hat, sind die Beschwerden da: Blähungen, Durchfall und heftige Bauchschmerzen. Zunächst hatte sie an eine Infektion gedacht und ein paar Tage nur Knäckebrot gegessen. Da war es auch besser gewesen. Aber seit sie wieder normal isst, sind auch die Beschwerden wieder da. Dabei isst sie dasselbe wie alle anderen: Morgens ein Müsli mit ihren WG-Mitbewohnern, mittags in der Mensa und nach den Vorlesungen geht sie oft auf eine Latte macchiato zum Italiener. Als sie in den Semesterferien nach Hause kommt, ist ihre Mutter entsetzt, wie dünn Melina geworden ist. Sie kocht die leckeren Speisen aus ihrer griechischen Heimat – und siehe da, Melinas Beschwerden verschwinden. Im April kehrt sie an die Uni zurück, und nach zwei Tagen beginnen die Bauchkrämpfe und der Durchfall sie wieder zu plagen. Ist es etwa ihr Studium, das sie krank macht? Melina geht zum Arzt.

Kein Vogelfutter zum Frühstück

Dr. Weber lässt sich genau schildern, was Melina isst. „Essen Sie bei Ihren Eltern auch Müsli zum Frühstück?" fragt er. „Nein, meine Eltern sagen, das sei Vogelfutter", lacht Melina. „Und trinken Sie Milch?" „Nur Buttermilch. Meine Mutter mag keine Milch und wir haben fast nie welche zu Hause." „Dann gibt es vielleicht einen einfachen Weg, wie Sie Ihre Beschwerden loswerden", antwortet der Arzt.

Die Diagnose von Dr. Weber lautet Lactoseintoleranz. Melina leidet an einem angeborenen Mangel an Laktase. Das Enzym fehlt bei rund 10 % aller Erwachsenen in Europa, in einigen Ländern, z.B. in Griechenland, vor allem aber in Asien, sind deutlich mehr Menschen von der Krankheit betroffen. Der Körper braucht Laktase, um das Disaccharid Lactose in Glucose und Galactose zu spalten. Fehlt das Enzym, gelangt Lactose in den Dickdarm und wird dort von den Darmbakterien zerlegt. Die Folge sind Darmkrämpfe und Durchfall. Typisch ist, dass die Beschwerden nach Milchgenuss auftreten. Yoghurt und Buttermilch werden übrigens vom Körper toleriert, da die darin enthaltenen Bakterien die Lactose abbauen.

H_2 in der Atemluft

Um die Diagnose zu bestätigen, überweist Dr. Weber Melina zu einem Gastroenterologen. Dort macht Melina einen H_2-Atemtest. Dabei muss sie Lactose einnehmen und anschließend jede halbe Stunde in ein Gerät atmen, das H_2 in der Ausatemluft bestimmt. Physiologischerweise wird im Körper kein H_2 gebildet. Fehlt jedoch Laktase, wird die eingenommene Lactose von den Darmbakterien gespalten und es entsteht H_2, das über die Lunge ausgeatmet wird. Bei Melina ist der Test positiv – sie leidet an Lactoseintoleranz.

Seitdem isst Melina wieder Brot zum Frühstück. Und wenn beim Italiener alle eine Latte macchiato bestellen, nimmt Melina einen Espresso.

5 Chemie wichtiger Naturstoffklassen

5.1 Die Aminosäuren, die Peptide und die Proteine

 Lerncoach

Das Kapitel Aminosäuren gehört zu den Top-themen des Physikums. Um die folgenden Ausführungen zu verstehen, machen Sie sich vorab noch einmal klar, was Sie über die Eigenschaften von Aminen und Carbonsäuren gelernt haben (s. S. 134, 143). Es wird aber auch vorausgesetzt, dass Sie die im Kapitel Säuren und Basen vermittelten Kenntnisse richtig anwenden können (s. S. 53).

5.1.1 Der Überblick

Die Proteine oder Eiweiße gehören zu den wichtigsten hochmolekularen Verbindungen jeder Zelle. Der Name kommt vom griechischen Wort proteos, das soviel wie Erster oder Wichtigster bedeutet. Als Enzyme katalysieren sie z. B. den Ablauf biochemischer Reaktionen, bilden das Zytoskelett, stellen kontraktile Elemente dar, steuern als Signalstoffe wichtige Funktionen und haben im Blut Transport- und Abwehrfunktionen. Proteine sind außerdem ein unentbehrlicher Bestandteil der menschlichen und tierischen Nahrung, da sie den Stickstoffbedarf des Organismus sichern.

5.1.2 Die Aminosäuren

Aminosäuren sind die Grundbausteine der Peptide und Proteine. Charakteristisch für Aminosäuren sind zwei funktionelle Gruppen, die Carboxyl- und die Aminogruppe. Bei den meisten der natürlich vorkommenden Aminosäuren befindet sich die Aminogruppe am zweiten oder α-C-Atom. Deshalb spricht man auch von α-Aminosäuren. Für den Aufbau von Proteinen spielen nur 20 Aminosäuren eine Rolle. Diese Aminosäuren werden als proteinogene Aminosäuren bezeichnet. Die anderen Aminosäuren werden als nichtproteinogen bezeichnet, da sie nicht für die Proteinsynthese verwendet werden. Sie spielen vor allem eine Rolle bei der Biosynthese von Harnstoff, als Zwischenprodukte im Stoffwechsel der proteinogenen Aminosäuren und als Vorstufen niedermolekularer Verbindungen. Acht proteinogene Aminosäuren sind essenziell, d. h. sie müssen ausreichend mit der Nahrung zugeführt werden, da sie nicht durch körpereigene Synthese ersetzbar sind.

Die Klassifikation der Aminosäuren erfolgt nach verschiedenen Gesichtspunkten, z. B. danach ob es sich um unverzweigte oder verzweigte Kohlenstoffketten handelt, ob Hydroxygruppen enthalten sind, ob die Aminosäure Schwefel enthält, ob es sich um eine Diaminomonocarbonsäure oder um eine Monoaminodicarbonsäure handelt. Üblich ist die Unterscheidung in neutrale Aminosäuren mit einem hydrophoben Rest, neutrale Aminosäuren mit einem hydrophilen Rest, saure oder basische Aminosäuren (Abb. 5.1).

Die Struktur der Aminosäuren wird häufig geprüft, deshalb lohnt es sich, sie auswendig zu lernen.

Das α-C-Atom der proteinogenen Aminosäuren trägt immer vier verschiedene Substituenten (Ausnahme: Glycin), es ist also ein stereogenes Zentrum (s. S. 101). Es handelt sich bei diesen immer um L-Aminosäuren. Deshalb wird häufig auf diese Nomenklaturangabe verzichtet. Wenn wir die absolute Konfiguration festlegen, stellen wir fest, dass bis auf das Cystein alle proteinogenen α-Aminosäuren S-konfiguriert sind. Nur im Cystein liegt R-Konfiguration vor.

Sie können diese Aussage am Beispiel von Methionin, Threonin und Cystein überprüfen. Schlagen Sie ggf. nach, was Sie über die R/S-Nomenklatur gelernt haben (s. S. 103).

Die physikalischen Eigenschaften

Alle Aminosäuren sind farblose, kristalline Substanzen. Bis auf die sehr hydrophoben Aminosäuren Tyrosin und Tryptophan und die sauren Aminosäuren Glutaminsäure und Asparaginsäure sind sie in Wasser gut, in unpolaren Lösungsmitteln entweder wenig oder gar nicht löslich. Das Aminosäuremolekül liegt im festen Zustand und in wässriger Lösung als Zwitterion vor (Abb. 5.2). Es ist eine intramolekulare Protonenübertragung von der Carboxyl- zur Aminogruppe erfolgt. Die Carboxylgruppe

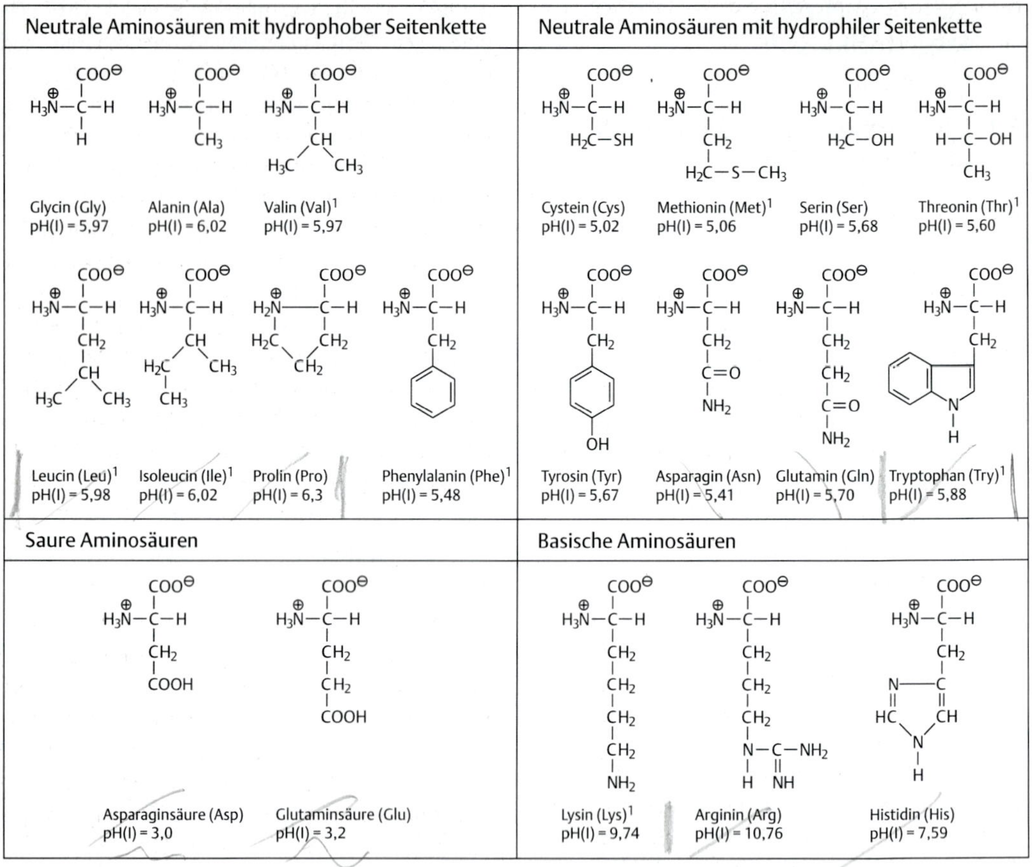

Neutrale Aminosäuren mit hydrophober Seitenkette	Neutrale Aminosäuren mit hydrophiler Seitenkette

Abb. 5.1   Proteinogene Aminosäuren einschl. pH-Werte der isoelektrischen Punkte ([1]= essenzielle Aminosäuren)

ist also deprotoniert, die Aminogruppe protoniert. Im **selben** Molekül tritt eine kationische und eine anionische Gruppe auf.

Diese Zwitterionen werden auch als **innere Salze** bezeichnet und ihre unerwartet hohen Schmelz- oder Zersetzungspunkte bestätigen den salzartigen Charakter. Glycin (M_r: 75 g/mol) schmilzt z. B. bei 292 °C, die vergleichbare Hydroxyessigsäure (M_r: 76 g/mol) bei 80 °C.

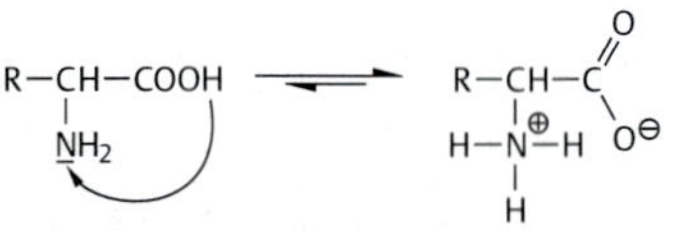

Die chemischen Reaktionen

Säure-Base-Reaktionen und isoelektrischer Punkt

Aminosäuren können als Säure und als Base reagieren, d. h. sie sind **Ampholyte** (Abb. 5.3).

Den pH-Wert der wässrigen Lösung einer sog. **neutralen** Aminosäure ermittelt man aus dem arithme-

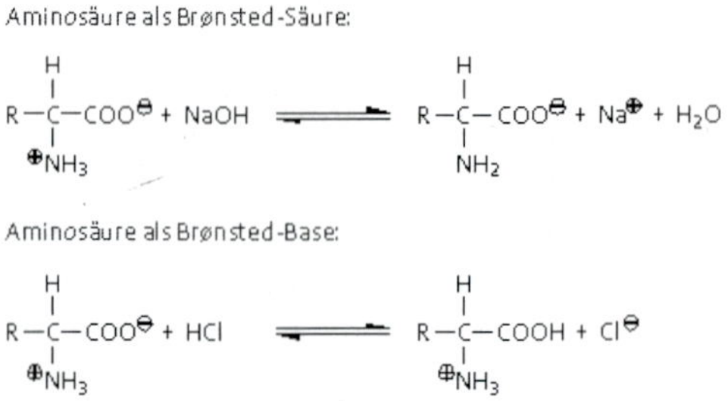

Abb. 5.2   Die Aminosäuren als Zwitterionen

Abb. 5.3   Die Aminosäuren als Ampholyte

tischen Mittel der pK_S-Werte der Ammonium- und der Carboxylgruppe (s. S. 143).

$$pH = \frac{pK_{S1} + pK_{S2}}{2}$$

Beispiel: Alanin
pK_{S1} = 2,35 (Carboxylgruppe)
pk_{S2} = 9,69 (Ammoniumgruppe)
pH_{IP} = 6,02

Da bei diesem pH-Wert die elektrischen Ladungen im Zwitterion gerade gleich sind, spricht man vom pH-Wert des **isoelektrischen Punkts** (**IP**).
Der IP ist der pH-Wert, an dem sich die intramolekularen Ladungen einer Aminosäure ausgleichen, d. h. genausoviele positive (Ammoniumgruppen) wie negative (Carboxylatgruppen) Ladungen vorhanden sind. Die Aminosäure erscheint bei diesem pH-Wert nach außen elektrisch neutral.
Wenn ein elektrisches Feld an die Lösung angelegt wird, wandert die Aminosäure daher nicht zu einem der beiden Pole, da ihre Nettoladung Null ist. Wenn jedoch der pH-Wert der Aminosäurelösung unter dem pH_{IP} liegt, hat die Aminosäure ihre kationische Form (positiv geladen) und wandert dann zur Kathode (Minuspol). Ist der pH-Wert der Lösung höher als der pH_{IP}, liegt die anionische Form der Aminosäure vor (negativ geladen). Im elektrischen Feld erfolgt eine Wanderung zur Anode (Pluspol). Da sich die isoelektrischen Punkte der einzelnen Aminosäuren unterscheiden und jede Aminosäure, aber auch alle Peptide und Proteine genau einen isoelektrischen Punkt besitzen, kann man diese durch das Anlegen eines elektrischen Feldes an eine Lösung der Säuren trennen, denn bei allen anderen pH-Werten als den isoelektrischen Punkten erfolgt eine Wanderung (**Tab. 5.1**). Dieses Verfahren nennt man **Elektrophorese**. Wenn Sie sich in **Tab. 5.1** die isoelektrischen Punkte der

„neutralen" Aminosäuren anschauen, stellen Sie fest, dass diese nur annähernd neutral sind. Sie sind nicht exakt bei pH = 7, sondern sie liegen zwischen 5 und 6,5.
Auch saure und basische Aminosäuren besitzen isoelektrische Punkte. In diesem Fall liegen mehrere zur Dissoziation fähige Gruppen vor (**Abb. 5.4**). Wir müssen den Punkt finden, bei dem die Nettoladung der sauren Aminosäure Null beträgt. Das ist dann der Fall, wenn eine Carboxylgruppe und die Aminogruppe protoniert sind und die zweite Carboxylgruppe deprotoniert ist. Dieser Punkt ist das arithmetische Mittel der pK_S-Werte beider Carboxylgruppen. Für eine basische Aminosäure wie Lysin müssen entsprechend die pK_S-Werte der Ammoniumgruppen gemittelt werden. An diesem Punkt ist die Nettoladung der basischen Aminosäure ebenfalls Null.

Titrationskurven
Wenn eine „neutrale" Aminosäure in ihrer kationischen Form vorliegt, mit Natronlauge titriert und der pH-Wert gemessen wird, ergibt sich die typische Titrationskurve einer zweiprotonigen Säure (**Abb. 5.5**, s. a. S. 59). Am ersten Äquivalenzpunkt liegt das Zwitterion vor, am zweiten Äquivalenzpunkt das Anion. Der pH-Wert am ersten Halbäquivalenzpunkt (A) beträgt für die Titration von Alanin-Hydrochlorid pH = 2,35 und entspricht also dem pK_{S1}-Wert des Alanin. Am zweiten Halbäquivalenzpunkt (B) beträgt der pH-Wert pH = 9,69. Das ist der pK_{S2}-Wert des Alanin. Außerdem lässt die Titrationskurve erkennen, dass es für Alanin und seine konjugierte Säure bzw. Base zwei Pufferbereiche gibt.

Weitere Reaktionen der Aminosäuren
Die Anionen der Aminosäuren stellen zweizähnige Liganden dar und können Chelatkomplexe bilden

Tabelle 5.1 Das Verhalten der Aminosäuren im elektrischen Feld in Abhängigkeit vom pH-Wert (IP = isoelektrischer Punkt)

	pH < IP	pH = IP	pH > IP
vorliegende Form der Aminosäure	H $\mid$ R–C–COOH $\mid$ $\oplus NH_3$	H $\mid$ R–C–COO$^\ominus$ $\mid$ $\oplus NH_3$	H $\mid$ R–C–COO$^\ominus$ $\mid$ NH_2
	Kation	Zwitterion	Anion
im elektrischen Feld erfolgt	Wanderung zur Kathode/(-)-Pol	keine Wanderung	Wanderung zur Anode/(+)-Pol

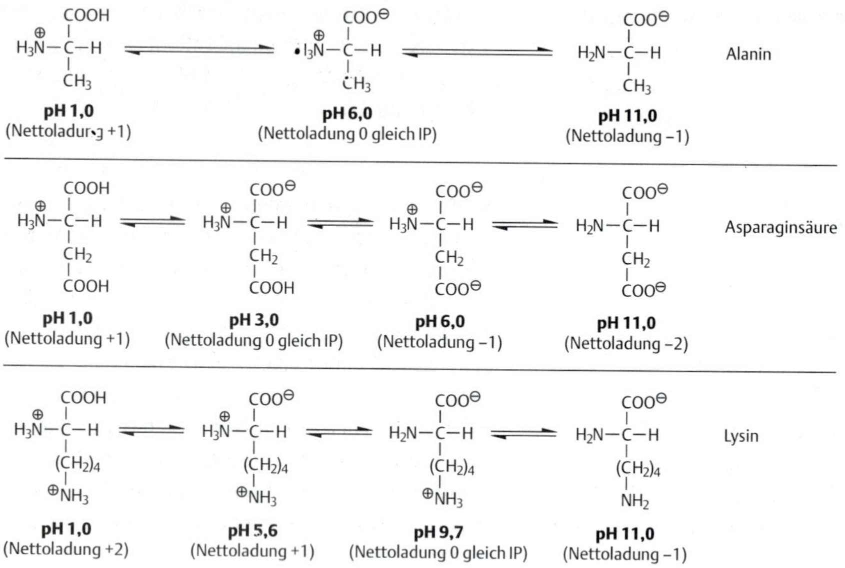

$$H_3\overset{\oplus}{N}-\underset{\underset{CH_3}{|}}{\overset{\overset{COOH}{|}}{C}}-H \rightleftharpoons \cdot\overset{\oplus}{I_3}N-\underset{\underset{CH_3}{|}}{\overset{\overset{COO^\ominus}{|}}{C}}-H \rightleftharpoons H_2N-\underset{\underset{CH_3}{|}}{\overset{\overset{COO^\ominus}{|}}{C}}-H \quad \text{Alanin}$$

pH 1,0
(Nettoladung +1)

pH 6,0
(Nettoladung 0 gleich IP)

pH 11,0
(Nettoladung −1)

Abb. 5.4 Die Struktur von Alanin, Asparaginsäure und Lysin bei verschiedenen pH-Werten und ihre jeweiligen Nettoladungen

$$H_3\overset{\oplus}{N}-\underset{\underset{COOH}{\underset{|}{CH_2}}}{\overset{\overset{COOH}{|}}{C}}-H \rightleftharpoons H_3\overset{\oplus}{N}-\underset{\underset{COOH}{\underset{|}{CH_2}}}{\overset{\overset{COO^\ominus}{|}}{C}}-H \rightleftharpoons H_3\overset{\oplus}{N}-\underset{\underset{COO^\ominus}{\underset{|}{CH_2}}}{\overset{\overset{COO^\ominus}{|}}{C}}-H \rightleftharpoons H_2N-\underset{\underset{COO^\ominus}{\underset{|}{CH_2}}}{\overset{\overset{COO^\ominus}{|}}{C}}-H \quad \text{Asparaginsäure}$$

pH 1,0
(Nettoladung +1)

pH 3,0
(Nettoladung 0 gleich IP)

pH 6,0
(Nettoladung −1)

pH 11,0
(Nettoladung −2)

$$H_3\overset{\oplus}{N}-\underset{\underset{\overset{\oplus}{N}H_3}{\underset{|}{(CH_2)_4}}}{\overset{\overset{COOH}{|}}{C}}-H \rightleftharpoons H_3\overset{\oplus}{N}-\underset{\underset{\overset{\oplus}{N}H_3}{\underset{|}{(CH_2)_4}}}{\overset{\overset{COO^\ominus}{|}}{C}}-H \rightleftharpoons H_2N-\underset{\underset{\overset{\oplus}{N}H_3}{\underset{|}{(CH_2)_4}}}{\overset{\overset{COO^\ominus}{|}}{C}}-H \rightleftharpoons H_2N-\underset{\underset{NH_2}{\underset{|}{(CH_2)_4}}}{\overset{\overset{COO^\ominus}{|}}{C}}-H \quad \text{Lysin}$$

pH 1,0
(Nettoladung +2)

pH 5,6
(Nettoladung +1)

pH 9,7
(Nettoladung 0 gleich IP)

pH 11,0
(Nettoladung −1)

(s. S. 63). So können Cu^{2+}, aber auch Mn^{2+} oder Zn^{2+} komplex gebunden werden **(Abb. 5.6)**. Sowohl vom Sauerstoffatom als auch vom Stickstoffatom aus werden koordinative Bindungen zum Metallatom hin ausgebildet.

Außerdem ist biochemisch bedeutsam, dass durch enzymatische Decarboxylierung **(Abb. 5.7)** biogene Amine entstehen.

Auch wenn wir uns hier nur auf biochemisch wichtige Punkte konzentriert haben, sei abschließend erwähnt, dass einige Aminosäuren auch von industriellem Interesse sind. Glutaminsäure findet in Form ihres Natriumsalzes Verwendung als Kochsalzersatz und als Geschmacksverstärker in Lebensmitteln, Methionin und Lysin werden zur Aufwertung von Futtermitteln produziert.

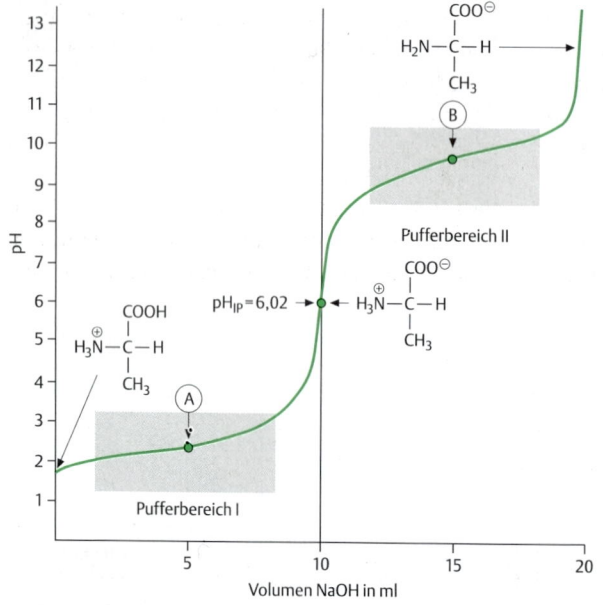

Abb. 5.5 Die Titrationskurve von Alanin-Hydrochlorid mit NaOH

Abb. 5.6 Die Aminosäuren als zweizähnige Liganden

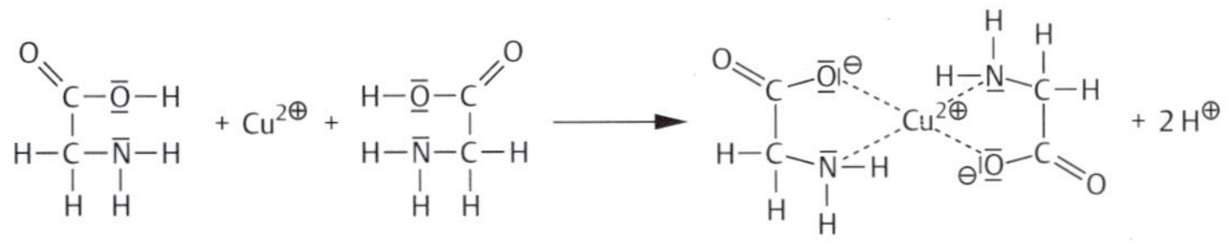

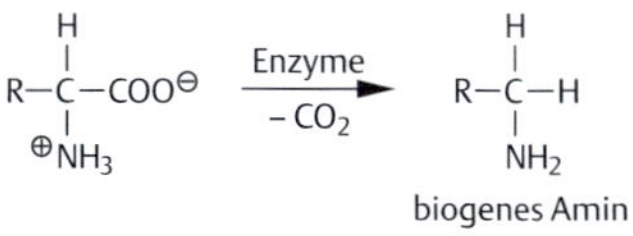

Abb. 5.7 Die Bildung biogener Amine

5.1.3 Die Peptide

Aminosäuren können formal unter Abspaltung von Wasser miteinander reagieren, indem die Aminogruppe der einen Aminosäure mit der Carboxylgruppe der anderen Aminosäure reagiert. Dabei entsteht eine amidartige Verknüpfung, die man als **Peptidbindung** bezeichnet (**Abb. 5.8**). Die Verbindung von zwei Aminosäuren wird als **Dipeptid** bezeichnet, dieses enthält wiederum eine freie Aminogruppe und eine freie Carboxylgruppe für eine weitere Verknüpfung. Die Seite, die eine freie Aminogruppe trägt, wird als **N-terminales** Ende bezeichnet und steht gewöhnlich in der Strukturdarstellung links. Das **C-terminale** Ende trägt die freie Carboxylgruppe und steht gewöhnlich in der Strukturdarstellung rechts. Die C-terminale Aminosäure bildet den Stammnamen, alle anderen Aminosäuren werden der Reihenfolge entsprechend als Präfixe davor geschrieben. Auch bei der Namensgebung durch Abkürzungen wird die Reihenfolge der Aminosäuren eingehalten, auf der linken (N-terminalen Seite) wird ein H, auf der rechten (C-terminalen Seite) ein OH ergänzt.
Oligopeptide haben 3–10 Aminosäurebausteine, **Polypeptide** bis zu 100. Wenn mehr als 100 Amino-

säuren verknüpft wurden, spricht man von **Makropeptiden** oder **Proteinen**. Bei 20 proteinogenen Aminosäuren und einer Verknüpfung von 100 Aminosäuren existieren 20^{100} Kombinationsmöglichkeiten (etwa 10^{130})! Nur ein Bruchteil dieser riesigen Anzahl wird in den Proteinen realisiert.

Es ist wichtig, dass Sie die formale Bildung einer Peptidbindung selbst formulieren können. Üben Sie also, einige Aminosäuren miteinander zu verknüpfen sowie Peptidbindungen zu erkennen.

Die formale Kondensation von Aminosäuren läuft zwischen zwei Aminosäuren in vivo nicht so ab. Im Organismus sind Enzyme und Nukleinsäuren am Aufbau der Peptide beteiligt. In vitro handelt es sich ebenfalls um eine komplizierte Reaktionsabfolge, die mit dem Schutz der für die Reaktion nicht vorgesehenen Amino- und Carboxylgruppen beginnt. Dann muss die für die Reaktion vorgesehene Carboxylgruppe aktiviert werden, bevor der eigentliche Kondensationsschritt erfolgen kann. Zum Schluss müssen die Schutzgruppen wieder abgespalten werden. Zunehmend gewinnen hier auch biotechnologische Verfahren an Bedeutung. Die Peptide werden dabei durch Bakterien erzeugt, denen die genetische Information zur Synthese eines bestimmten Peptids übertragen wurde.
Viele Oligo- und Polypeptide haben Hormonfunktionen. Das erste Polypeptid, dessen Struktur vollständig aufgeklärt werden konnte, war das von der

Abb. 5.8 Die formale Kondensation von Aminosäuren

Glycin (Gly) Alanin (Ala) Peptidbindung N-terminal C-terminal Glycylalanin H-Gly-Ala-OH

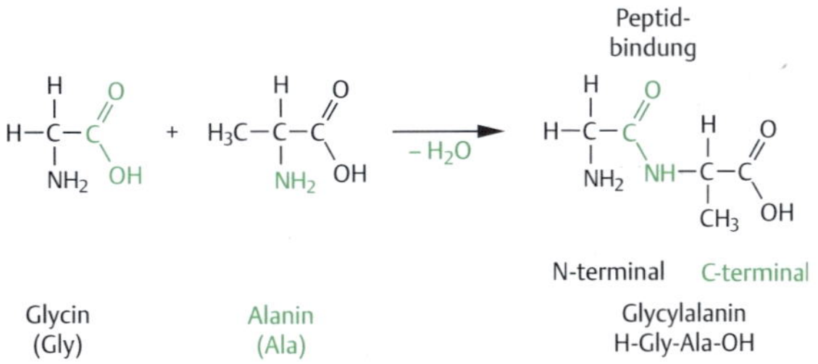

Bauchspeicheldrüse produzierte Insulin. Dieses Molekül besteht aus einer 21 Aminosäuren langen so genannten A-Kette, die über zwei Disulfidbrücken mit der 30 Aminosäuren langen B-Kette verknüpft ist. Eine dritte Disulfidbrücke befindet sich in der A-Kette selbst.

Die Peptidbindung

Die Peptidbindung kann man nur mit mesomeren Grenzstrukturen beschreiben, anhand deren man sehen kann (Abb. 5.9), dass

- die C–N-Bindung einen partiellen Doppelbindungscharakter hat
- das N-Atom der Säureamidstruktur kein Proton mehr anlagern kann, Peptide also an der Peptidbindung neutral reagieren.

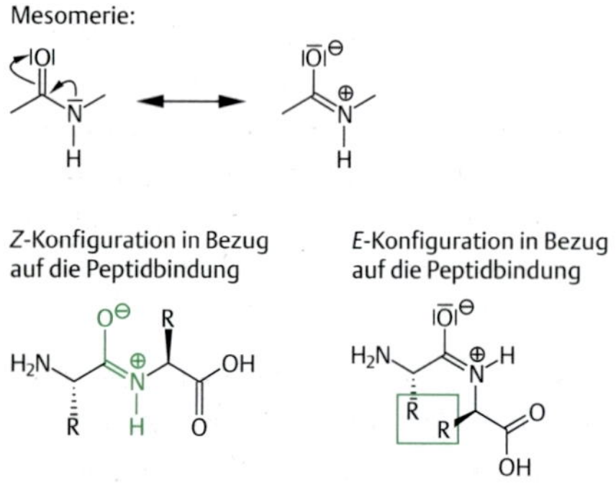

Abb. 5.9 Die Mesomerie und E/Z-Isomerie der Peptidbindung

Der partielle Doppelbindungscharakter ist für die Einschränkung der freien Drehbarkeit um die C–N-Bindung und die E/Z-Isomerie verantwortlich. **Abb. 5.9** zeigt, dass die E-Konfiguration (auch als cis-Konfiguration in Bezug auf die organischen Reste bezeichnet) energetisch ungünstig ist, da sich die Reste (R) gegenseitig behindern. Die natürlichen Peptidbindungen sind überwiegend Z-konfiguriert (auch als trans-Konfiguration in Bezug auf die organischen Reste bezeichnet). Aus der Mesomerie ergibt sich auch, dass immer 6 Atome in einer Ebene liegen müssen: die Atome der –CO–NH-Bindung und die jeweils benachbarten sp^3-hybridisierten α-C-Atome. Die –CO–NH-Bindung kann zusätzlich Wasserstoffbrückenbindungen aufbauen, die NH-Gruppe dient als Wasserstoffdonator, die –CO- Gruppe als Wasserstoffakzeptor.

5.1.4 Die Proteine

Die Klassifizierung der Proteine

Proteine bestehen aus Aminosäuren, die über Peptidbindungen amidartig miteinander verbunden sind. Einfache Proteine bestehen nur aus Aminosäuren. Zusammengesetzte Proteine (auch: Proteinkomplexe oder komplexe Proteine) bestehen aus einem Protein- und einem Nichtproteinanteil (**prosthetische Gruppe**, **Tab. 5.2**). Proteine können aber auch nach ihrer Molekülgestalt eingeteilt werden:

- In **Skleroproteinen** oder **fibrillären Proteinen** sind die polymeren Peptidketten fast parallel ausgerichtet. Sie sind in Wasser unlöslich, besitzen Faserstruktur und dienen als Stütz- und Gerüstsubstanz.
- Die **Sphäroproteine** oder **globulären** Proteine sind in Wasser oder verdünnter Salzsäure löslich, die Moleküle sind fast kugelförmig. Zu dieser Gruppe gehören die meisten Proteine (z. B. Enzyme).

Tabelle 5.2 Die Proteinkomplexe

Proteinkomplex	prosthetische Gruppe	Beispiel
Nucleoprotein	Nucleinsäure	Chromatin in lebenden Zellen, Nucleoprotamine im Fischsperma
Glykoprotein	Kohlenhydrat	fast alle Serumproteine, viele Plasma-Proteine, Blutgruppensubstanzen
Lipoprotein	Lipid	sind am Aufbau der Zellmembran beteiligt, wirken als Transportmittel für unlösliche Lipide
Phosphoprotein	Phosphorsäure	Casein, Ovalbumin, Pepsin
Chromoprotein	Farbstoff	Hämoglobin, Cytochrom, Rhodopsin
Metallprotein	Metallion oder -komplex	Hämoglobin, Eisen-Schwefel-Proteine

Die Struktur der Proteine

Die biologische Funktion eines Proteins wird durch seine Struktur bestimmt, dazu gehört zum einen die Aminosäuresequenz, zum anderen die räumliche Anordnung, die man als **Konformation** bezeichnet.

Primärstruktur

Die Primärstruktur beschreibt die Aminosäuresequenz, d. h. die Abfolge der einzelnen Aminosäuren innerhalb der Kette. Man erhält sie durch enzymatische Spaltung der Peptidketten, wobei einzelne Enzyme ganz bestimmte Aminosäuren angreifen. Mit verschiedenen Enzymen erhält man auch unterschiedliche Spaltprodukte, die dann weiter vom N-terminalen Ende aus aufgetrennt werden.

Sekundärstruktur

Die Sekundärstruktur ist die lokale räumliche Struktur der Hauptkette des Proteins. Es treten ganz bestimmte Torsionswinkel periodisch auf. Die Ausbildung von Wasserstoffbrückenbindungen zwischen den Carbonylgruppen und den Amidgruppen der Hauptkette ist optimal. Ganz typische Sekundärstrukturen sind die α-Helix und das β-Faltblatt **(Abb. 5.10)**.

α-**Helix:** Eine Peptidkette wickelt sich schraubenförmig um einen gedachten Zylinder, sodass sich die C=O und die N-H-Gruppen von Windung zu Windung im passenden Abstand gegenüberstehen. So findet man während einer Windung um 360° 3,6 Aminosäurereste. Der Abstand zwischen den beiden Windungen beträgt 540 pm.

Es können sich sehr gut Wasserstoffbrücken zwischen dem Wasserstoffatom einer Amidgruppe und dem Sauerstoffatom der Carbonylgruppe der vierten darauf folgenden Aminosäure herausbilden. Die

Wasserstoffbrückenbindungen sind fast parallel zur Achse der α-Helix angeordnet.

Die Reste der Aminosäuren zeigen in diesem Modell nach außen von der Schraubenachse weg. Eine Helixstruktur hat das α-Keratin der Haare oder der Wolle.

β-**Faltblatt:** Aus der Mesomerie der Peptidbindung folgt zwangsläufig die ebene Anordnung von 6 Atomen der Peptidbindung. Die Ebenen verschiedener Peptidgruppen bilden an ihren Verknüpfungsstellen, den tetraedrischen α-C-Atomen, einen Winkel zueinander. Dadurch entsteht die Struktur eines immer wieder gefalteten Blattes. Sind mehrere Ketten nebeneinander angeordnet, dann ist die Ausbildung von Wasserstoffbrückenbindungen zwischen den C=O- und den N-H-Bindungen energetisch günstig. Das funktioniert besonders gut durch die Faltung der einzelnen Stränge. Die Ketten können so angeordnet sein, dass in allen Ketten links das N-terminale Ende steht (parallele Anordnung), ansonsten ist die Anordnung antiparallel **(Abb. 5.10)**. Die β-Faltblattstruktur ist das Strukturprinzip der fibrillären Proteine der Seide (β-Keratin).

Tertiärstruktur

Die Tertiärstruktur beschreibt die dreidimensionale Struktur des gesamten Proteins. Neben den Wasserstoffbrückenbindungen, die wir schon kennen und die sich auch zwischen geeigneten Gruppen der Seitenketten ausbilden können, sind Disulfidbrü-

Abb. 5.10 Die antiparallele Faltblatt- und die Helixstruktur

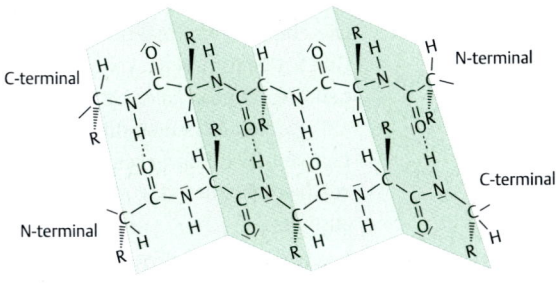

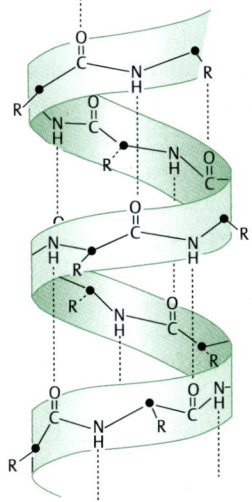

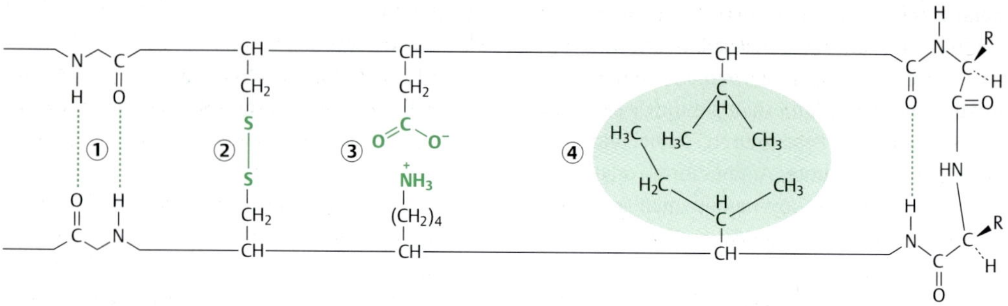

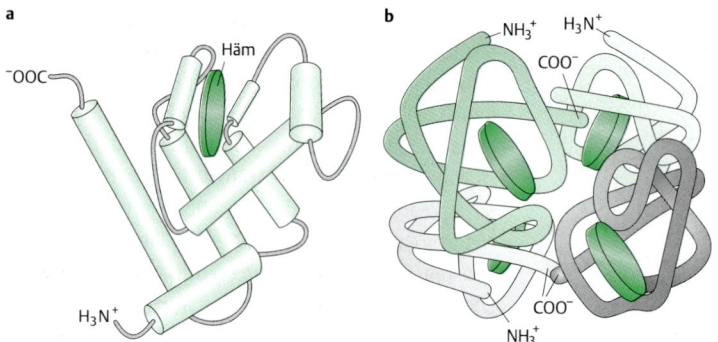

Abb. 5.11 Die Bindungen zwischen verschiedenen Abschnitten der Peptidkette (1 = Wasserstoffbrückenbindung; 2 = Disulfidbrücke; 3 = Ionenbeziehung; 4 = hydrophobe Wechselwirkung, d. h. aus dem blauen Bereich wird Wasser herausgedrängt)

a

b

Abb. 5.12 Schema der Tertiärstruktur des Myoglobins (a) und der Quartärstruktur des Hämoglobins (b)

cken an der Herausbildung der Tertiärstruktur beteiligt, die durch Dehydrierung zweier Cysteinreste entstehen. Außerdem gibt es Ionenbeziehungen zwischen positiv und negativ geladenen Gruppen der Seitenketten. Im Innern der Proteine können hydrophobe Bindungen wirksam werden **(Abb. 5.11)**. Das Myoglobin, ein Protein des Muskels mit der prosthetischen Gruppe Häm (s. S. 152) mit 153 Aminosäuren, weist acht Helixabschnitte auf, die zu einem globulären Protein gefaltet sind **(Abb. 5.12)**.

Quartärstruktur
Globuläre Proteine schließen sich häufig zu noch höheren Aggregaten zusammen. Die **Quartärstruktur** beschreibt die wechselseitige räumliche Anordnung verschiedener Polypeptidketten. Die einzelnen Peptidketten bezeichnet man als Untereinheiten. Die Anzahl der Untereinheiten kann ganz unterschiedlich sein (z. B. zwei Untereinheiten beim β-Lactoglobulin, 20 Untereinheiten beim Apoferritin). Sehr gut untersucht ist die Struktur des Hämoglobins (roter Blutfarbstoff). Es ist ein Tetramer, weil es aus 2 sog. α- und 2 sog. β-

Untereinheiten besteht. Die Tertiärstruktur ähnelt sehr der des Myoglobins.
Man unterscheidet zwei α-Peptidketten aus 141 Aminosäuren und zwei β-Peptidketten aus 146 Aminosäuren. Das Häm (s. **Abb. 5.12**) ist die prosthetische Gruppe, dessen zweiwertiges Eisen-Atom für die Sauerstoffbindung zuständig ist. Jedes Häm kann ein O_2 binden, folglich transportiert ein Molekül Hämoglobin vier Moleküle O_2.

Die chemischen Reaktionen
Durch Denaturierung können die eben besprochenen dreidimensionalen Strukturen zerstört werden, z. B. werden Wasserstoffbrückenbindungen gespalten oder Disulfidbrücken reduziert. Es entsteht ein zufälliges Knäuel, das in Wasser unlöslich ist und ausfällt.

■■| Merke
Die Primärstruktur bleibt bei der Denaturierung erhalten, die biologische Funktionsfähigkeit des Proteins geht jedoch verloren.

Denaturierend wirken Hitze, extreme pH-Werte, organische Lösungsmittel, konzentrierte Harnstofflösungen, aber auch oberflächenaktive Substanzen. Proteine sind also nur in einem bestimmten pH- und Temperaturintervall aktiv.

Proteinlösungen besitzen Ampholytcharakter, da sie freie Carboxyl- und Aminogruppen tragen. Deshalb stellen sie auch wichtige Puffersysteme für den Organismus dar.

Über komplexbildende Gruppen wie -NH$_2$, >C=O, -COO$^-$, -SH oder -SCH$_3$ können Übergangsmetallionen komplex gebunden werden. An den -SH-Gruppen können auch Redoxreaktionen ablaufen. Die Wechselwirkung mit Elektrolytlösungen ist konzentrationsabhängig, geringe Mengen eines Elektrolyten verbessern häufig die Löslichkeit der Proteine. Durch große Mengen wird die Hydrathülle der Proteine abgebaut und das Protein fällt aus (Aussalzen).

5.1.5 Klinische Bezüge

In der biochemischen Forschung und in der medizinische Diagnostik spielt die Trennung und Identifizierung spezifischer Proteine eine wichtige Rolle. 1847 entdeckte Henry Bence Jones bei der Untersuchung von Urin ein Paraprotein, das aus Leichtketten der Immunglobuline besteht (sog. Bence-Jones-Proteine). Diese Paraproteine sind typisch für das Plasmozytom, eine maligne Erkrankung, bei der von einem Plasmazellklon im Knochenmark pathologische Immunglobuline produziert werden. Diese Immunglobuline besitzen keine Abwehrfunktion.

Auch verschiedenen erblichen Erkrankungen liegen Störungen in der Struktur der Proteine zugrunde. So kann z. B. im Hämoglobin in einer der Ketten Glu (Glutaminsäure) durch Val (Valin) ersetzt sein. Durch die hydrophobe Gruppe des Valin kommt es zur Deformierung der Erythrozyten, sie nehmen eine sichelzellartige Gestalt an (Sichelzellanämie). Die Sichelzellen verursachen eine Erhöhung der Blutviskosität mit der Gefahr der Kapillarverstopfung und Infarzierung verschiedener Organe. Typische Symptome sind u. a. intermittierende Bauchschmerzen, Knochen- und Gelenkschmerzen sowie neurologische Ausfälle.

Check-up

✔ Wiederholen Sie die Einteilung der Aminosäuren und versuchen Sie, alle 20 proteinogenen Aminosäuren zu nennen und ihre Struktur aufzuschreiben.

✔ Machen Sie sich nochmals klar, welchen Verlauf die Titrationskurve von Aminosäuren hat.

✔ Ohne das Verständnis der Peptidbindung ist auch die Struktur der Proteine nicht zu verstehen. Zum Üben können Sie z. B. aus zwei verschiedenen Aminosäuren alle möglichen Dipeptide bilden und die Peptidbindung markieren.

5.2 Die Kohlenhydrate

Lerncoach

■ Das folgende Kapitel baut auf den Reaktionen von Carbonylverbindungen und von Alkoholen auf, z. B. Bildung von Halb- und Vollacetalen sowie Redoxverhalten (s. S. 140, 146).

■ Die hier besprochenen Verbindungen und deren Reaktionen sind wichtig, damit Sie entscheidende Stoffwechselprozesse verstehen können, z. B. Glykolyse, Gluconeogenese oder Glykogen-Stoffwechsel (diese werden im Rahmen der Biochemie ausführlich besprochen). Merken Sie sich an dieser Stelle einige Monosaccharidbausteine, deren Fischer-Projektion und Halbacetalbildung. Übrigens gehören Monosaccharide zu den Topthemen des Physikums.

■ Achten Sie auf die Angabe asymmetrisch substituierter C-Atome.

5.2.1 Der Überblick

Die Kohlenhydrate stellen mengenmäßig den größten Anteil der auf der Erde vorkommenden organischen Substanz dar. Sie sind vorwiegend pflanzlichen Ursprungs und bilden einen Hauptbestandteil der Nahrung vieler Tiere und des Menschen. Sie dienen dem Körper als universeller Energielieferant, haben aber auch ganz spezifische Funktionen als Bestandteile der Nucleinsäuren oder als Stütz- und Gerüstsubstanz. Sie bilden überdies die spezifischen Gruppen der Glykoproteine und Glykolipide der Zellmembran.

5.2.2 Die Klassifizierung

Die Kohlenhydrate unterscheidet man nach der Zahl der beteiligten Bausteine in

- Monosaccharide
- Disaccharide (zwei Monosaccharidbausteine)
- Oligosaccharide (drei bis zehn Monosaccharid-bausteine)
- Polysaccharide (> 10 Monosaccharidbausteine).

Die Abgrenzung zwischen Oligo- und Polysaccharid ist allerdings nicht ganz scharf. Monosaccharide und Disaccharide werden häufig auch einfach als „Zucker" bezeichnet. Das, was Sie als Haushaltszucker (Rüben- oder Rohrzucker) verwenden, ist ein Disaccharid, Trauben- und Fruchtzucker sind Monosaccharide.

Monosaccharide sind die Grundbausteine, sie enthalten meistens 3 bis 6 Kohlenstoffatome. Als funktionelle Gruppen enthalten sie entweder eine Aldehyd- oder Ketogruppe (Aldosen bzw. Ketosen) und

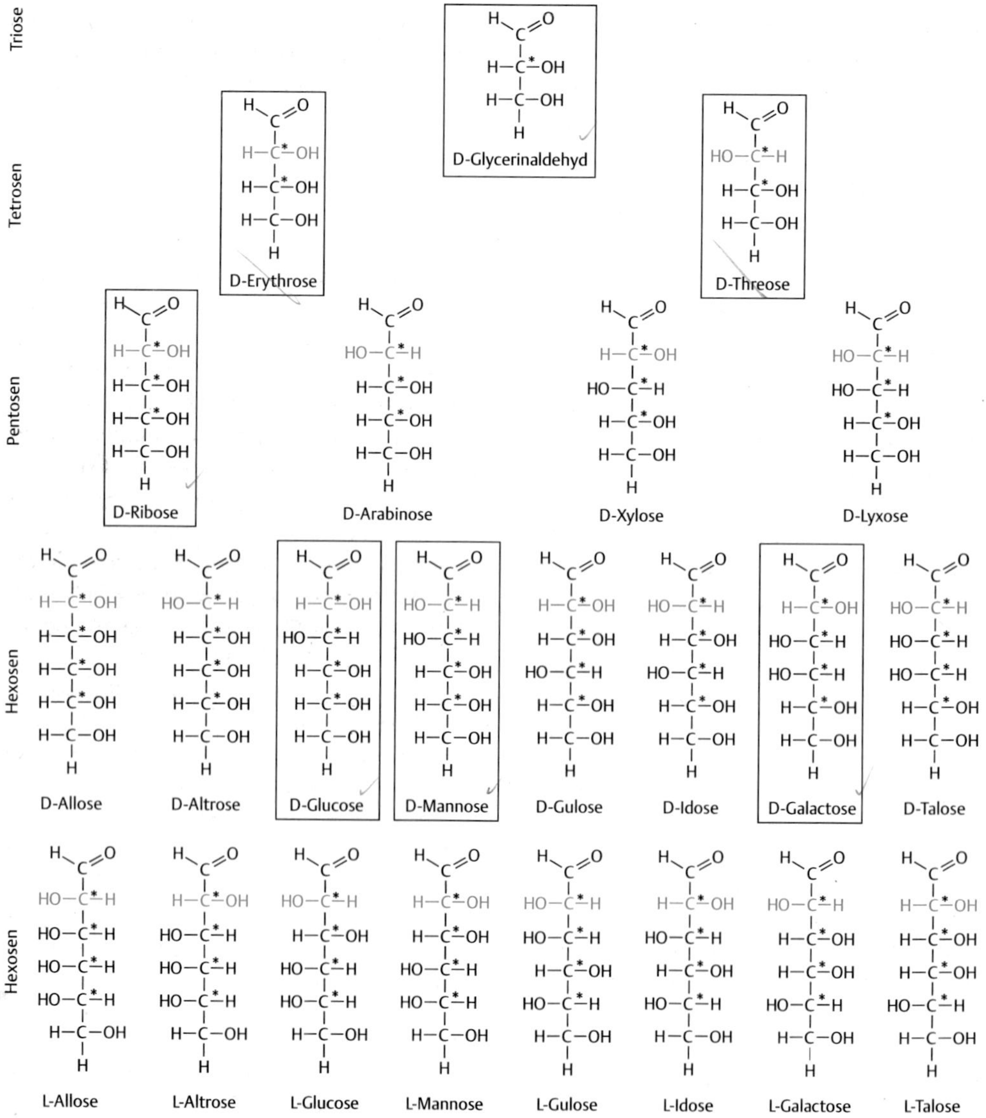

Abb. 5.13 Der Stammbaum der D-Aldosen und die L-Aldohexosen (* = stereogenes Zentrum)

mehrere Hydroxygruppen. Die Benennung erfolgt bevorzugt immer noch durch Trivialnamen, die sich durch die Endung -ose (bei Aldosen) und -ulose (bei Ketosen außer Fructose) auszeichnen. Die systematischen Namen, wie z. B. für die D-Glucose (2R,3S,4R,5R)-2,3,4,5,6-Pentahydroxyhexanal, sind nicht sehr eingängig. Eine Klassifizierung erfolgt nach der Anzahl der Kohlenstoffatome in Triosen (3 C-Atome), Tetrosen (4 C-Atome), Pentosen (5 C-Atome) oder Hexosen (6 C-Atome) oder nach der Aldehyd- bzw. Ketogruppe in Aldosen und Ketosen.

5.2.3 Die Monosaccharide

Der D-Aldosen-Stammbaum

Wenn man vom **D-Glycerinaldehyd** ausgeht und schrittweise die Kette um ein C-Atom verlängert (durch formale Addition von Formaldehyd), erhält man die Familie der D-Aldosen (zur D,L-Nomenklatur bei Kohlenhydraten s. S. 102). Analog hätten wir natürlich auch vom L-Glycerinaldehyd ausgehen können. Die Zahl der möglichen Aldosen wächst mit jedem C-Atom um den Faktor 2. Es muss also 16 Aldohexosen geben, das entspricht 8 diastereomeren Enantiomerenpaaren **(Abb. 5.13)**. Die diastereomeren Monosaccharide, die sich gerade in der Konfiguration an einem C-Atom unterscheiden, bezeichnet man auch als **epimere** Verbindungen. Die meisten natürlich vorkommenden einfachen Zucker gehören der D-Reihe an, aber in Oligo- und Polysacchariden sind auch L-Isomere anzutreffen.

👁️
↜ **Lassen Sie sich von diesen vielen Formeln nicht „erschlagen"! Merken Sie sich vor allem die eingerahmten Strukturen. Die anderen Formeln benötigen Sie zum Verständnis des Stammbaums. Außerdem können Sie anhand der aufgeführten Beispiele die Begriffe Stereoisomere, Konfigurationsisomere, Enantiomere und Diastereomere gut festigen. Lassen Sie sich davon nicht verwirren! Die Anordnung der Substituenten am ersten und am letzten C-Atom ist völlig egal. Hier spielt die Stereochemie keine Rolle, denn es liegt entweder sp^2-Hybridisierung vor oder zwei Substituenten sind gleich.**

Abb. 5.14 Die Fischer-Projektion der 2-Desoxy-ribose und der D-Fructose

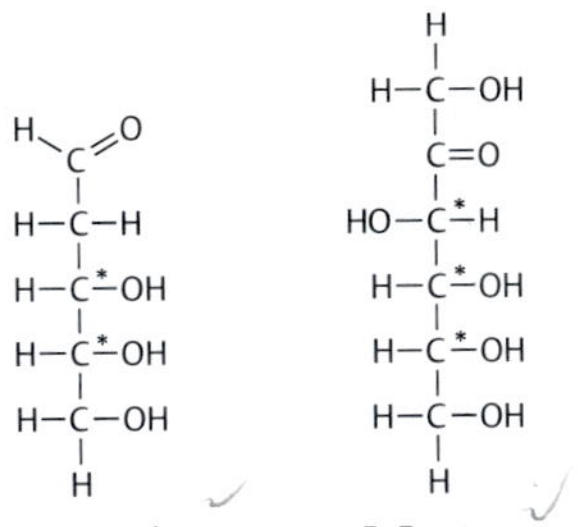

2-Desoxy-D-Ribose D-Fructose

Für den Aufbau biochemischer Verbindungen sind noch die 2-Desoxy-ribose und die zu den Aldohexosen konstitutionsisomere Ketohexose D-Fructose wichtig **(Abb. 5.14)**.

Die Ringfom der Zucker

Die Fischer-Projektion

Die **Fischer-Projektion** stellt die offenkettige Form der Monosaccharide dar, die praktisch nicht existent ist. Es kommt zu einer nucleophilen Addition der Hydroxygruppe am fünften Kohlenstoffatom an die Aldehydgruppe Diese führt zu einem Sechsring. Diese Reaktion ist eine intramolekulare **Halbacetalbildung** **(Abb. 5.15)**. Zucker mit dieser Struktur eines Sechsrings bezeichnet man in Analogie zum Pyran als **Pyranosen**. Neben der OH-Gruppe des fünften C-Atoms kann auch die am vierten C-Atom reagieren, dann entstehen **Furanosen** (Fünfringe). Die Reaktion anderer OH-Gruppen ist energetisch nicht sinnvoll, da sonst stark gespannte Ringsysteme entstehen. Aus demselben Monosaccharid können sowohl Furanosen als auch Pyranosen entstehen. So liegt z. B. Fructose im Fruchtzucker als Pyranose, im Disaccharid Saccharose jedoch als Furanose vor. Bei der Ringbildung entsteht ein neues, **asymmetrisch substituiertes C-Atom**. Daher sind zwei stereoisomere Formen möglich, die so genannten α- und β-Formen, die in diesem Fall als **Anomere** bezeichnet werden. Die Bezeichnung α und β bezieht sich immer auf die in der relativen Nomenklatur konfigurationsbestimmende OH-Gruppe.

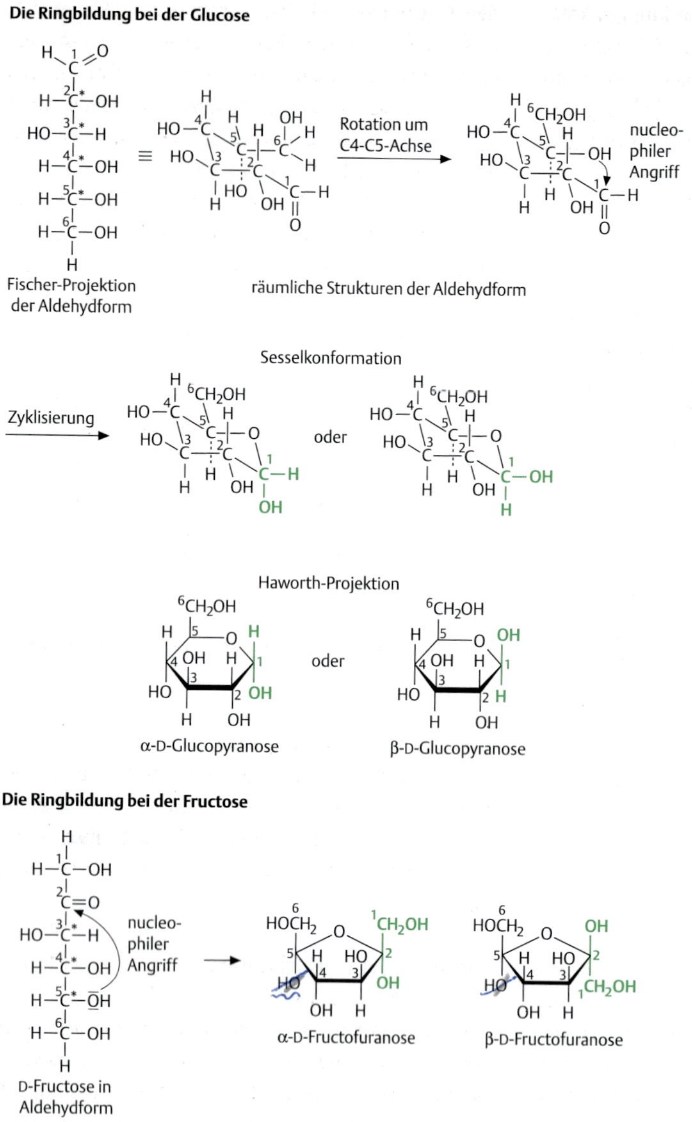

Die Ringbildung bei der Glucose

Abb. 5.15 Die Bildung der Pyranose am Beispiel der D-Glucose und der Furanose am Beispiel der D-Fructose

Fischer-Projektion der Aldehydform

räumliche Strukturen der Aldehydform

Sesselkonformation

Haworth-Projektion

α-D-Glucopyranose   β-D-Glucopyranose

Die Ringbildung bei der Fructose

D-Fructose in Aldehydform

α-D-Fructofuranose   β-D-Fructofuranose

■■ I Merke

Bei Kohlenhydraten bestimmt diejenige OH-Gruppe die Konfiguration, die sich am asymmetrisch substituierten C-Atom befindet, das am weitesten von der am höchsten oxidierten Gruppe entfernt ist.

In der α-Form steht die neue oder glykosidische OH-Gruppe auf der gleichen Seite wie die konfigurationsbestimmende OH-Gruppe, in der β-Form steht sie auf der entgegengesetzten Seite. Folglich steht bei allen D-Zuckern in der α-Form diese neue OH-Gruppe wie die OH-Gruppe am C5 auf der rechten Seite, bei der β-Form auf der linken Seite. Es ist leicht zu erkennen, dass sich α- und β-Formen nicht wie Bild und Spiegelbild verhalten. Es handelt sich also um diastereomere Verbindungen (s. a. S. 105). Bei der D-Glucose sind die beiden Formen in unterschiedlichem Maß rechtsdrehend (19,2 bzw. 111°).

Der vollständige Name muss die stereochemischen Verhältnisse am ersten C- (α oder β) und am fünften C-Atom (D oder L) enthalten. Den Ringtyp kann man aus der Bezeichnung Pyranose (6-Ring) bzw. Furanose (5-Ring) ableiten. Schließlich muss noch klar sein, wie die OH-Gruppen an den anderen asymmetrisch substituierten C-Atomen stehen. Dazu benutzt man die Abkürzungen gluco für Glucose, manno für Mannose, galacto für Galactose, ribo für Ribose usw.

Die Mutarotation

Wenn Sie die Haworth-Darstellung (s.u.) der Glucopyranose genau betrachten, erkennen Sie, dass in der β-Form alle OH-Gruppen trans-ständig, in der α-Form aber die OH-Gruppen an den C-Atomen 1 und 2 cis-ständig sind (s. **Abb. 5.15**). Aufgrund komplizierter stereoelektronischer Effekte ist häufig das α-Anomere bevorzugt. In wässrigen Lösungen stellt sich ein Gleichgewicht zwischen beiden Formen ein, das jedoch oft zugunsten der β- Form ausfällt (62 % β, 38 % α). Die Umwandlung erfolgt formal über die offenkettige Struktur. Deshalb können Sie auch beobachten, dass bei einer Lösung reiner α-D-Glucopyranose eine Änderung des Drehwerts von linear polarisiertem Licht von 111° auf 52,5° eintritt. Wird hingegen eine wässrige Lösung von reiner β-D-Glucopyranose untersucht, steigt der Drehwinkel von anfänglich 19,2° auf 52,5°. Diese Änderung der spezifischen Drehung bezeichnet man als **Mutarotation.**

Die Darstellung der räumlichen Struktur

Die Ringform kann auf verschiedene Arten dargestellt werden. Bei der **Haworth-Darstellung** werden die Ringe eben dargestellt. Die in der Fischer-Projektion nach rechts zeigenden Substituenten weisen nach unten, die links stehenden Substituenten nach oben. Die Haworth-Darstellung beschreibt die räumliche Anordnung jedoch nicht vollständig. 6-Ring-Systeme mit sp^3-hybridisierten C-Atomen können z. B. nicht eben gebaut sein, wie es in der Haworth-Darstellung vereinfachend angenommen wird. Daher muss ggf. die Sesselschreibweise zur räumlichen Darstellung von 6-Ring-Systemen verwendet werden (bei 5-Ring-Systemen spielen Konformere aufgrund der eingeschränkten Drehbarkeit keine bedeutende Rolle).

Wird α-D-Glucopyranose in Sesselschreibweise dargestellt, ergeben sich zwei Möglichkeiten **(Abb. 5.16)**: Das 4. C-Atom kann oberhalb der von den C-Atomen 2, 3 und 5 sowie dem Sauerstoffatom aufgespannten Ebene liegen, es kann sich aber auch unterhalb dieser Ebene befinden. Das 1. C-Atom kann analog entweder unterhalb oder oberhalb der Ebene liegen. Deshalb benutzt man auch den Ausdruck $^4C_1$- bzw. $^1C_4$**-Konformation**. Da in der $^4C_1$-Konformation der D-Glucose alle Substituenten (C1 ausgenommen) äquatorial stehen, wird sie energetisch bevorzugt. Für L-Glucopyranose ist die $^1C_4$-Konformation energetisch vorteilhaft.

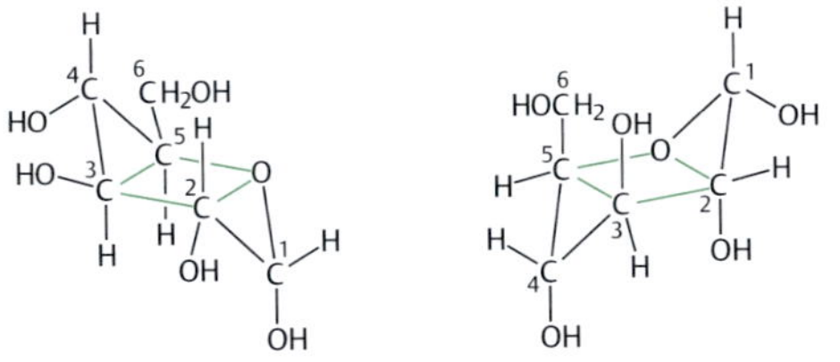

$^4C_1$-Konformation $^1C_4$-Konformation

Abb. 5.16   Die Sesselkonformationen der α-D-Glucopyranose

Die physikalischen Eigenschaften

Monosaccharide sind farb- und geruchlose kristalline Verbindungen, die meist süß schmecken. In Wasser sind sie leicht löslich. Beim Erhitzen tritt oft Bräunung, dann Zersetzung und Verkohlung ein.

Die chemischen Reaktionen

Das Redoxverhalten

Aldehyde entstehen durch Oxidation aus primären Alkoholen und Ketone durch Oxidation aus sekundären Alkoholen (s. S. 126). Man kann daher leicht verstehen, dass die Aldehydgruppe von Aldosen und die Ketogruppe der Ketosen mit einem geeigneten Mittel reduziert werden können.

So entstehen Zuckeralkohole, die zwar noch süß schmecken, aber im chemischen Sinne Alkohole und keine Zucker mehr sind **(Abb. 5.17)**. Bei der Reduktion von C1 der D-Glucose oder C2 der D-Fructose entsteht der Zuckeralkohol D-Sorbit. Aus D-Fructose kann aber auch D-Mannit entstehen.

Auch eine Oxidation ist bei Aldosen möglich, denn eine Aldehydgruppe kann zur Carboxylgruppe oxidiert werden. So entstehen die **On-Säuren.** Ebenso sind eine Oxidation der Aldehydgruppe und der

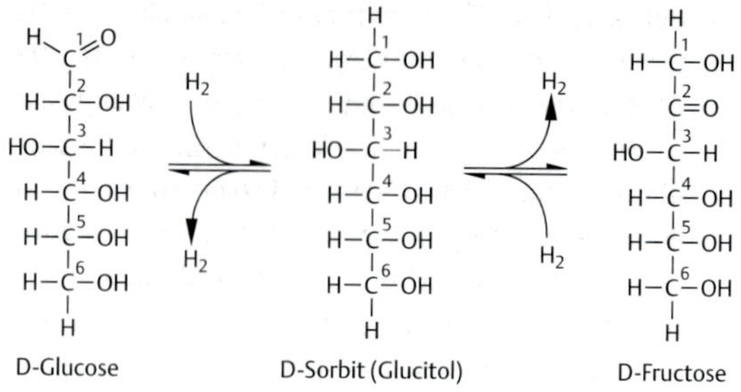

Abb. 5.17 Die Reduktion von Glucose und Fructose zu Sorbit

D-Glucose   D-Sorbit (Glucitol)   D-Fructose

primären OH-Gruppe am 6. C-Atom oder eine ausschließliche Oxidation der primären OH-Gruppe möglich (**Abb. 5.18**). Man erhält die **Ar-Säuren** (früher Zuckersäuren) und **Uronsäuren,** wobei die letzteren in der Biochemie eine große Rolle spielen (z. B. Glucuronsäure für Entgiftungsvorgänge in der Leber).

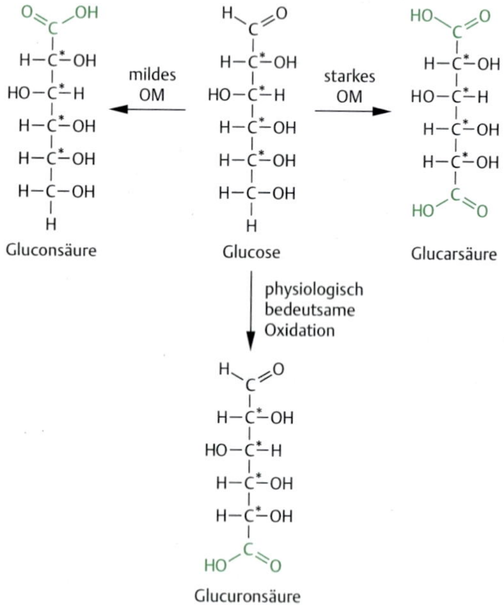

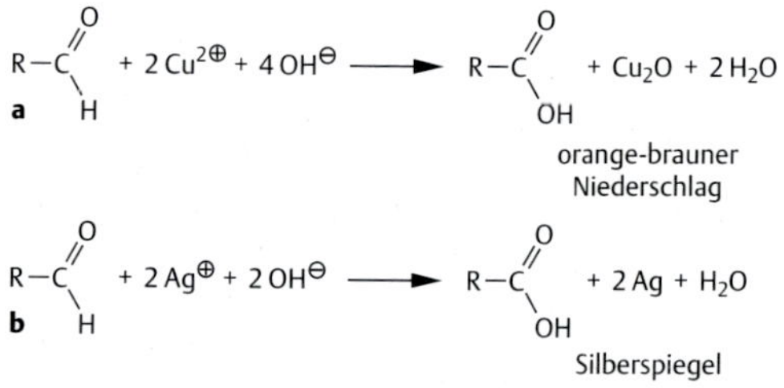

Abb. 5.19 Fehlingsche Lösung (a) und Tollens-Reagens (b) als Oxidationsmittel

Wird Fructose mit einer dieser Reagenzien umgesetzt, erwartet man eigentlich keine Reaktion, da Ketone nicht weiter oxidiert werden können. Trotzdem entsteht Kupfer(I)-oxid bzw. Silber als Reakti-

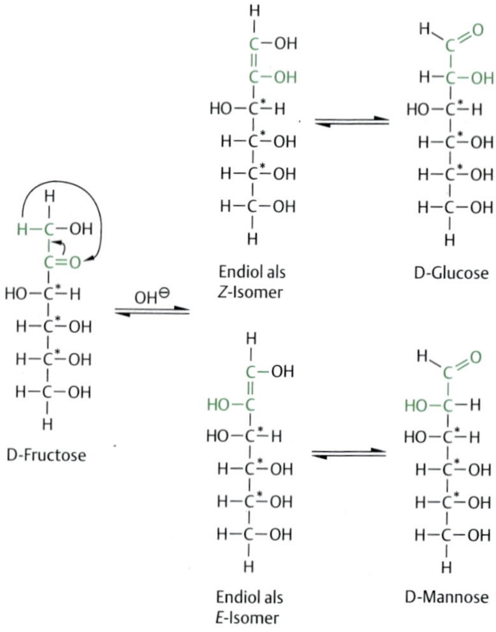

Gluconsäure   Glucose   Glucarsäure

physiologisch bedeutsame Oxidation

Glucuronsäure

Abb. 5.18 Die Möglichkeiten der Oxidation von D-Glucose (OM=Oxidationsmittel)

Die Oxidierbarkeit nutzte man früher auch zum Nachweis von Glucose im Urin aus. Als Oxidationsmittel wurde Fehlingsche Lösung oder Tollens-Reagens eingesetzt (s. S. 143). Die Reaktionsgleichung zeigt, dass diese Reaktionen im alkalischen Milieu ablaufen (**Abb. 5.19**). Heute erfolgt der Glucosenachweis enzymatisch.

D-Fructose

Endiol als Z-Isomer

D-Glucose

Endiol als E-Isomer

D-Mannose

Abb. 5.20 Die Tautomerie bei Fructose

onsprodukt. Aber was wurde oxidiert? In schwach alkalischer Lösung entstehen aus Fructose Glucose und Mannose. Durch Protonenwanderung unter Verlagerung einer Doppelbindung bildet sich ein E- oder Z-Endiol, das in einem zweiten tautomeren Gleichgewicht Mannose bzw. Glucose bilden kann (**Abb. 5.20**).

Es liegt also ein Gemisch aus drei Zuckern vor, wobei die zur Fructose konstitutionsisomeren Monosaccharide Mannose und Glucose Aldosen sind und daher oxidiert werden können.

Ein weiteres Oxidationsprodukt von Monosacchariden ist die L-Ascorbinsäure (s. S. 154) (**Abb. 5.21**). Wenn die Aldehydgruppe am C1 reduziert und die alkoholischen OH-Gruppen am fünften und sechsten C-Atom oxidiert werden, erhält man 2-Oxo-L-gulonsäure, bei der durch eine intramolekulare Veresterung ein Ringsystem entsteht (γ-Lacton). Die tautomere Endiol-Form, die auch tatsächlich wei-

testgehend vorliegt, bezeichnet man als L-Ascorbinsäure. Es handelt sich um eine Säure, da die OH-Gruppen an der Doppelbindung ihre Protonen relativ leicht abgeben. In fester Form ist L-Ascorbinsäure hinsichtlich des Redoxverhaltens stabil. Besonders in Gegenwart von Cu^{2+} und Fe^{3+}-Ionen haben die Lösungen ein großes Oxidationsbestreben, deshalb sollte angeschnittenes Obst niemals lange der oxidierenden Wirkung des Luftsauerstoffs ausgesetzt werden. Die Dehydroascorbinsäure, das Oxidationsprodukt, kann irreversibel zerfallen.

Auch an der L-Ascorbinsäure sind zwei stereogene Zentren zu erkennen. Nur das hier gezeigte Stereoisomer mit R-Konfiguration am asymmetrisch substituierten Kohlenstoffatom im Ring und S-Konfiguration in der Dihydroxy-ethyl-Seitenkette ist biologisch als Vitamin wirksam und wird entsprechend der relativen Nomenklatur als L-Ascorbinsäure bezeichnet.

Abb. 5.21 Die vereinfacht formulierte Bildung von L-Ascorbinsäure

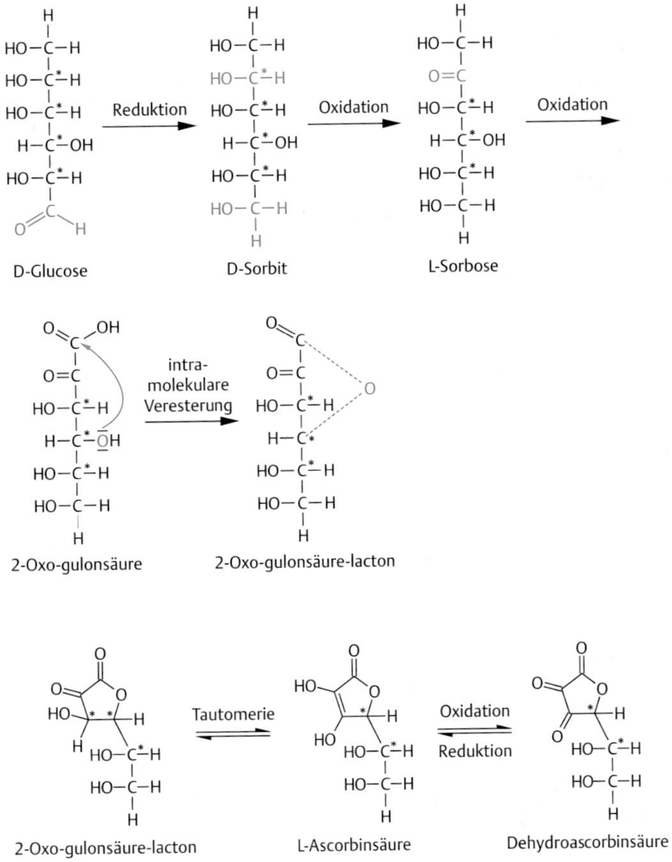

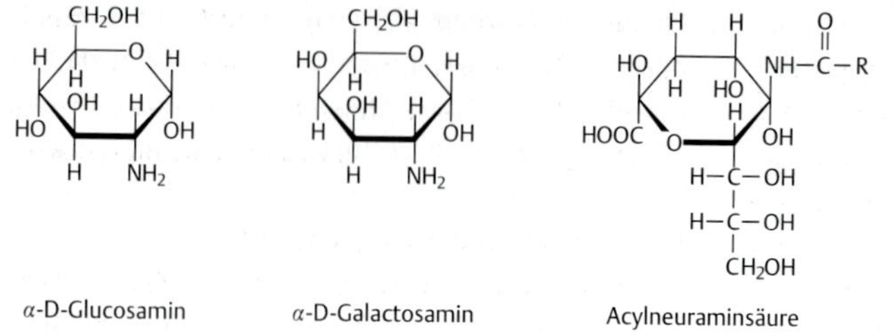

Abb. 5.22 Weitere biochemisch wichtige Monosaccharide

α-D-Glucosamin   α-D-Galactosamin   Acylneuraminsäure

Weitere wichtige Monosaccharide

Monosaccharide können auch Stickstoff enthalten. Das ist z. B. bei den Aminozuckern D-Glucosamin und D-Galactosamin der Fall, die als Bausteine in Polysacchariden vorkommen. Auch Acylneuraminsäuren sind Zuckerderivate, sie spielen als Bestandteile von Glykolipiden und Glykoproteinen eine Rolle (**Abb. 5.22**).

Die Glykoside

Die Ringstruktur der Monosaccharide ist durch eine Halbacetalbildung zu verstehen (analog zu den Carbonylreaktionen, s. S. 139). Daher sollte auch bei den Monosacchariden eine **Vollacetalbildung** möglich sein. Tatsächlich unterscheidet sich die neu entstandene glykosidische (oder auch halbacetalische) OH-Gruppe von den anderen OH-Gruppen in ihrer Reaktivität. In Gegenwart von Säuren kann sie nämlich mit Alkoholen zum Acetal reagieren. Diese Acetale bezeichnet man in der Kohlenhydratchemie als **Glykoside** (**Abb. 5.23**). Die alkoholische Komponente wird als **Aglykon** bezeichnet. Der Name des Aglykons wird dem Namen des Saccharidbausteins

(gluco, galacto usw.) vorangestellt. Der Name des Glykosids endet auf **-osid**. Es existieren zwei anomere Formen von Glykosiden. Da eine Gleichgewichtseinstellung über eine offenkettige Form nicht erfolgen kann, zeigen sie aber keine Mutarotation.

Die zwischen dem Zuckerbaustein und dem Aglykon entstandene Bindung ist keine Etherbindung, sondern eine **glykosidische Bindung** und damit leichter spaltbar (z. B. durch verdünnte Säure). Aber auch Enzyme können das Aglykon abspalten, dabei reagieren die Enzyme spezifisch auf eine α- bzw. β-glykosidische Verknüpfung. Da eine glykosidische Verknüpfung auch zu Thioalkoholen und Aminen erfolgen kann, charakterisiert man die glykosidische Verbindung genauer, d. h. man gibt auch das verknüpfende Atom an. Daher gibt es neben O-Glykosiden (Aglykon: Alkohol, Phenol) auch N-Glykoside (Aglykon: Amin) und S-Glykoside (Aglykon: Thiol). Zu den N-Glykosiden zählen vor allem die Nucleoside, die Bausteine der Nucleinsäuren (s. S. 185).

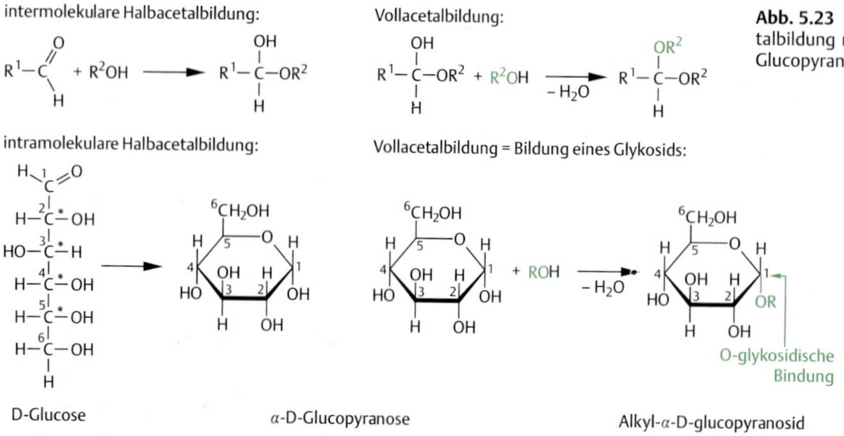

Abb. 5.23 Vergleich der Vollacetalbildung mit der Bildung eines Glucopyranosid

intermolekulare Halbacetalbildung:

Vollacetalbildung:

intramolekulare Halbacetalbildung:

Vollacetalbildung = Bildung eines Glykosids:

D-Glucose   α-D-Glucopyranose   Alkyl-α-D-glucopyranosid

O-glykosidische Bindung

5.2.4 Die Disaccharide

Disaccharide sind Kohlenhydrate aus zwei glykosidisch gebundenen Monosacchariden. Wenn die glykosidische OH-Gruppe des einen Monosaccharids und eine alkoholische OH-Gruppe des anderen Monosaccharids an der Glykosidbindung beteiligt sind, hat das Disaccharid aufgrund der noch vorhandenen glykosidischen OH-Gruppe des zweiten Bausteins reduzierende Eigenschaften. Wurde anstelle der alkoholischen diese glykosidische OH-Gruppe des zweiten Bausteins aber für die Bindung verwendet, besitzt das Disaccharid keine reduzierenden Eigenschaften mehr (nicht-reduzierende Disaccharide).

Die nicht-reduzierenden Disaccharide

Wichtigster nicht-reduzierender Zucker ist die **Saccharose,** die im Pflanzenreich weit verbreitet ist und aus Zuckerrohr oder Zuckerrüben gewonnen wird. Sie enthält die Bausteine α-D-Glucopyranose und β-D-Fructofuranose, wobei die glykosidischen OH-Gruppen am ersten C-Atom der Glucose und am zweiten C-Atom der Fructose an der Vollacetalbildung beteiligt sind **(Tab. 5.3)**. Um diese Verknüpfung zu veranschaulichen musste das Fructosemolekül so gedreht werden, dass das zweite C-Atom auf der linken Seite steht.

Die glykosidische Bindung kann in der Saccharose durch saure Hydrolyse oder enzymatisch gespalten werden. Dabei entsteht ein Gemisch aus D-Glucose und D-Fructose. Es wird als Invertzucker bezeichnet, da die starke Linksdrehung der Fructose dominiert.

Zu den nicht-reduzierenden Disacchariden gehört auch die Trehalose, die aus zwei Glucosebausteinen besteht und in Algen, Pilzen u. a. niederen Pflanzen verbreitet ist. Sie dient bei Insekten als Blutzucker.

Die reduzierenden Disaccharide

Zu dieser Gruppe gehört die **Lactose** (Milchzucker), aber auch **Maltose** und **Cellobiose** besitzen eine glykosidische OH-Gruppe, die nicht gebunden ist. Man kann deshalb auch eine Mutarotation (s. S. 171) beobachten. Die im Malz vorkommende Maltose, die durch α-glykosidische (1→4)-Verknüpfung von zwei Molekülen D-Glucose entsteht, wird beim Abbau von Stärke durch das Enzym Diastase gebildet. Das Enzym Maltase baut die Maltose bis zur Glucose ab. Cellobiose wird ebenfalls zu zwei Molekülen D-Glucose hydrolysiert. Die Moleküle sind aber im Disaccharid β-glykosidisch verknüpft. Cellobiose entsteht beim Abbau von Cellulose **(Tab. 5.4)**.

Lactose bildet sich unter Austritt der glykosidischen OH-Gruppe der D-Galactose und β-glykosidischer Verknüpfung mit der alkoholischen OH-Gruppe am 4. C-Atom der D-Glucose. Lactose kann hydrolytisch und enzymatisch gespalten werden (durch das Enzym Lactase). Bei Lactasemangel kann die Lactose im Darm nicht in ihre Bestandteile Glucose und Galactose gespalten werden. Die Patienten leiden unter Blähungen, Bauchkrämpfen und wässrigen Durchfällen nach dem Konsum von Milchprodukten.

Tabelle 5.3 Struktur von Saccharose und Trehalose

Trivialname	systematischer Name	Kurzschreibweise	Formel
Saccharose	α-D-Glucopyranosyl-β-D-fructofuranosid	[α-Glc(1→2)β-Fru]	
Trehalose	α-D-Glucopyranosyl-α-D-glucopyranosid	[α-Glc(1→1)α-Glc]	

Tabelle 5.4 Die Struktur von Maltose, Cellobiose und Lactose

Trivialname	systematischer Name	Kurzschreibweise	Formel
Maltose	4-O-α-D-Glucopyranosyl-D-glucopyranose	[α-Glc(1→4)-Glc]	
Isomaltose	6-O-α-D-Glucopyranosyl-D-glucopyranose	[α-Glc(1→6)-Glc]	
Cellobiose	4-O-β-D-Glucopyranosyl-D-glucopyranose	[β-Glc(1→4)-Glc]	
Lactose	4-O-β-D-Galactopyranosyl-D-glucopyranose	[β-Gal(1→4)-Glc]	

Merken Sie sich die Einteilung in reduzierende und nicht-reduzierende Zucker und lernen Sie die Bausteine der Disaccharide auswendig.

5.2.5 Die Oligosaccharide

Oligosaccharide enthalten drei bis zehn Monosaccharidbausteine. Sie entstehen durch fortlaufende Verknüpfung eines Disaccharids mit weiteren Monosaccharidbausteinen, wobei die gleichen Regeln wie für die Disaccharide gelten. Wenn noch glykosidische OH-Gruppen verfügbar sind, hat das Oligosaccharid reduzierende Eigenschaften. Höhere Oligosaccharide sind im Pflanzenreich verbreitet. Im menschlichen Organismus findet man freie Oligosaccharide nur in geringen Konzentrationen, so z. B. in der Frauenmilch die N-Acetyl-neuraminosyl(2→3)lactose. Dagegen haben Oligosaccharide in gebundener Form als Bestandteile der Glykoproteine, der Blutgruppensubstanzen und auch der Glykolipide eine große Bedeutung.

5.2.6 Die Polysaccharide

Bei fortschreitender Verknüpfung von Monosaccharidbausteinen entstehen Polysaccharide. Sie werden auch als Glykane bezeichnet. Die relative Molekülmasse kann zwischen 1000 und 100 000 000 liegen. **Homoglykane** bestehen aus dem gleichen Monosaccharid, **Heteroglykane** aus unterschiedlichen Monosacchariden. Polysaccharide besitzen keine reduzierende Wirkung mehr, da ein endständiges Halbacetal nun keine nennenswerte Rolle mehr spielt. Bei einer Hydrolyse durch Behandlung mit verdünnten Säuren erhält man Monosaccharide.

Die Cellulose

Die Cellulose ist eine wichtige Gerüstsubstanz für Pflanzen und das häufigste Kohlenhydrat überhaupt. Sie besteht aus β(1→4)-glykosidisch verknüpften Glucosemolekülen **(Abb. 5.24)**. Die unverzweigten Ketten können enzymatisch zur Cellobiose abgebaut werden. Wasserstoffbrücken

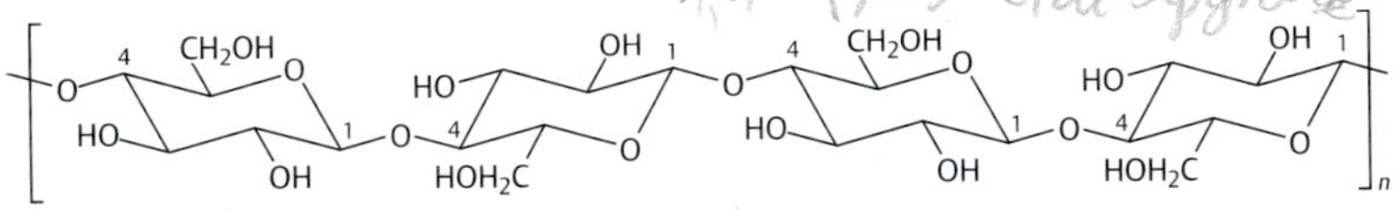

Abb. 5.24 Formelausschnitt Cellulose

zwischen dem Ring-Sauerstoffatom und der OH-Gruppe am dritten C-Atom behindern die freie Drehbarkeit der glykosidischen Bindung, dadurch kommt es zu Versteifungen. Die einzelnen Stränge werden durch intermolekulare Wasserstoffbrückenbindungen zusammengehalten. Cellulose ist für den Menschen unverdaulich, da für die Spaltung der β-Verknüpfung kein Enzym zur Verfügung steht.

Die Stärke

Stärke besteht zu 80 % aus Amylopektin und zu 20 % aus Amylose, deren Struktur und Eigenschaften sich unterscheiden (Abb. 5.25). Beim enzymatischen Abbau von Stärke zu Disacchariden entstehen Maltose und Isomaltose (6-O-α-D-Glucopyranosyl-D-glucopyranose). **Amylose** besteht aus α(1→4)-glykosidisch verknüpften unverzweigten Ketten aus Glucosemolekülen, die sich kolloidal in Wasser lösen. Dadurch kann sie vom unlöslichen Amylopektin getrennt werden. Die Ketten sind helixförmig angeordnet. 6 Glucosemoleküle bilden eine Windung. Iod kann in dem inneren Hohlraum der Helix eingeschlossen werden, dadurch entsteht eine charakteristische Blaufärbung (Iod-Stärke-Reaktion). Die Molmasse beträgt 17 000 bis 200 000.

Amylopektin besteht ebenfalls aus α(1→4)-glykosidisch verknüpften Glucosemolekülen. Zusätzlich kommt es aber etwa beim 20. bis 25. Molekül zu einer α(1→6)-glykosidischen Verknüpfung. Die Molmasse beträgt etwa 400 000.

Das Glykogen

Glykogen ist das Reservekohlenhydrat des tierischen Organismus. Es entspricht vom Aufbau dem Amylopektin, ist aber noch stärker verzweigt. Dadurch hat das Gesamtmolekül eine kugelige Gestalt. Die Molmassen betragen 1 000 000 bis 5 000 000.

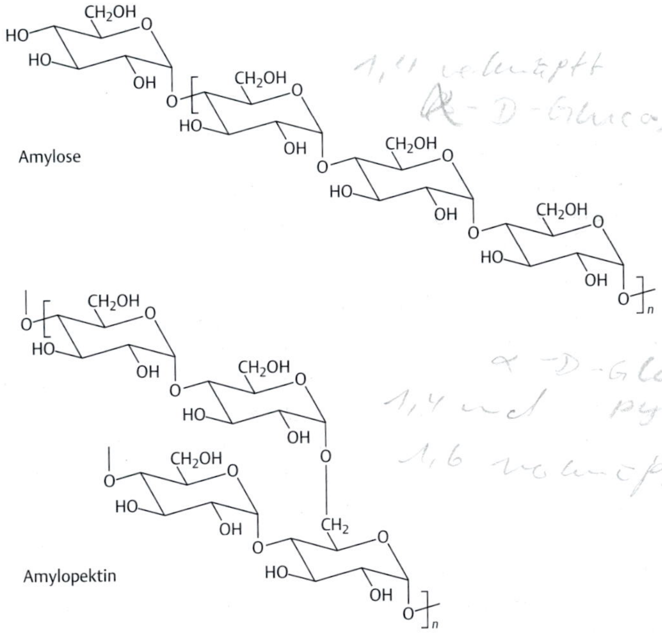

Abb. 5.25 Formelausschnitte Amylose und Amylopektin

Amylose

Amylopektin

Weitere Polysaccharide

Dextrane enthalten vorwiegend $\alpha(1\rightarrow6)$-glykosidisch verknüpfte Glucoseeinheiten. Sie werden von Mikroorganismen erzeugt. Dextrane mit der Molmasse 75 000 dienen als Blutplasmaersatz. **Inulin** findet man in den Knollen von Topinambur, Dahlien und Artischocken. Es ist aus $\beta(1\rightarrow2)$-glykosidisch verknüpften D-Fructofuranose-Einheiten aufgebaut.

Chitin bildet die Gerüstsubstanz der Außenskelette von Insekten und Spinnen. Es ist unverzweigt und besteht aus $\beta(1\rightarrow4)$-glykosidisch verknüpften N-Acetyl-D-glucosaminen.

Hemicellulosen stellen Gemische aus Homo- und Heteroglykanen dar. Sie bestehen aus D-Xylose, D-Galactose oder D-Mannose und D-Glucuronsäure.

Auch pflanzliche Geliermittel wie **Pektine, Agar-Agar** oder **Carageene** sind Polysaccharide. Sie besitzen ein hohes Wasserbindungsvermögen und stellen als Ballaststoffe von Verdauungsenzymen nicht verwertbare, sondern als Füll- oder Quellstoff fungierende Nahrungsbestandteile dar.

Die Bausteine der Oligo- und Polysaccharide sollten Sie kennen, wobei es aber sicher wenig sinnvoll ist, sich ganze Formelausschnitte einzuprägen. Viel einfacher ist es, die Struktur der einzelnen Monosaccharidbausteine und deren Verknüpfung zu lernen. So sind Sie notfalls immer in der Lage, auch einen Formelausschnitt selbst richtig wiederzugeben; das wird Ihnen in der Biochemie weiterhelfen.

5.2.7 Klinische Bezüge

Hereditäre Fructose-Intoleranz

Bei dieser Erkrankung führt ein Enzymdefekt dazu, dass Fructose und Sorbit nicht verstoffwechselt werden können. In den Zellen staut sich deshalb Fructose-1-Phosphat an, das Glykolyse und Gluconeogenese hemmt. Symptome treten z. B. nach Fütterung saccharosehaltiger Milch auf (Schwitzen, Zittern, Erbrechen, Unruhe). Bei weiterer Fructosezufuhr kommt es zu Leberfunktionsstörungen. Die Therapie besteht in einer fructosefreien Diät.

Galactosämie

Galactosämie ist eine Sammelbezeichnung für verschiedene erbliche Störungen des Galactosestoffwechsels. Durch unterschiedliche Enzymdefekte kann die Galactose nicht verwertet werden und häuft sich im Blut und Gewebe an. Es gibt foudroyante Verlaufsformen, die sich bereits in den ersten Lebenstagen mit Erbrechen, Milz- und Lebervergrößerung, Hypoglykämie und Krämpfen manifestieren, aber auch protrahierte Verläufe mit langsamer Symptomentwicklung. Die Therapie besteht in einer lactosefreien Diät.

Karies

Durch Bakterien der Art Streptococcus mutans, die zur normalen Flora der Mundhöhle gehören, wird eine Dextran-Transglucosylase ausgeschieden, die den Glucose-Anteil des Rohrzuckers zu einem Dextran polymerisiert. Dieses Polysaccharid bildet Beläge auf den Zähnen, die die Bakterien vom Speichel abschirmen. Das Dextran kann wegen der $(1\rightarrow6)$-Verknüpfung von der Amylase des Speichels nicht abgebaut werden. Die Fructose als zweites Spaltprodukt des Rohrzuckers dient den Bakterien als Energielieferant. Sie wird zu Milchsäure abgebaut und greift den Zahnschmelz und das Dentin an. Als Folge entsteht Karies.

Check-up

✔ Rekapitulieren Sie das Redoxverhalten der Monosaccharide. Es ist wichtig, dass Sie erklären können, warum Fructose als Ketose eine reduzierende Wirkung hat.

✔ Machen Sie sich nochmals klar, was eine glykosidische OH-Gruppe, eine glykosidische Bindung, ein Glykosid und ein Aglykon sind.

5.3 Die Lipide

Lerncoach

■ Für das Verständnis dieses Kapitels sind einige Grundbegriffe wichtig, die in anderen Kapiteln besprochen wurden und die Sie dort ggf. auffrischen können, wie z. B. Hydrolyse (s. S. 42), Protolyse (s. S. 55), stereogene Zentren (s. S. 101), Ester organischer und anorganischer Säuren (s. S. 127).

■ Die Lipide prägen Sie sich am besten ein, indem Sie sich die Grundbausteine merken, z. B.: „Ein Fett besteht aus den Bausteinen Glycerol und langkettiger Carbonsäuren, die als Ester verknüpft sind."

5.3.1 Der Überblick

Der Begriff Lipid (lipos gr. Fett, Öl) ist eine vor allem in der Biochemie gebräuchliche Sammelbezeichnung für chemisch sehr verschiedene, in allen Zellen vorkommende Stoffe (z. B. Fettsäuren, Fette, Steroide). Ihre Gemeinsamkeit besteht darin, dass sie in polaren Lösungsmitteln unlöslich, in unpolaren hingegen löslich sind. Lipide dienen u. a. der Energiespeicherung und sind für den Aufbau der Zellmembran notwendig. Lipide sind außerdem Ausgangsstoff für viele Hormone.

5.3.2 Die Klassifizierung

Da die Lipide chemisch sehr uneinheitlich sind, gibt es viele Möglichkeiten der Einteilung. Eine in der Biochemie verbreitete Klassifizierung richtet sich danach, ob es sich um einfache Verbindungen handelt, die bei der Behandlung mit alkalischen Lösungen nicht hydrolisieren, oder ob zusammengesetzte Lipide mit Ester-, Amid- oder Glykosidbindungen vorliegen. Zu den nicht hydrolisierbaren Lipiden gehören die Fettsäuren und die Isoprenderivate, zu den zusammengesetzten z. B. die Wachse, die Acylglyceride, die Phospholipide und die Sphingolipide.

5.3.3 Die Fettsäuren und Fette

Fettsäuren sind einfache und Fette zusammengesetzte Lipide.

Tabelle 5.5 Lipide

Lipide	Beispiele
nicht hydrolysierbare Lipide	– Fettsäuren – Isoprenderivate 　● Terpene 　● Steroide
hydrolisierbare Lipide	– Wachse – Fette (Acylglyceride) – Phospholipide – Sphingolipide – Glykolipide

Fettsäuren – Struktur und Eigenschaften

Fettsäuren bestehen aus einer hydrophilen Carboxylgruppe und einem langkettigen, hydrophoben Kohlenwasserstoffrest, sie sind also amphiphil **(Abb. 5.26)**.

Abb. 5.26 Amphiphiler Charakter der Fettsäuren

Sind die Kohlenstoffatome in der Kette durch jeweils eine Einfachbindung verknüpft, handelt es sich um eine **gesättigte** Fettsäure. Treten neben den Einfach- auch Doppelbindungen auf, spricht man von einer **ungesättigten** Fettsäure. Alle natürlich vorkommenden ungesättigten Fettsäuren besitzen an der Doppelbindung eine **Z- (cis-) Konfiguration**.

Die Struktur der Fettsäure-Komponenten steht in engem Zusammenhang mit der Konsistenz der Fette. Je mehr **Doppelbindungen** die Fettsäuren enthalten, umso **flüssiger** wird das Fett. Für flüssige Fette ist auch die Bezeichnung „Öl" üblich, diese beschreibt aber nur die Konsistenz und nicht die chemische Struktur (Mineralöle sind z. B. Kohlenwasserstoffe, etherische Öle sind meistens Terpenabkömmlinge). Wie alle Doppelbindungen können auch die der Fette hydriert werden, dadurch härtet man Fett. Das nutzt man bei der Herstellung von Margarine. **Tab. 5.6** zeigt die wichtigsten natürlichen Fettsäuren. Fettsäuren protolysieren nur in geringem Umfang, sie sind wie Carbonsäuren allgemein schwache Säuren. Deshalb reagieren Salze der Fettsäuren auch alkalisch **(Abb. 5.27)**.

Die essenziellen Fettsäuren

Essenzielle Fettsäuren können nicht vom tierischen oder menschlichen Organismus synthetisiert werden. Es handelt sich hierbei um mehrfach ungesättigte Fettsäuren, die Doppelbindungen enthalten, die mehr als 9 C-Atome von der Carboxylgruppe

$$RCOONa \xrightleftharpoons[\text{in Wasser}]{\text{Hydrolyse}} RCOO^{\ominus} + Na^{\oplus}$$

$$RCOO^{\ominus} + H_2O \rightleftharpoons RCOOH + OH^{\ominus}$$

Abb. 5.27 Salze der Fettsäuren reagieren alkalisch

Tabelle 5.6 Die Struktur einiger Fettsäuren und ihr Vorkommen in Fetten

Fettsäure	Struktur	Vorkommen
Palmitinsäure (Hexadecansäure)		Palmöl, Tierfett
Stearinsäure (Octadecansäure)		Palmöl, Tierfett
Ölsäure (Z-9-Octadecensäure)		Maisöl, Olivenöl
Linolsäure (Z,Z-9,12-Octadecadiensäure)		Leinöl, Maisöl
Linolensäure (Z,Z,Z-9,12,15-Octadecatriensäure)		Leinöl
Arachidonsäure (5,8,11,14-Eicosatetraensäure)		Sardinenöl, Tierfette

entfernt sind. Für Linolsäure und Linolensäure werden auch die Bezeichnungen ω-6-Fettsäure und ω-3-Fettsäure verwendet. Der Name sagt aus, dass sich eine Doppelbindung 6 bzw. 3 C-Atome vor dem endständigen ω-C-Atom befindet.

Fette sind Ester des Glycerol (Glycerin, Propantriol) und langkettiger Carbonsäuren (Fettsäuren). Je nachdem, wie viele OH-Gruppen des Glycerols verestert sind, spricht man von **Mono-, Di- und Triglyceriden** (Triglyceride = Triacylglyceride oder Neutralfette).

Am Aufbau der Fette sind meistens unterschiedliche Carbonsäuren beteiligt, deshalb ist das sekundäre C-Atom des Glycerols ein stereogenes Zentrum. Die in den natürlichen Fetten vorkommenden Carbonsäuren haben überwiegend eine gerade Anzahl von C-Atomen, da sie aus „aktivierter Essigsäure", also aus C2-Bausteinen, synthetisiert werden (Acetyl-Coenzym A, s.S. 148). **Abb. 5.28** zeigt die Struktur eines Triglycerids. In der Mitte steht der Glycerolbaustein, an den über Esterbindungen drei verschiedene Carbonsäuren verknüpft sind.

Die Hydrolyse der Fette und die Seifenbildung (Verseifung)

Wie alle Ester können die Fette hydrolytisch gespalten werden. Besonders leicht gelingt die Hydrolyse in Gegenwart von Natron- (NaOH) oder Kalilauge (KOH) (**Abb. 5.29**, s. a. S. 149). Dabei entstehen neben Glycerol die Alkalisalze der Fettsäuren (**Seifen**).

Um die Wirkung von Seife zu verstehen, muss man sich die Struktur der Fettsäuren nochmals vor Augen führen. Im Wasser lagern sich die Fettsäuremoleküle zu tröpfchenförmigen Gebilden zusammen (**Micellen**). Der hydrophile Teil passt sich in die Dipolstruktur des Wassers ein, die hydrophoben Reste zeigen nach innen. In diesen kugelförmigen Gebilden können hydrophobe Teilchen wie z.B. Schmutzteilchen eingeschlossen werden. An der Wasseroberfläche bildet sich zusätzlich eine Monoschicht aus: Die hydrophilen Reste bilden Wasserstoffbrückenbindungen mit dem Wasser aus, die hydrophoben Reste zeigen vom Wasser weg. Dadurch wird die Oberflächenspannung des Wassers herabgesetzt. Der große Nachteil von Seife liegt in der alkalischen Reaktion der wässrigen Lösung. Dadurch wird nicht nur die Haut angegriffen, sondern auch das Waschgut.

Außerdem bilden die Fettsäurereste mit Ca^{2+}-Ionen und Mg^{2+}-Ionen schwer lösliche Salze, die bei hartem Wasser die Waschwirkung negativ beeinflussen.

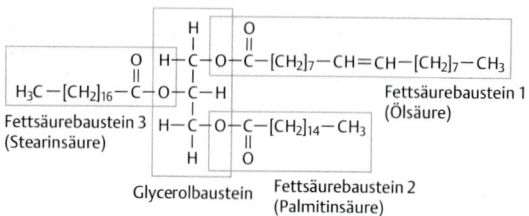

Abb. 5.28   Struktur eines Triglycerids

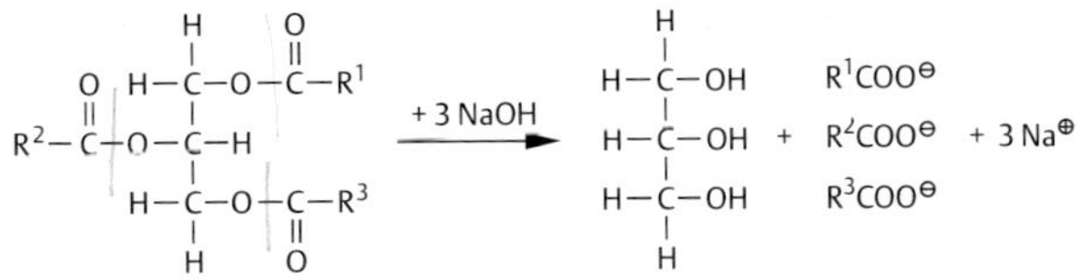

Abb. 5.29 Die alkalische Hydrolyse eines Fettes

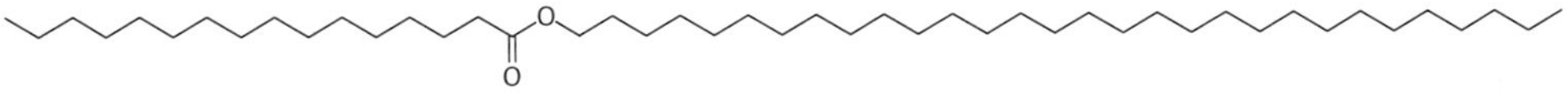

$$\begin{array}{c} \text{O} \quad \text{H} - \text{C} - \text{O} - \overset{\text{O}}{\overset{\|}{\text{C}}} - \text{R}^1 \\ \text{R}^2 - \overset{\|}{\overset{\text{O}}{\text{C}}} - \text{O} - \text{C} - \text{H} \\ \text{H} - \text{C} - \text{O} - \overset{\|}{\overset{\text{O}}{\text{C}}} - \text{R}^3 \\ \text{H} \end{array} \xrightarrow{+\,3\,\text{NaOH}} \begin{array}{c} \text{H} \\ \text{H} - \text{C} - \text{OH} \quad \text{R}^1\text{COO}^\ominus \\ \text{H} - \text{C} - \text{OH} \quad + \quad \text{R}^2\text{COO}^\ominus \quad + \; 3\,\text{Na}^\oplus \\ \text{H} - \text{C} - \text{OH} \quad \text{R}^3\text{COO}^\ominus \\ \text{H} \end{array}$$

Abb. 5.30   Myricylpalmitat, Hauptbestandteil des Bienenwachses

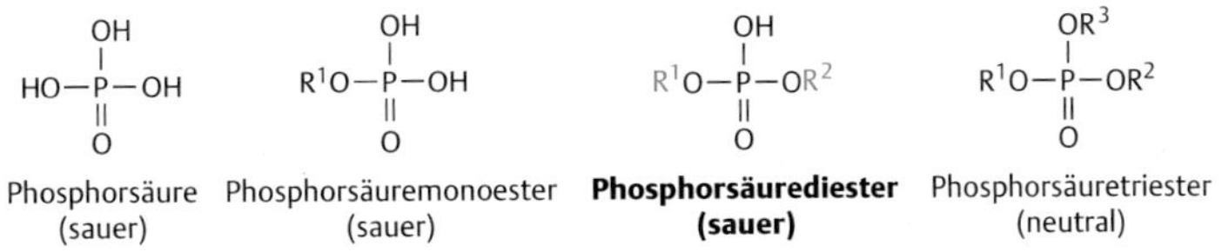

Abb. 5.31   Ester der Phosphorsäure

$\underset{\overset{\|}{\text{O}}}{\overset{\text{OH}}{\text{HO}-\text{P}-\text{OH}}}$	$\underset{\overset{\|}{\text{O}}}{\overset{\text{OH}}{\text{R}^1\text{O}-\text{P}-\text{OH}}}$	$\underset{\overset{\|}{\text{O}}}{\overset{\text{OH}}{\text{R}^1\text{O}-\text{P}-\text{OR}^2}}$	$\underset{\overset{\|}{\text{O}}}{\overset{\text{OR}^3}{\text{R}^1\text{O}-\text{P}-\text{OR}^2}}$
Phosphorsäure (sauer)	Phosphorsäuremonoester (sauer)	**Phosphorsäurediester (sauer)**	Phosphorsäuretriester (neutral)

5.3.4 Die Wachse

Wachse sind Ester aus langkettigen einwertigen Alkoholen und aus Fettsäuren. Sie sind außerordentlich hydrophob, haben aber einen niedrigen Schmelzpunkt. Natürlich vorkommende Wachse sind Gemische verschiedener Ester, so enthält z. B. Bienenwachs zu 75 % Myricylpalmitat $C_{15}H_{31}COOC_{30}H_{61}$ (**Abb. 5.30**).

5.3.5 Die Phospholipide und die Sphingolipide

Phospho- und einige Sphingolipide als Ester der Phosphorsäure

Phospholipide (Phosphatide) sind ebenfalls Ester, nämlich Diester der Phosphorsäure (**Abb. 5.31**). Bei physiologischen Bedingungen liegt der Diester dissoziiert vor.

Die Veresterung erfolgt zum einen bei den Phospholipiden mit Glycerolderivaten, vor allem Diacylglyceriden, oder bei den Sphingolipiden mit dem Sphingosinderivat Ceramid (in **Tab. 5.7** ist dies die alkoholische Komponente R^1). Zum anderen erfolgt die Veresterung mit Ethanolamin (Colamin), Cholin, Serin, myo-Inosit oder nochmals Glycerol (in **Tab. 5.7** ist das die alkoholische Komponente R^2).

Die Glykolipide

Glykolipide sind keine Phosphorsäureester, es handelt sich um Glykoside (s. S. 174). Als Aglykon tritt vorwiegend das Sphingosinderivat Ceramid auf, deshalb werden sie auch zu den Sphingolipiden gerechnet. Zuckerbestandteil sind Mono- oder Oligosaccharide und deren Derivate. **Abb. 5.32** zeigt die allgemeine Struktur.

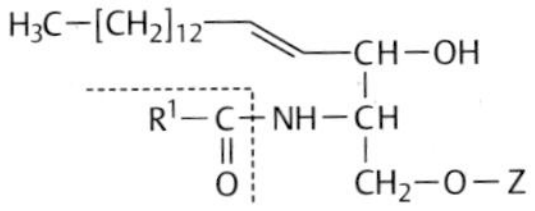

$$H_3C-[CH_2]_{12} \overset{\displaystyle \nwarrow}{} \overset{\text{CH}-\text{OH}}{\underset{\underset{\text{O}}{\overset{\|}{\text{R}^1-\text{C}}}-\text{NH}-\text{CH}}{} \overset{}{\underset{\text{CH}_2-\text{O}-\text{Z}}{}}}$$

Z: glykosidisch gebundener Zucker

Abb. 5.32   Struktur von Glykolipiden

Biomembranen und Lipiddoppelschichten

Biomembranen und Lipiddoppelschichten sind aus amphiphilen Phospho- und Glykolipiden aufgebaut. Phospho- und Glykolipide können nicht nur Micellen ausbilden, sondern auch andere „zweidimensionale" und sphärische Gebilde (z. B. Doppelschichten, Vesikel, vesicula lat. Bläschen). Die verschiedenen Möglichkeiten der Zusammenlagerung von Lipidmolekülen sind in **Abb. 5.33** dargestellt.

Doppelschichten sind das entscheidende Strukturelement von Biomembranen. Diese sind aus den besprochenen Lipiden sowie Proteinen und Kohlenhydraten aufgebaut. Die Proteine sind vor allem für den Stoff-, Elektronen- und Ionentransport verant-

Tabelle 5.7 Struktur einiger Phospholipide als Dieester der Phosphorsäure

alkoholische Komponente R¹	alkoholische Komponente R²	Phospholipid
Diacylglycerol F^1 und F^2: Fettsäurereste	Ethanolamin (Colamin) $HO-CH_2-CH_2-NH_2$	Phosphatidylethanolamin (α–Kephalin)
	Cholin $[HO-CH_2-CH_2-\overset{\oplus}{N}(CH_3)_3]\,OH^{\ominus}$	Phosphatidylcholin (α–Lecithin)
	Serin $HO-CH_2-\underset{\underset{COO^{\ominus}}{\vert}}{CH}-\overset{\oplus}{NH_3}$	Phosphatidylserin Serinkephalin
	myo-Inosit	Phosphatidylinosit Inositphosphatid
Ceramid (N-Acylsphingosin) $F^1 = C_{15}H_{31}, C_{17}H_{35}$	Cholin $[HO-CH_2-CH_2-\overset{\oplus}{N}(CH_3)_3]\,OH^{\ominus}$	Sphingosin-phosphatid Sphingomyelin

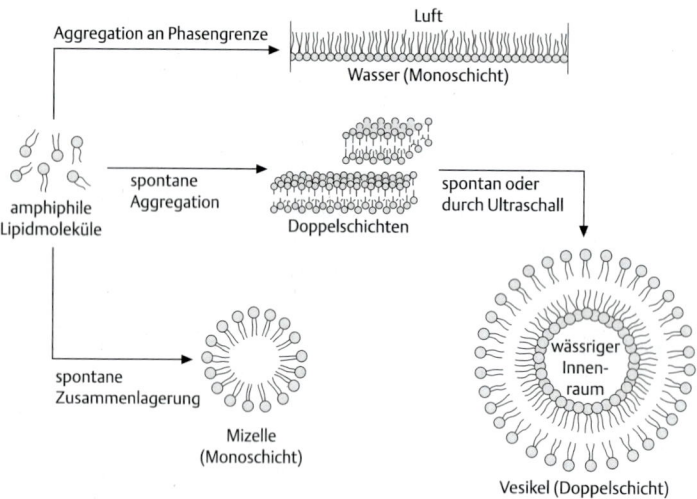

Abb. 5.33 Die Zusammenlagerung von Lipidmolekülen

wortlich. Die hydrophilen Kohlenhydrate befinden sich bevorzugt an der Oberfläche und dienen als Signalsubstanzen.

5.3.6 Die Isoprenoide

Die Isoprenoide sind Grundkörper vieler pflanzlicher und tierischer Naturstoffe. Allen Isoprenoiden gemeinsam ist der Aufbau aus Isopren-Molekülen

(Abb. 5.34). Vom Isopren leiten sich zwei wichtige Lipidgruppen ab: Die **Terpene** und die **Steroide**. Für den menschlichen Organismus sind vor allem die Vitamine A, E und K als Terpene bedeutsam. Auch das β-Carotin, Vorstufe des Vitamin A, wird zu den Terpenen gerechnet. Sie haben zudem einen ausgeprägten, oft angenehmen Geruch und werden als Duft- und Aromastoffe verwendet. Ein wichtiges

Steroid ist z. B. das Cholesterol, das als Baustein für Biomembranen wichtig ist. Zu den Isoprenoiden zählen auch die Sexualhormone.

Abb. 5.34 Formel des Isopren (2-Methyl-but-1,3-dien)

Isopren

Die Terpene

Terpene erhält man durch Polymerisation mehrerer Isoprenmoleküle. Es gilt folgende Nomenklatur:

- Monoterpene (10 C-Atome) zwei Isopreneinheiten
- Diterpene (20 C-Atome) vierfache Terpene
- Triterpene (30 C-Atome) sechsfache Terpene
- Tetraterpene (40 C-Atome) achtfache Terpene.

Nach der Verknüpfung werden die Moleküle noch vielfältig verändert, sodass die Einordnung als Isoprenabkömmling mitunter schwierig ist **(Tab. 5.8)**. Ein sehr wichtiges Triterpen ist das Squalen, da es die Vorstufe der Steroide in der Biosynthese darstellt. Von einigen Terpenen existieren infolge asymmetrisch substituierter C-Atome Stereoisomere. Treten im Terpenmolekül sehr viele konjugierte Doppelbindungen auf, ist dieses häufig farbig (z. B. Carotinoide in Karotten, Milch und Eigelb). β-Carotin nennt man auch Provitamin A, denn bei Spaltung entstehen zwei Moleküle Retinol (Vitamin A). Werden Tausende von Isopren-Einheiten in die Polymerisation einbezogen, entsteht Kautschuk, der Milchsaft der Kautschukbäume. Durch die Polymerisation der Isopren-Einheiten entsteht auch die Seitenkette von Ubichinonen, die in den Mitochondrien aller Pflanzen- und Tierzellen vorkommen und in der Atmungskette als Elektronenüberträger von großer Bedeutung sind.

Die Steroide

Aus dem Triterpen Squalen (s. o.) entstehen durch Zyklisierungen letztlich über viele enzymatische

Tabelle 5.8 Übersicht über die wichtigsten Terpene (* = stereogenes Zentrum)

Name/Klassifizierung	Formel	Bedeutung/Vorkommen
Menthol//Monoterpen	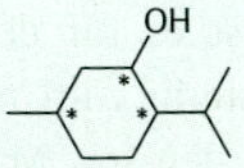	im Pfefferminzöl
Phytol/Diterpen	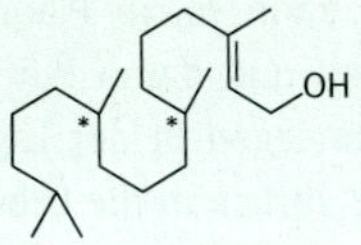	Bestandteil von Chlorophyll
Squalen/Triterpen	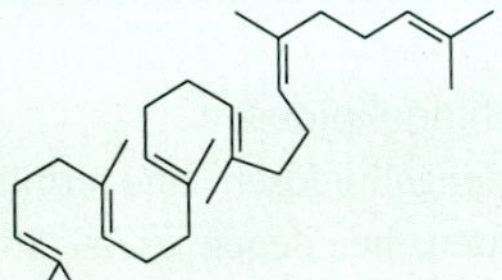	wichtige Vorstufe für die Steroide, in Haifischleber, Hefe, Weizenkeimöl
β-Carotin/Tetraterpen/Carotinoid	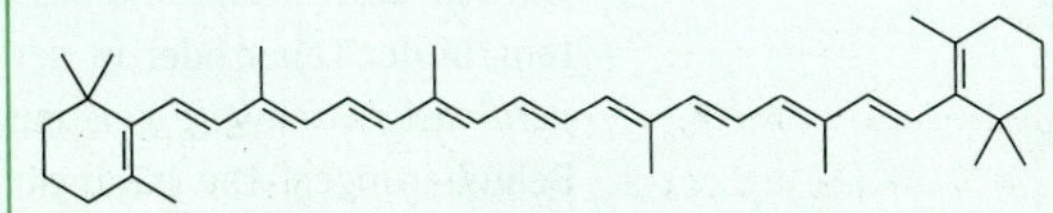	Provitamin A, in vielen Früchten, besonders in der Karotte
Cis-1,4-Polyisopren	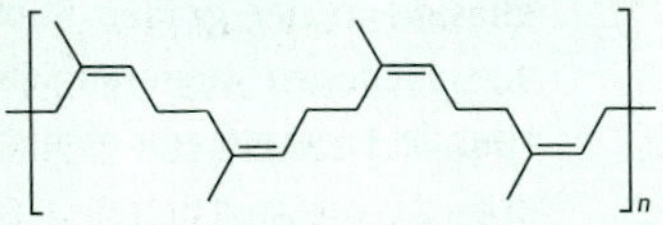	Naturkautschuk

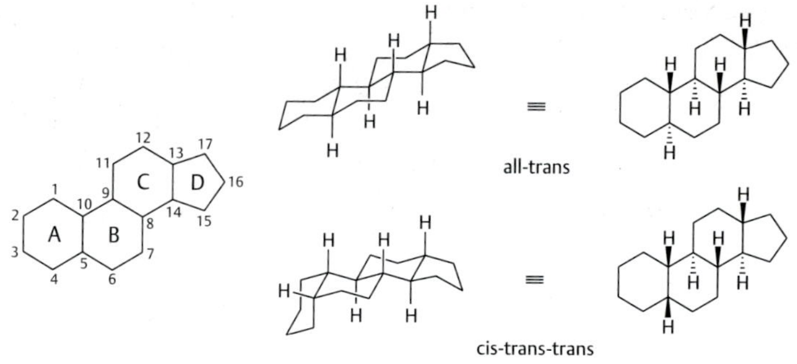

Abb. 5.35 Gonan mit Nummerierung und Bezeichnung der Ringe sowie all-trans und cis-trans-Verknüpfung der Ringe A und B

Reaktionen Steroide. Sie haben als gemeinsames Strukturelement das **Gonan** (Steran), ein System mit vier annellierten Ringen (s. S. 121).

Die vier Ringe werden gewöhnlich mit A, B, C und D bezeichnet (**Abb. 5.35**). Da auch an Ringen cis-trans-Isomerie möglich ist, muss hier die Verknüpfung genauer angegeben werden. In fast allen natürlich vorkommenden Steroiden sind die Ringe B und C trans-verknüpft. Die Verknüpfung der Ringe A und B sowie C und D kann cis- oder trans-ständig erfolgen.

Vom Cholestan, einem Gonanderivat mit all-trans-verknüpften Ringen, leiten sich die Sterole oder Sterine ab, zu denen auch das Cholesterol gehört. Cholesterol ist wichtig für biologische Membranen. Es lagert sich dort zwischen den Phospholipidmolekülen an der Oberfläche der Membran ein und sorgt für deren Zusammenhalt und die Beweglichkeit der Kohlenwasserstoffketten im Innern der Membran. Im Cholesterol gibt es keine Isomerie bei der Verknüpfung der Ringe A und B, da am fünften Kohlenstoffatom eine Doppelbindung auftritt. Die Stereochemie ist aber trotzdem bemerkenswert, denn Cholesterol enthält acht asymmetrisch substituierte C-Atome (**Abb. 5.36**).

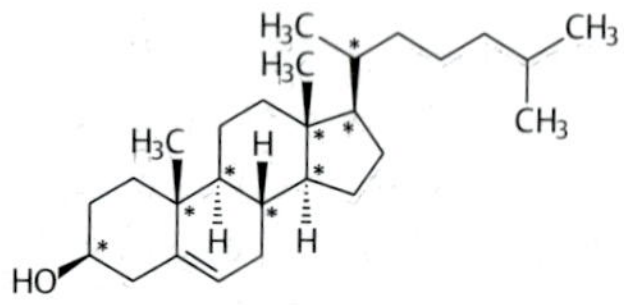

5.3.7 Klinische Bezüge

HDL (high density lipoproteins) und LDL (low density lipoproteins)

Der Transport von Triacylglyceriden im Blut ist nur möglich durch die Anlagerung an bestimmte Proteine. Diese **Lipoproteine** setzen sich dann aus zwei Komponenten zusammen: den zu transportierenden Lipiden und einem Proteinanteil, der den Komplex zusammenhält, ihn wasserlöslich macht und an seinen Bestimmungsort transportiert. Die verschiedenen Lipoproteine benennt man nach ihrer Dichte. Zwei wichtige Lipoproteingruppen sind das HDL und das LDL. Da LDL vorwiegend Cholesterinester enthält, ist es für den Organismus problematisch. Cholesterin wird nämlich von Zellen des Immunsystems, den sog. Makrophagen, aufgenommen und kann so zu Plaqueablagerungen in den Blutgefäßen und damit zur Atherosklerose führen. HDL ist hingegen in der Lage, Cholesterin aus der Peripherie zurück in die Leber zu transportieren. Es wirkt daher einer Atherosklerose entgegen.

Sphingolipidosen

Sphingolipidosen sind erbliche Stoffwechselkrankheiten, bei denen es zu Störungen im Auf-, Um- und Abbau von Sphingolipiden kommt. Als Folge werden diese Makromoleküle z. B. im Nervensystem, in der Leber oder in der Milz gespeichert und verursachen schwere geistige und/oder körperliche Behinderungen. Die häufigste Form dieser Erkrankungen ist der Morbus Gaucher, bei dem sich Ganglioside in der grauen Substanz des Gehirns und verschiedenen anderen Organen ablagern. Eine kausale Therapie gibt es nicht.

Cholesterol

Abb. 5.36 Struktur des Cholesterols

Abb. 5.37 Der schematische Aufbau der Nukleinsäuren

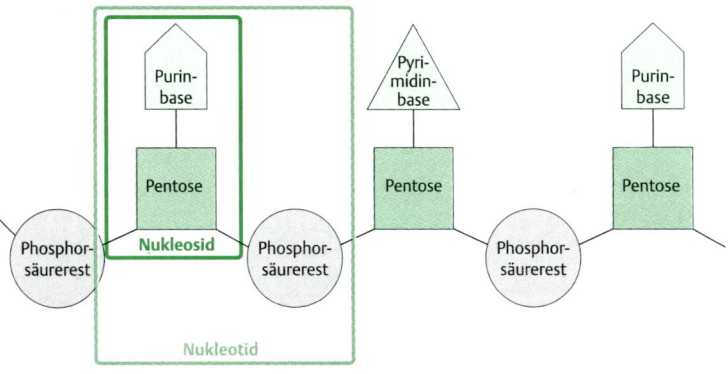

Nukleinsäure

 Check-up

✔ Wiederholen Sie die allgemeine Struktur eines Fettes, z. B. indem Sie sie aufzeichnen. Formulieren Sie die Reaktionsgleichung für die alkalische Esterhydrolyse.

✔ Rekapitulieren Sie einige Beispiele für gesättigte und ungesättigte Fettsäuren sowie die Grundbausteine der Phospho-, Sphingo- und Glykolipide.

✔ Machen Sie sich am Beispiel des Gonan nochmals die cis-trans-Isomerie klar.

5.4 Die Nukleinsäuren

 Lerncoach

■ Das folgende Kapitel baut auf dem Wissen über Glykoside, Ester und Anhydride auf. Schlagen Sie daher ggf. noch einmal auf den Seiten 127, 147, 174 die wichtigsten Grundlagen nach.

■ Viele der jetzt folgenden Informationen sind für die Biochemie von großer Bedeutung. Versuchen Sie daher, sich bereits in diesem Kapitel einen Überblick über den Aufbau und die Funktion der Nukleinsäuren zu verschaffen.

5.4.1 Der Überblick

Nukleinsäuren kommen in allen lebenden Zellen vor und sind Träger der genetischen Informationen. Es handelt sich um Ketten von Nukleotidbausteinen, die aus Phosphorsäure, einem basisch reagierenden Heterocyclus und einer Pentose aufgebaut sind.

Man unterscheidet die doppelsträngig vorliegende Desoxyribonukleinsäure (DNA) und die meist einsträngige Ribonukleinsäure (RNA).

5.4.2 Der Aufbau der Nukleinsäuren

Nukleinsäuren enthalten folgende Bausteine: Pyrin- oder Pyrimidinbasen, Ribose oder Desoxyribose sowie Phosphorsäure.

Die N-glycosidische Verknüpfung einer Base mit einem Zuckermolekül führt zu den **Nukleosiden**. Wenn eine Veresterung der Nukleoside mit Phosphorsäure erfolgt, erhält man die **Nukleotide**. Die Nukleinsäureketten entstehen durch vielfach wiederholte Kondensation von Nukleotiden, also unter Ausbildung einer Phosphordiesterbindung und Wasserabspaltung. Das allgemeine Bauprinzip ist in **Abb. 5.37** dargestellt.

Die Purin- und die Pyrimidinbasen

Die fünf wichtigsten Basen der Nukleinsäuren leiten sich vom Grundkörper des Pyrimidins bzw. Purins ab (**Abb. 5.38**). Diese Verbindungen können tautomere Formen bilden (**Abb. 5.39**, s. a. S. 115). In den Nukleinsäuren liegt mit Ausnahme von Adenin immer die Lactamform der Basen vor.

Die Nukleoside

Nukleoside entstehen, wenn am Stickstoffatom 1 der Pyrimidinbasen bzw. am Stickstoffatom 9 der Purinbasen eine N-glycosidische Verknüpfung zu Monosaccharidbausteinen erfolgt. In den Nukleinsäuren kommen die Pentosen D-Ribose und 2-Desoxy-D-Ribose vor. Nukleoside aus **Purinbasen** haben im Namen die Endung **-osin**, **Pyrimidinbasen**

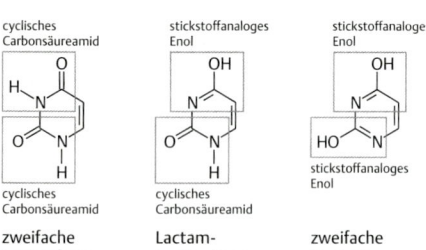

Abb. 5.38   Purin- und Pyrimidinbasen

Grundkörper Pyrimidin   Cytosin   Thymin   Uracil

Grundkörper Purin   Adenin   Guanin

cyclisches Carbonsäureamid   stickstoffanaloges Enol   stickstoffanaloges Enol

cyclisches Carbonsäureamid   cyclisches Carbonsäureamid   stickstoffanaloges Enol

zweifache Lactamform   Lactam-Lactim-Form   zweifache Lactimform

Abb. 5.39   Lactam-Lactim-Tautomerie am Beispiel des Uracil

die Endung -idin. Wenn das Nukleosid an Stelle der D-Ribose 2-Desoxy-D-ribose enthält, wird das Suffix Desoxy- ergänzt. **Tab. 5.9** fasst die Namen der wichtigsten Nukleoside zusammen.

Tabelle 5.9 Nomenklatur der Nukleoside

Base	Abkür-zung	Pentose	Nukleosid	Abkür-zung
Adenin	Ade	Ribose	Adenosin	A
		Desoxyribose	Desoxyadenosin	dA
Guanin	Gua	Ribose	Guanosin	G
		Desoxyribose	Desoxyguanosin	dG
Hypo-xanthin	Hyp	Ribose	Inosin	I
		Desoxyribose	Desoxyinosin	dI
Xanthin	Xan	Ribose	Xanthosin	X
		Desoxyribose	Desoxyxanthosin	dX
Cytosin	Cyt	Ribose	Cytidin	C
		Desoxyribose	Desoxycytidin	dC
Thymin	Thy	Ribose	Thyminribosid	–
		Desoxyribose	Desoxythymidin	dT
Uracil	Ura	Ribose	Uridin	U
		Desoxyribose	Desoxyuridin	dU

Ein wichtiges Nukleosid ist das **Adenosin** (s. **Abb. 5.40**). Es handelt sich hierbei um ein N-Glykosid, das durch Vollacetalbildung aus Adenin und der cyclischen Form der D-Ribose (β-D-Ribofuranosid) aufgebaut wird. Aus Adeninnukleosiden entstehen durch Phosphorylierung Adenosinphosphate (s.u.). Den Adenosinbaustein findet man auch in S-Adenosylmethionin (s. S. 134) oder in NAD$^+$ (s. S. 154).

Die Nukleotide

Die Nukleotidstruktur kann man sich am Beispiel der Adenosinphophate deutlich machen **(Abb. 5.40)**: Wenn an der primären alkoholischen OH-Gruppe am C-Atom 5′ der Ribose eine Veresterung mit Phosphorsäure erfolgt, entsteht ein **Nukleotid.** Bei unserem Beispiel mit Adenosin entsteht so Adenosin-5′-phosphat, das üblicherweise als Adenosinmonophosphat (**AMP**) bezeichnet wird. Mit weiteren Molekülen Phosphorsäure kommt man durch Bildung einer Anhydridbindung zum Adenosindi- bzw. Adenosintriphosphat (**ADP, ATP**). Beide spielen im Energiestoffwechsel eine große Rolle (Säureanhydridbindungen gehören zu den energiereichen Bindungen).

Eine Veresterung mit Phosphorsäure kann überdies auch an der OH-Gruppe des dritten C-Atoms der Ribose erfolgen. Adenosinmonophosphat kann auch eine Anhydridbindung mit Schwefelsäure eingehen. So entsteht „aktives Sulfat" (s. S. 133), das exakt als 3′-Phosphoadenosyl-5′-phosphosulfat (PAPS) bezeichnet werden muss. Es ist zur Einführung von Sulfatgruppen z. B. in Glucosaminglykane notwendig. Nukleotide sind auch Bausteine gruppenübertragender Enzyme wie FAD, FMN, NAD$^+$, NADP$^+$ sowie vom Coenzym A.

Abb. 5.40 Die Bildung von Adenosin, Adenosinmono- und Adenosindiphosphat

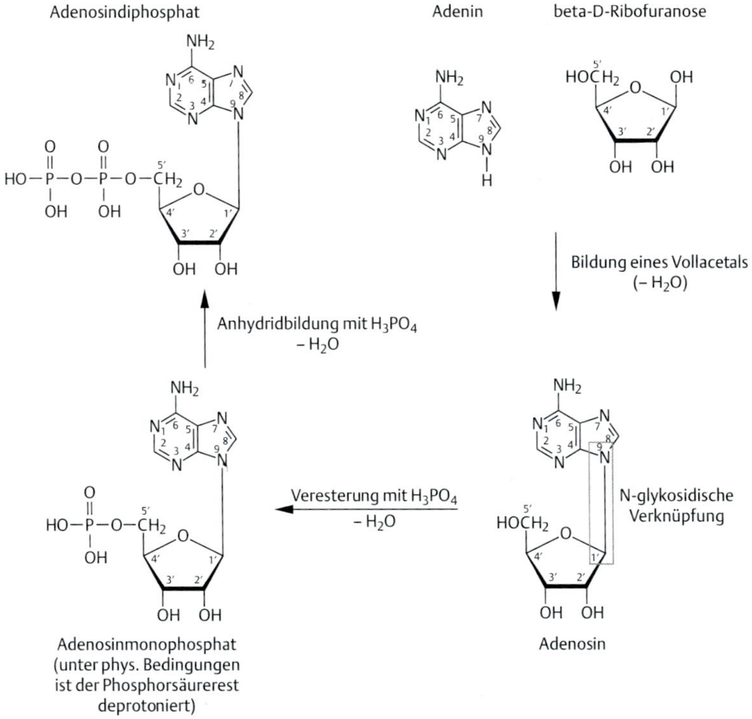

Adenosindiphosphat

Adenin

beta-D-Ribofuranose

Bildung eines Vollacetals
(− H_2O)

Anhydridbildung mit H_3PO_4
− H_2O

Veresterung mit H_3PO_4
− H_2O

N-glykosidische Verknüpfung

Adenosinmonophosphat
(unter phys. Bedingungen
ist der Phosphorsäurerest
deprotoniert)

Adenosin

5.4.3 DNA und RNA

Nukleinsäuren sind Polynukleotide. Die einzelnen Nukleotide enthalten verestert ein Molekül Phosphorsäure und nicht wie im ADT oder ATP mehrere Moleküle Phosphorsäure.

An diesem Phosphorsäurebaustein ist eine weitere Veresterung möglich, es können sich Diester der Phosphorsäure bilden (s. S. 182). Die OH-Gruppe am dritten C-Atom des Monosaccharidbausteins eines anderen Nukleotids bildet dabei die alkoholische Komponente (Abb. 5.41). So entstehen die Nukleinsäurestränge. Desoxyribonukleinsäure (**DNA**) enthält als Zuckerkomponente **Desoxyribose** und die Basen Adenin, Guanin, Thymin und Cytosin. In der Ribonukleinsäure (**RNA**) ist **Ribose** enthalten, sie enthält Uracil anstelle von Thymin.

Auch Nukleinsäuren besitzen eine Primär- und Sekundärstruktur. Die **Primärstruktur** wird durch die Reihenfolge der Nukleotidbausteine festgelegt und ist völlig variabel. Die **Sekundärstruktur** der DNA ist das Ergebnis der Paarung komplementärer Basen. Sie entsteht durch die Verdrillung von zwei Nukleotidsträngen, die durch Wasserstoffbrücken-

bindungen zwischen den Basenbestandteilen und andere zwischenmolekulare Wechselwirkungen (v.a. zwischen den Ringebenen der Basen) stabilisiert wird. Man spricht von einer **Doppelhelix**. Im Kapitel zur Stereochemie hatten wir bereits erwähnt, dass auch helicale Strukturen chiral sind (s. S. 100). Bei den Nukleinsäuren handelt es sich vorwiegend um rechtsgängige Helices. Neben der **doppelsträngigen DNA** gibt es auch noch die **einzelsträngige RNA**, die für die Biosynthese der Proteine verantwortlich ist.

Die Verknüpfung der zwei Nukleotidstränge ist nicht beliebig, sondern genau festgelegt. Die Paarung erfolgt immer so, dass **Adenin- und Thyminreste** sowie **Guanin- und Cytosinreste** gepaart sind. Man spricht von **komplementären** Basenpaaren (Abb. 5.42).

Der Durchmesser der in vivo vorliegenden Form der Doppelhelix beträgt etwa 2 nm, für eine Windung der Doppelhelix werden 10 Basenpaare benötigt. Sie hat eine Höhe von 3,4 nm. Die Basen befinden sich im Innern des Stranges, während die Phosphorsäurediestergruppen nach außen zeigen.

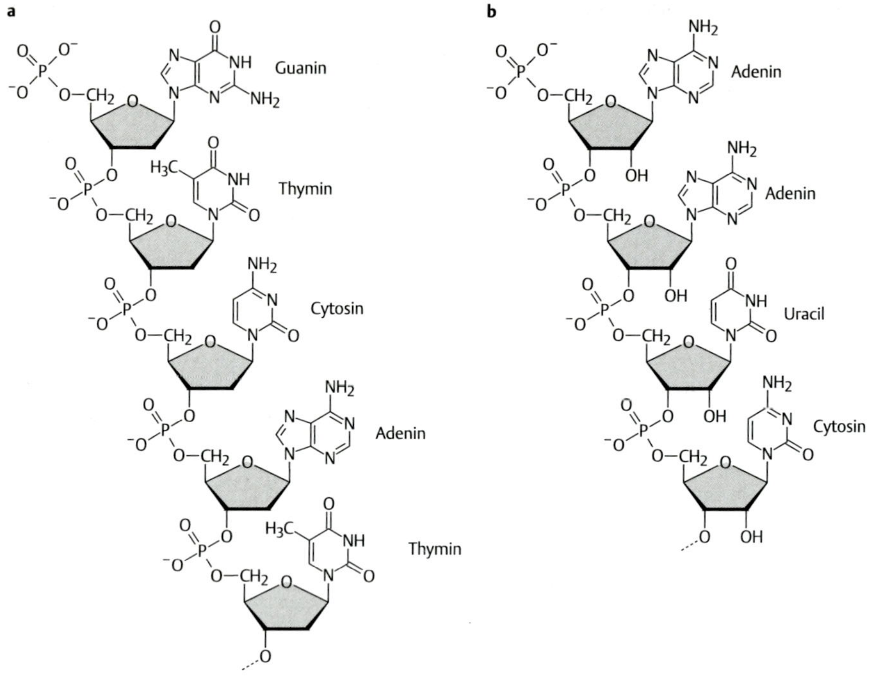

a

Guanin

Thymin

Cytosin

Adenin

Thymin

b

Adenin

Adenin

Uracil

Cytosin

Abb. 5.41   Die Struktur von Desoxyribonukleinsäure (DNA) (a) und Ribonukleinsäure (RNA) (b)

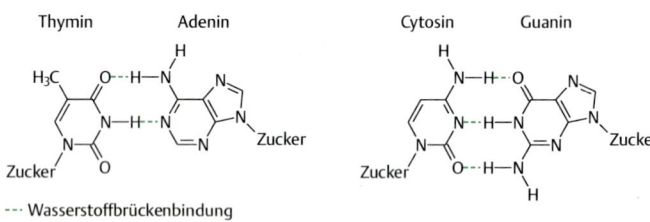

--- Wasserstoffbrückenbindung

Abb. 5.42   Die Ausbildung von Wasserstoffbrückenbindungen zwischen komplementären Basenpaaren

Da die Basenpaarung genau festgelegt ist, befinden sich immer genauso viel Purin- wie Pyrimidinbasen in einem Doppelstrang. Da die Kette lang ist, enthält sie sehr viele Basen. Deshalb fasst man zur Vereinfachung immer 1000 Basen zu einer **Kilobase** zusammen. Der DNA-Gehalt von Säugetierzellen beträgt 4–8 pg pro Zelle. Setzt man den DNA-Gehalt des Bakteriums Escherichia coli gleich Eins, dann beträgt er im Verhältnis dazu beim Menschen 10^3. Wenn man die gesamte DNA einer Zelle als lineares Molekül annimmt, beläuft sich die Kettenlänge bei Escherichia coli auf 1,36 μm. Die humane DNA hat hingegen eine Länge von 1,8 m! Bei Eukaryonten ist die DNA mit Hilfe von Proteinen

im Kern kondensiert. Sie bildet eine komplexe Struktur, die man **Chromatin** nennt.

Die DNA ist durch eine festgelegte Sequenz der vier Basen Adenin, Thymin, Guanin und Cytosin gekennzeichnet. Wie viel Basen benötigt man zur Kodierung der 20 proteinogenen Aminosäuren? Zwei Basen reichen nicht aus, da sie nur 4^2 Kombinationsmöglichkeiten zulassen. Mit drei Basen gibt es schon $4^3=64$ Kombinationsmöglichkeiten. Die kleinste Informationseinheit muss also immer eine Gruppe aus drei Basen sein, die man als **Triplett** oder **Codon** bezeichnet. Das Codon CAG verschlüsselt z.B. Glutamin. 64 Kombinationsmöglichkeiten sind eigentlich schon zu viel, aber es gibt eine Reihe von Aminosäuren, die durch unterschiedliche Kodierung determiniert sind.

5.4.4 Klinische Bezüge

Nukleoside, besonders das Adenosin, spielen auch eine wichtige Rolle als extrazelluläre Signalmoleküle. Sie führen u. a. zu einer Relaxation der glatten Gefäßmuskulatur und steigern die Durchblutung in vielen Geweben. Modifizierte Nukleoside können z. B. in die entstehende Nukleinsäure von Viren eingebaut werden. Da dann kein weiterer Baustein gebildet werden kann, wird die Synthese abgebrochen. Auf diese Weise funktioniert z. B. Aciclovir (Zovirax), ein Medikament gegen das Herpes-simplex-Virus. Aciclovir ist ein Nukleosidanalog des Guanosins und wird durch die nur in infizierten Zellen vorhandene virusspezifische Thymidinkinase zu ACV-Monophosphat und dann durch zelleigene Kinasen zum ACV-Triphosphat – der eigentlich wirksamen Substanz – umgeformt. ACV-Triphosphat hemmt die Virusvermehrung durch Blockade der viralen DNS-Replikation.

 Check-up

✔ **Wiederholen Sie nochmals den Aufbau der Nukleinsäuren. Es ist wichtig, dass Sie die Struktur der jeweiligen Bausteine erkennen können.**

✔ **Üben Sie auch noch einmal die korrekte Markierung der N-glykosidischen und der Phosphoresterbindungen.**

Kapitel 6

Anhang

6 Anhang

6.1 Lösungen

Kapitel Das wellenmechanische Atommodell, s. S. 15

Die Elektronenkonfiguration für 16 Elektronen (Schwefelatom) ist $1s^2\, 2s^2\, 2p^6\, 3s^2\, 3p^4$.

Kapitel Kovalente Bindung, s. S. 27

Stickstoff N_2

$\dot{\underset{.}{N}} \cdot$ und $\cdot \dot{\underset{.}{N}}$ ergibt $|N \equiv N|$

$\overline{N} - \overline{N}$ ist nicht richtig, weil die N-Atome kein Elektronenoktett erreichen.

Chlorwasserstoff HCl

$H \cdot$ und $\cdot \ddot{\underset{.}{Cl}}:$ ergibt $H - \overline{Cl}|$

Sulfation SO_4^{2-}

Es stehen 5×6 Valenzelektronen und 2 Elektronen zur Verfügung. Es können 16 Elektronenpaare gebildet werden.

$$^{\ominus}|\overline{\underline{O}} - \overset{\overset{\textstyle |\overline{O}|^{\ominus}}{|}}{\underset{\underset{\textstyle |\underline{O}|_{\ominus}}{|}}{S}}^{2+} \overline{\underline{O}}|^{\ominus}$$

Kapitel Kovalente Bindung, s. S. 29

Cl   17 Elektronen
      $1s^2\, 2s^2\, 2p^6\, 3s^2\, 3p_x^2\, 3p_y^2\, 3p_z^1$

oder: $1s^2\, 2s^2\, 2p_x^2\, 2p_y^2\, 2p_z^2\, 3s^2\, 3p_x^2\, 3p_y^2\, 3p_z^1$

N   7 Elektronen
      $1s^2\, 2s^2\, 2p_x^1\, 2p_y^1\, 2p_z^1$

Kapitel Gehalts- und Konzentrationsgrößen, s. S. 38

a) Stoffmenge von 60 mg Ethanol

$n = \dfrac{m}{M}$ $m = 60\ mg = 60 \cdot 10^{-3}\ g$
           $M\ (C_2H_5OH)\colon 46\ g/mol$

$n = \dfrac{60 \cdot 10^{-3}\,g}{46\,g/mol} = 1{,}3 \cdot 10^{-3}\ mol = 1{,}3\ mmol$

Stoffmenge von 24,5 g Schwefelsäure

$n = \dfrac{m}{M}$ $m = 24{,}5\ g$
           $M\ (H_2SO_4)\colon 98\ g/mol$

$n = \dfrac{24{,}5\,g}{98\,g/mol} = 0{,}25\ mol$

b) Masse von 2 mol NaCl

$m = n \cdot M$ $n = 2\ mol$
           $M\ (NaCl)\colon 58{,}5\ g/mol$

$m = 2\ mol \cdot 58{,}5\ g/mol = 117\ g$

Masse von 3 mmol H_3PO_4

$m = n \cdot M$ $n = 3\ mmol = 3 \cdot 10^{-3}\ mol$
           $M\ (H_3PO_4)\colon 98\ g/mol$

$m = 3 \cdot 10^{-3}\ mol \cdot 98\ g/mol = 294 \cdot 10^{-3}\ g = 294\ mg$

c) Volumen von 1,7 g Ammoniakgas
   1. Berechnen der Stoffmenge

     $n = \dfrac{m}{M}$ $m = 1{,}7\ g$ $M\ (NH_3) = 17\ g/mol$

     $n = \dfrac{1{,}7\,g}{17\,g/mol} = 0{,}1\ mol$

   2. Berechnen des Volumens

     $V_M = \dfrac{V}{n}$

     $V = V_M \cdot n = 22{,}4\ l/mol \cdot 0{,}1\ mol = 2{,}24\ l$

Volumen von 24 g O_3

   1. Berechnen der Stoffmenge

     $n = \dfrac{m}{M}$ $m = 24\ g$
             $M\ (O_3) = 36\ g/mol$

     [handschriftlich: $16 \times 3 = 48\,!$]

     $n = \dfrac{24\,g}{36\,g/mol} = 0{,}67\ mol$ *[handschriftlich: $0{,}5\ mol$]*

   2. Berechnen des Volumens

     $V_M = \dfrac{V}{n}$

     $V = V_M \cdot n = 22{,}4\ l/mol \cdot 0{,}67\ mol = 15{,}008\ l$ *[handschriftlich: $22{,}4\ \ell$]*

Kapitel Löslichkeit und Löslichkeitsprodukt, s. S. 53

$Ag^+ + Cl^- \longrightarrow AgCl \downarrow$

$K_L = c_{Ag^+} \cdot c_{Cl^-}$

$c_{Ag^+} = c_{ce^-} = \sqrt{K_L} = \sqrt{2 \cdot 10^{-10}\ \dfrac{mol^2}{l^2}} = 1{,}414 \cdot 10^{-5}\ \dfrac{mol}{l}$

Es sind pro Liter $1{,}414 \cdot 10^{-5}$ mol AgCl dissoziiert. In 100 ml sind 1/10, also $1{,}414 \cdot 10^{-6}$ mol dissoziiert.

Berechnen der Masse:

$m = n \cdot M$ $M\ (AgCl) = 143\ g/mol$

$m = 1{,}414 \cdot 10^{-6}$ mol $\cdot$ 143 g/mol $= 202{,}2 \cdot 10^{-6}$ g $=$ 0,2022 mg.

Kapitel Säuren und Basenstärke, s. S. 57

Salzsäure c (HCl) = 0,01 mol/l
= starke Säure, deshalb vollständige Protolyse

z = 1
pH $= -\lg(z \cdot c_{HCl}) = -\lg 0{,}01 = -\lg 10^{-2} = 2$

Schwefelsäure c (H_2SO_4) = 0,01 mol/l
= starke Säure, ebenfalls vollständige Protolyse

z = 2 (es können 2 Protonen abgegeben werden)
pH $= -\lg(2 \cdot 0{,}01) = -\lg 0{,}02 = 1{,}7$

(hier handelt es sich um einen vereinfachten Rechenansatz)

Kapitel Neutralisation, s. S. 57

10 ml NaOH   c = 0,1 mol/l

$c = \dfrac{n}{v}$ $n = c \cdot V$

$n = 0{,}1 \dfrac{mol}{l} \cdot 0{,}01\ l =$

0,001 mol $= 10^{-3}$ mol

Die Stoffmenge NaOH beträgt 10^{-3} mol.

100 ml HCl   c = 0,01 mol/l
              $n = c \cdot V$
              n = 0,01 mol/l $\cdot$ 0,1 l =
                0,001 mol $= 10^{-3}$ mol

Die Stoffmenge HCl beträgt 10^{-3} mol.

Kapitel Neutralisation, s. S. 58

Lösung a:
1. NH_4Cl ist ein Salz, dessen wässrige Lösung sauer reagiert.
2. Berechnung der Konzentration von NH_4Cl

   $c = \dfrac{n}{V}$ $n = \dfrac{m}{M}$

   $n = \dfrac{0{,}535\,g}{53{,}5\,g/mol} = 0{,}01\,mol$

   $c = \dfrac{0{,}01\,mol}{0{,}05\,l} = 0{,}2 \dfrac{mol}{l}$

3. Berechnung des pH-Wertes

   $pH = \dfrac{1}{2}(pK_s - \lg c_o)$ $pK_s = 9{,}25$

   $pH = \dfrac{1}{2}(9{,}25 - \lg 0{,}2)$

$pH = \dfrac{1}{2}(9{,}25 + 0{,}7) = 4{,}975$

Lösung b:
1. Es handelt sich um das Salz eines amphoteren Anions.

2. $pH = \dfrac{pK_{S1} + pK_S}{2}$

   $H_3PO_4 \xrightarrow{-H^+} H_2PO_4^- \xrightarrow{-H^+} HPO_4^{2-}$

   $pK_{S_2} = 2{,}12$ $pK_{S_1} = 7{,}20$
   (Angaben für 22 °C)

   $pH = \dfrac{7{,}2 + 2{,}12}{2} = 4{,}66$

Kapitel Säure – Base – Titrationen, s. S. 60

a) Starke Säure – Starke Base
z. B. HCl und NaOH
am ÄP (Äquivalenzpunkt) liegen vor: Cl^-, Na^+, H_2O

b) Schwache Säure – Starke Base
z. B. CH_3COOH und NaOH
am ÄP liegen vor: Na^+ sowie CH_3COO^- und H_2O, die z. T. weiter reagieren.
$CH_3COO^- + H_2O \rightleftharpoons CH_3COOH + OH^-$

c) Starke Säure – Schwache Base
z. B. HCl und NH_3
am ÄP liegen formal vor: NH_4^+ und Cl^-
Da es sich um eine wässrige Lösung handelt, reagiert NH_4^+ z. T. weiter:
$NH_4^+ + H_2O \rightleftharpoons NH_3 + H_3O^+$

Kapitel Puffer, s. S. 62

Lösung a:
1. Berechnung der Stoffmengen

   CH_3COOH: $n = c \cdot v = 0{,}01 \dfrac{mol}{l} \cdot 0{,}1\,l = 0{,}001\,mol$

   NaOH: $n = c \cdot V = 0{,}1 \dfrac{mol}{l} \cdot 0{,}005\,l = 0{,}0005\,mol$

   Essigsäure liegt im Überschuss vor.

2. Aufstellen der Reaktionsgleichung

   0,001 mol CH_3COOH + 0,0005 mol NaOH
   $\rightarrow$ 0,0005 mol Na^+ + 0,0005 mol CH_3COO^-
   + 0,0005 mol H_2O + 0,0005 mol CH_3COOH

   Es hat nur die Hälfte der Essigsäure reagiert. Es entstand ein Puffersystem:

   CH_3COOH / CH_3COO^-

3. Berechnung mit der Henderson-Hasselbalch-Gleichung

$$pH = pK_s + \lg\frac{n_{A^-}}{n_{HA}} = 4{,}75 + \lg\frac{0{,}0005}{0{,}0005} = 4{,}75$$

Der pH-Wert beträgt 4,75.

Lösung b:

1. Berechnung der Stoffmengen

$$CH_3COOH: \quad n = c \cdot V = 0{,}01\frac{mol}{l} \cdot 0{,}1\,l = 0{,}001\,mol$$

$$NaOH: \quad n = c \cdot V = 0{,}02\frac{mol}{l} \cdot 0{,}05\,l = 0{,}001\,mol$$

Es liegen äquivalente Stoffmengen vor, der Äquivalenzpunkt wurde erreicht, an dem also formal nur $NaCH_3COO$ und H_2O vorliegt.

2. Berechnung des pH-Wertes am ÄP
Das Salz $NaCH_3COO$ reagiert alkalisch!
Es liegen 0,001 mol dieses Salzes in 150 ml Lösung vor.

$$c = \frac{n}{V} = \frac{0{,}001\,mol}{0{,}15\,l} = 0{,}0067\frac{mol}{l}$$

$$pH = 14 - \frac{1}{2}(pK_B - \lg c) \qquad pK_B = 9{,}25$$
$$pK_B\,(CH_3COO^-)$$

$$pH = 14 - \frac{1}{2}(9{,}25 - \lg 0{,}0067) = 14 - \frac{1}{2}(9{,}25 + 2{,}17)$$
$$= 14 - 5{,}71 = 8{,}29$$

Der pH-Wert beträgt 8,29.

Kapitel Amine, s. S. 136

1. Aufstellen der Reaktionsgleichung

$$\begin{array}{c} H \\ | \\ H-C-COOH \\ | \\ NH_2 \end{array} + HNO_2 \rightarrow N_2 + H_2O + \begin{array}{c} H \\ | \\ H-C-COOH \\ | \\ OH \end{array}$$

2. Berechnen der Stoffmenge von Stickstoff:

$$n_{N_2} = \frac{V_{N_2}}{V_M} = \frac{11{,}2 \cdot 10^{-3}\,l}{22{,}4\,mol/l} = 0{,}5 \cdot 10^{-3}\,mol$$

4. Wegen des Gesetzes der konstanten Proportionen müssen auch $0{,}5 \cdot 10^{-3}$ mol Glycin vorgelegen haben (vollständige Umsetzung vorausgesetzt).
Berechnung der Masse Glycin:

$$m_{Glycin} = n_{Glycin} \cdot M_{Glycin} \qquad M_{Glycin}: 75\,g/mol$$
$$= 0{,}5 \cdot 10^{-3}\,mol \cdot 75\,g/mol$$
$$m_{Glycin} = 37{,}5 \cdot 10^{-3}\,g = 37{,}5\,mg$$

5. Berechnung des Massenanteils

$$m_{ges} = 1\,g \qquad m_{Glycin} = 37{,}5 \cdot 10^{-3}\,g$$

$$w_{Glycin} = \frac{m_{Glycin}}{m_{ges}} = \frac{0{,}0375}{1} = 0{,}0375$$

Der Massenanteil Glycin beträgt 0,0375 oder 3,75 %.

Kapitel cis-trans-Isomerie, s. S. 100

Cyclohexan-1,3-diol

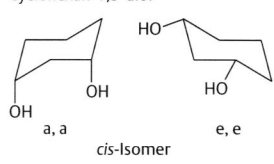

a, a
cis-Isomer

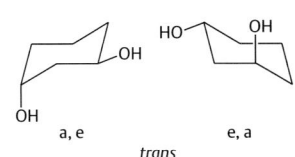

e, e   a, e   e, a
                trans

Cyclohexan-1,4-diol

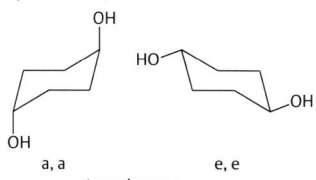

a, a
trans-Isomer

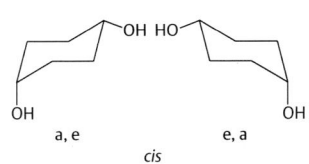

e, e   a, e   e, a
                cis

Kapitel Die Heterocyclen, s. S. 152

Tautomere Formen der Harnsäure

Kapitel Bindungsverhältnisse am Kohlenstoffatom, s. S. 88

Kapitel Einleitung und Nomenklatur organischer Verbindungen, s. S. 95

Im Diphosphat ist die mittlere Bindung eine Anhydrid-, die beiden äußeren eine Esterbindung. Außerdem erkennt man alkoholische Hydroxygruppen (grün), eine Aminogruppe (grau) und eine Säureamidgruppe (grau hinterlegt).

Nicotinsäureamid (Grundkörper Pyridin)

Adenin (Grundkörper Purin)

Diphosphat

N-glycosidische Bindung

N-glycosidische Bindung

D-Ribose (Grundkörper Furan)

D-Ribose (Grundkörper Furan)

6.2 Wichtige Zahlen und Formeln

6.2.1 Angabe von Zahlenwerten als Zehnerpotenzen

Zahlenwerte können immer als Dezimalzahlen angegeben werden:

a) 2,38 m
b) 0,00000000000012 m
c) 300 000 000 m.

Durch die vielen Nullen werden die Angaben unübersichtlich. Es ist deshalb ratsam, mit Zehnerpotenzen zu arbeiten. Wir stellen die Zahl also als Produkt aus einer übersichtlichen Zahl und einer Potenz von 10 (wiederholte Multiplikation oder Division von 10) dar.

$1000 = 10 \cdot 10 \cdot 10 \qquad = 10^3$
$100 = 10 \cdot 10 \qquad = 10^2$
$10 = 10 \qquad = 10^1$
$0{,}1 = 1/10 \qquad = 10^{-1}$
$0{,}01 = 1/10 \cdot 1/10 \qquad = 10^{-2}$
$0{,}001 = 1/10 \cdot 1/10 \cdot 1/10 \qquad = 10^{-3}$

Nun können wir (b) und (c) vereinfachen.
(b) $1{,}2 \cdot 10^{-13}$ m
(c) $3 \cdot 10^8$ m

6.2.2 Einheiten und ihre Vielfachen

Zahlen mit Einheiten können vereinfacht werden, indem man folgende Vorsätze bei den Einheiten verwendet:
Für (c) können wir also $3 \cdot 10^5$ km schreiben.

Tabelle 1 Einheiten und ihre Vielfachen

Vorsatz	Kurzzeichen	Faktor, mit dem die Einheit multipliziert werden kann
Exa	E	10^{18}
Peta	P	10^{15}
Tera	T	10^{12}
Giga	G	10^9
Mega	M	10^6
Kilo	k	10^3
Hekto	h	10^2
Deka	da	10^1
Dezi	d	10^{-1}
Zenti	c	10^{-2}
Milli	m	10^{-3}
Mikro	μ	10^{-6}
Nano	n	10^{-9}
Pico	p	10^{-12}
Femto	f	10^{-15}
Atto	a	10^{-18}

6.2.3 Naturkonstanten und Basisgrößen

Tabelle 2 Naturkonstanten

Bezeichnung	Formelzeichen	Betrag
Elementarladung	e	$1{,}60219 \cdot 10^{-19} \, A \cdot s$
Ruhemasse des Elektrons	$m_{0,e}$	$0{,}91095 \cdot 10^{-30} \, kg$
Ruhemasse des Protons	$m_{0,p}$	$1{,}67265 \cdot 10^{-27} \, kg$
Ruhemasse des Neutrons	$m_{0,n}$	$1{,}67495 \cdot 10^{-27} \, kg$
atomare Masseneinheit	u	$1{,}66057 \cdot 10^{-27} \, kg$
Avogadro-Konstante	N_A	$6{,}02204 \cdot 10^{23}$
Faraday-Konstante	F	$9{,}64853 \cdot 10^{4} A \cdot s \cdot mol^{-1}$
universelle Gaskonstante	R	$8{,}3145 \, J \cdot K^{-1} \cdot mol^{-1}$
absoluter Nullpunkt	T	$0 \, K; \, -273{,}15 \, °C$
Normdruck	p_n	$101325 \, Pa; \, 1{,}01325 \, bar$

Die benutzten Einheiten müssen in Übereinstimmung mit dem Internationalen Einheitensystem (SI) stehen.

Folgende Basisgrößen und Basiseinheiten sind in der Medizin wichtig:

Tabelle 3 Basisgrößen und Basiseinheiten

Basisgröße	Basiseinheit	Einheitenzeichen	Definition
Länge	Meter	m	Das Meter ist die Länge der Strecke, die Licht im Vakuum während der Dauer von 1/299792458 Sekunden durchläuft.
Masse	Kilogramm	kg	Das Kilogramm ist die Masse des internationalen Kilogrammprototyps.
Stoffmenge	Mol	mol	Das Mol ist die Stoffmenge eines Systems, das aus ebenso vielen Einzelteilchen besteht, wie Atome in 0,012 kg des Kohlenstoffnuklids ^{12}C enthalten sind.
Temperatur	Kelvin	K	Das Kelvin ist der 273,16. Teil der thermodynamischen Temperatur des Tripelpunktes von Wasser.
Zeit	Sekunde	s	Die Sekunde ist die Dauer von 9192631770 Perioden der Strahlung, die dem Übergang zwischen den beiden Hyperfeinstrukturniveaus des Grundzustands des Atoms Caesium 133 entspricht.

6.2.4 Beispiele für abgeleitete SI-Einheiten

Tabelle 4 Abgeleitete SI-Einheiten

Größe	Formelzeichen	Name der Einheit	Einheitenzeichen	Beziehungen zwischen den Einheiten
Kraft	F	Newton	N	$1N = 1\dfrac{kg \cdot m}{s^2}$
Geschwindigkeit	v	Meter je Sekunde oder Kilometer je Stunde	m/s km/h	$1\dfrac{km}{h} = \dfrac{1}{3{,}6}\dfrac{m}{s}$
Energie	E, W	Joule	J	$1J = 1N \cdot m = 1\dfrac{kg \cdot m^2}{s^2}$
		Newtonmeter	Nm	$1J = 1W \cdot s$
Fläche	A	Quadratmeter Hektar	m^2 ha	$1m^2 = 1m \cdot 1m$ $1ha = 10^4 m^4$
Volumen	V	Kubikmeter Liter	m^3 l	$1m^3 = 1m \cdot 1m \cdot 1m$ $1l = 0{,}001 m^3 = 1dm^3$
Druck	p	Pascal	Pa	$1Pa = 1\dfrac{N}{m^2} = 1\dfrac{kg}{m \cdot s^2}$

Tabelle 5 Umrechnung von Energieeinheiten (unter Berücksichtigung SI-fremder Einheiten)

	J	kW · h	cal	eV
1 J	1	$2{,}7778 \cdot 10^{-7}$	0,23885	$6{,}2414 \cdot 10^{18}$
1 kW · h	$3{,}6 \cdot 10^{6}$	1	$8{,}5985 \cdot 10^{5}$	$2{,}2471 \cdot 10^{25}$
1 cal	4,1868	$1{,}1630 \cdot 10^{-6}$	1	$2{,}6131 \cdot 10^{19}$
1 eV	$1{,}6022 \cdot 10^{-19}$	$4{,}4502 \cdot 10^{-26}$	$3{,}8268 \cdot 10^{-20}$	1

Tabelle 6 Umrechnung von Druckeinheiten (unter Berücksichtigung SI-fremder Einheiten)

	Pa	bar	atm	Torr
1 Pa	1	$1 \cdot 10^{-5}$	$9{,}86923 \cdot 10^{-6}$	$7{,}50064 \cdot 10^{-3}$
1 bar	$1 \cdot 10^{5}$	1	0,986923	750,064
1 atm	$1{,}01325 \cdot 10^{5}$	1,01325	1	760
1 Torr	133,322	$1{,}33322 \cdot 10^{-3}$	$1{,}31579 \cdot 10^{-3}$	1

6.2.5 Rechnen mit Potenzen und Logarithmen

Heute wird fast alles mit dem Taschenrechner gerechnet. Dabei besteht die Gefahr, dass die Eingabe und damit das Ergebnis fehlerhaft sein können. Bitte prüfen Sie daher immer mit einer Überschlagsrechnung, ob Ihr Ergebnis überhaupt richtig sein kann.

Da wir im Kapitel über Gleichgewichte (s.S. 35) mit Zehnerpotenzen und Logarithmen arbeiten, sollen hier die wichtigsten Regeln zusammengefasst werden.

Addieren bzw. Subtrahieren von Zahlen in Zehnerpotenzangabe
Addition und Subtraktion ist nur bei gleichen Zehnerpotenzen möglich:
z. B.: $a \cdot 10^{3} + b \cdot 10^{3} = (a + b) \cdot 10^{3}$
Wenn die Zehnerpotenzen nicht übereinstimmen, müssen Sie diese entsprechend umwandeln:
$a \cdot 10^{3} + b \cdot 10^{2} = a \cdot 10 \cdot 10^{2} + b \cdot 10^{2} = (10 \cdot a + b) \cdot 10^{2}$

Multiplikation von Zahlen in Zehnerpotenzen
Die Exponenten werden addiert.
$a \cdot 10^{3} \cdot b \cdot 10^{5} = a \cdot b \cdot 10^{3+5} = a \cdot b \cdot 10^{8}$

Division von Zahlen in Zehnerpotenzen
Die Exponenten werden subtrahiert.
$$\frac{a \cdot 10^{5}}{b \cdot 10^{3}} = \frac{a}{b} \cdot 10^{5-3} = \frac{a}{b} \cdot 10^{2}$$

Logarithmen
Jede Zahl a > 0 kann man in einer beliebigen Potenzschreibweise darstellen:
$a = b^{c}$
b ist die Basis und c der Logarithmus von a. Für c schreibt man:
$c = \log_{b} a$
Uns interessiert vor allem das dekadische System mit 10 als Basis.
$a = 100$
$100 = 10^{2}$
$2 = \log_{10} 100 = \lg 100$
Es ist also ohne Taschenrechner sofort möglich, den dekadischen Logarithmus von 0,01 anzugeben. Sie geben diese Zahl als Zehnerpotenz an:
$0{,}01 = 10^{-2}$
Der Exponent (-2) ist der Logarithmus von 0,01 zur Basis 10!
Uns wird aber auch der natürliche Logarithmus begegnen. In diesem System ist die Zahl e (=2,718...) die Basis, deren Potenz e^{x} zum Beschreiben natürlicher Vorgänge (Anwachsen eines Waldbestandes oder der Bevölkerungszahl der Erde) geeignet ist.
$a = 100$
$100 = e^{4{,}605}$
$4{,}605 = \log_{e} 100 = \ln 100$
Der dekadische und der natürliche Logarithmus lassen sich leicht ineinander umwandeln:
$\ln x = 2{,}302 \cdot \lg x$
$\lg x = 0{,}434 \cdot \ln x$

Für das Rechnen mit Logarithmen gelten folgende Regeln, die hier für die dekadischen dargestellt werden:

Addition von Logarithmen:

$$\lg a + \lg b = \lg(a \cdot b)$$

Subtraktion von Logarithmen

$$\lg a - \lg b = \lg \frac{a}{b}$$

Potenzieren und Wurzelziehen:

$$\lg a^n = n \cdot \lg a$$

$$\lg \sqrt[n]{a} = \frac{\lg a}{n}$$

Beachten Sie folgende Grenzfälle:

$$\lg 1 = \ln 1 = 0$$
$$10^0 = 1$$
$$\lg 10 = \ln e = 1$$

6.2.6 Säure- und Basenkonstanten und Löslichkeitsprodukte

Tabelle 7 Säure- und Basenkonstante bei 22°C

Säurestärke	K_S in mol·l^{-1}	pK$_S$	Formel der Säure	Formel der korrespondierenden Base	pK$_B$	K_B in mol·l^{-1}	Basenstärke
am stärksten	$1,1 \cdot 10^{11}$	-11	HI	I$^-$	25	$1,0 \cdot 10^{-25}$	am schwächsten
	$1,1 \cdot 10^{10}$	-10	HClO$_4$	ClO$_4^-$	24	$1,0 \cdot 10^{-24}$	
	$1,0 \cdot 10^{9}$	-9	HBr	Br$^-$	23	$1,0 \cdot 10^{-23}$	
	$1,0 \cdot 10^{7}$	-7	HCl	Cl$^-$	21	$1,0 \cdot 10^{-21}$	
	$1,0 \cdot 10^{3}$	-3	H$_2$SO$_4$	HSO$_4^-$	17	$1,0 \cdot 10^{-17}$	
	55,5	-1,74	H$_3$O$^+$	H$_2$O	15,74	$1,8 \cdot 10^{-16}$	
	$2,1 \cdot 10^{1}$	-1,32	HNO$_3$	NO$_3^-$	15,32	$4,8 \cdot 10^{-16}$	
stärker	$5,6 \cdot 10^{-2}$	1,25	HOOC–COOH	HOOC–COO$^-$	12,75	$1,77 \cdot 10^{-13}$	schwächer
	$1,5 \cdot 10^{-2}$	1,81	H$_2$SO$_3$	HSO$_3^-$	12,19	$6,5 \cdot 10^{-13}$	
	$1,2 \cdot 10^{-2}$	1,92	HSO$_4^-$	SO$_4^{2-}$	12,08	$8,3 \cdot 10^{-13}$	
	$7,5 \cdot 10^{-3}$	2,12	H$_3$PO$_4$	H$_2$PO$_4^-$	11,88	$1,3 \cdot 10^{-12}$	
	$6,0 \cdot 10^{-3}$	2,22	[Fe(H$_2$O)$_6$]$^{3+}$	[Fe(OH)(H$_2$O)$_5$]$^{2+}$	11,78	$1,7 \cdot 10^{-12}$	
schwach	$7,2 \cdot 10^{-4}$	3,14	HF	F$^-$	10,86	$1,4 \cdot 10^{-11}$	schwach
	$1,8 \cdot 10^{-4}$	3,75	HCOOH	HCOO$^-$	10,25	$5,6 \cdot 10^{-11}$	
	$2,6 \cdot 10^{-5}$	4,58	C$_6$H$_5$NH$_3^+$	C$_6$H$_5$NH$_2$	9,42	$3,8 \cdot 10^{-10}$	
	$1,8 \cdot 10^{-5}$	4,75	CH$_3$COOH	CH$_3$COO$^-$	9,25	$5,6 \cdot 10^{-10}$	
	$1,4 \cdot 10^{-5}$	4,85	[Al(H$_2$O)$_6$]$^{3+}$	[Al(OH)(H$_2$O)$_5$]$^{2+}$	9,15	$7,1 \cdot 10^{-10}$	
	$3,0 \cdot 10^{-7}$	6,52	H$_2$CO$_3$	HCO$_3^-$	7,48	$3,3 \cdot 10^{-8}$	
	$1,2 \cdot 10^{-7}$	6,92	H$_2$S	HS$^-$	7,08	$8,3 \cdot 10^{-8}$	
	$9,1 \cdot 10^{-8}$	7,04	HSO$_3^-$	SO$_3^{2-}$	6,96	$1,1 \cdot 10^{-7}$	
	$6,2 \cdot 10^{-8}$	7,20	H$_2$PO$_4^-$	HPO$_4^{2-}$	6,80	$1,6 \cdot 10^{-7}$	
	$5,6 \cdot 10^{-10}$	9,25	NH$_4^+$	NH$_3$	4,75	$1,8 \cdot 10^{-5}$	
	$4,0 \cdot 10^{-10}$	9,40	HCN	CN$^-$	4,60	$2,5 \cdot 10^{-5}$	
	$1,3 \cdot 10^{-10}$	9,89	C$_6$H$_5$OH	C$_6$H$_5$O$^-$	4,11	$7,8 \cdot 10^{-5}$	
	$4,0 \cdot 10^{-11}$	10,40	HCO$_3^-$	CO$_3^{2-}$	3,60	$2,5 \cdot 10^{-4}$	
	$4,4 \cdot 10^{-13}$	12,36	HPO$_4^{2-}$	PO$_4^{3-}$	1,64	$2,3 \cdot 10^{-2}$	
schwächer	$1,0 \cdot 10^{-13}$	13,00	HS$^-$	S^{2-}	1,00	$1,0 \cdot 10^{-1}$	stärker
am schwächsten	$1,8 \cdot 10^{-16}$	15,74	H$_2$O	OH$^-$	-1,74	55,5	am stärksten
	$1,0 \cdot 10^{-23}$	23	NH$_3$	NH$_2^-$	-9	$1,0 \cdot 10^{-9}$	
	$1,0 \cdot 10^{-24}$	24	OH$^-$	O^{2-}	-10	$1,0 \cdot 10^{-10}$	

Tabelle 8 Löslichkeitsprodukte bei 25 °C

Name des Stoffes	Formel	Löslichkeitsprodukt Zahlenwert	Löslichkeitsprodukt Einheit
Aluminiumhydroxid	$Al(OH)_3$	$1,0 \cdot 10^{-33}$	$mol^4 \cdot l^{-4}$
Bariumsulfat	$BaSO_4$	$1,0 \cdot 10^{-10}$	$mol^2 \cdot l^{-2}$
Calciumcarbonat	$CaCO_3$	$4,8 \cdot 10^{-9}$	$mol^2 \cdot l^{-2}$
Calciumhydroxid	$Ca(OH)_2$	$5,5 \cdot 10^{-6}$	$mol^3 \cdot l^{-3}$
Calciumoxalat	CaC_2O_4	$2,6 \cdot 10^{-9}$	$mol^2 \cdot l^{-2}$
Calciumphosphat	$Ca_3(PO_4)_2$	$1,0 \cdot 10^{-25}$	$mol^5 \cdot l^{-5}$
Calciumsulfat	$CaSO_4$	$6,1 \cdot 10^{-5}$	$mol^2 \cdot l^{-2}$
Eisen(II)-hydroxid	$Fe(OH)_2$	$4,8 \cdot 10^{-16}$	$mol^3 \cdot l^{-3}$
Kupfer(II)-sulfid	CuS	$8,0 \cdot 10^{-45}$	$mol^2 \cdot l^{-2}$
Silberbromid	$AgBr$	$6,3 \cdot 10^{-13}$	$mol^2 \cdot l^{-2}$
Silbercarbonat	Ag_2CO_3	$6,2 \cdot 10^{-12}$	$mol^3 \cdot l^{-3}$
Silberchlorid	$AgCl$	$1,6 \cdot 10^{-10}$	$mol^2 \cdot l^{-2}$
Silberiodid	AgI	$1,5 \cdot 10^{-16}$	$mol^2 \cdot l^{-2}$
Silberphosphat	Ag_3PO_4	$1,8 \cdot 10^{-18}$	$mol^4 \cdot l^{-4}$

6.3 Geschichte im Überblick

Chemie und Medizin – ein historischer Abriss

„Ich betrachte das Krankenhaus nur als die Vorhalle der wissenschaftlichen Medizin, es ist ihr erstes Beobachtungsfeld, in das der Arzt eintreten muss, aber das Laboratorium ist das wahre Heiligtum der medizinischen Wissenschaft."
Claude Bernard

Diese Worte provozierten schon 1865, als sie von Bernard formuliert wurden, zahlreiche Diskussionen darüber, in welchem Verhältnis Medizin und Chemie stehen, welche Bedeutung Laborversuche haben.

Chemische Vorgänge werden schon seit der Urzeit beherrscht, sie konnten aber nicht erklärt werden, sondern wurden philosophisch oder mythologisch gedeutet. Vorstellungen über den atomaren Aufbau der Materie, über Wasser, Luft, Feuer und Erde als Elemente und über Stoffumwandlungen findet man schon bei den griechischen Naturphilosophen wie Demokritos, Leukippos oder Aristoteles. Auch die pharmazeutische Wirkung von Pflanzen war bekannt. So beschrieb Hippokrates schon 400 v. Chr. den Saft der Weidenrinde als Mittel gegen Schmerzen. Dass es sich dabei um den Wirkstoff Salicyl-

säure handelt, wusste er genauso wenig, wie er den Wirkmechanismus nicht erklären konnte. Neben pflanzlichen und tierischen Stoffen benutzte dieser antike Arzt aber auch Schwefel, Natron, Kalk, Alaun oder Verbindungen der Metalle Blei, Eisen und Kupfer. Kupfervitriol, also eine Kupfersulfatlösung, war als Brechmittel bekannt, Alaunlösungen wurden für Umschläge und zum Gurgeln genutzt.

Den Alchemisten, die nicht nur auf der Suche nach dem Stein der Weisen waren, sondern dabei selbst einen höheren Seinszustand erreichen wollten, verdanken wir sowohl Verfahren zur Herstellung von Mineralsäuren als auch verbesserte Destillationsverfahren und Analysentechniken zur Reinheitsprüfung von Metallen.

Im 16. Jahrhundert kam durch Paracelsus der Anstoß, mineralische, insbesondere metallische Verbindungen vermehrt in den Arzneischatz aufzunehmen. Die Herstellung und therapeutische Anwendung dieser chemischen Verbindungen war Gegenstand der Iatrochemie (iatros gr. Arzt), der Chemie in der Hand des Arztes.

Das langlebigste aller iatrochemischen Arzneimittel ist übrigens das Glaubersalz (Na_2SO_4), das „sal mirabile", dem man eine universelle Heilwirkung zuordnete. Später wurde dem Salz nur noch eine laxierende Wirkung zugestanden, die man heute bei

Na$_2$SO$_4$-haltigen Mineralwässern immer noch schätzt.

Zu Beginn des 17. Jahrhunderts wurde in Marburg der für Deutschland erste Lehrstuhl für Iatrochemie geschaffen. Der Inhaber, Johannes Hartmann, bildete in seinem „Laboratorium chymicum publicum" Medizinstudenten vieler Nationen aus und gab der Iatrochemie innovative Impulse. Das „Laboratorium chymicum" war für den Mediziner so selbstverständlich wie der „Hortus medicus" oder das „Theatrum anatomicum". Im 18. Jahrhundert nahm das wechselseitige Interesse an Chemie bzw. Medizin ab, obwohl gerade zu dieser Zeit – dank so manchem Medizinstudenten, denn Chemiestudenten findet man in den Matrikelbüchern gewöhnlich erst im 19. Jahrhundert – in der Chemie ungeheure Fortschritte zu verzeichnen waren. Der Sauerstoff wurde von Scheele und Priestley entdeckt, der Verbrennungsvorgang konnte von Lavoisier erklärt werden, quantitatives Vorgehen wurde selbstverständlich.

Lavoisier, Berzelius und viele andere Gelehrte begannen, sich mit der Untersuchung organischer, speziell tierischer Materialien zu beschäftigen. Sie entwickelten neue analytische Methoden, die organische Elementaranalyse brachte Liebig zur Vollendung.

Von der Chemie erhofften sich die Mediziner sowohl Wege zur Gewinnung von Arzneimitteln, aber auch Unterstützung in der Diagnostik und eine Basis für ihre theoretischen Konzepte.

Parallel dazu änderte sich die Ausbildung in der Medizin. Der medizinische Unterricht wurde zunehmend an das Krankenbett verlagert, es erfolgte eine sorgfältige Beobachtung des Kranken und seiner Symptome. In dieser Situation entstand ein völlig neuer Typ von Labor, das klinische Labor, das der Krankenversorgung und der klinischen Lehre dienen sollte. Weder die klinischen noch die reinen Forschungslaboratorien konnten aber die in sie gesetzten Hoffnungen erfüllen, da z.B. die Chemie der Naturstoffe noch nicht ausreichend erforscht war und biochemische und physiologische Kenntnisse fehlten.

Diese Situation änderte sich zu Beginn des 20. Jahrhunderts schlagartig. Es lagen nun nicht nur die nötigen Kenntnisse über Kohlenhydrate, Purine und Proteine vor, auch Hormone und Vitamine wurden isoliert, Enzyme untersucht. Das Prinzip der Nervenleitung als Freisetzung chemischer Stoffe und die DNA als Trägerin der Erbinformationen wurden erkannt. Der Kohlenhydrat-, Protein- und Fettstoffwechsel konnte weitgehend erklärt werden. Parallel dazu kam es zu großen Fortschritten bei der Bereitstellung synthetischer Arzneimittel. Fast alle Firmen der chemisch-pharmazeutischen Industrie gründeten eigene chemotherapeutische Forschungsinstitute.

Mediziner, Chemiker, Biologen und Physiker arbeiten heute Hand in Hand, gemeinsam gelang es, den genetischen Code des Menschen aufzuklären und damit „Mensch" auf molekularer Ebene zu verstehen. Mit dieser Information jedoch human umzugehen, liegt in der Verantwortung eines jeden.

Die folgende Tabelle fasst einige der Gelehrten zusammen, deren Erkenntnisse in das chemische Wissen eingeflossen sind, das Ihnen in diesem Buch vermittelt werden sollte.

Name Vorname	Geb.datum und -ort	Sterbedatum und -ort	Studium und einige wichtige Leistungen
Arrhenius, Svante August	19.02.1859 Vik bei Uppsala	02.10.1927 Stockholm	Studium der Naturwissenschaften, umfassende Formulierung der Dissoziationstheorie, exakte Bestimmung der Neutralisationswärme, Untersuchung der Reaktionsgeschwindigkeit bei der Rohrzuckerinversion, Nobelpreis 1903 (Chemie)
Avogadro (Conte de Quaregna), Amadeo	09.08.1776 Turin	09.07.1856 Turin	Jurastudium, autodidaktische Aneignung der Naturwissenschaften, Feststellung, dass alle Gase in einem definierten Volumen die gleiche Anzahl Moleküle enthalten, wenn Druck und Temperatur gleich sind; Hypothese, dass die kleinsten Teilchen der Gase Chlor, Wasserstoff und Stickstoff zweiatomige Moleküle sind
Baeyer, von Adolf	31.10.1835 Berlin	20.08.1917 Starnberg	Studium der Mathematik, der Physik und der Chemie, Konstitutionsaufklärung und Synthese des Indigo, Untersuchung der Stabilität von Ringsystemen, Engagement für die Verbesserung der Ausbildung für Chemiker, Nobelpreis 1905 (Chemie)
Becquerel, Henri	15.12.1852 Paris	25.08.1908 Le Croisic	Studium der Physik, Untersuchungen zum Verhalten von Gasen und Dämpfen im Magnetfeld, zur Lichtabsorption in Kristallen, zur Einwirkung phosphoreszierender und lumineszierender Substanzen auf Fotoplatten, Nobelpreis 1903 (Physik)
Beer, August	31.07.1825 Trier	18.11.1863 Bonn	Studium der Mathematik und der Naturwissenschaften, Zusammenfassung der Theorie über das Licht, Untersuchungen zu Brechungsindizes wässriger Salzlösungen
Bernard, Claude	12.07.1813 St. Julien (Rhône)	10.02.1878 Paris	Apothekerlehrling, Schriftsteller, Medizinstudium, Begründung der Physiologie als selbständige Wissenschaft, Untersuchung der chemischen Vorgänge bei der Verdauung, Isolation von Glycogen, Untersuchung der alkoholischen Gärung, Studien über den Blutkreislauf
Berthelot, Pierre	25.10.1827 Paris	18.03.1907 Paris	Studium der Medizin und der Chemie, Arbeit auf dem Gebiet der Zucker, Terpene und Glyceride, erstmals Durchführung einer Fettsynthese, Prägung der Namen Acetylen für Ethin, Entdeckung des Enzym Invertin
Berzelius, Jöns Jacob	20.08.1779 Väversunda	07.08.1848 Stockholm	Studium der Medizin und Chemie, Aufstellung einer Tabelle der Atom- und Verbindungsmassen, hervorragende analytische Fähigkeiten, Verbesserung der Laboratoriumstechnik (Lötrohrprobe, Reagenzgläser, Spritzflaschen, Bechergläser etc.), Entwicklung der chemischen Zeichensprache, Isolation von Fleisch-Milchsäure, Casein, Stärke, Aconitsäure, Brenztraubensäure, Ausbildung vieler ausländischer Chemiker
Biot, Jean-Baptiste	21.04.1774 Paris	03.02.1862 Paris	Naturwissenschaftliche Ausbildung, Beobachtung der optischen Aktivität der Glucose u. a. organischer Stoffe, Entwicklung eines Polarimeters
Boerhaave, Hermann	31.12.1668 Voorhout	23.09.1738 Leiden	Studium der Naturphilosophie und der Medizin, bedeutendster Kliniker und medizinischer Lehrer seiner Zeit, führte den klinischen Unterricht ein, Isolation von Harnstoff aus Harn
Bohr, Niels	07.10.1885 Kopenhagen	18.12.1962 Kopenhagen	Studium der Physik und Mathematik, aber auch der Astronomie und Chemie, Weiterentwicklung des Atommodells, theoretische Erklärung des PSE, Nobelpreis 1922 (Physik)
Boltzmann, Ludwig Erhard	20.02.1844 Wien	05.09.1906 Duino bei Triest	Physikstudium, wesentliche Beiträge zur kinetischen Gastheorie, Entdeckung des Zusammenhangs zwischen Entropie und Wahrscheinlichkeit
Boyle, Sir Robert	25.01.1627 Lismore Castle (Irland)	30.12.1691 London	Studium der Rechtswissenschaften, der Philosophie und der Mathematik, Definition der Elemente als einfache ungemischte Körper, in die zusammengesetzte Körper zerlegt werden können, Vertreter einer atomistischen Korpuskulartheorie, Anwendung von Pflanzenfarbstoffen als Indikatoren, Bestimmung der Neutralisationswärme, Beobachtung der Anomalie des Wassers
Braun, Karl Ferdinand	06.06.1850 Fulda	20.04.1918 New York	Physikstudium, Untersuchungen zum thermodynamischen Gleichgewicht, Erfindung einer Elektronenstrahlröhre und der drahtlosen Telegrafie, Nobelpreis 1909 (Physik)

Name Vorname	Geb.datum und -ort	Sterbedatum und -ort	Studium und einige wichtige Leistungen
Broglie, Prinz Louis Victor de	15.08.1892 Dieppe	19.03.1987 Louveciennes (bei Paris)	Studium der Geschichte und Physik, Arbeiten zur Theorie der Materiewellen, Nobelpreis 1929 (Physik)
Brønsted, Johannes Nicolaus	22.02.1879 Varde	17.12.1947 Kopenhagen	Studium des Chemie-Ingenieurwesens und der Chemie, Messungen der EMK galvanischer Zellen, experimentelle Bestimmung von Aktivitätskoeffizienten, Definition der Säuren als Protonendonatoren und der Basen als Protonenakzeptoren
Bunsen, Robert Wilhelm	31.03.1811 Göttingen	16.08.1899 Heidelberg	Studium der Chemie, der Mineralogie, der Physik und der Mathematik, Entwicklung gasanalytischer Methoden und Apparate (Bunsenbrenner), Entwicklung der Iodometrie, Verbesserung der Spektralanalyse
Butenandt, Adolf	24.03.1903 Bremerhaven	18.01.1995 München	Studium der Naturwissenschaften, Untersuchung von Steroidhormonen (Isolation von Östron, Androsteron, Progesteron, Testosteron und Konstitutionsaufklärung), Untersuchungen zum Ab- und Umbau des Tryptophans bei Insekten, Nobelpreis 1939 (Chemie)
Butlerow, Alexander M.	25.08.1828 Tschistopol	05.08.1886 Butlerowka	Studium der Chemie, Prägung der Begriffe „Struktur" und „Strukturformel", systematische Studien der Polymerisationsreaktionen, Durchführung von Zuckersynthesen, Beobachtung der Tautomerie
Cahn, Robert Sidney	09.06.1899	15.09.1981	Chemiestudium, Beiträge zur Stereochemie, Tätigkeit bei der Royal Society of London
Cavendish, Henry	10.10.1731 Nizza	24.02.1810 London	Universitätsstudien ohne Abschluss, herausragende Leistungen auf dem Gebiet der Gase, Entdeckung von Wasserstoff und Kohlendioxid, Nachweis, dass Wasser aus Wasserstoff und Sauerstoff entsteht, Konstruktion genauer Thermometer, Arbeiten über die elektrische Leitfähigkeit von Salzlösungen
Chevreul, Michel Eugène	31.08.1786 Angers	09.04.1889 Paris	Chemiestudium, Begründer der Fett- und Seifenchemie, systematische Bearbeitung der Färbereichemie, Isolation von Cholesterin aus Gallensteinen
Claisen, Ludwig	14.01.1851 Köln	05.01.1930 Godesberg	Studium der Naturwissenschaften, Beobachtung der Kondensation CH-acider Verbindungen mit einem Ester, Beschäftigung mit Tautomerieproblemen, Entwicklung der fraktionierten Destillation unter vermindertem Druck
Crick, Francis H.C.	08.07.1916 Northampton		Physikstudium, Entwicklung des Doppel-Helix-Modells der DNA, Nobel-Preis 1962
Curie, Marie	07.11.1867 Warschau	04.07.1934 Sancellemoz	Studium der Physik und Chemie, Untersuchungen zur Radioaktivität, Nachweis von Polonium und Radium, Nobelpreis 1903 (Physik) und 1911 (Chemie)
Dalton, John	06.09.1766 Eaglesfield	27.07.1844 Manchester	Autodidakt, bereits mit 12 Jahren Tätigkeit als Lehrer, Untersuchungen zum Partialdruck und zur Löslichkeit von Gasen in Flüssigkeiten, Aufstellung einer Atommassentabelle, Feststellung des Gesetzes der multiplen Proportionen, Weiterentwicklung der Atomtheorie, Einführung einer neuen Symbolik, Entdeckung der Farbblindheit an sich selbst
Daniell, John Frederic	12.03.1790 London	13.03.1845 London	Privatausbildung, Bearbeitung von Problemen der Kristallbildung und ihrer Auflösung, Entwicklung eines Hygrometers zur Bestimmung der Luftfeuchtigkeit, Erfindung des Zink-Kupfer-Elements
Davy, Sir Humphry	17.12.1778 Penzance (Cornwall)	29.05.1829 Genf	Lehre bei einem Chirurgen, Untersuchung der Einwirkung von Gasen auf den menschlichen Körper, Entdeckung der berauschenden Wirkung des Lachgases, Begründer der Elektrochemie, Arbeiten zur Elektrolyse, Entdeckung von Kalium und Natrium, Wasserstoff ist der charakteristische Bestandteil einer Säure
Demokritos aus Abdera	um 460 v. Chr.	um 371 v. Chr.	Gilt neben Leukippos als Hauptvertreter der griechischen Atomistik, Prägung des Begriffs „atomos", die Welt besteht aus Atomen, die sich im leeren Raum ständig bewegen

Name Vorname	Geb.datum und -ort	Sterbedatum und -ort	Studium und einige wichtige Leistungen
Döbereiner, Johann Wolfgang	13.12.1780 Bug	24.03.1849 Jena	Apothekerlehre, Errichtung der ersten Stärkezuckerfabrik, Herstellung von Farbstoffextrakten aus Pflanzen, Untersuchung katalytischer Vorgänge, Untersuchung der Oxidation von Ethanol, Ausarbeitung der Triadenlehre als Vorläufer des PSE
Donnan, Frederick George	06.09.1870 Colombo	16.12.1956 Canterbury	Studium der Physik und Chemie, Arbeiten zur Kolloidchemie, Messung des osmotischen Drucks, Trennung von Ionen unterschiedlicher Größe an Membranen
Ehrlich, Paul	14.03.1854 Strehlen	20.08.1915 Bad Homburg	Medizinstudium, Verwendung synthetischer Farbstoffe zum Anfärben von Zellen und Geweben, Entwicklung von Salvarsan als Chemotherapeutikum, Nobelpreis 1908 (Medizin)
Erlenmeyer, Emil	28.06.1825 Wehen	22.01.1909 Aschaffenburg	Medizin- und Chemiestudium, Postulat der Doppelbindung für Ethen und der Dreifachbindung für Ethin, Bildung des Begriff der Wertigkeit, Beschäftigung mit der Frage, wie viel OH-Gruppen ein C-Atom tragen kann, Erfindung des Erlenmeyer-Kolbens
Faraday, Michael	22.09.1791 Newington Butts	25.08.1867 Hampton Court	Einer der bedeutendsten Naturforscher aller Zeiten, Autodidakt, Entdeckung des Elektromagnetismus, Isolation von Benzen und Buten, Isomerie des Butens, Entdeckung der elektrolytischen Grundgesetze, Erfindung des Elektromotors, Entwicklung von rostfreiem Stahl
Fehling, von Hermann	09.06.1812 Lübeck	01.07.1885 Stuttgart	Studium der Naturwissenschaften, besonders der Chemie, Entwicklung analytischer Methoden für technische Zwecke (Bestimmung der Wasserhärte, Zuckernachweis)
Fischer, Emil Hermann	09.10.1852 Euskirchen	15.07.1919 Berlin	Chemiestudium, Arbeit über Purine und Zucker, später Aminosäureforschung, Entwicklung von Veronal als Schlafmittel, Nobelpreis 1902 (Chemie)
Galenos, Claudius	129 Pergamon	um 199 Rom	Ausbildung in Mathematik, Philosophie und Medizin, Repräsentant der antiken Medizin, Bestimmung der Dichte von Salzsole
Galvani, Luigi	09.09.1737 Bologna	04.12.1798 Bologna	Studium der Literatur, der Philosophie und der Medizin, Annahme einer tierischen Elektrizität, vergleichende Untersuchungen zur Anatomie
Geiger, Hans	30.09.1882 Neustadt/Weinstr.	24.09.1945 Potsdam	Physikstudium, Versuche zur Ablenkung von α-Strahlen beim Durchgang von Materie, Feststellung der Identität von Ordnungs- und Kernladungszahl
Gerhardt, Charles	21.08.1816 Strasbourg	19.08.1856 Strasbourg	Chemiestudium, Beiträge zur Klärung der Begriffe Atom und Molekül, Prägung des Begriffs „homologe Reihe", Entdeckung von Phenol
Gibbs, Josiah W.	11.02.1839 New Haven	28.04.1903 New Haven	Mathematik- und Physikstudium, bedeutende Ergebnisse zur statistischen Mechanik, Thermodynamik und chemischen Gleichgewichtslehre
Glauber, Johann Rudolph	1604 Karlstadt	10.03.1670 Amsterdam	Apothekerlehre, Entdeckung zahlreicher Stoffklassen und einzelner Stoffe, Ordnung der Metalle nach dem Grad ihrer Auflösbarkeit in Mineralsäuren, Gewinnung organischer Naturstoffe, breite Anwendung chemischer Substanzen für medizinische Zwecke
Guldberg, Cato Maximilian	11.08.1836 Kristiania	14.01.1902 Kristiania	Naturwissenschaftliches Studium, Untersuchung von Problemen der chemischen Affinität, Entdeckung des Massenwirkungsgesetzes
Hartmann, Johannes	15.01.1568 Amberg	17.12.1631 Kassel	Studium der Mathematik, Inhaber des ersten Lehrstuhls für Iatrochemie in Deutschland, Gründung eines chemischen Universitätslaboratoriums
Hasselbalch, Karl Albert	1874 Jutland	1962	Medizinstudium, Beschreibung einer geeigneten Methode, um den Blut-pH mit einer Wasserstoffelektrode zu messen, später Landwirt, Einführung der Bestimmung des Boden-pH
Haworth, Sir Walter Norman	19.03.1883 White Coppice	18.03.1950 Barnt Green bei Birmingham	Chemiestudium, Forschungen zum Vitamin C, Konstitutionsbestimmung von Kohlenhydraten, Ermittlung der Struktur von Cellulose und Amylopektin, Nobelpreis 1937 (Chemie)

Name Vorname	Geb.datum und -ort	Sterbedatum und -ort	Studium und einige wichtige Leistungen
Heisenberg, Werner Karl	05.12.1901 Würzburg	01.02.1976 München	Mathematik- und Physikstudium, Begründung der Quantenmechanik, Formulierung der Unbestimmtheitsrelation
Helmholtz, von Hermann Ludwig	31.08.1821 Potsdam	08.09.1894 Berlin	Studium der Medizin und Chirurgie, Begründung des Gesetzes von der Erhaltung der Energie, Beweis, dass Gärung und Fäulnis chemische Vorgänge sind, Versuche bei Stoffwechselvorgängen, Untersuchungen zum Sehvorgang, Arbeiten über reversible Prozesse
Henderson, Laurence Joseph	03.06.1878 Lynn (Massachusetts)	10.02.1942 Boston	Chemiestudium, eingehende Untersuchung der Säure-Base-Gleichgewichte im Körper, Einführung von Nomogrammen in die Biochemie
Henry, Thomas	28.09.1734 Wrexham (Wales)	18.06.1816 Manchester	Apothekerlehre, Untersuchung des Fäulnisprozesses bei Fleisch, Milch und Früchten, besonders das Stoppen durch Kohlendioxid, Herstellung von Sodawasser durch Einleiten von CO_2 in Wasser
Henry, William	12.12.1774 Manchester	02.09.1836 Pendlebury	Medizinstudium, stellte fest, dass die Menge des in einer Flüssigkeit gelösten Gases dem Druck des über der Flüssigkeit befindlichen Gases proportional ist, Identifizierung des Methans als Bestandteil des Leuchtgases
Hess, Hermann Heinrich	07.08.1802 Genf	12.12.1850 St. Petersburg	Studium der Medizin und Chemie, Untersuchung der bei chemischen Reaktionen freiwerdenden Wärmemengen
Hippokrates von Kos	um 460 v. Chr. Kos	um 370 wahrscheinlich Larisa	Einer der bedeutendsten Ärzte der Antike, Beschreibung von 236 Pflanzendrogen und der Metalle Kupfer, Silber, Gold, Zinn, Blei und Eisen, Gesundheit ist die richtige Mischung der Körpersäfte: Blut, Schleim, gelbe und schwarze Galle
Hoppe-Seyler, Felix	26.12.1825 Freyburg (Unstrut)	10.08.1895 Wasserburg (Bodensee)	Medizinstudium, belegte auch chemische und physiologische Vorlesungen, Einführung neuer physikalisch-chemischer Analysenmethoden bei der Untersuchung von Körperflüssigkeiten, Untersuchungen zum Sauerstofftransport im Blut
Hund, Friedrich	04.02.1896 Karlsruhe	31.03.1997 Göttingen	Mathematik-, Physik- und Geographiestudium, bedeutende Arbeiten zum Atombau und zur Quantentheorie, Entwicklung der MO-Theorie
Ingold, Sir Christopher Kelk	28.10.1893 Ilford	08.12.1970 London	Chemiestudium, exzellenter Chemiker, Physiker und Mathematiker, bearbeitete alle Teile der theoretischen Chemie, Prägung der Begriffe Mesomerie, elektrophil, nucleophil, induktiver Effekt
Joule, James Prescott	24.12.1818 Salford (bei Manchester)	11.10.1889 Sale (bei London)	Privatstudium der Chemie, Physik und Mathematik bei Dalton, Untersuchung elektromagnetischer Kräfte, Bestimmung des mechanischen Wärmeäquivalents
Jungius, Joachim	22.10.1587 Lübeck	23.09.1657 Hamburg	Studium der Mathematik und der Logik, später der Medizin, Weiterentwicklung der Atomistik, Forderung nach Anwendung der Waage bei chemischen Experimenten, Erklärung der Rotfärbung eines Eisenstabes beim Eintauchen in eine Kupfersulfatlösung
Kekulé von Stradonitz, August	07.09.1829 Darmstadt	13.07.1896 Bonn	Architektur-, später Chemiestudium, Formulierung der Vierwertigkeit des Kohlenstoffatoms, Lehre von der direkten Kohlenstoff-Kohlenstoff-Bindung, Entwicklung des Benzenmodells und der Oszillationshypothese
Kirchhoff, Gustav Robert	12.03.1824 Königsberg	17.10.1887 Berlin	Studium der Mathematik und Physik, entscheidender Anteil an der Entdeckung der Grundgesetze der elektromagnetischen Strahlung, Methode der Spektralanalyse als neues analytisches Verfahren, Entdeckung von Caesium und Rubidium
Kjeldahl, Johann Gustav	16.08.1849 Jaegerspris (Dänemark)	18.07.1900 Tisvildeleje (Dänemark)	Chemiestudium, Beschäftigung mit zuckerbildenden Enzymen, Entwicklung einer neuen Methode zur Stickstoffbestimmung in organischen Substanzen
Knoevenagel, Emil	18.06.1865 Linden (bei Hannover)	11.08.1921 Berlin	Chemiestudium, Untersuchung der Kondensation der Malonsäure mit Aldehyden oder Ketonen und andere Arbeiten auf anorganischem, organischem und physiko-chemischem Gebiet

Name Vorname	Geb.datum und -ort	Sterbedatum und -ort	Studium und einige wichtige Leistungen
Kossel, Albrecht	16.09.1853 Rostock	05.07.1927 Heidelberg	Medizinstudium, Untersuchung der Chemie des Zellkerns, Entdeckung von Adenin, Thymin, Cytosin, Uracil, Nobelpreis 1910 (Medizin)
Lambert, Johann Heinrich	26.08.1728 Mülhausen (Elsass)	25.09.1977 Berlin	Autodidakt, Mathematiker, Astronom, Philosoph, Vorstellungen vom absoluten Nullpunkt, Entwicklung von Messmethoden für die Lichtstärke und Lichtabsorption
Lavoisier, Antoine Laurent	26.08.1743 Paris	08.05.1794 Paris	Jurastudium, später intensive Beschäftigung mit Chemie, wissenschaftliche Aufklärung des Verbrennungsvorgangs unter Benutzung der Waage, Untersuchung des Atmungsvorgangs, wesentliche Elemente der heutigen anorganischen Nomenklatur, neues Symbolsystem, Neudefinition von Element, Säure, Base, Salz
Le Chatelier, Henry Louis	08.10.1850 Paris	17.09.1936 Miribel-les-Échelles	Studium der Chemie, Physik und des Ingenieurwesens, Formulierung des Prinzips des kleinsten Zwangs, Erfindung eines Thermoelements, Ermittlung der spezifischen Wärme von Gasen
Leukippos aus Milet	um 490 v. Chr.	um 420 v. Chr.	mit Demokrit Begründung der spekulativen Atomtheorie
Lewis, Gilbert Newton	23.10.1875 Weymouth (Massachusetts)	23.03.1946 Berkeley (Kalifornien)	Chemie- und Ökonomiestudium, Verbreitung der Thermodynamik in Amerika, Arbeiten über die Valenztheorie, Untersuchung von Bindungsenergien, Weiterentwicklung der Säure-Base-Theorie
Libavius, Andreas	um 1550 Halle	25.07.1616 Coburg	Studium der Philosophie und Medizin, in Form von Briefen an berühmte Ärzte Behandlung praktischer Operationen wie Lösen, Destillieren und Sublimieren, Forderung nach Einrichtung chemischer Laboratorien, Beschäftigung mit der Darstellung von Mineralsäuren
Liebig, Freiherr von, Justus	12.05.1803 Darmstadt	18.04.1873 München	Chemiestudium ohne Abschluss, Einrichtung des chemischen Praktikums als Ergänzung zur Experimentalvorlesung, Lehrer vieler berühmter Chemiker, Weiterentwicklung der organischen Elementaranalyse, Forcierung der Entwicklung der Agrikulturchemie, Versuch, eine naturwissenschaftliche Grundlage für die Medizin zu schaffen, Bearbeitung von praktischen Problemen (Fleischextrakt, Herstellung von Backpulver und Säuglingsnahrung), wesentliche Beiträge zur Popularisierung der Chemie
Lomonossow, Michail Wassiljewitsch	19.11.1711 Denisovka (bei Archangelsk)	15.04.1765 St. Petersburg	Studium der Philosophie, Mathematik, Chemie und Mineralogie, Tätigkeit auf vielen Gebieten der Künste und der Naturwissenschaften, durch Wägungen Beweis für die Erhaltung der Masse bei chemischen Reaktionen, Beschäftigung mit der Ursache für Krankheit
London, Fritz Wolfgang	07.03.1900 Breslau	30.03.1954 Durham	Studium der Philosophie, später der theoretischen Physik, beschäftigte sich mit Spektroskopie und Quantenmechanik, quantenmechanische Deutung zwischenmolekularer Wechselwirkungen, Mitbegründer der VB-Theorie
Loschmidt, Joseph	15.03.1821 Putschirn (bei Karlsbad)	08.07.1895 Wien	Philologie- und Philosophiestudium, später Naturwissenschaften, Berechnung des Durchmessers von Molekülen mit der kinetischen Gastheorie, daraus Schätzung der Anzahl der Moleküle je Milliliter eines Gases, Vermutungen zu Doppel- und Dreifachbindungen und zur Struktur des Benzens
Markownikow, Wladimir W.	10.12.1838 Tschjernoretschje	29.01.1904 Moskau	Studium der Staatswissenschaften, später der Chemie, Untersuchung der Addition von Halogenwasserstoffen an unsymmetrische Alkene, wesentliche Arbeiten zur Chemie des Erdöls, Entdeckung von Naphthenen im Erdöl
Mendelejew, Dmitri Iwanowitsch	08.02.1834 Tobolsk	02.02.1907 St. Petersburg	Chemiestudium, Entwicklung des Periodischen Systems der Elemente, weitreichende Schlussfolgerungen für bis dahin unbekannte Elemente, Untersuchung des Erdöls
Menten, Maud Leonora	20.03.1879 Port Lambton	02.07.1960 Ontario	Medizinstudium, Konzepte zur Beschreibung biologischer Reaktionen, Untersuchungen zu Blutzucker und Hämoglobin, studierte außerdem Sprachen, Musik und Kunst

Name Vorname	Geb.datum und -ort	Sterbedatum und -ort	Studium und einige wichtige Leistungen
Meyer, Julius Lothar	19.08.1830 Varel (Oldenburg)	12.04.1895 Tübingen	Medizinstudium, später der mathematischen Physik, Untersuchungen der Gase des Blutes und zur Einwirkung von Kohlenmonoxid auf Blut, Entwicklung des kurzperiodischen Systems der Elemente, Neuberechnung von Atommassen, Ermittlung von physikalisch-chemischen Konstanten
Michaelis, Leonor	16.01.1875 Berlin	09.10.1949 New York	Medizin- und Chemiestudium, Arbeiten zu Redoxreaktionen in lebenden Systemen und zu enzymkatalysierten Reaktionen
Mitscherlich, Eilhard	07.01.1794 Neuende	28.08.1863 Schönberg (Berlin)	Philologie-, später Medizinstudium, fand mit Liebig die Formel für Milchsäure, konnte die Zusammensetzung von Iodoform, Harnsäure und Hippursäure klären, Untersuchungen zur Inversion des Rohrzuckers und der optischen Inaktivität der Traubensäure
Mohr, Karl Friedrich	04.11.1806 Koblenz	28.09.1879 Bonn	Studium der Botanik, Chemie, Physik und Mineralogie, wichtige Arbeiten auf dem Gebiet der analytischen Chemie, Ausbau der Maßanalyse, Konstruktion verschiedener Laborgeräte
Mulder, Gerardus Johannes	27.12.1802 Utrecht	18.04.1880 Bennekom (Niederlande)	Medizinstudium, Entwicklung der Proteintheorie, nach der die im Tierreich entstehenden eiweißartigen Stoffe auf dieselbe Ausgangssubstanz (Protein) zurückgeführt und in Pflanzen synthetisiert werden können
Nernst, Walter Hermann	25.06.1864 Briesen (Westpreußen)	18.11.1941 Ober-Zibelle (Oberlausitz)	Physikstudium, Arbeit an der Dissoziationstheorie, Klärung von Vorgängen an galvanischen Zellen und zum Verteilungsgleichgewicht eines Stoffes in zwei nicht miteinander mischbaren Lösungsmitteln, Berechnung von Gleichgewichtslagen bei Reaktionen von Gasen
Newman, Melvin Spencer	10.03.1908 New York, City	30.05.1993 Columbus (Ohio)	Chemie- und Mathematikstudium, Untersuchung sterischer Effekte und von „overcrowded" Molekülen, Arbeiten zu polycyclischen Kohlenwasserstoffen
Newton, Isaac	25.12.1642 Woolsthorpe (Lincolnshire)	21.03.1727 Kensington (London)	Studium der Sprachen, Geschichte, Optik und Mathematik, Ausarbeitung der Korpuskulartheorie, der Gravitationstheorie, der Infinitesimalrechnung, Herstellung niedrig schmelzender Legierungen
Ostwald Wilhelm	02.09.1853 Riga	04.04.1932 Großbothen (Leipzig)	Chemiestudium, Untersuchung von Elektrolytlösungen, Erkenntnis, dass mehrprotonige Säuren stufenweise dissoziieren, Kinetik- und Katalyseforschung, Nobelpreis 1909 (Chemie)
Paracelsus, Theophrastus	Ende 1493 Einsiedel (bei Zürich)	24.09.1541 Salzburg	Unterricht in Chemie und Medizin, Studium an verschiedenen europäischen Universitäten, Begründung der Iatrochemie, schuf die Voraussetzung dafür, dass die Chemie zum Ausbildungsbestandteil der Ärzte und Apotheker wurde, Verwendung von Metallen und ihren Verbindungen in der Medizin
Pasteur, Louis	27.12.1822 Dôle	28.09.1895 Villeneuve l'Etang	Chemiestudium, Arbeiten über optisch aktive Verbindungen, Begründung der modernen Stereochemie, Feststellung, dass Gärung eine physiologische Funktion der Hefe ist, Züchtung von Mikroben der Milchsäure-, Buttersäure- und Essigsäuregärung, Zurückdrängung der anaeroben Gärung durch Sauerstoffzutritt, auch durch Erhitzen auf 45-65°C können Zersetzungsprozesse verlangsamt werden
Pauli, Wolfgang	25.04.1900 Wien	15.12.1958 Zürich	Physik- und Mathematikstudium, wesentliche Beiträge zur Relativitätstheorie und zur Quantenmechanik
Pauling, Linus Carl	28.02.1901 Portland (Oregon)	19.08.1994 Palo Alto	Studium der chemischen Verfahrenstechnik, theoretische Arbeiten zur Natur der chemischen Bindung, Untersuchungen zur Struktur von Antikörpern und Proteinen, molekulare Grundlagen der Anästhesie, Nobelpreis 1954 (Chemie), Friedensnobelpreis 1962
Pettenkofer, von Max Joseph	03.12.1818 Lichtenheim	10.02.1901 München	Studium der Pharmazie und Medizin, zwischenzeitlich Schauspieler, später Studium der Chemie, Versuche zur Ermittlung der menschlichen Stoffbilanz mit einem Respirationsapparat, Untersuchung von Problemen der Hygiene
Pfeffer, Wilhelm	09.03.1845 Grebenstein (Kassel)	31.01.1920 Leipzig	Chemiestudium, Arbeiten auf dem Gebiet der Pflanzenphysiologie, Messung der bei den Vorgängen an den Zellwänden wirkenden osmotischen Kräfte, Bau eines Osmometers

Name Vorname	Geb.datum und -ort	Sterbedatum und -ort	Studium und einige wichtige Leistungen
Pitzer, Kenneth Sanborn	06.01.1914 Pomona (Kalifornien)	26.12.1997 Berkeley	Chemiestudium, quantentheoretische und thermodynamische Studien zur Struktur und zu den Eigenschaften von Molekülen
Prelog, Vladimir	23.07.1906 Zarajevo	07.01.1998 Zürich	Chemiestudium, bedeutende Arbeiten zur Stereochemie, über Alkaloide und Antibiotika, Nobelpreis 1975 (Chemie)
Priestley, Joseph	13.03.1733 Fieldhead (Leeds)	06.02.1804 Northumberland (Pennsylvania)	Studium der Theologie, der Philosophie und der Naturwissenschaften, Untersuchung verschiedener wasserlöslicher Gase, Entwicklung der pneumatischen Wanne, Entdeckung von Sauerstoff, Herstellung von Chlorwasserstoff, Ammoniak, Kohlenmonoxid etc.
Richter, Jeremias Benjamin	10.03.1762 Hirschberg	04.04.1807 Berlin	Studium der Philosophie und Mathematik, autodidaktische Ausbildung in Chemie, Einführung der Mathematik in die Chemie
Röntgen, Wilhelm Conrad	27.03.1845 Lennep	10.02.1923 München	Ausbildung zum Maschineningenieur, dann Physikstudium, Arbeiten zur Kristallphysik, Entdeckung und Untersuchung von Röntgenstrahlen
Rutherford, Lord (Baron of Nelson), Ernest	30.08.1871 Brightwater (Neuseeland)	19.10.1937 Cambridge	Studium der Mathematik und Physik, Forschungen an radioaktiven Substanzen, Postulat von der Existenz eines Atomkerns, Voraussage der Existenz von Neutronen, Erkenntnis, dass Wasserstoffkerne Protonen sind, Nobelpreis 1908 (Chemie)
Sala, Angelus	1576 Vicenza (Venetien)	02.10.1637 Güstrow	Anhänger von Paracelsus bei der Anwendung von quecksilber- und antimonhaltigen Heilmitteln, klärte den für eine Mutation gehaltenen Vorgang der Bildung von Kupfer an einem in Kupfersulfatlösung eingetauchten Eisenstab, erkannte das Prinzip der Unzerstörbarkeit des Stoffes
Sanger, Frederick	13.08.1918 Rendcomb (Gloucestershire)		Chemiestudium, Strukturbestimmung von Proteinen, Klärung der Peptidsequenz des Insulins, Sequenzanalyse der DNA eines Bakteriophagen, Nobelpreis 1958 und 1980 (Chemie)
Scheele, Carl Wilhelm	09.12.1742 Stralsund	21.05.1786 Köping	Apothekerlehre, war maßgeblich an der Entdeckung vieler Elemente (Wasserstoff, Fluor, Chlor, Sauerstoff u. a.) beteiligt, erweiterte die Anzahl der damals bekannten organischen Säuren (Harnsäure, Milchsäure, Schleimsäure), Weiterentwicklung analytischer Methoden
Scherer von, Johann Joseph	13.03.1814 Aschaffenburg	17.02.1869 Würzburg	Medizin- und Chemiestudium, Mitbegründer der Klinischen Chemie, quantitative Analysen von Blut, Harn, Galle, Isolierung von Inosit und Hypoxanthin aus Fleischsaft
Schiff, Hugo	26.04.1834 Frankfurt/Main	08.09.1915 Florenz	Chemiestudium, beschäftigte sich mit vielen Problemen der Organischen Chemie, befasste sich mit der Biuretreaktion und mit der Reaktion von Aminen mit Aldehyden
Schmidt, Carl	13.06.1822 Mitau (bei Riga)	27.02.1894 Dorpat	Studium der Naturwissenschaften und der Medizin, zahlreiche bahnbrechende Arbeiten über Verdauung, Stoffwechsel, Blut, Lymphe u. a., prägte den Begriff „Kohlenhydrat"
Schrödinger, Erwin	12.08.1887 Wien	05.01.1961 Wien	Physik- und Mathematikstudium, Begründung der Wellenmechanik, Nobelpreis 1933 (Physik)
Seignette, Elie	1632 La Rochelle	1698	Apotheker, Entwicklung einer Herstellungsmethode für Kalium-Natrium-Tartrat
Sørensen, Søren Peter Laurits	09.01.1868 Havrebjerg (Dänemark)	12.02.1939 Kopenhagen	Studium der Medizin und Chemie, beschäftigte sich mit der Reindarstellung von Salzen, Untersuchung an Proteinen und Enzymen, Synthese von Aminosäuren, Untersuchung des Einflusses der Wasserstoffionenkonzentration auf die Enzymaktivität, Einführung des Begriffs „pH-Wert"
Stahl, Georg Ernst	21.10.1660 Ansbach	14.05.1734 Berlin	Medizinstudium, begründete die Phlogistontheorie als Erklärung für die Verbrennung bzw. für die Oxidation der Metalle, aber auch die Atmung und die Gärung, erstmalige Kopplung von Oxidations- und Reduktionsvorgängen, Deutung von Salzen als Verbindungen von Säuren und Basen, Schöpfer des animistischen Systems

Name Vorname	Geb.datum und -ort	Sterbedatum und -ort	Studium und einige wichtige Leistungen
Teclu, Nicolae	07.10.1839 Kronstadt (Rumänien)	26.07.1916 Wien	Architektur-, später Chemiestudium, Beschäftigung mit Verbrennungsvorgängen, Entwicklung eines leicht zu regulierenden Gasbrenners
Thomson, Sir (Lord Kelvin of Largs), William	26.06.1824 Belfast	17.12.1907 Netherhall	Naturwissenschaftliches Studium, gehört zu den Begründern der Thermodynamik, führte die absolute Temperaturskala ein, Aufstellung der Zustandsgleichung der Gase
Tollens, Bernhard Christian Gottfried	30.07.1841 Hamburg	31.01.1918 Göttingen	Chemiestudium, maßgebliche Beteiligung an der Erforschung von Zucker, fand den Zuckerabbau mit Schwefelsäure und die spez. Drehung bei Trauben- und bei Rohrzucker
Traube, Moritz	12.02.1826 Ratibor (Schlesien)	28.06.1894 Berlin	Chemie- und Medizinstudium, untersuchte den Stoffwechsel in Pflanzen und im Muskel sowie die Gärung und Fermentierung, Modell zum Einfluss des osmotischen Drucks auf Zellvorgänge
Trommsdorff, Johann Bartholomäus	08.05.1770 Erfurt	08.03.1837 Erfurt	Apothekerlehre, gründete das erste pharmazeutisch-chemische Institut Deutschlands, Isolierung von Zimtsäure, Darstellung von Oxal- und Äpfelsäure
Tswett, Michail Semjonowitsch	14.05.1872 Asti	26.06.1919 Woronesh	Studium der Naturwissenschaften, Forschungen über Blattpigmente, Benutzung chromatografischer Methoden
Tyndall, John	21.08.1820 Leighlin (Irland)	04.12.1893 Hindhead	Physikstudium, Untersuchung der Lichteinwirkung in Rauch und Stäuben
van der Waals, Johannes Diderik	23.11.1837 Leiden	08.03.1923 Amsterdam	neben der Tätigkeit als Lehrer Studium der Mathematik und Physik, Beschreibung des Zusammenhangs der Zustandsgrößen der realen Gase und der Flüssigkeiten, Beschreibung der in Flüssigkeiten wirkenden Molekularkräfte, Nobelpreis 1910 (Physik)
van Slyke, Donald Dexter	29.03.1883 Pike, N. Y.	04.05.1971 Upton, N.Y.	Chemiestudium, physikochemische Beschreibung der Gas- und Elektrolytgleichgewichte im Blut
Van't Hoff, Jacobus Henricus	30.08.1852 Rotterdam	01.03.1911 Berlin	Technologiestudium, Konzept des asymmetrischen Kohlenstoffatoms, Grundlagen der modernen chemischen Kinetik, Untersuchungen zur Temperaturabhängigkeit der Geschwindigkeitskonstanten und des chemischen Gleichgewichts, Berechnung des osmotischen Drucks
Waage, Peter	29.06.1833 Flekkefjord (Norwegen)	13.01.1900 Kristiania (Oslo)	Studium der Medizin, Chemie und Mineralogie, Arbeiten zur chemischen Affinität, Formulierung des Massenwirkungsgesetzes
Walden, Paul	26.07.1863 Rosenbeck bei Riga	22.01.1957 Gammertingen	Studium der Chemie und Physik, Beobachtung der Inversion der Konfiguration an einem asymmetrisch substituierten Kohlenstoffatom bei Substitutionsreaktionen, Forschungen zu Elektrolyse, Osmose und Oberflächenspannung
Warburg, Otto Heinrich	08.10.1883 Freiburg (Breisgau)	01.08.1970 Berlin	Chemie- und Medizinstudium, grundlegende Entdeckungen auf dem Gebiet der Gärung, der Fotosynthese und des Stoffwechsels von Geschwülsten, Nobelpreis 1931 (Medizin)
Watson, James Dewey	06.04.1928 Chicago		Biologie- und Zoologiestudium, Erarbeitung von Strukturmodellen für die DNA, Untersuchung der Rolle der RNA in der Proteinsynthese
Watt, James	19.01.1736 Greenock (Glasgow)	19.08.1819 Heathfield (Birmingham)	Arbeit als Mechaniker, Entwicklung von betriebsfähigen Dampfmaschinen, Vermutung, dass Wasser kein Element ist, Einführung von Lackmus als Indikator
Wiegleb, Johann Christian	21.12.1732 Langensalza	16.01.1800 Langensalza	Apothekerlehre, entdeckte die Oxalsäure, untersuchte die Salpeterbildung und Borsäureester
Wilson, Charles Thomson Rees	14.02.1869 Glencorse	15.1.1959 Edinburgh	Studium der Meteorologie, Entwicklung einer Methode zur Sichtbarmachung elektrisch geladener Teilchen durch Nebelspuren
Wislicenus, Johannes	24.06.1835 Kleineichstedt (Querfurt)	05.12.1902	Studium der Mathematik, der Naturwissenschaften, der Chemie, Durchführung der Milchsäuresynthese, Rückführung deren Isomerie auf unterschiedliche räumliche Anordnung der Atome, Untersuchung von Acetessigester und seiner Derivate
Wöhler, Friedrich	31.07.1800 Eschersheim	23.09.1882 Göttingen	Studium der Medizin, Methode zur Herstellung des metallischen Aluminiums, Synthese von Harnstoff aus Ammoniumcyanat, Arbeiten über die Natur der Harnsäure, Entdeckung des Calciumcarbids als Grundlage für die Ethinherstellung

Quellenverzeichnis

Abb. 1.2 nach Mortimer, C.E.: Chemie. 7. Aufl., Thieme, Stuttgart, 2001

Abb. 1.6 nach Riedel, E.: Allgemeine und Anorganische Chemie. 7. Aufl., Walter de Gruyter, Berlin, New York, 1999

Abb. 1.11 nach Jäckel, M.; Risch, K.T. (Hrsg.): Chemie heute Sek. II, Schroedel Verlag im Bildungshaus Diesterweg Bildungsmedien, Hannover, 2001

Abb. 1.13 nach Mortimer, C.E.: Chemie. 7. Aufl., Thieme, Stuttgart, 2001

Abb. 1.15 nach (b) Riedel, E.: Allgemeine und Anorganische Chemie. 7. Aufl., Walter de Gruyter, Berlin, New York, 1999

Abb. 1.16 nach Riedel, E.: Allgemeine und Anorganische Chemie. 7. Aufl., Walter de Gruyter, Berlin, New York, 1999

Abb. 2.7 nach Jäckel, M.; Risch, K.T. (Hrsg.): Chemie heute Sek. II, Schroedel Verlag im Bildungshaus Diesterweg Bildungsmedien, Hannover, 2001

Abb. 2.11 Karlson, P., Doenecke, D., Koolmann, J.: Kurzes Lehrbuch der Biochemie für Mediziner und Naturwissenschaftler. 14. Aufl., Thieme, Stuttgart, 1994

Abb. 2.12 Römpp Lexikon Chemie, 10. Aufl., Thieme, Stuttgart, 1996

Abb. 2.13 nach Riedel, E.: Allgemeine und Anorganische Chemie. 7. Aufl., Walter de Gruyter, Berlin, New York, 1999

Abb. 2.15 nach Beyermann, K.: Chemie für Mediziner. 7. Aufl., Thieme, Stuttgart, 1993

Abb. 2.21 nach Mortimer, C.E.: Chemie. 7. Aufl., Thieme, Stuttgart, 2001

Abb. 2.22 nach Jäckel, M.; Risch, K.T. (Hrsg.): Chemie heute Sek. II, Schroedel Verlag im Bildungshaus Diesterweg Bildungsmedien, Hannover, 2001

Abb. 2.24 nach Mortimer, C.E.: Chemie. 7. Aufl., Thieme, Stuttgart, 2001

Abb. 2.26 nach Mortimer, C.E.: Chemie. 7. Aufl., Thieme, Stuttgart, 2001

Abb. 2.27 nach Klinke, R., Silbernagl, S.: Lehrbuch der Physiologie. 4. Aufl., Thieme, Stuttgart, 2003

Abb. 2.28 Silbernagl, S., Despopoulos, A.: Taschenatlas der Physiologie. 6. Aufl., Thieme, Stuttgart, 2003

Abb. 2.29 Silbernagl, S., Despopoulos, A.: Taschenatlas der Physiologie. 6. Aufl., Thieme, Stuttgart, 2003

Abb. 3.1 (unten) Beyermann, K.: Chemie für Mediziner. 7. Aufl., Thieme, Stuttgart, 1993

Abb. 3.2 nach Beyermann, K.: Chemie für Mediziner. 7. Aufl., Thieme, Stuttgart, 1993

Abb. 3.10 nach Mortimer, C.E.: Chemie. 7. Aufl., Thieme, Stuttgart, 2001

Abb. 3.31 Henry Brunner, Rechts oder links. In der Natur und anderswo, Wiley-VCH, Weinheim, 1999

Abb. 3.34 (rechts) Henry Brunner, Rechts oder links. In der Natur und anderswo, Wiley-VCH, Weinheim, 1999

Abb. 3.40 Traditio et Innovatio, Heft 1, 2002, S. 7

Abb. 3.45 (rechts) Mortimer, C.E.: Chemie. 7. Aufl., Thieme, Stuttgart, 2001

Abb. 3.46 Oestmann, J.W.: Radiologie. Ein fallorientiertes Lehrbuch. Thieme, Stuttgart, 2002

Abb. 5.1 nach Jäckel, M.; Risch, K.T. (Hrsg.): Chemie heute Sek. II, Schroedel Verlag im Bildungshaus Diesterweg Bildungsmedien, Hannover, 2001

Abb. 5.4 nach Löffler, G., Petrides, P.E.: Biochemie und Pathobiochemie. 7. Aufl., Springer, Berlin, 2003

Abb. 5.10 Mortimer, C.E.: Chemie. 7. Aufl., Thieme, Stuttgart, 2001

Abb. 5.11 Abdolvahab-Emminger, H. (Hrsg.): Physikum EXAKT. 3. Aufl., Thieme, Stuttgart, 2002

Abb. 5.12 (a) nach Karlson, P., Doenecke, D., Koolmann, J.: Kurzes Lehrbuch der Biochemie für Mediziner und Naturwissenschaftler. 14. Aufl., Thieme, Stuttgart, 1994; (b) Koolmann, J., Röhm, K.-H.: Taschenatlas der Biochemie. 3. Aufl., Thieme, Stuttgart, 2003

Abb. 5.41 Karlson, P., Doenecke, D., Koolmann, J.: Kurzes Lehrbuch der Biochemie für Mediziner und Naturwissenschaftler. 14. Aufl., Thieme, Stuttgart, 1994

Tab. 1.10 nach Mortimer, C.E.: Chemie. 7. Aufl., Thieme, Stuttgart, 2001

Tab. 2.3 nach Beyermann, K.: Chemie für Mediziner. 7. Aufl., Thieme, Stuttgart, 1993

Tab. 2.11 nach Krieg, B.: Chemie für Mediziner. 6. Aufl., de Gruyter, Berlin, 1999

Tab. 3.9 nach Hennig et al.: Grundlagen der Chemie für Mediziner systematisch. Uni-Med Verlag, Bremen, 2002

Tab. 4.14, 4.18 nach Wünsch et al.: Grundkurs Organische Chemie. 6. Aufl., Barth, Leipzig, 1993

Tab. 5.1 nach Hennig et al.: Grundlagen der Chemie für Mediziner systematisch. Uni-Med Verlag, Bremen, 2002

Tab. 5.9 nach Löffler G., Petrides, P.E.: Biochemie und Pathobiochemie. 7. Aufl., Springer, Berlin, 2003

Anhang Tabelle 3 nach Tafelwerk, Volk und Wissen Verlag, 2. Aufl. 1994

beiliegendes Periodensystem der Elemente nach Mortimer, C.E.: Chemie. 7. Aufl., Thieme, Stuttgart, 2001

Abbildungen zu den Inhaltsübersichten Kap. 1–6 Bildquelle photoDisc, Inc

Sachverzeichnis

Halbfette Seitenzahl = Haupttextstelle